国家级一流本科专业建设成果教材

轻化工设备及设计

（第二版）

蔡建国　周永传　武　斌　编

 化学工业出版社

·北京·

内 容 简 介

《轻化工设备及设计》(第二版)叙述了轻化工生产过程中常用的设备和装置,总共分十五章。既包括了传统的常用设备,如流体输送设备、传质和各种分离设备、换热设备、搅拌和均质设备、塔设备和反应设备、结晶设备等,也编入了一些近年来在工业上广泛应用的设备,如膜分离设备、超临界流体萃取设备、分子蒸馏设备等,并在第十五章介绍了金属的腐蚀理论知识以及金属设备的防腐知识等。书中除对第一版内容进行了勘误,也根据技术进展增加了溶剂提取设备、塔式萃取设备等先进设备设计,并注重节能措施的采用,强调各种设备的结构特点、性能、工作原理和使用以及选型和设计过程中需要注意的问题,更强调理论和实际相结合,原理和设备工程设计相结合,工艺和设备选型相结合,单元设备与总体、成套过程相结合的理念。

本书可作为高等院校轻化工、精细化工、食品工程、制药工程等专业课教材,也可供从事轻化工、化工、食品和药品生产的工程技术人员、管理人员做参考。

图书在版编目(CIP)数据

轻化工设备及设计/蔡建国,周永传,武斌编. —2
版. —北京:化学工业出版社,2024.5
国家级一流本科专业建设成果教材
ISBN 978-7-122-45256-6

Ⅰ.①轻⋯ Ⅱ.①蔡⋯ ②周⋯ ③武⋯ Ⅲ.①化工设
备-设计-高等学校-教材 Ⅳ.①TQ050.2

中国国家版本馆 CIP 数据核字(2024)第 055520 号

责任编辑:吕 尤 徐雅妮
责任校对:边 涛　　　　　　　　　装帧设计:关 飞

出版发行:化学工业出版社
　　　　　(北京市东城区青年湖南街 13 号　邮政编码 100011)
印　装:北京天宇星印刷厂
787mm×1092mm　1/16　印张 19　字数 493 千字
2024 年 7 月北京第 2 版第 1 次印刷

购书咨询:010-64518888　　　　　售后服务:010-64518899
网　　址:http://www.cip.com.cn
凡购买本书,如有缺损质量问题,本社销售中心负责调换。

定　价:59.00 元　　　　　　　　　版权所有　违者必究

前　言

　　轻化工设备涉及食品工程、制药工程、精细化工等专业。《轻化工设备及设计》是对使用了 5 年的讲义进行修改，并于 2006 年正式出版，出版以来一直作为华东理工大学轻化工程专业的教材使用至今，取得了良好效果。

　　《轻化工设备及设计》第二版延续了第一版的体系和教学理念，注重各种设备的结构特点、性能、工作原理和使用以及选型和设计过程中需要注意的问题，更强调理论和实际相结合，原理和设备工程设计相结合，工艺和设备选型相结合，单元设备与总体、成套过程相结合的理念。通过学习，读者可以掌握必要的工程知识、设备基础知识和设计，掌握和提高分析及解决实际问题的能力。

　　借《轻化工设备及设计》再版之际，对本书进行了勘误，同时根据设备技术的发展和"双碳"节能，在原有章节的基础上增加补充了一些内容，如针对减碳和节能，增加了 5.6 节的管壳式换热器换热深度和强化、6.4 节的蒸发过程蒸汽再压缩，由蔡建国编写。周永传编写增加了 9.6 节的溶剂提取设备，还增加补充了塔式萃取设备，如 9.3.3 库尼塔、9.3.4 夏贝尔塔、9.3.5 离心萃取器等内容。武斌增补和完善了自吸式搅拌桨、径向反应器、旋流器、导向浮阀塔的内容。另外，对教材中的文字表述、公式、图表进行了核查和修正，力求严谨。

　　《轻化工设备及设计》的再版得到了华东理工大学的资助，在此致以衷心的感谢。

　　鉴于本书所涉及的设备和内容广泛，限于编者的水平和资料掌握的局限性，书中不当之处恳请读者提出批评和指正。

编者

2024 年 1 月

第一版前言

近年来，随着人们生活水平的提高，国内外轻化工工艺和生产设备技术的发展较快，并在工程实践中积累了很多的工程经验。为了适应轻化工工业迅速发展的形势，满足轻化工生产设备的教学和设计的需要，我们对使用了 5 年的《轻化工设备及设计》讲义进行修改并出版教材。本教材可作为高等院校精细化工、食品、制药工程等专业的专业课教材，也可供从事轻工、化工和药品生产的工程技术人员、管理人员参考。

轻化工生产与石油化工等大化工相比，其设备规模要小得多，具有生产规模小而品种多的特点。化工生产是原料通过一系列化学、物理变化而形成产品的过程，其变化的条件是由一定结构特征的设备提供的。本书分十五章，每章以单元过程为基础，但又不局限于单元设备上。在书的内容上，包括了传统的常用设备，如换热设备、流体输送设备、传质和各种分离设备、搅拌和均质设备、塔设备和反应器设备、结晶设备等，也编入了一些近年来得到工业应用的设备，如膜分离设备、超临界流体萃取设备、分子蒸馏设备等。书中第 15 章介绍了金属腐蚀现象、腐蚀机理以及金属设备的防腐等知识，使本书构成了从轻化工生产设备到设备防腐保护的知识体系。书中内容强调了各种设备的结构特点、性能、工作原理和使用，以及在选型和设计过程中需要注意的问题，学习选择适当形式的设备、设计符合要求的设备。

本教材强调理论和实际相结合，为学习者提供基本的设备知识和选用设备的原则，以及设计设备的思考方式。通过学习，学习者可具备必要的轻化工生产设备基础知识和工程概念并提高分析问题、解决问题的能力。

书中第 1 章、第 8 章、第 9 章、第 10 章、第 11 章、第 12 章、第 13 章、第 14 章、第 15 章和第 7 章的分子蒸馏部分由蔡建国编写，第 2 章、第 3 章、第 4 章、第 5 章、第 6 章和第 7 章的精馏部分由周永传编写。武斌同志对本书的编写提供了很好的建议和帮助。本教材的出版还得到华东理工大学的资助，在此一一致以衷心的谢意。

鉴于本书所涉及的设备和内容广泛，限于作者的水平，不足之处在所难免，恳请读者提出批评和指正。

作者

2006 年 10 月

目　　录

第1章

绪论

1.1 轻化工业在城市经济中的作用

相对于石油化工和能源化工，轻化工业对于满足人民生活需求，提高人民生活水平和质量，促进工农业生产，促进文化和科学技术的发展都具有同样重要的地位和作用。

20世纪50年代前，我国轻化工业落后，只有一些如肥皂、甘油、油漆、化妆品、香料香精等老的轻化工行业。新中国成立后，我国轻化工业从无到有，从小到大。目前，我国轻化工业的门类基本齐全，品种繁多，技术进步迅速，产品不断更新，市场不断扩大，产品产量不断提高，质量稳步上升。产品不仅可满足工农业发展和人民生活提高的需要，而且一部分可以进入国际市场。

轻化工业是一门技术密集型的高技术产业，由于它具有产品品种多、更新快、附加值高的特点，在我国的国民经济中占有日益重要的地位。且随着我国产业结构的调整，城市工业的发展将增"轻"减"重"，向着以满足人民的生活必需、美化与提高人民生活水平和质量为目标的城市型工业发展。

1.2 轻化工设备的特点

化工生产过程是原料通过一系列的化学和物理变化的过程，其变化的条件是由化工设备提供的。因此，选择适当型号的设备、设计符合工艺要求的设备，是完成生产任务、获得良好经济效益的前提和保证，也为实现2030年前碳达峰和2060年前碳中和目标助力。

轻化工业是一个技术密集型的高科技产业，产品具有投资效率高、利润率高、附加值高的特征。如以洗涤用品中的表面活性剂和合成洗涤剂为例，据统计，它的设备投资约为石油工业的1/3～1/2，而附加产值是石油化学工业的1.4倍。轻化工产品的这种经济性，要求我们在工艺设计和设备选择时，采用先进的工艺、选择高效的设备，使系统最优化、控制自动化，确保产品的质量。

轻化工产品一般具有批量小、品种多、功能特定等特点，有时产品的专用性比较强。轻化工产品的生产全过程常包括合成、分离精制、配制和产品标准化生产等，对不同的过程，其要求和考虑方法不尽相同。由于轻化工产品批量小、品种多，要求一种设备、一种生产装置、生产线的设计等尽可能达到优化和多功能的目的，并摒弃单一产品、单一流程、单一设备和装置的生产方式。这要求我们在设计和选用设备时，必须根据实际情况，因地制宜地综合生产流程和装置，达到一机多能、一线多用的目的，以取得最佳的经济效益。

另外，轻化工产品生产的多样化，即工艺路线或技术路线的多样化。生产同一种产品可选用不同的起始原料，采用不同的生产方法，因此，要求我们选用的设备、制定的工艺要兼顾不同的起始原料和不同的生产方法。

1.3 轻化工设备的分类与选型原则

1.3.1 设备分类

轻化工生产设备一般分为两类，即定型设备和非定型设备，有时根据设备在生产过程中的作用和供应渠道，分为专用设备、通用设备及非标准设备。

（1）专用设备　专用设备一般是指生产过程中主物料、半成品、产品直接经过的，并有一定生产技术参数要求的设备。如合成洗衣粉生产过程中的熔化、燃化、磺化、中和、配料、喷雾干燥、包装等设备。专用设备因直接与物料接触，大部分为连续运行，对设备性能及材料的要求较高，加工制造技术性强，因此，一般要由专业性的机械厂设计和制造，有时还要引进国外专门的技术和设备。

（2）通用设备　如泵、通风机、压缩机、离心机、螺旋输送机、皮带输送机等。

（3）非标准设备　非标准设备一般是指规格和材料质量都不定型的辅助设备。在工厂设计中，类似设备多属容器、储槽类，根据生产需要而配置。

1.3.2　设备选型原则

（1）满足工艺要求　设备的选择和计算必须充分考虑工艺上的要求，力求做到技术上先进、经济上合理。即选用的设备应与生产规模相适应，并应获得最大的单位产量；能适应产品品种变化的要求，确保产品质量；能降低劳动强度，提高劳动生产率；能降低材料及相应的公用工程（水、电、汽或气）的单耗；能改善环境保护；设备制造较易，材料易得，操作及维修保养要方便。

设备选择时，要能完全满足上述各方面的条件是困难的，但一定要参照上述的几个方面对拟采用的设备进行详尽的比较，最终得出最佳方案。

（2）设备成熟可靠　作为工业生产，不允许选用不成熟或未经生产考验的设备。选用的设备不但技术性能要可靠，设备材质也要可靠。对从国外引进的设备，同样必须强调设备及其所采用材料的可靠性。特别对生产中的关键设备，一定要在充分调查研究和对比的基础上，做出科学的选择。

（3）尽量采用国产设备　在选择设备时，应尽量采用国产设备，这样不但经济上节约，而且可以促进我国机械制造业的发展。当然，根据实际情况和条件，引进少量进口装置或关键设备有时也是必需的，但同样必须坚持设备的先进可靠、经济合理，并应考虑在引进的基础上如何消化吸收以及国产化等。

第2章

流体输送设备

2.1 泵的选择

在轻化工业生产中所处理的物料、得到的产品许多都是流体，在生产过程中，常常需要将这些流体从低处送至高处，或从低压送至高压，或克服管道阻力沿水平管道流动。为了达到这些目的，必须对流体做功，以提高流体的能量，才能完成输送任务，这种对流体做功以完成输送任务的机械统称为流体输送机械。用于输送液体的机械简称为泵。

由于在轻化工生产中所输送的液体性质多种多样，如腐蚀性较强、黏度较大、易燃易爆、有毒有害、含有固体悬浮物或者液体温度高低不同，而且不同的生产过程所要求输送液体的量及压头也各不相同。为适应许多不同的情况和场合的需要，就出现了具有不同结构和特性的各类不同的输送泵。

怎样才能选用一台既能符合生产需要，又比较经济合理的输送泵，这不仅需要了解被输送液体的性质、输送的要求，同时还必须了解各种类型输送泵的工作原理、特征，以便能正确地选型及合理地使用。

2.1.1 泵的分类和特性

目前，常用的各类泵通常可分为以下四类。

① 往复式　主要类型有活塞泵、柱塞泵、隔膜泵等。

② 离心式　典型的有各类离心泵、蜗壳泵、涡轮泵、旋桨泵等。

③ 旋转式　典型的有齿轮泵、螺杆泵、滑板泵。

④ 流体动力作用式　典型的有喷射泵、空气提升器等。

2.1.1.1 往复泵

往复泵所起的作用是靠安装在机壳内的活塞或柱塞作往复运动，单向活门分别启闭，使液体吸入壳内然后再被压出。往复泵就其吸入液体的动作，可分为单动泵、双动泵和差动泵三类。

单动泵　单动泵的操作原理是：当活塞由于外力的作用向右移动时（图 2-1），泵体内造成低压，上端的单向活门被压而关闭，下端的单向活门则被泵外液体的压力推开，将液体吸入泵体内；当活塞向左移动时，泵体内造成高压，下端的单向活门被压而关闭，上端的单向活门则被压而开启，由此将液体排出泵外；如果活塞不断地往复运动，就能将液体不断地从下端吸入而由上端排出。此种泵当活塞往复一次（即两次冲程）时，只吸入液体一次和排出液体一次，所以称为单动泵。

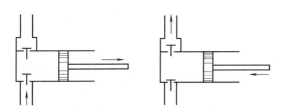

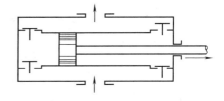

图 2-1　单动泵的操作原理　　　　　图 2-2　双动泵的操作原理

双动泵 双动泵至少具有四个活门（图 2-2），分布在泵体的两边。当活塞向右移动时，左边上端的活门关闭，而下端的活门开启（此时右边下端的活门关闭），所以液体进入泵体左边。同时右边上端的活门开启，原存泵体右边的液体由此排出。若活塞向左移动，则泵体左边的液体将被排出，同时泵体右边将吸入液体。显然，活塞两边都在工作，因此活塞每往复一次（即两次冲程），即吸入液体两次并同时排出液体两次。所以，双动泵可视为由两个单动泵所组成。

差动泵 差动泵的活柱每往复一次，吸入液体一次而排出液体两次，其操作原理如图

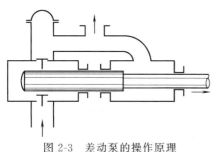

图 2-3 差动泵的操作原理

2-3 所示。当活柱向右移动时，泵体右边的液体被排出，泵体左边下端的活门则开启，使液体进入泵体左边。当活柱向左移动时，下端活门关闭，不再吸入液体，上端活门则开启，使泵体左边的液体排至右边。因为右边的容积比左边少一部分活柱杆所占的体积，所以就有一部分的液体被排出泵外，其余则进入右边部分。这部分进入右边的液体，待活柱再次往右移动时再被排出。所以差动泵的活柱往复一次时，只吸入液体一次而将液体分两次排出。差动泵的流量比单动泵均匀，与双动泵相比，则活门数目较少。

往复泵的流量曲线如图 2-4 所示。

往复泵的构造类型虽多，但必须具有三个最主要的部件——泵体、活塞与活门。

（1）泵体 泵体又称泵壳，或指水缸。其材料在压力不大时采用铸铁，高压时可用铸钢。在极高的压力下输送液体时，可用整块的钢钻空而制成；在输送腐蚀性液体时，可用耐腐蚀材料（各种合金或陶瓷）或衬耐腐蚀材料。泵体的构造形状无一定式样，但务必使在操作时泵体内的空气可以除去，并应注意使液体在泵体内流动的阻力很小，而且可以检查活门。

（2）活塞 活塞有盘形和柱形两种，后者称为柱塞。活塞必须与泵体非常紧密地接合，否则就要渗漏。盘形活塞外表面的四周均装有金属弹性环，或皮革、橡胶圈，这样可使活塞与泵体壁保持严密不漏，而且活塞本身也不致与泵体接触而被磨损。磨损的环圈则容易更换。柱形活塞为一空心柱，其垫料多安装在泵体上。采用柱形活塞时，可无需将泵体的内壁精确地加工磨光。

（3）活门 活门的构造要求轻巧灵活、易于开闭，而且能承受相当的压强而不致破坏；此

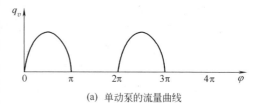

(a) 单动泵的流量曲线

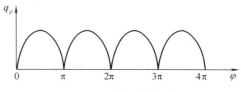

(b) 双动泵的流量曲线

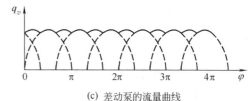

(c) 差动泵的流量曲线

图 2-4 往复泵的流量曲线

外，还要使液体通过活门时的阻力很小。活门的大小与输送量有关，当输送量大时，一般不采用一个大活门，而采用若干个同样式的较小的活门，图 2-5 为往复泵中常用的几种活门形状。图 2-5（a）为盘状活门，其构造部分为紧贴于活门座 4 上的活门盘 3。活门盘受液体的压强，离开活门座而上升，让液体通过；当压强降低时，则由弹簧 1 及其本身重量的作用，活门盘落于座上，使活门紧闭。此活门盘的构造也有成环状的，称为环状活门。输送黏滞液

体或悬浮液时，则采用易于通过的球形活门，如图 2-5（b）所示。对于浑浊的液体，常采用具有较大截面积的活板活门，如图 2-5（c）所示。

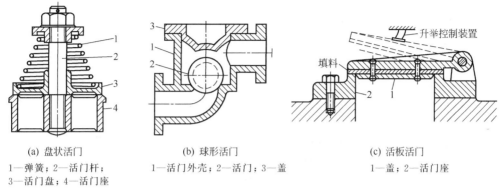

(a) 盘状活门	(b) 球形活门	(c) 活板活门
1—弹簧；2—活门杆； 3—活门盘；4—活门座	1—活门外壳；2—活门；3—盖	1—盖；2—活门座

图 2-5　往复泵活门的构造

往复泵的分类，除依其吸入和排出液体的动作分为单动泵、双动泵和差动泵外，也可以按其活塞安装的情况分为直立泵和横卧泵；按其水缸数目分为单缸、双缸和三缸泵，也称单效、双效和三效泵；按其使活塞发生运动原动力的来源分为蒸汽泵和动力泵，蒸汽泵直接用蒸汽机带动，动力泵则用其他动力来带动。在输送挥发性的易燃液体时，均采用蒸汽泵。

当输送酸性液和悬浮液时，为了不使活塞受到损伤，多采用隔膜泵，借弹性薄膜片将活柱和被输送的液体分开。此弹性薄膜片由柔软的橡胶皮或特制的金属制成。如图 2-6 所示，隔膜左边所有部分均为耐酸材料制成，或衬以耐酸物质，隔膜右边则装有水或油，当泵的活柱往复运动时，迫使隔膜交替地向两边弯曲，使腐蚀性液体在隔膜左边轮流地吸入和压出，而不与活柱接触。

2.1.1.2　离心泵

离心泵输送液体的原理和往复泵的不同之处，在于往复泵是利用往复运动的活塞将液体吸入并排出，而离心泵则是利用在泵体内作高速旋转运动的工作叶轮以产生离心力，离心力再转变成压力，将液体吸入并排出泵体。最简单的离心泵如图 2-7 所示，在泵体内有一个工作翼轮，安装于直接由电动机或者传动装置所带动的旋转轴上。工作翼轮一般由 6～12 片具

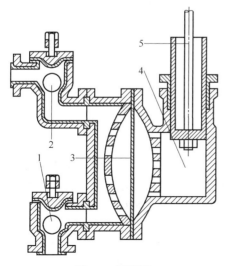

图 2-6　隔膜泵

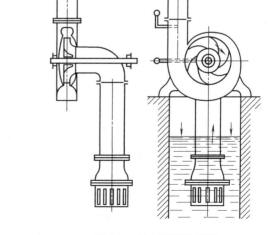

图 2-7　离心泵装置简图

1，2—吸入、压出活门；3—隔膜；4—介质油或水；5—活塞

有特殊形状的轮叶所构成，轮叶间组成了使液体通过的通道。泵体有两个接口：一个在泵体中央即旋转轴处，此接口与吸入管道相连，使吸入的液体由翼轮中心进入而分配于轮叶间；另一接口位于泵壳侧旁，与压出导管相连，液体由此排出。

在开动离心泵之前，要使泵壳和吸入管路充满液体。当翼轮转动时，充满于轮叶间的液体在离心力的作用下，从翼轮中心被抛向翼轮周围，从翼轮流出后经泵壳而排入压出管道。同时在泵的中央，即翼轮进水口的外围，产生了低压。由于储液池液面上的压强比此处要大，液体经吸入管道源源不断地进入泵内。可见，当工作翼轮旋转时，液体即连续不断地进入泵内并连续不断地排出泵外。所以，离心泵与往复泵不同，离心泵所吸入和排出的液体量是均匀而且连续的，所以不必安装吸入和压出活门。

液体在进入翼轮时速度很低，在轮叶间因离心力作用获得很高的速度，压强增大。当其流过轮叶间的通道时，由于通道截面的扩大，液体的相对速度减小；而当液体离开轮叶末端而进入泵壳内时，绝对速度骤减。这些过程都使一部分动能转变为静压能，增加压强，所以液体得以排出。

依工作翼轮的形状，除上述的径流式离心泵外，还有轴流式或称旋桨式。在径流泵中，液体由翼轮中心沿半径方向向翼轮周边运动，而在轴流式泵中，液体则沿与旋桨轴平行的方向运动。此外，其操作情况介于二者之间的还有混流式泵或称斜叶式泵。总之，这些泵均属同一类型，统称为轮叶式泵，其特点都是借工作翼轮的转动，将动能转变为静压能，达到输送液体的目的。图 2-8 所示为轴流式的一种。

按照液体吸入的方法，离心泵可分为单吸式和双吸式，如图 2-9 所示。在单吸式泵中，液体由泵的一侧进入，此时因翼轮两边受力不均，有一沿轴方向的推力（轴向推力）发生，使泵易于损坏。在双吸式泵中，液体是由泵的两侧进入，因而可避免泵不平衡的水力压力。

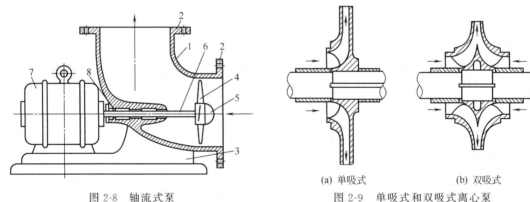

图 2-8　轴流式泵
1—机壳；2—法兰盘；3—支座；4—工作翼轮；
5—轮罩；6—轴；7—电动机；8—填料函

(a) 单吸式　　　(b) 双吸式
图 2-9　单吸式和双吸式离心泵

离心泵又可依每一个泵中所具有的工作翼轮的数目，分为单级与多级。单级离心泵只有一个翼轮，多级离心泵则以几个翼轮串联装置，液体自第一级翼轮排出时即行导入第二级翼轮，以此类推，所以等于几个串联工作的单级离心泵。多级离心泵比单级的可以发生较高的压头。

由以上分析可知，离心泵之所以能输送液体，主要是依靠翼轮旋转，使液体产生离心力的作用。离心力的大小与翼轮转速、翼轮直径及流体密度有关。转速越高，翼轮直径越大，液体密度越大，离心力也就越大。因此，当泵启动时，若泵内存在空气，则翼轮旋转后由于空气的密度远比液体小，产生的离心力也小，致使翼轮中心只能造成很小的真空，池中的液体不能上升到翼轮中心，泵也就送不出液体，此种现象称为气缚现象。所以离心泵开车前，必须预先在泵内充满液体，运转过程中也尽量不使空气漏入。为便于使泵内充满液体，常压吸入导管底部装有止送的底阀。

离心泵的类型很多，但都具备三个主要部件：翼轮、泵壳与轴封装置。

（1）翼轮　翼轮一般由 6～12 片叶片组成，叶片呈后弯状。为输送不同的液体，翼轮可分为两种形式：敞式和蔽式。敞式翼轮适用于输送含有杂质的悬浮物料。由于敞式翼轮与壳体不能很好密合，液体会流回吸液侧，因而效率较低。蔽式翼轮适用于输送清洁的液体，效率较高。

（2）泵壳　泵壳呈蜗壳形，其目的在于使高速液体流过泵壳时，由于流道的逐渐扩大，得以将动能逐步转变成静压能。为了更有效地将动能转变成静压能，以及减少液体进入泵壳时碰撞而引起能量损失，可在翼轮和蜗壳之间装设一固定导轮。导轮具有很多逐渐转向的孔道，使高速液体流过时，能均匀而缓和地将动能转变成静压能，从而减少压头损失。一般都在多级离心泵中装设。

（3）轴封装置　由于离心泵的中心处于低压，为了防止外面的空气由此吸入造成气缚，所以泵轴转动部分和泵壳间必须考虑轴封问题。一般采用填料函密封。填料函密封比较简单，但它寿命较短，而且不够可靠，维护比较麻烦，摩擦损失功率也较大。所以，对输送有毒、易燃、易爆、贵重和具有强挥发性的物料是不适宜的。近年来，机械密封（称端面密封）正在逐步推广，它依靠一对固定在轴和泵体上的摩擦片的接触平面进行密封，摩擦片用弹簧来保证相互紧贴。摩擦片的材料可以是铸铁、铜、石墨、搪瓷、不锈钢等，视被输送物料的不同进行选用。机械密封可靠性大、泄漏量小、维护简便、寿命长、摩擦损失功率小。但它制造复杂、价格昂贵、不易更换，在输送有毒、易燃、易爆、贵重和挥发性强的物料时被广泛采用。

2.1.1.3　旋转泵

像往复泵一样，旋转泵的排液形式属正位移式，而它又不同于往复泵，泵中没有活门等物件，它仅有的活动部分是在泵壳内旋转的转子。正是由于此转子的旋转作用，泵才能将液体吸入和排出。

（1）齿轮泵　旋转泵的式样也有几种，其中齿轮泵应用最广泛。此泵的主要部分为相对旋转的两个齿轮，如图 2-10 所示，液体由吸入口吸入，分两路在齿轮与泵壳的空隙中推着前进，最后由排液口排出。因为齿轮在旋转时，轮齿相互套合，又与泵壳密切接触，所以液体不致退回。

旋转泵中除齿轮泵外，还有螺旋泵、偏心旋转泵等，其操作原理与齿轮泵相似。图 2-11 所示为偏心旋转泵的构造和操作原理。泵壳内有一偏心的转子，壳壁上开有一个沟槽，

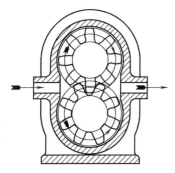

图 2-10　旋转齿轮泵

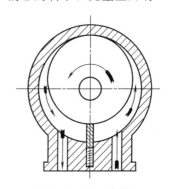

图 2-11　偏心旋转泵

槽内装入由弹簧控制而可以伸缩的滑板，将泵的吸入口和排出口隔离。当转子旋转时，它从前方排出液体而从后方吸入液体，这样，它就起着与活塞相同的作用，旋转泵既然是正位移式排液，假定排液口被堵塞，则必然产生高压，迫使转子停止旋转，甚至使泵身破损。又由于转子与泵壳间的密切接触，所以旋转泵不适于输送含有悬浮固体的液体，但可用于输送非常黏滞或半固体性的膏状物体，如糖浆、石蜡、油脂之类。这类泵的排出量连续而均匀，可以产生较大的压头，而且改变转速时，仅影响其送液能力，并不改变其压头。旋转泵的排出量与转子的旋转速度成正比，其效率也不低，可达80%左右。

（2）螺杆泵　螺杆泵是一种新型的输送液体的机械，具有结构简单、工作安全可靠、使用维修方便、出液连续均匀、压力稳定等优点。凡接触物料部件，工作温度可达120℃，可用于输送食品浆料和黏度 $10^{-3} \sim 10^{3}$ Pa·s（$1 \sim 1000000$cP❶）、含有固体颗粒或胶块的溶液浆、悬浮液的腐蚀性介质。螺杆泵广泛用于食品、冶金、化工等工业部业。

① 单螺杆泵　是一种新型的内啮合回转式容积泵，具有效率高、自吸能力强、适用范围广等优点，对各种难以输送的介质都可用本泵来输送。因此，单螺杆泵在国外被称为万能泵。此泵可输送中性的或有腐蚀性的液体、洁净的或有磨削性的液体、含有气体或易产生气泡的液体、高黏度或低黏度的液体、含有纤维物和固体物质的液体。

单螺杆泵的工作原理是单线螺旋的转子在双线螺旋的定子孔内绕定子轴线作行星回转时，转子与定子之间形成的密闭腔就连续地、匀速地、容积不变地将介质从吸入端输送到压出端。由于这巧妙的工作原理，使单螺杆泵除具有一般性泵的通用性能外，还有如下显著的特点。

a. 可输送高黏度的介质。根据泵的大小不同，介质的最高黏度为 $37 \sim 200$Pa·s。

b. 可输送含固体颗粒、磨削颗粒和纤维的介质。其含量一般可高达介质的40%，当介质中所含固体为粉末状细微颗粒时，最高可达70%，根据泵的大小不同，允许介质中所含固体颗粒粒径最大为 $2 \sim 40$mm。

c. 输出的液体连续均匀、压力稳定、搅动小，对敏感性的液体不会发生成分的改变。

d. 流量与转速之间为简单的正比关系。可通过调节转速进行流量的调节，配上变速的电动机，可成为变量泵。

e. 压力能随输出管道阻力自动调节在 $0 \sim 36$kgf/cm²（1kgf/cm² $=98.0665$kPa）压力之间，用户很容易调到所需的压力，这样既节能，又避免压力太高或太低而影响工艺流程。

f. 结构简单、磨损少、维修方便。

与其他类型泵相比的特点如下。

a. 和离心泵相比，单螺杆泵不需要装阀门，而流量是稳定的线性流动。

b. 和柱塞泵相比，单螺杆泵具有更好的自吸能力，吸上高度可达8.5m水柱。

c. 和隔膜泵相比，单螺杆泵可输送各种混合杂质、含有气体及固体颗粒或纤维的介质，也可输送各种腐蚀性物质。

d. 和齿轮泵相比，单螺杆泵可输送高黏度的物质。

e. 与柱塞泵、隔膜泵及齿轮泵不同的是，单螺杆泵可用于药剂填充和计量。

图 2-12 所示为 G 系列单螺杆泵。G 系列单螺杆泵适用范围根据材质可分为如下三种类型。

普通泵　主要适用范围：油水分离装置的理想输送泵、污水处理装置输送泵；喷雾装置输送泵；焚烧炉输送泵；污水、粪便输送泵；润滑油、燃油、植物油输送泵；沉积糊状且夹

---

❶　1cP $= 10^{-3}$Pa·s

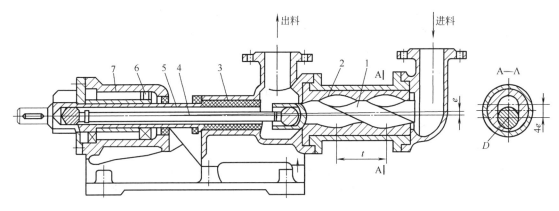

图 2-12　G 系列单螺杆泵

1—转子（螺杆）；2—定子（衬套）；3—填料函；4—平行销连杆；5—套轴；6—轴承；7—机座

有固体颗粒介质的抽吸输送泵；石油、水文地球物理勘探钻机输送泥浆泵；新型湿纺糊状石棉浆的输送泵；高黏度油墨、陶土、黏土糊、纸浆的输送泵；还有输送混凝土、炸药、水煤浆、高岭土及纤维液等特殊物料的输送泵。

食品泵（采用不锈钢与无毒橡胶材料）　主要适用范围：酿酒、未稀释的啤酒芽、酒花、奶粉、麦乳精、淀粉、番茄酱、酱油、发酵液、醪液、蜂蜜、巧克力混合料、牛奶、奶油、奶酪和肉浆等抽吸输送，还可应用在制药工业和牙膏工业等方面。

化工泵（采用耐腐不锈钢与耐腐橡胶材料）　主要适用范围：腐蚀性石油、化工介质、颜料、厚油漆、化妆品、软膏、肥皂、环保等工业部门；是压滤机理想的料液输送泵。

② 双螺杆泵　是外啮合的螺杆泵，它利用相互啮合、互不接触的两根螺杆来抽送液体。图 2-13 所示为一种双吸式非密闭的双螺杆泵，一端伸出泵外的主动螺杆由原动机驱动。主动螺杆与从动螺杆具有不同旋向的螺纹（若前者为右旋，则后者为左旋）。螺杆与泵体紧密贴合，从动螺杆是通过同步齿轮由主动螺杆带动。

双螺杆泵作为一种容积式泵，泵内吸入室应与排出室严密地隔开。因此，泵体与螺杆外缘表面及螺杆与螺杆间隙应尽可能小些，同时螺杆与泵体、螺杆与螺杆间又相互形成密封腔，保证密闭，否则就可能有液体从间隙中倒流回去。

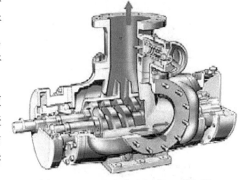

图 2-13　双吸式非密闭的双螺杆泵

双螺杆泵可分为内置轴承和外置轴承两种形式。在内置轴承的结构形式中，轴承由输送物进行润滑。外置轴承结构的双螺杆泵工作腔同轴承是分开的。由于这种泵的结构和螺杆间存在的侧间隙，它可以输送非润滑性介质。此外，调整同步齿轮使得螺杆不接触，同时将输出扭矩的一半传给从动螺杆。正如所有螺杆泵一样，外置轴承式双螺杆泵也有自吸能力，而且多数泵输送元件本身都是双吸对称布置，可消除轴向力，也有很大的吸高。

泵的这些特性使它在油田化工和船舶工业中得到了广泛的应用。外置轴承式双螺杆泵可根据各种使用情况分别采用普通铸铁、不锈钢等不同材料制造。输送温度可达 250℃。泵具有不同方式的加热结构，理论流量可达 2000m³/h。

双螺杆泵的特点如下。

a. 无搅拌、无脉动、平稳地输送各种介质，由于泵体结构保证泵的工作元件内始终存有泵送液体作为密封液体，所有的泵有很强的自吸能力，且能气液混输。

b. 泵的特殊设计保证了泵有高的吸入性能。

c. 采用独立润滑的外置轴承，允许输送各种非润滑性介质。

d. 卧式、立式、带加热套等各种结构形式齐全，可以输送各种清洁的不含固体颗粒的低黏度或高黏度介质，如选用正确的材质，甚至可以输送许多腐蚀性介质。

由双螺杆泵的原理可知，对于外置轴承的双螺杆泵，通过轴承定位，两根螺杆在衬套中互不接触，齿侧之间保持恒定的间隙（其间隙值由工况及泵本身规格决定），螺杆外圆与衬套内圆面也保持恒定的间隙不变。两根螺杆的传动由同步齿轮完成。齿轮箱中有独立的润滑，与泵工作腔隔开。这种结构的优点大大拓宽了双螺杆泵的使用范围，即除了输送润滑性良好的介质外，还可输送大量的非润滑性介质，各种黏度（最高运动黏度可达 $3 \times 10^6 \, \text{mm/s}$）的介质以及具有腐蚀性（酸、碱等性质）、磨蚀性的液体。

双螺杆泵由于其恒定间隙的存在以及型线上的特点，属于非密封型容积泵，因此除了输送纯液体外，还可输送气体和液体的混合物，即气液混输，这也是双螺杆泵非常独特的优点之一。

双螺杆泵由于结构的独特设计，可以自吸而无需专门的自吸装置，而且由于轴向输送，轴流速度较小而具备很强的吸上能力。

双螺杆泵还可干转。由于运动部件在工作时互不接触，因此短时的干转不会破坏泵元件，这种特点给自动控制的流程提供了极大的方便，但干转时间受多种因素限制，一般很短。另外，双螺杆泵在输送过程中无剪切、无乳化作用，因此不会破坏分子链结构和工况流程中所形成的特定的流体性质，并且由于传动依靠同步齿轮，泵运转噪声低、振动小、工作平稳。

2.1.1.4 流体动力作用泵

这类泵的特点在于无活动部分，因此有"无活塞泵"之称。其发生输送作用的因素，是空气的压力或是运动的流体，前者如酸蛋等，后者如喷射泵与空气提升器。此类泵无活动部分，而且构造简单，可以衬以耐酸或抗腐蚀材料，在化学工业和轻化工业的生产中，占有特殊的地位。

喷射泵 是利用工作的流体在流动时，发生静压能与动能的互相转换，以吸入并排出液体。此工作流体在高压下经过喷嘴，以高速度由喷嘴射出，所以它的静压能转变为动能，产生减压而将液体吸入。工作流体与吸入流体经混合后再进入一个扩大管中，动能又变为静压能，将液体排出。出口处的压强还可能比进口处的压强要高。图 2-14 所示为一个简单的蒸汽喷射泵，图中蒸汽由进口 1 进入，经过喷嘴 2，因其在此处具有最大速度，就使吸入室 4 蒸汽减压而将液体从吸入口 5 吸入。吸入后的液体与蒸汽混合，蒸汽自动冷凝并将其部分的动能和热传给液体

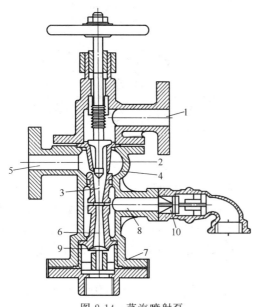

图 2-14 蒸汽喷射泵
1—蒸汽进口；2—蒸汽喷嘴；3—混合喷嘴；4—吸入室；
5—液体吸入口；6—扩大管；7—压出管；
8—冷凝液出口；9，10—单向活门

（包括冷凝水），到混合喷嘴的末端时，液体能以很高的速度进入到扩大管 6。在扩大管中液体的速度降低，动能再转变为静压能，液体的压强较进口处蒸汽的压强要高，因此液体可由压出管 7 排出。

　　喷射泵的效率很低，若用蒸汽为工作流体，因为蒸汽的原有热含量几乎全部保留在最后的液体中，所以喷射泵常用于小型锅炉的注水操作，既能利用锅炉的蒸汽以注水，又能回收蒸汽的热能。此种喷射泵也称为蒸汽注射泵。

　　除以蒸汽作为工作流体外，喷射泵也可采用其他工作流体。若以水为工作流体，其效率更低，仅为 10%～25%。但其结构简单，而且可应用城市自来水为工作流体，因此，在完成临时工作任务时，颇为方便。在工业上，水喷射泵主要适用于由地窖或其他洼地吸水之用。图 2-15 所示为水喷射泵的构造情况。水喷射泵的吸入高度可达 2m，总压头可达 10m 左右。

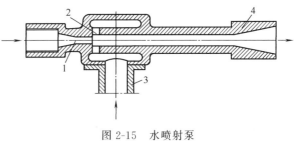

图 2-15　水喷射泵
1—喷嘴；2—吸入口；3—吸入导管；4—排出口

　　喷射泵的缺点除产生的压头小、效率低以外，其所输送的液体还将被工作流体所稀释，因而使其应用范围受到限制。

　　另外，还有利用压缩空气来升举液体的空气升液器，以及利用真空来抽吸或输送物料等。

2.1.2　离心泵与往复泵的比较

　　离心泵与往复泵是液体输送最常用的两种机械，各有利弊。但一般而言，离心泵的应用范围日益广阔，除了若干特殊情形外，轻化工企业中多已采用离心泵，因为它比往复泵有许多的优点。

　　① 离心泵构造简单而紧凑，对于同一输送量和压头而言，离心泵所占的体积较小，同时重量也轻，可以少用材料，并且对基础的要求也可不必像往复泵那样严格，因此制造和安装费用均较少。

　　② 离心泵为高速旋转运动的机械，所以可很简便地直接连接于电动机或蒸汽透平机，这样就使装置更趋简单，易于安装。

　　③ 离心泵比往复泵可具有较大的缝隙，而且泵体内没有活门，所以适用于输送悬浮液，特殊设计的泵还可以输送含有较大块固体的悬浮液。

　　④ 离心泵易于用耐化学腐蚀的材料制成，所以适合于输送腐蚀性液体。往复泵用于腐蚀性液体的输送时，其构造复杂，制造困难，价格也较贵。

　　⑤ 往复泵中活塞、活门等活动零件较多，易出故障，必须经常修换，而离心泵则无此弊，所以经久耐用，节省修理费，而且管理方便，工作可靠。

　　⑥ 往复泵的排液为正位移式，而离心泵则不同，所以离心泵可在出口处安装阀门以调节排液量，而且将阀门全闭，也不致损坏泵壳或其他部件。

　　⑦ 当压头不大，但需大的送液量时，用离心泵最为适宜。又如输送悬浮液至压滤机时，用离心泵尤为有效。这是因为当压滤机上的滤渣加厚，阻力加大时，离心泵能自动减少送液量而增加压头，并且由于其最高压头有一定的限制，也减少了过滤时压滤机上滤布破裂损坏的危险。

　　⑧ 离心机排液均匀，无振动现象。

　　但在许多情况下，往复泵比离心泵也有优越之处。

① 往复泵所能产生的压头，远非离心泵所能及。所以，当需要很高的压头时，必须采用往复泵。

② 送液能力小时，离心泵由于构造的关系以及效率较低，使用受到了限制。而往复泵则仍可以使用，尤其能在大的压头下提供不大的液量。这是离心泵所不能的。

③ 往复泵的工作弹性比离心泵大，在较宽的工作变动范围内能保持几乎不变的工作效率。

④ 一般说来，往复泵的效率比离心泵略高（高 10%～15%）。

⑤ 往复泵无气缚之弊。

2.1.3　选泵的原则和计算

2.1.3.1　泵的类型选择

在轻化工企业中，对泵的要求比较复杂，因为所输送的液体，可能是腐蚀性的，如酸或碱液；可能是非常黏滞的，如油类和糖蜜；也可能是含有大量固体的悬浮液。此外，就其所需液量、压力和温度而论，也有很大的变化，在生产方法上也有间歇和连续工作之分。因此，在选用泵时，必须充分考虑各种有关的因素，主要可以从下面四个因素进行考虑。

（1）生产方式　考虑泵在生产过程中的用途，有的是单纯作为液体输送，对流量无特殊要求；有的作为工艺过程中液体流量的控制；有的作间歇操作之用；有的则要求连续不断等。应根据生产中泵的不同用途和不同生产方式的需要，选择不同类型的泵。

（2）介质物性　生产过程中所输送的物料具有不同的特性，对泵的选择也提出不同的要求。如不含有固体颗粒的清洁物料，可选用任何形式的泵；对含固体颗粒的悬浮液体，可选用离心泵、隔膜式往复泵；对高黏度的液体，选用齿轮泵较适宜；对腐蚀性液体，可选用耐酸泵、塑料泵、玻璃泵等；对易燃、易爆的液体，选用蒸汽往复泵、防爆电动机驱动各类泵或用氮气进行输送。

（3）工艺要求　工艺过程的不同操作条件，如温度、压力、流量对泵的选择都有具体要求。如输送高温液体选用耐高温泵；设备带有高压时，可选用适应条件的往复泵。

（4）现场条件　泵的选择要考虑现场条件，如现场空间大小、泵体位置、吸入条件（现场吸入高度或吸入扬程，吸入管的直径和长度）、排出条件、动力种类以及防火防爆等级。

2.1.3.2　离心泵的选择步骤

离心泵的选择包括确定类型和型号两项内容。在选择中应注意满足使用与经济两方面的要求。具体方法步骤归纳如下。

① 调查了解整个工程工况装置的用途、管路布置、被输送液体的性质等。

② 根据被输送液体的性质和操作条件，确定泵的类型。

③ 根据具体管路对泵提出的流量和压头要求确定泵的型号。

④ 按已确定的流量 Q 和压头 H 从所确定的泵的型号的产品样本中查阅特性曲线，核算泵的性能。

⑤ 核算泵的轴功率。若被输送液体的密度大于水的密度时，可按下式核算泵的功率。

$$N=\frac{QH\rho}{102\eta}=\frac{QH\rho g}{1000\eta}\ (kW)$$

⑥ 流量、压头和效率的核算。当被输送流体的运动黏度 ν 大于 20（cP）时，离心泵的性能需按下式进行换算，即

$$Q'=C_Q Q$$
$$H'=C_H H$$
$$\eta'=C_\eta \eta$$

式中　Q，H，η——离心泵输送水时的流量、压头、效率；

　　Q'、H'、η'——离心泵输送其他黏性液体时的流量、压头、效率；

　　C_Q、C_H、C_η——流量、压头、效率的换算系数。

　　式中的换算系数均可由相关的图表中查得。

　　⑦ 确定泵的几何安装高度。

　　⑧ 确定泵的备用率和台数。

　　⑨ 填写泵的规格表。

2.1.3.3　选泵过程中的计算

　　(1) 管路中的阻力损失　管路中的阻力损失包括摩擦阻力和局部阻力两部分。

$$\Delta p = \left(\lambda \frac{l}{d_e} + \xi\right)\frac{u^2 \rho}{2} \tag{2-1}$$

$$h = \frac{\Delta p}{\rho g} = \left(\lambda \frac{l}{d_e} + \xi\right)\frac{u^2}{2g} \tag{2-2}$$

　　式中，$\lambda = f(Re)$；$\xi = f(l_e)$。

　　对于摩擦阻力系数 λ 有以下估算方法。

层流：　　　　　$Re < 2300$　　　　　　　　$\lambda = 64/Re$

光滑摩擦：　　$2300 < Re < 10/e$　　　　　　$\lambda = 0.3165/Re^{0.25}$

混合摩擦：　　$10/e < Re < 560/e$　　　　　$\lambda = 0.11(e + 68/Re)^{0.25}$

自模拟：　　　$Re > 560/e$　　　　　　　　　$\lambda = 0.11e^{0.25}$

式中　e——相对粗糙度，$e = \varepsilon/d_0$；

　　d_0——管径；

　　ε——绝对粗糙度。

　　而局部阻力系数是流体通过管件时，因截面大小或流动方向产生涡流而消耗了流体的压头。局部阻力的计算通常采用两种计算方法：一是当量长度法；二是阻力系数法。

　　当量长度法是流体通过管件的压头损失相当于通过若干米直管所损失的压头，即将局部阻力折成直管阻力，这样可与直管阻力合并计算。

$$hl = \lambda \frac{l_e}{d_e}\frac{u^2}{2g} \tag{2-3}$$

则总压头损失

$$\sum hf = \lambda \left(\frac{l + l_e}{d_e}\right)\frac{u^2}{2g} \tag{2-4}$$

式中　l_e——当量长度，以直管内径的倍数来表示。

　　可由列表查取常用管件和阀门在湍流时的当量长度与直管内径之比的数据，如 $144\text{mm} \times 4\text{mm}$ 的直管中装有一个球心阀，则在阀全开时，它的当量长度为：查得球心阀全开时 $l_e/d_e = 120$，则 $l_e = 120d_e = 120 \times 0.136 = 16.32$（m）直管。

　　阻力系数法是流体通过管件时所损失压头相当于若干倍的速度头，即

$$hl = \xi \frac{u^2}{2g} \tag{2-5}$$

式中　hl——局部阻力；

　　u——流体通过管件时的速度；

　　ξ——阻力系数，由实验测定。

　　ξ 值可根据管件突然扩大，管件突然缩小，管子入口，管子出口及管件和阀门等情况从

数据表中查到。

管子入口　$\xi = 0.5$；

管子出口　$\xi = 1.0$；

管口圆滑　$\xi = 0.02$。

管件和阀门的阻力系数如下。

90°弯管　$\xi = 1.13 \sim 1.26$；

闸门阀（全开）$\xi = 0.15$；

球心阀（全开）$\xi = 3.0$。

（2）管路最佳直径的计算　圆管的内径一般按下式计算

$$d_e = \sqrt{\frac{4Q}{\pi u}} \tag{2-6}$$

在输送流体时，流体的流量是已知的，因而管径的计算唯一需要确定的是 ω。速度越大，所需管径就越小。这就降低了管路的成本及其安装和修理费用。但是，管路的压头损失随着速度的增大而增加，从而使输送介质所需的压降增加。这就意味着流体输送的能耗增加。

在管路的最佳直径条件下，输送液体或气体的总费用最低，该最佳直径应通过技术经济计算来确定。在实践中，为保证接近管路的最佳直径，可采用表 2-1 的经验速度值。

表 2-1　常用的流体经验速度值

液　体		$\mu / (m/s)$	气　体	$\mu / (m/s)$	蒸　汽		$\mu / (m/s)$
自然流动	黏性	0.1～0.5	自然通风时	2～4	过热蒸汽		30～50
	弱黏性	0.5～1.0	压力不大时	4～5	不同压力下的饱和蒸汽	大于 $10^5 Pa$	15～25
泵送	吸入管	0.8～2.0	高压时	通风机	15～25		$(0.5 \sim 1) \times 10^5 Pa$	20～40
	压出管	1.5～3.0		压缩机			$(1 \sim 2) \times 10^4 Pa$	40～60
						$(2 \sim 5) \times 10^4 Pa$	60～75

（3）允许吸入高度　工艺流程中泵的安装位置应考虑吸入高度 H_{BC} 不能大于下列数值。

$$H_{BC} \leqslant \frac{p_1}{\rho g} - \left(\frac{p_t}{\rho g} + \frac{u_{BC}^2}{2g} + h_{BC} + h_2 \right) \tag{2-7}$$

式中　p_1——液面压力；

p_t——操作温度下被吸送液体的饱和蒸气压；

u_{BC}——泵吸入接管内液体的流速；

h_{BC}——吸入管路中的压头损失；

h_2——避免汽蚀现象（在离心泵中）或防止由于惯性力造成活塞与液体脱离（在活塞泵中）的压头余量。

对于离心泵　　　　　　　　$h_2 = 0.3(Qn^2)^{2/3}$ \tag{2-8}

式中　n——轴的转速。

对于活塞泵，当吸入管上装有气室时

$$h_2 = 1.2 \frac{L f_1 u^2}{g f_2 r} \tag{2-9}$$

式中　L——从气室中自由液面计算的吸入导管中的液柱高度；

f_1，f_2——活塞、导管的截面积；

u——转动的圆周速度；

　　r——曲柄半径。

　　计算所得的最大允许吸入高度仅为理论值。为保证泵的操作可靠性，泵的安装高度还应低一些。

　　（4）扬程计算　需要的扬程为选泵重要依据，依管路的安装和操作条件而定，计算时应首先绘制流程草图、平面和立面布置图，从而计算管线长度、管径及管件类型和数量。

　　一般管路的流程和布置可由图 2-16 来表示，而需要的扬程 h 可按图中所附公式进行计算，公式中的符号意义如下：

　　D——排出几何高度；　　　　　　　　　　S——吸入几何高度；

　　p_d——容器内操作压力；　　　　　　　　　h_{fd}——排出管全部阻力损失；

　　h_{fs}——吸入管全部阻力损失；　　　　　　h_a——吸入口阻力损失；

　　h_b——排出口阻力损失。

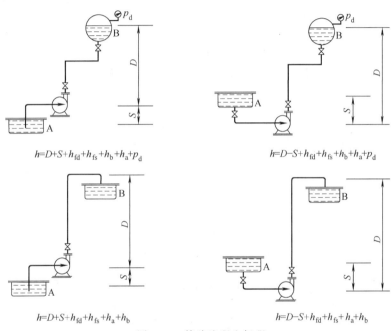

$$h=D+S+h_{fd}+h_{fs}+h_b+h_a+p_d \qquad h=D-S+h_{fd}+h_{fs}+h_b+h_a+p_d$$

$$h=D+S+h_{fd}+h_{fs}+h_a+h_b \qquad h=D-S+h_{fd}+h_{fs}+h_a+h_b$$

图 2-16　管路流程和扬程

2.2　风机的选择

　　气体输送机械与液体输送机械大体相同，从其结构及操作原理来看也与液体输送机械相类似，也可分为往复式、离心式、旋转式和流体作用式四类。但气体具有可压缩性，因此在气体输送过程中，当气体的压强发生变化，其体积和温度也将随之而发生变化。当这种变化较大时，处理气体输送问题就需加以考虑。

　　气体的输送过程和压缩过程常以"压缩比"来区别。所谓压缩比，它表示气体的压缩程度，即气体输送机械出口与进口的绝对压强的比值。

　　由于不同的使用要求，根据压缩比的不同，将气体输送机械分为下面四类。

　　① 通风机　其压缩比为 $1\sim1.15$，即所产生的压强不大于 1.15atm（$1\text{atm}=101325\text{Pa}$）。

　　② 鼓风机　其压缩比为 $1.15\sim3.5$，即所产生的压强为 $1.15\sim3.5\text{atm}$。

　　③ 压缩机　其压缩比在 3.5 以上，即所产生的压强在 3.5atm 以上。

　　④ 真空泵　减压用的气体输送机械，即所产生的压强低于大气压。

一般在工程计算中，除压缩机以外，均按一般输送问题处理，对气体的压缩过程，则需要应用热力学方法进行计算。

对于一定质量流量的气体，由于密度小，其体积流量大，因此气体输送管路中的流速要比液体输送管路中的流速大得多，液体在管路中的经济流速一般为 $1\sim3\mathrm{m/s}$，而气体为 $15\sim25\mathrm{m/s}$，约为液体的 10 倍。这样，利用各自最经济的流速输送同样质量流量，经相同管长后，气体的阻力损失约为液体阻力损失的 10 倍，也就是说，气体输送管路对输送机械所提出的压头要求比液体管路要大得多。因此，流量大、压头高的液体输送是比较困难的，对气体输送，这个问题尤其突出。

离心式和轴流式的输送机械，流量大，但经常不能提供管路所需的压头。各种正位移式的输送机械虽然可提供所需的压头，但流量大时，设备十分庞大。因此，在气体管路设计或工艺条件选择中，应特别注意这个问题。

2.2.1 气体输送机械的类型及特性

2.2.1.1 通风机

通风机主要有离心式和轴流式两类。轴流式通风机所产生的风压较小，一般只用作通风，被固定安装于需要送风处的墙壁或天花板上。离心式通风机则较多地用于气体输送。它们的结构如图 2-17 所示。

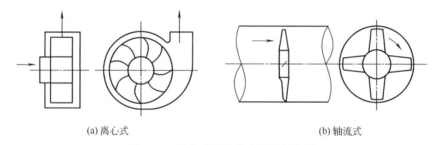

(a)离心式　　　　　　　　　(b)轴流式

图 2-17　离心式和轴流式通风机简图

离心式通风机的操作原理和离心机相似，它借助于机壳内一个高速旋转的叶轮，使气体产生离心力而将气体压出。离心式通风机根据所产生的压强大小分为以下三类。

① 低压离心式通风机　出口风压不大于 $100\mathrm{mmH_2O}$[1]（表压）。

② 中压离心式通风机　出口风压在 $100\sim300\mathrm{mmH_2O}$（表压）。

③ 高压离心式通风机　出口风压在 $100\sim1500\mathrm{mmH_2O}$（表压）。

中、低压离心式通风机主要作通风换气用，高压离心式通风机主要用于气体输送。

由于离心式通风机前后气体的压力差很小，因此气体的密度和温度的变化可略而不计。所以，其性能的计算与离心泵相同，其性能曲线的表示形式也与离心泵相似。但是，由于风机中常以 $1\mathrm{m^3}$ 体积被输送气体作为能量计算基准，所以表示风机给予 $1\mathrm{m^3}$ 气体的能量常以压力 p 单位表示，（即 $\mathrm{kg/cm^2}$）称为全风压，实际上等于离心泵压头乘以被输送气体的密度。

在风机中，由于气体自风机得到能量中速度头所占的比例较大，所以在一般的风机的性能曲线中，除了全风压与风量的关系外，还有静风压与风量的关系曲线 $\Delta p_{\text{静}}\text{-}Q$ 曲线。所谓静风压就是风机的压头中扣除了速度头后的值（或是系统的总阻力）。

由于风机的全压、静压及功率等参数与被输送气体的密度有密切关系，因此其性能曲线

---

❶　$1\mathrm{mmH_2O}=9.80665\mathrm{Pa}$。

的形状与工作转速及叶轮的几何尺寸有关之外，还与被输送气体的密度 ρ 有关。一般绘出的通风机性能曲线都是指输送气体为标准状态下的空气而言，即

$$p_0 = 760\text{mmHg}❶，\ T_0 = 20℃，\ \rho = 1.2\text{kg/m}^3$$

离心式通风机特性曲线的测定，也和离心泵一样，由实验测定。

离心式通风机与离心泵不同的是其叶轮形态不一定是后弯的，有的是径向的，而更多的是前弯叶片。前弯叶片产生的风压高，风量大，风压曲线平稳。风机的结构紧凑，但它的效率较低，噪声较大。前弯叶片主要用于低压送风，前弯叶片的风机所需功率随风量增加而增加较快，所以在选用风机时要特别注意匹配电动机容量，并留有余地。

常用的离心式通风机，其叶轮为众多的弯曲叶片所制成，所以也称复叶式通风机，如图 2-18 所示。对有腐蚀性的气体，送风机的整个内部可以衬铅，或者全部由耐腐蚀的材料制成。

为了满足生产上的需要，离心式通风机有各种类型和规格。同离心泵的选择一样，可根据气体的性质（如有无腐蚀性、温度高低、含尘多少等）、气体流量、管路阻力大小等在风机特性曲线上予以选择。但在大多数情况下，风机产品目录中并未绘出特性曲线，而是用表绘出风机的特性。表中绘出的数据为风机效率较高的操作区间。在这种情况下，可以根据风量、全风压，从表中直接选择。应该注意的是，风机出厂标出的全风压允许有 $\pm 5\%$ 的偏差，所以在选用时要留有充分的余地。

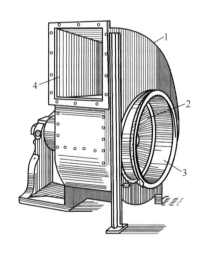

图 2-18　离心式通风机

1—机壳；2—叶轮；3—吸入口；4—排出口

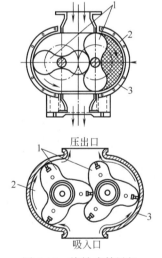

图 2-19　旋转式鼓风机

1—工作翼轮；2—所输送的气体体积；3—机壳

2.2.1.2　鼓风机

鼓风机的类型很多，常用的有旋转式鼓风机和离心式鼓风机。

（1）旋转式鼓风机　旋转式鼓风机又称定积式鼓风机，即罗茨风机，其结构主要由机壳和两个特殊形状的转子所组成，如图 2-19 所示。其作用原理是依靠两个转子在机壳中不断旋转，形成两个密闭空间，将机体分为高压和低压两部分，当两个转子按相反方向旋转时，就不断地将气体从低压部分吸入并从高压部分压出，最后排入压出导管中。两个转子采用齿轮相连，以相同的转速作相反旋转，主动转子直接与电动机连接，主动转子与被动转子之间，以及转子与机壳之间，保持一定大小的间隙（转子与转子之间的间隙为 0.4～0.5mm，

❶　1mmHg=133.322Pa。

转子与外壳之间的间隙为 0.2～0.3mm）。虽然旋转式鼓风机的结构较简单，但制造精度和质量要求较高，操作中产生的噪声也较大。

旋转式鼓风机其作用原理与旋转泵类似，没有活塞和活门装置，所排出的气体是连续而均匀的。其主要特点是流量小，而压力较高。其主要缺点是效率比往复式压缩机低。

旋转式鼓风机由于靠两转子的相对运动将气体压出，因此它的一个重要的特点是流量基本不随管路所要求的压头而变化。所以，在选择时不必考虑其压头如何随流量而变化的关系。选择时，可根据所需风量与风压，由风机的产品目录中查得。

旋转式鼓风机的型号表示方法，如 LGA40-5000-1 的型号，其中 LG 表示为罗茨鼓风机，A 为卧式（如立式用 B 表示），40 指流量为 40m³/min，5000 为出口静压毫米水柱值，1 为第一次设计。各种规格的旋转式鼓风机可以有关产品目录和样本上查得。

（2）离心式鼓风机　离心式鼓风机又称涡轮鼓风机或透平鼓风机，其作用原理与离心式通风机相同，但由于一个单级的离心式鼓风机仅能产生不超过 0.15 个大气压表压的压强，所以一般为多级使用，犹如多级离心泵一样。如图 2-20 所示，当鼓风机的工作叶轮高速旋转时产生离心力，将气体由叶轮的中心甩向外圆周，而在中心处产生减压，气体就不断地被吸入。而甩向外圆周的气体，则静压头和动压头都被增高了。从第一级叶轮出口的气体，以同样的情况被吸至第二级叶轮的中心处，依次经过所有的叶轮，使气体达到所要求的压力，最后进入外壳，由压出连接管排出。为了避免气体由工作叶轮进入次一级工作叶轮时发生撞击现象，各工作叶轮均有导轮（或称扩散圈）。一般离心式鼓风机所达到的压强为 0.13～0.4MPa，有 4～6 级。与旋转式鼓风机相比，其生产能力比较大，最大的离心式鼓风机生产能力可达 6000m³/min。

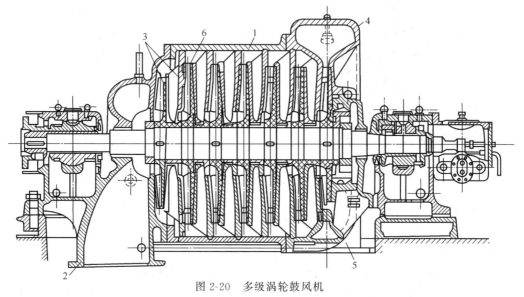

图 2-20　多级涡轮鼓风机

1—壳；2—吸入连接管；3—工作叶轮；4—涡囊；5—压出连接管；6—扩散圈

离心式鼓风机的型号由基本型号和补充型号组成，基本型号包括鼓风机进口的吸入形式和鼓风机的容积流量（m³/min）。吸入式有两种，单侧吸入用"单"的拼音第一字母 D 表示，双侧吸入用"双"的拼音第一个字母 S 表示。如 D190-31 型离心式鼓风机，即表示该鼓风机为单侧吸入，流量为 190m³/min，三级叶轮，第一次设计。离心式鼓风机的选用方法与离心式通风机相同。

2.2.1.3　压缩机

压缩机的类型也很多，常用的有往复式压缩机、离心式压缩机和旋转式压缩机。

（1）往复式压缩机　往复式压缩机的操作原理与往复式泵相同，即依靠活塞的往复运动而将气体压缩，如图 2-21 所示。图中 1 为气缸，当活塞 2 由右向左运动时，吸入活门 9 关闭。活塞上装有涨圈 3，使活塞与缸壁保持密切接触，从而使气体受压。待气体的压强足以克服压出活门 7 的阻力时，迫使压出活门 7 开启，压缩气体经压出活门 7 排出，而进入压出导管 8 中。同时，在活塞后的空间，形成减压，从而关闭压出活门 6 而开启吸入活门 4，将气体沿吸入导管 5 吸入气缸内。

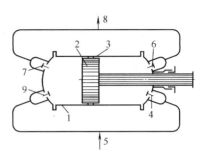

图 2-21　双动往复式压缩机简图

1—气缸；2—活塞；3—活塞涨圈；
4,9—吸入活门；5—吸入导管；
6,7—压出活门；8—压出导管

当活塞相反地由左向右运动时，显然吸入活门 4 与压出活门 7 关闭，而压出活门 6 与吸入活门 9 开启。气体压缩后经压出活门 6 排出，也进入压出导管 8 中，同时沿吸入导管 5 经吸入活门 9 吸入气体。这样一往一复，气体便随着活塞的运动而两次被吸入、压缩和压出。此种压缩机称为双动压缩机。若只在活塞的前部有两个活门，一为吸入活门，一为压出活门，则活塞的一往一复，仅能吸入、压缩和压出气体一次。此种压缩机称为单动压缩机。

由上述可知，往复式压缩机与往复泵的作用完全相似，但由于气体的可压缩性，所以又与泵有些不同。

当气体经过压缩机时，体积压缩而受功，此项功和摩擦损失均转变为热，同时，由于气体的密度与比热均比液体要小，其结果使气体的温度显著上升，为了提高压缩机的工作效率，此项热量必须除去，因此在操作上常使用冷却的方法，以减低气体温度的上升。同时，在构造上，多数压缩机也都具有这种冷却装置。

此外，压缩机活塞每一往复，活塞两端与缸盖之间均留有一定的空隙，此空隙通常以活塞在一冲程内所经过的全部体积的百分比表示，称为余隙。由于气体具有较大的压缩性，所以当气体由 p_1 压缩到 p_2 时，实际压缩机压缩过程除有吸入阶段、压缩阶段、排出阶段外，还有膨胀阶段。这是因为在排出阶段末了时，不可能将全部气体排出，还有压缩为 p_2 的余隙气体存留在气缸内，当活塞再次向右移动时，余隙气体首先要膨胀，直到气体压强降到比 p_1 小一点时，外界气体才顶开吸入活门而进入气缸内。所以，由于余隙的影响，实际能吸入的气体的体积要比活塞扫过的体积要小，二者之比称为容积系数，即

$$容积系数 = \frac{吸入气体的体积}{活塞变位的体积}$$

实践证明：容积系数的值与余隙的大小和气体的压缩比 p_2/p_1 有关。余隙越大，则容积系数越小，压缩机的实际生产能力也越小，气体压缩比越大，残留于余隙内的气体经膨胀后的体积也越大，而吸入压缩机的气体体积则越小，因此压缩机的容积系数及其实际生产能力也越小。所以，当 $p_2/p_1 > 8$ 时，必须将压缩机做成两个或两个以上的气缸串联装置，成为多级压缩机。多级压缩机中各级压缩比一般为 3～4，并在各级之间装有中间冷却器，用以冷却经过压缩后的气体。

往复式压缩机的结构与往复泵大致相同，不同处只有吸入与压出活门较轻，活塞与气缸盖间的余隙较小，各处的结合更为严密，并附有冷却装置。

往复式压缩机的类型很多，通常以其结构和操作特点，以及生产能力的大小等作为依据来分类，常见的有以下几种。

① 依压缩机的构造有活塞式压缩机和隔膜式压缩机。

② 依压缩机气缸的位置不同，有横式、立式、V形、W形压缩机。

③ 依压缩机气缸的活门位置不同，有单动和双动压缩机。

④ 依气体受压缩的级数不同，有单级式（压缩比 $p_2/p_1=2\sim8$）、双级式（压缩比 $p_2/p_1=8\sim50$）、多级式（压缩比 $p_2/p_1=50\sim1000$）压缩机。

⑤ 依压缩机的生产能力不同，有小型压缩机（$10\mathrm{m^3/min}$ 以下）、中型压缩机（$10\sim30\mathrm{m^3/min}$）、大型压缩机（$30\mathrm{m^3/min}$ 以上）。

⑥ 依压缩机所产生的压强的大小不同，有低压压缩机（1.0MPa以下）、中压压缩机（$1.0\sim8.0\mathrm{MPa}$）、高压压缩机（$8.0\sim100\mathrm{MPa}$）。

此外，还有依据被压缩气体的性质，分为空气压缩机、氢气压缩机、氨气压缩机、石油气压缩机等多种类型。

往复式压缩机的选用要根据两个指标：一是从标准状态计算的气体体积 $\mathrm{m^3/h}$ 或 $\mathrm{m^3/min}$；二是压缩比，可以从机械产品目录中查得。

（2）离心式压缩机　离心式压缩机的作用原理与离心式鼓风机完全相同，其区别主要为其所产生压强的大小不一样。离心式鼓风机所能达到的压强为 $0.13\sim0.4\mathrm{MPa}$；而离心式压缩机则可达到 $0.4\sim1.0\mathrm{MPa}$；特殊构造的离心式压缩机可达 3.0MPa 或更大。离心式鼓风机由于要求出口压强不是很高，所以级数不多，气体在压缩过程中可以不加冷却，级与级之间叶轮大小也通常相同；而在离心式压缩机中则要求级数较多，压强较高，级与级之间叶轮大小也不一样。这是由于气体入口部分压强较小，叶轮比较大，随着一级比一级压强的增大，气体体积也相应缩小，叶轮也越来越小。当气体经过几级压缩后，温度将显著上升，必须经过中间冷却器。离心式压缩机叶轮的转速也较高，一般在 5000r/min 以上，是一个高速旋转的设备，所以其生产能力也大，最大的生产能力可达每小时十余万立方米气体。

离心式压缩机的型号与离心式鼓风机的表示相同，仅添一个"A"字以资区别。例如：DA250-61 型离心式压缩机，即表示该机为单侧吸入，流量为 $250\mathrm{m^3/min}$，六级叶轮，第一次设计的离心式压缩机。

与往复式压缩机相比较，离心式压缩机的优点和缺点也正如离心泵与往复泵相比较时类似。它具有输送气体均匀，可直接与电动机连接等优点，适宜于处理大量气体而压强要求不高的情况。另外，离心式压缩机不需要内部润滑，非常适合处理那些不宜与油接触的气体。当生产能力小于 $6000\mathrm{m^3/h}$ 时，它的效率就比往复式压缩机要低，当送气有变动时，压力就有变动，负荷不足时效率大为降低，所以当要求压强高于 $1.0\sim1.2\mathrm{MPa}$ 或生产能力低于 $6000\mathrm{m^3/h}$ 时，由于离心式压缩机的效率比往复式压缩机要低，则较多地采用往复式压缩机。

（3）旋转式压缩机　旋转式压缩机犹如液体输送中的旋转泵，和离心式压缩机一样没有活门和活塞的装置，其操作原理是借一定形状的一个或两个旋转部件在机壳中不断旋转，与机壳间间歇地形成一种密闭空间，将气体吸入；再继续旋转时，由于此空间的缩小，将气体压缩，最后排入压出管道中。

因为没有通常活塞和活门的往复作用，由旋转式压缩机中排出的气体是连续而均匀的。此外，旋转式压缩机中的旋转部分可与电动机直接连接。

旋转式压缩机的另一优点为构造简单而紧凑，特别适用于现代化工厂的需要，用以输送或压缩空气、高热分解的气体 、石灰窑炉气及其他气体。此类压缩机典型的有以下两种。

① 转动活板压缩机　这种压缩机的构造情况如图 2-22 所示，图中 5 为圆筒形机壳，旋转转子 1 对圆筒的中心轴作偏心转动。转子上有一列缝隙，各缝隙内嵌入厚为 $0.8\sim2.5\mathrm{mm}$ 的活板 2，转子依箭头方向旋转时，各片由于离心力的作用，自各缝隙甩出而形成若干大小

不同的密闭空间。由于偏心的关系，这些密闭空间就随转子的旋转而越来越小，从而将气体压缩而排出。

这种压缩机的筒壁和盖都备有冷却水夹套。其生产能力，若终压在 0.4MPa（表压）以下，为 160～4000m³/h。压缩比值在 2～3 之间，而生产能力在 2100m³/h 以下的压缩机，其等温压缩效率与机械效率的乘积等于 0.55～0.65。

② 液环压缩机　这种压缩机是由具有特殊设计、略似椭圆形的外壳和旋转翼轮所组成，壳中储有适量的液体，如图 2-23 所示。当翼轮 2 旋转时，翼轮的轮叶带动此液体使翼轮随之而动，但由于离心力的作用，液体被抛向外壳，形成一种液环，在椭圆的长轴两端显出两个月牙形的空间。

当翼轮旋转一周，液体轮流地趋向和离开翼轮的中心，其作用即仿佛许多液体活塞，将液体由吸入口 3 处吸入而由压出口 4 处压出。

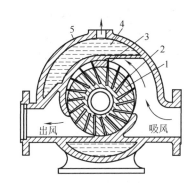

图 2-22　转动活板压缩机
1—转子；2—活板；3—所压缩气体的体积；
4—水夹套；5—机壳

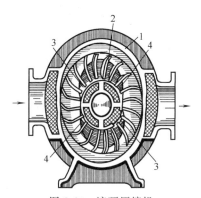

图 2-23　液环压缩机
1—外壳；2—翼轮；3—吸入口；4—压出口

在液环压缩机中，被压缩的气体仅与翼轮接触而不与外壳接触，这是因为翼轮可用抗腐蚀材料制成。至于壳内所储液体，可任选一种不与被压缩气体作用的即可。例如，压缩氧气时用浓硫酸，压缩空气时则用水等。

此类压缩机所产生的压强可以高达 0.5～0.6MPa，但其最大效率则产生在 0.15～0.18MPa 之间；其生产能力，对空气而言，可达 600m³/h。

2.2.1.4　真空泵

在轻化工生产中，某些生产过程常在低于大气压的情况下进行，真空泵就是能获得低于大气压的压强的机械设备。

真空泵可分为干式真空泵和湿式真空泵两类。干式真空泵只从容器中抽出气体，可以达到 96％～99％的真空度；湿式真空泵在抽吸气体的同时还带有较多的水泡，它只能产生 85％～90％的真空度。在结构上，真空泵的形式大致可分成往复式真空泵和回转式真空泵（水环真空泵）等。

（1）往复式真空泵　往复式真空泵的作用原理与往复式压缩机完全相同，只是在结构上有所区别。往复式真空泵与其他形式的真空泵一样，具有压缩比高的共同特点，例如要得到 95％的真空度（即 0.05 个绝对大气压），所得到的压缩比为 20 左右。由于真空泵的压缩比很高，容积系数值降低很厉害，这就影响了真空泵的抽气量和功率。必须依次从各方面提高容积系数，就需使其结构上不同于往复式压缩机。

（2）水环真空泵　如图 2-24 所示，外壳为圆形，中间有偏心安装的转子，转子上装有叶板。泵内充水到一定刻度，当转子旋转时，由于离心力作用，将水甩至壳壁形成水环，此水环具有密封作用，使叶板间的空隙形成许多大小不同的密封室。由于有偏心距转子作旋转运动，密封室先由小变大形成真空，将气体从吸入口吸入，继而密封室又由大变小，气体由压出口排出。

水环真空泵在吸气中可允许夹带少量液体，属于湿式真空泵，最高真空度可达 85%。这种泵的结构简单紧凑，没有活门，很少堵塞。水环真空泵运行时，要不断地充水以维持泵内液封，同时也起冷却作用。水环真空泵也可用于气体输送，特别是输送腐蚀性气体，如用硫酸做液封输送氯气，但不允许输送含有固体颗粒的气体混合物。

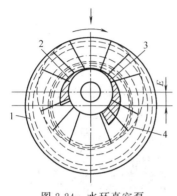

图 2-24　水环真空泵
1—水环；2—排气口；3—吸入口；4—转子

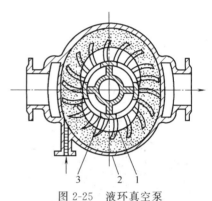

图 2-25　液环真空泵
1—叶轮；2—泵体；3—气体分配器

（3）液环真空泵　液环真空泵又称纳氏泵，在轻化工生产中应用很广，其结构如图 2-25 所示。液环真空泵外壳呈椭圆形，中间装有叶轮，叶轮带有很多爪形叶片。当叶轮旋转时，液体在离心力作用下被甩向四周，沿壁形成一椭圆形液环。壳内的充液量应使液环在椭圆短轴处充满泵壳与叶轮的空隙，而在长轴方向上形成两个月牙形的工作腔。和水环真空泵一样，工作腔也是由一些大小不同的密封室组成的，但是，水环真空泵的工作腔只是一个，是由于转子的偏心所造成，而液环真空泵的工作腔有两个，是由于泵壳的椭圆形状所形成。由于叶轮的旋转运动，每个工作腔的密封室逐渐由小变大，从吸入口吸入气体，然后密封室由大变小，将气体强行排出。

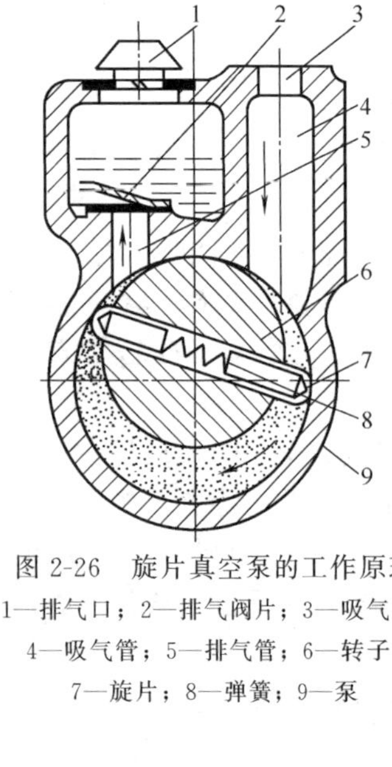

液环真空泵除用作真空泵外，也可用作压缩机，产生的压强（表压）可高达 0.5～0.6MPa。必须指出，液环真空泵在工作时，所输送的气体不与泵壳直接接触。因此，只要叶轮采用耐腐蚀材料制造，液环真空泵便可输送腐蚀性气体，泵内所充液体，必须不与气体起化学反应，如输送空气时，泵内充水即可。

（4）旋片真空泵　此泵是回转式真空泵的一种，其工作原理如图 2-26 所示。当带有两个旋片的偏心转子按箭头方向旋转时，旋片在弹簧的压力及自身离心力的作用下紧贴泵体内壁滑动，吸气工作室不断扩大，被抽气体通过吸气口经吸气管进入吸气工作室中，当旋片转至接近水平位置时，吸气完毕，此时吸入的气体被隔离。转子继续旋转，被隔离的气体逐渐被压缩，压强升高，当压强超过排气阀片上的压强时，则气体经排气管顶开排气阀片，通过油液

图 2-26　旋片真空泵的工作原理
1—排气口；2—排气阀片；3—吸气口；
4—吸气管；5—排气管；6—转子；
7—旋片；8—弹簧；9—泵

从泵排气口排出。泵体在工作过程中，旋片始终将泵腔分成吸气、排气两个工作室，转子每转一周，有两次吸气排气过程。

旋片真空泵的主要部分浸没于真空油中，为的是密封各部件的间隙、充填有害的空隙和得到润滑。此泵属于干式真空泵。如需抽吸含有少量可凝性气体的混合物时，泵上设有专门设计的填气阀（允许一定压强下打开的单向阀），把经控制的气流（通常是湿度不大的空气）引至泵的压缩腔内，以提高混合气的压缩，使其中的可凝性气体在分压尚未达到泵腔温度下的饱和值时，即被排出泵外。

旋片真空泵可达较高的真空度，但抽气速率比较小，适用于抽除干燥或含有少量可凝性蒸气的气体，不适宜用于抽除含尘气体和对润滑油起化学作用的气体。

（5）喷射真空泵　喷射真空泵如图 2-27 所示，它是利用高速流体射流时压强能向动能转换所造成的真空，将气体吸入泵内，在混合室通过碰撞、混合以提高吸入气体的机械能，将气体和工作流体一并排出泵外。

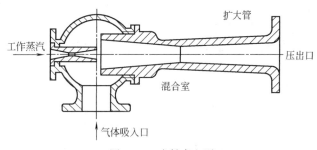

图 2-27　喷射真空泵

喷射泵的工作流体可以是蒸汽也可以是水，前者称为蒸汽喷射泵，后者称为水喷射泵。

单级蒸汽喷射泵仅能达到 90% 的真空度。为了获得更高的真空度，可采用多级蒸汽喷射泵。

喷射真空泵的优点是工作压强范围广、抽气量大、结构简单、适应性强（可抽送含有灰尘以及腐蚀性、易燃、易爆的气体等）；其缺点是效率很低，一般只有 10%～25%。因此，喷射真空泵多用于抽真空，很少用于输送目的。

真空泵的最主要特性是极限真空和抽气速率；极限真空（残余压强）是真空泵所能达到的稳定最低压强，习惯上以绝对压强表示；抽气速率（简称抽率）是单位时间内真空泵吸入口吸进的气体体积，这是在吸入口的温度和压强（极限有余）条件下的体积流量，常以 m^3/h 或 L/s 表示。

2.2.2　离心式通风机的选择

2.2.2.1　选择因素

（1）风量　如所需风量随时间变化，则结合工艺过程性质、送风系统的阻力特点、通风机的性能等考虑选定通风机的排风量。排风量是按单位时间内排出的气体体积换算成吸入状态时的数值来表示，单位采用 m^3/s、m^3/min 或 m^3/h。

（2）风压　分为有效总压和有效静压两种：通风机所提供的静压和动压的增加量表示有效总压；此有效总压减去通风机出口处的动压，即称为有效静压。通常风压的单位，通风机用 mmH_2O，鼓风机用 mmHg，压缩机用 Pa 或 MPa。

（3）动力　所需动力可由公式计算，电动机容量按机种与使用情况在计算所得的动力值上加 10%～15% 的余量。

（4）风机位置　风机位置由以下几点决定。

① 按工艺过程要求，希望管路系统处于正压时，安装在管路进口处；管路系统处于负压时，安装在管路出口处。

② 应安装在腐蚀成分、高温气体、悬浮颗粒磨耗等不良条件较少的地方。

③ 对于风压小的通风机，不管安装管路在何处，性能相差不大，但同一鼓风机在同样的条件下当作排风机使用时，风量将会减小。

2.2.2.2 选择步骤

① 了解整个工程工况装置的用途、管路布置、装机位置、被输送气体的性质（如清洁空气、烟气、含尘空气或易燃、易爆气体）等。

② 根据伯努利方程式，计算输送系统所需的实际风压。考虑计算中的误差及漏风等不可见因素而加上一个附加值，并换算成实验条件下的风压 Δp_0。

③ 根据所输送气体的性质与风压范围，确定风机类型。若输送的是清洁空气或与空气性质相近的气体，可选用一般类型的离心式通风机。

④ 把实际风量 Q（以风机进口状态计）乘一安全系数，并换算成实验条件下的风量 Q_0。（若实际风量 Q 大于实验条件下的风量 Q_0，常以 Q 代替 Q_0）。

⑤ 按实验条件下的风量 Q_0 和风压 Δp_0，从风机的产品样本、产品目录中的特性曲线或性能表选择合适的机型。

⑥ 根据风机安装位置，确定风机旋转方向和风口角度。

⑦ 若所输送气体的密度大于 1.2kg/m^3 时，则需核算轴功率。

【例 2-1】 有一台离心泵，其输送能力为 280L/min，扬程为 17m。现将此泵用来输送一种密度为 $1.06\times10^3\text{kg/m}^3$ 的液体，将其输送到离敞口槽液面高 8.5m 的设备中，泵的进口位于敞口槽液面下约 1m 处，设备中液面上的压强为 0.13MPa，要求每小时的输送量不小于 15m^3。输送导管用 $\phi70\text{mm}\times2.5\text{mm}$ 的钢管，其总长度（包括局部阻力的当量长度）为 124m，摩擦系数 λ 可取为 0.03。问此泵是否能用。

解 对此泵的实际要求输送能为

$$Q_C=\frac{15\times1000}{60}=250\ (\text{L/min})$$

对此泵的实际要求的扬程为

$$H=D-S+h_1+h_2$$

$$h_1=\lambda\frac{l}{d_0}\frac{u^2}{2g}$$

$$u=\frac{\dfrac{15}{3600}}{\dfrac{\pi}{4}d_0^2}=\frac{0.0042}{0.785\times0.065^2}=1.27\ (\text{m/s})$$

$$h_1=\lambda\frac{l}{d_0}\frac{u^2}{2g}=0.03\times\frac{124}{0.065}\times\frac{1.27^2}{2\times9.81}=4.69\ (\text{m})$$

$$p_2=0.13\text{MPa}\qquad p_1=0.1\text{MPa}$$

$$h_2=\frac{p_2-p_1}{\gamma}=\frac{(0.13-0.1)\times10^6}{1.06\times10^3\times9.81}=2.86\ (\text{m})$$

$$H=9.5-1+4.69+2.86=16.05\ (\text{m})$$

计算结果表明：泵的输送能力和扬程都大于生产要求，所以此泵可用。

第3章 气固分离设备

在轻化工生产过程中，常有除去气体中的固体微粒，以得到净化的气体原料，或者收集气体中的固体颗粒作为产品的单元操作过程，这种分离操作在工业上通常称为气体净制或者称为气固分离。气体净制的条件必须是气相非均一系，又称气相悬浮系，即气体中有固体或液体微粒悬浮着的系统。随着化学工业的发展及向其他工业领域的渗透，这类操作将越来越被重视及广泛地应用。例如在接触法的硫酸生产中，要预先除去原料气中悬浮的砷、硒等有害微粒，以防止接触媒介（催化剂）中毒，保证生产过程的进行。炉法的炭黑制造则是为了在废气中回收产品。又如冶金工业中回收金属粉尘；煤焦工业中回收焦油；制糖工业中由干燥气流中回收糖粉；在制药工业中甘草制品的生产过程中，甘草霜和甘草甜味素由喷雾干燥后的产品收集，以及在环保工程中粉尘（锅炉烟道气）和酸雾的去除。这些都要用到气相非均一系的分离这样一个单元操作。

3.1 气固分离的方法及其分类

均一系与非均一系为物质的物理存在状态的表示方式，非均一系是指物系中存在着两相或更多的相。就拿含有两相的非均一系而言，其中有一相为分散物质或称分散内相，以微细的分散状态存在，而另一相为分散介质或称分散外相。气体非均一系是以气体为分散介质，作为分散物质的固体或液体微粒，则悬浮在气体中。

均一系与非均一系有时很难严格地加以区分，如果悬浮在分散介质中的分散物质，它的微粒小到与分子或原子一样的大小，则此系统便为均一系。

表示微粒大小的单位一般用微米，以 μm 表示。$1\mu m$ 等于 $10^{-3}mm$ 或 $10^{-4}cm$。当分散物质的微粒小到 $1\mu m$ 以下时，即开始发生布朗运动；小到 $0.1\mu m$ 以下时，布朗运动变为显著，分散物质的微粒已不为重力所影响，而会永远以悬浮状态存在。因此，气相非均一系的分离操作，在应用上有其一定的限制，而且在选择分离方法时，也需针对具体情况加以决定。

气相非均一系根据其生成原因，以及其中所含悬浮粒子的大小和性质的不同，可以分为两大类：即机械性的和凝聚性的。

机械性的微粒，一般称为尘灰，是将固体研磨成粉末或将液体喷成雾沫而成，或是由于其他种类的机械原因，导致生成固体或液体微粒飞扬而悬浮于气体中。粉尘微粒的大小，通常在 $5\sim10\mu m$ 之间。凝聚性的微粒是由于气体或蒸气质点的凝聚，或由两种气体或蒸气经过化学反应而得。凝聚所得的微粒中固体的称为烟，液体的称为雾。例如氯化氢与氨气相遇，产生氯化铵烟；三氧化硫与水蒸气相遇，产生硫酸雾。烟与雾的大小，通常在 $0.3\sim3\mu m$ 之间。表 3-1 列出了一些悬浮微粒的尺寸。

表 3-1 中列举工业上常用的若干物料，其粒径为悬浮于气体中灰尘的平均尺寸。工业上常遇到的悬浮于气体中的微粒，其大小一般都很小，而烟与雾又比粉尘要小。但应指出，凝聚性的烟或雾的粒子也有可能彼此互相结成团，如此结合后，则微粒的大小或许要比机械性的灰尘要大。

气体非均一系的分离方法，即气固分离方法或称气体的净制方法，可分为下列四类。

表 3-1　悬浮于气体分散介质中的微粒大小

微粒种类		微粒直径/μm	微粒种类		微粒直径/μm
粉尘	水泥	40	烟	烟草	0.25
	面粉	15～20		氯化氨	0.1～1
	锌（喷洒的）	15		氯化锌	0.05
	煤	10	雾	硫酸（浓缩）	0.16～1.1
	颜料	2～5		焦油（发生炉气或焦油气中）	0.001～0.1
	锌（凝聚的）	2			
	氧化锌	0.5			

（1）气固的干法分离　是使微粒受重力作用或离心力作用而沉降。

（2）气固的湿法分离　是使气体与水或其他液体接触，分散物质的微粒被液体所洗去。

（3）气固的过滤分离　是使气体通过一种过滤介质，将分散物质的微粒截留。

（4）气固的电分离　是使气体中的微粒在高压电场内沉降。

3.2　气固的干法分离及设备

气固的干法分离也称为机械分离，是利用机械力（重力或离心力）的作用使悬浮的微粒沉降，而达到分离的目的。

3.2.1　分离原理

微粒的重力沉降，通常以沉降速度来作为一项设计参数。

当悬浮的微粒在气体分散介质中借其本身的重力作用而降落时，最初为加速运动，经过若干时间，当介质的摩擦阻力等于重力时，就成为等速运动，微粒以一定的速度下降。这种相等的降落速度称之为沉降速度，以 u_t 表示。

当一球形物体在重力作用下沉降时，其沉降速度的基本方程式为

$$u_t = \sqrt{\frac{4gd(\rho_s - \rho)}{3\rho\xi'}} \tag{3-1}$$

式中　d——球形微粒的直径；

ρ_s——球形微粒的密度；

ρ——气体的密度；

ξ'——无量纲常数，称为阻力系数。

对于任何范围内的沉降速度，只需将通过雷诺数的函数所表示的阻力系数 ξ 之值代入，即可求得。但因 $\xi = f(Re) = \phi(u_t)$，故作具体计算时，需采用试差法。实际上，可根据估计的沉降区域而采用较简单的方程式以求得沉降速度 u_t，然后以 Re 的值复验。

$$u_t = \frac{d^2 g(\rho_s - \rho)}{18\mu} \quad \text{或} \quad u_t = 1.74\sqrt{\frac{gd(\rho_s - \rho)}{\rho}}$$

对于气体非均一系而言，气体介质的密度 ρ 远比悬浮物 ρ_s 要小，因此在以上各式中可将 ρ 自（$\rho_s - \rho$）一项中略去，于是得到下列简化式：

过渡区域　　　　　　　　　　$$u_t = \sqrt{\frac{4gd\rho_s}{3\rho\xi'}} \tag{3-2}$$

层流区域　　　　　　　　　　$$u_t = \frac{d^2\rho_s g}{18\mu} \tag{3-3}$$

湍流区域　　　　　　　$$u_t = 1.74\sqrt{\frac{gd\rho_s}{\rho}} \tag{3-4}$$

对于过渡区域（$Re = 1\sim500$）用式（3-2）时，可先将 ξ 从球形物体与圆柱体沉降时的

阻力系数 ξ 与雷诺数 Re 的关系图中查出，或由 $\xi=18.5/Re^{0.6}$ 算出。

上述各式是根据光滑球形物体导出，但实际上悬浮微粒大多数是非球形的，也不一定光滑，因此上式中的各常数（1/18、1.74）均须以实验所确定的数值代替之。而各式中的直径 d 也须代以相当于球形微粒的当量直径。非球形和不光滑的物体沉降时，其阻力系数 ξ 之值远比光滑球形物体要大，所以其沉降速度也比自以上各式所求出的理论值要低。

根据上述这些方程，可以推断出微粒在沉降器中的运动状况：当一固体悬浮微粒随同气体进入一沉降器时，固体微粒受重力作用以 u_t 的沉降速度下降而同时以气流速度 u 的速度通过沉降器，此粒子的绝对运动速度为 u_t 与 u 的向量之和，可以用 u_t 与 u 所组成的一平行四边形的对角线表示，如图 3-1 所示。因此，沉降器应有适当的长度 L，才能使此粒子在随气体离开沉降器之前，有足够的时间沉降于器底。以上是单个颗粒的自由沉降，实际颗粒的沉降还须考虑下列各因素的影响。

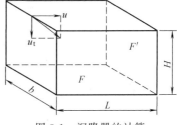

图 3-1　沉降器的计算

（1）干扰沉降　实际非均一系中存在许多颗粒，相邻颗粒的运动改变了原来单个颗粒周围的流场，颗粒沉降相互受到干扰，此称为干扰沉降，在颗粒的体积浓度小于 0.2% 的悬浮物系中，作为自由沉降计算所引起的偏差小于 1%；但当颗粒浓度更高时，由于颗粒的下沉使被置换的流体作反向运动，作用于颗粒上的阻力增加。此外，悬浮物系的有效密度和黏度也比纯流体要大，所以干扰沉降的沉降速度比自由沉降时要小。必要时，可用某些经验法则予以修正。

（2）端效应　容器的壁和底面均增加颗粒沉降时的阻力，使实际颗粒的沉降速度比自由沉降时的计算值小，在某些实验研究需要作准确计算时，应考虑此项端效应的影响。

（3）分子运动　当颗粒直径小到可与流体分子平均自由程相比拟时，颗粒的运动将受到流体分子热运动的影响。此时的流体已不能被视为连续介质。

3.2.2　重力沉降器

在计算重力沉降器的处理能力时，可以用每秒钟气体的体积流量 $V_秒$（$\mathrm{m^3/s}$）来表示。参阅图 3-1，以 L 为沉降器的长度，H 为其高度，b 为其宽度，以 m 为单位。显然，$\tau=H/u_t$，$\tau'=L/u$，而且粒子的沉降所需要的时间 τ 必须小于（至多等于）气体在沉降器内的停留时间 τ'，否则粒子未及沉降，就被气体所带走，所以

$$\tau \leqslant \tau';\quad H/u_t \leqslant L/u \tag{3-5}$$

沉降器垂直于气体流动方向的截面积为 $F'=bH$，于是

$$V_秒 = F'u = bHu = bH\frac{L}{\tau}$$

或

$$V_秒 \leqslant bH\frac{L}{\tau} \leqslant bHL\frac{u_t}{H} \leqslant bLu_t \leqslant Fu_t \tag{3-6}$$

式中，$F=bL$ 为沉降器的水平截面积，此式的涵义是：沉降器的除尘能力在理论上与其高度及容积无关，而仅与其水平截面积和颗粒的沉降速度有关。

为了使颗粒的沉降速度少受干扰，气体水平流过沉降器时的雷诺数应保持在层流范围之内，通常小于 1400~1700，即 $Re_气=d_e u\rho/\mu \leqslant 1400 \sim 1700$。式中，$d_e$ 为气体所通过的沉降器截面的当量直径。

重力沉降器的类型比较多，但从结构上看都是大同小异。最简单的沉降器为在气道中设置一些垂直挡板，使气体流过时改变其流动方向，降低其速度，使得一部分微粒与挡板相撞而下沉。图 3-2 为一简单的沉降器，也称为降尘气道，常用于锅炉烟道除尘。也有隔为多层的除尘室，室外的墙用砖砌成，隔板为钢板，隔板间的距离通常为 40~100mm。沉积在除

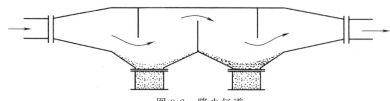

图 3-2　降尘气道

尘室的粉尘经过一定的时间，用耙扫出。为了保证操作的连续性，不致因扫除沉积的粉尘而停止生产，通常设置两个除尘室，或者将一个除尘室分为两部分，交替操作。除尘室适用于燃烧炉气及高温气体的除尘。

除尘室的实际分离程度一般不超过 40%～70%，因此只能作为气固分离的初步处理。对于含有较细粉尘的气体，除尘器效力很差，需采用其他方法。

3.2.3　旋风分离器

借助重力作用的气固分离，其除尘效率不高而且设备笨重，为了克服这些缺点，现在许多轻化工厂都利用离心力作用以达到使气体中固体粒子沉降的目的。用以实现这种离心沉降的设备叫旋风分离器。其操作原理是含尘气体在分离器内作徊旋运动而产生离心力，悬浮的粉尘由于具有较大的质量而具有相当的惯性，则与气体的主流分开而向器壁甩去，碰到器壁后落下，达到与气体分离的目的。

在旋风分离器内，粒子的离心沉降速度 u_r 的基本方程式为

$$u_r = \sqrt{\frac{4d\rho_s u^2}{3\xi'\rho r}}$$ （3-7）

比较式（3-7）与式（3-2）则知，在式（3-7）中以离心力加速度 u^2/r 代替了式（3-2）中重力加速度 g。r 为旋转半径。

当 $Re<1$，阻力系数 ξ' 经实验确定为 $\xi'=24/Re=24\mu/du_r\rho$。将 ξ' 的值代入式（3-7）得

$$u_r = \frac{d^2\rho_s u^2}{18\mu r}$$ （3-8）

此式可见，在旋风分离器内，旋风粒子的沉降速度 u_r 随气体旋转速度 u 的增大而加大，但随旋转半径 r 的增加而减少。尘粒的沉降速度理论上为两个因素的合速度，即：

① 由重力作用而产生的向下的沉降速度；

② 由离心力作用而产生的沿径向的沉降速度。

但由于前者远比后者要小，所以实际上重力的影响可略而不计。

由式（3-8）中还可以得出一个结论，即粒子的沉降速度 u_r 与气体的流速 u 成平方关系；因此，若减低气体的进入量，即不使旋风分离器在所设计的全负荷下操作，粒子的沉降速度就会降低，因而使旋风分离器的效率大大下降。

以上所述，是假定悬浮尘粒相互间不发生作用。实际上，当气体中悬浮尘粒的浓度比较大时，尘粒间可能发生聚结现象，大粒子也可携带小粒子，这就增大了粒子的直径。所以，实际沉降速度一般要比计算值高。

旋风分离器的构造、形式也很多，但所根据的原理是相同的，即当气体的运动方向改变时，其中所含固体尘粒仍图保持原有的运动方向，因而与气体分离。

图 3-3 和图 3-4 所示为旋风分离器的简略构造和操作情况，分离器的主要部分为带有锥形底的圆筒，筒的上端封闭，其中心有一气体排出管，气体的进入管在分离器的旁侧与器壁作正切，分离器底部装有活门，以备排出粉尘之用。含有粉尘的气体以 20～30m/s 的速度

进入分离器内，继续按螺旋形顺器壁流动。气体在分离器内回转，形成气体的漩涡运动，粉尘质点则由于离心力的作用抛向外周，与器壁撞击后，失去前进能力而坠落。

气体在旋风分离器的运动过程颇为复杂，图 3-4 中的螺旋箭头仅示意地表示气体的运动情况。当气体进入分离器时，依螺旋形顺着器壁运动，等它达到排气管底部时，一部分气体即进入排气管，继续做螺旋运动以至出口。其余部分的气体则向旋风分离器的圆锥部分运动，内层气体转向分离器的中心，形成一种上升旋流，与外层气流相反，如图中螺旋箭头所示。

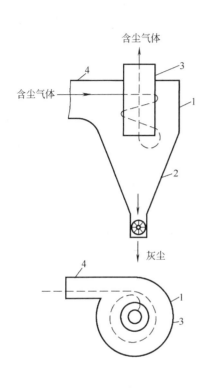

图 3-3　旋风分离器构造简图
1—外壳；2—锥形底；3—气体排出管；
4—气体进入管

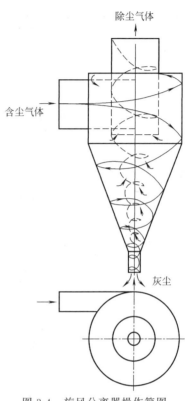

图 3-4　旋风分离器操作简图

新式的旋风分离器可以制得每立方米含有几百克粉尘的气体，其流体流动的阻力较小，效率约为 80%～95%。

倘若要加大尘粒的沉降速度，可以增加气流的速度，或者减小气体的旋转半径。倘若用第一种方法，增加气流的速度，气流阻力将急剧上升，而且当气体速度增加到一定的程度时，由于涡流的增加，反而使旋风分离器的效率下降。倘若用第二种方法，将旋风分离器的半径减小，离心力与尘粒的沉降速度均会增大。因此，在设计旋风分离器时，不宜采用较大的直径。

假如处理的气体量较大，可将若干直径较小的（如 0.15～0.25m）旋风分离器并行排列，形成一组进行操作。组中每个单体可以隔绝或联通，以处理不同流量的气体，此也是旋风分离器组的优点之一。旋风分离器组也能在很广的温度范围内使用。

对于湿度很高的气体，旋风分离器不再适用，因为润湿的尘粒有将排尘口堵塞的可能。由于同样的理由，旋风分离器也不适用于具有黏性的尘粒。

处理含有蒸汽的气体时，为避免蒸汽在旋风分离器壁或尘粒上冷凝，气体的温度应保持在露点以上。

评价旋风分离器性能的主要指标是：分离效率和气体经过旋风分离器的压降。

（1）旋风分离器的分离效率　旋风分离器的分离效率有两种表示方法，即总效率 η 和粒级效率 η_i。总效率是指被除下的颗粒占气体进口总的颗粒的质量分数，即

$$\eta = (C_进 - C_出)/C_进 \tag{3-9}$$

式中　$C_进$，$C_出$——分别为进、出旋风分离器气体中的颗粒质量浓度，g/m^3。

总效率并不能准确地代表旋风分离器的分离性能。由于气体中颗粒其直径并不相同，它们并不是按同一比例被除下的，小颗粒的离心力较小，被除下的比例自然也小，所以可仿照式（3-9）对指定的粒径为 d_{pi} 的颗粒定义其粒级效率为

$$\eta_i = (C_{i进} - C_{i出})/C_{i进} \tag{3-10}$$

式中　$C_{i进}$，$C_{i出}$——分别为进、出口气体中粒径为 d_{pi} 的颗粒质量浓度 g/m^3。

不同粒径 d_{pi} 的粒级分离效率不同，其典型关系如图 3-5 所示。

总效率与粒级效率的关系为

$$\eta = \sum \eta_i X_i \tag{3-11}$$

式中　X_i——进口气体中粒径为 d_{pi} 颗粒的质量分数。

通常将经过旋风分离器后能被除下 50% 的颗粒直径称为分割直径 d_{pc}，某些高效旋风分离器的分割直径可达 $3\sim10\mu m$。

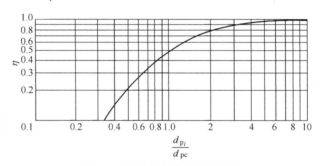

图 3-5　旋风分离器的粒级效率

（2）旋风分离器的压降　旋风分离器的压降大小是评价其性能好坏的重要指标。要求气体通过分离器的压降尽可能小，这是因为气体流过整个工艺过程的总压降有具体的规定。因此，分离设备压降的大小不但影响动力消耗，也往往为工艺条件所限制。旋风分离器的压降可表示成气体动能的某一倍数。

$$\Delta p = \xi \frac{1}{2}\rho u^2 \tag{3-12}$$

式中　Δp——压降，以 mmH_2O 计；

　　　　u——气体在矩形进口管中的流速，m/s；

　　　　ρ——气体的密度，kg/m^3；

　　　　ξ——阻力系数，对给定的旋风分离器形式，ξ 值是一个常数。

（3）旋风分离器大小的计算　旋风分离器的构造已如上述，其主要尺寸可从已知的沉降速度求得。此项计算的方法如下。

粉尘质点的沉降速度为其所经途径对时间的微分

$$u_r = \frac{dr}{d\tau} \tag{3-13}$$

如沉降速度在滞留区域内，可将上式代入式（3-8），并应用气流速度 u 与角速度 ω 的关系即 $u = r\omega$ 得

$$u_r = \frac{dr}{d\tau} = \frac{d^2 \rho_s \omega r^2}{18\mu} \tag{3-14}$$

式中，角速度 ω 的单位为弧度/秒。在极限 $\tau = 0$、$r = r_0$ 和 $\tau = \tau$、$r = R$ 内积分，则得当气体在旋风分离器内转动时粉尘分离所需的时间 τ

$$\tau = \frac{18\mu}{d^2 \rho_s \omega^2} \ln \frac{R}{r_0} \tag{3-15}$$

式中　R——旋风分离器的内半径；

　　　r_0——排气管的外半径。

已知粉尘分离所需的时间，再知旋风分离器内气体的流量 $V_秒$ 及 R 与 r_0 等值后，则分离器圆筒部分的工作容积 V 及其高度 H 可以确定

$$V = V_秒 \tau \tag{3-16}$$

$$H = \frac{V}{\pi(R^2 - r_0^2)} \tag{3-17}$$

上述方法仅适用于 $Re < 1$ 时。设沉降时 Re 数的值大于 1，则同理可将相应的 $u_r = dr/d\tau$ 的关系代入式（3-7）而加以积分，以求粉尘需要的分离时间，然后求分离器的圆筒部分的工作容积和高度。

3.3　气固的湿法分离

气固的湿法分离原理是使含有悬浮粒子的气体与水或其他液体相接触，当气体冲击到湿润的器壁时，尘粒逐步被器壁所吸着，或当气体与喷洒的液体相遇时，液体在尘粒质点上凝结，增大质点的重量，而使之降落。对于凡在旋风分离器中不能分离的尘粒，湿法分离几乎都可解决。湿法分离的分离效率一般较高，可以达到 90% 左右。

湿法分离仅适用于能受潮受冷的含尘气体，而且从气体中分离出来的尘粒已与水混成泥浆，所以除去的尘粒，须是无价值而可抛弃的物质。

用以实现湿法分离的设备，类型颇多，主要有下列四种。

（1）静力除尘器　静力除尘器也称气体洗涤器，是应用最广泛的一种，其操作方法是使气体由下而上地通过洗涤塔，洗涤液则从塔顶上端的喷嘴喷淋而下。为了增加气液间的接触面积而更好地洗去尘粒，通常于塔内填置木栅板或其他特种填料，塔顶喷嘴也有各种样式的设计，使洗涤液能很好地分布于塔内。

静力除尘器的除尘效率，对空塔而言可达 $60\% \sim 70\%$，对填料塔而言可提高到 $75\% \sim 85\%$。洗涤后的气体的含尘量为每立方米气体（标准状况）中不超过 $1 \sim 2g$。

（2）动力除尘器　动力除尘器也称机械气体洗涤器，其主要特点是利用机械活动部分的回转作用，使洗涤液分溅四周而与进入的气体接触，以除去气体中所含的尘粒。因此，机械气体洗涤器较优于静力除尘器。

喷洒洗涤器是机械气体洗涤器的一个类型，如图 3-6 所示。在这类洗涤器中，气液两相的接触，是借助附有圆锥形喷洒装置的直轴的转动而将液体喷散，同时气体则沿盘形槽间的曲折孔道通过洗涤器的一层。当液体自上而下通过层层叠架的盘形槽流动时，装在轴上的喷洒装置即将液体截留而喷洒于洗涤器的整个截面，如此不仅使液体通过洗涤器的时间延长，主要的作用还在于能使气液两相密切接触。

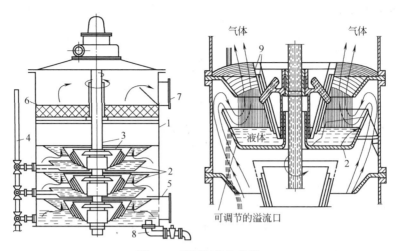

图 3-6　喷洒气体洗涤器

1—外壳；2—盘形槽；3—装有喷洒器的轴；4—液体进口；5—气体进口；6—除末器（瓷环一层）；
7—气体出口；8—液体出口；9—喷洒装置（机械气体洗涤器的一层）

（3）内壁湿润除尘器　这种除尘器的典型为离心洗涤器，如图 3-7 所示。这种洗涤器呈圆筒形，洗涤水由器顶喷向四壁，形成一薄层水膜，沿器壁流下。含尘气体由洗涤器的底端沿切线的方向进入器内，一面旋转一面以螺旋上升。气体中的尘粒由于离心力的作用，向器壁运动，与沿壁而下的洗涤水接触而随之由下端的锥形底排出。净制后的气体则由顶部逸出。

此类设备中单位气体体积所消耗水量及气固分离程度，随离心洗涤器的直径而异。当直径为 1m 时，水的消耗量为 $0.2kg/m^3$，而气固的分离程度为 $85\%\sim87\%$。如果直径减小，分离程度还可以提高到 98%。

（4）泡沫除尘器　泡沫除尘器是一种新型的除尘设备，适用于分离含有粉尘、烟或雾的气体。此设备可制作成圆形或方形，分上、下两室，中间隔以一层或数层筛板，用以分离粉尘的水或其他液体由上室的一侧靠近筛板处进入，受到由筛板上升的气体的冲击，产生众多的泡沫，在筛板上形成一层流动的泡沫层。含尘气体由下室进入，当其上升时，所含较大的尘粒为下降的液体冲洗带走，由除尘器的底端排出，气体中微细的尘粒则在通过筛板后为泡沫层所截留，并随之由除尘器的另一侧逸流而出。净制后的气体从除尘器的顶端逸出。

在泡沫除尘器中，由于气液两相的接触面积较大，除尘效率很高。若气体中所含尘粒大于 $5\mu m$，分离效果可达到 99%。但气体必须具有适当的流速，一般在 $1\sim3m/s$ 以内。

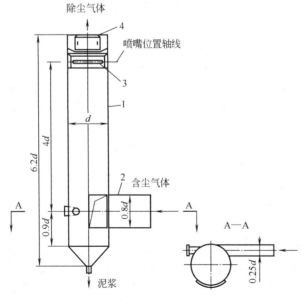

图 3-7　离心洗涤器

1—外壳；2—气体入口旁管；3—喷嘴；4—气体出口

3.4　气固的过滤分离

气固的过滤分离的原理是利用一种具有较多细孔的物质作为过滤介质，使气体通过时将其中悬浮尘粒截留，以达到分离的目的。这种过滤分离的效率很高，一般在 94%～97%，而且可到达 99%。因此，它能处理旋风分离器所不能净化的气体，如含尘粒小于 1μm 的介质。

过滤介质的选择，决定于过滤气体的化学性质、温度和其中所含尘粒的大小。

过滤器的除尘能力和容积大小与过滤速度有关，而过滤速度又为过滤介质的阻力和气体的压强所决定。

根据气体过滤所用介质的种类，气体过滤器可分为以下三种。

(1) 滤布介质过滤器　这类过滤器一般以棉织品或毛织品做成圆形袋，所以又称袋滤器。

(2) 填充介质过滤器　这类过滤器是以焦炭或石棉等物料借撒布或填充方法置于多孔的滤板上，适用于过滤腐蚀性强烈的气体。

(3) 陶质介质过滤器　这类过滤器是用特制的多孔陶质板或筒作为过滤介质，适用于更精细地净制腐蚀性强或温度高的气体。

在过滤分离过程中，由于袋滤器的结构简单，操作也较为方便，因此应用较广泛。袋滤器的主要构造是在圆形或其他形状的外壳内安装许多个长约 2～3.5m，直径 0.15～0.20m 的滤袋，每个袋都垂直排列，其下端紧套在花板的短管上，其上端则钩在一个可以颤动的框架上。气体从滤袋下端进入，穿过滤袋而尘粒则被截留在袋内，净化的气体最后由袋滤器的顶部逸出，以上的操作称为过滤阶段。过滤一定时间后，以相反的方向由袋外向内吹入空气（称为倒吹空气）或净化的气体，同时借滤袋上端的自动颤动机械使滤袋颤动，这样就将袋内所截留的粉尘卸出，此段的操作称为除尘阶段。除尘后又转入过滤阶段，如此可以自动循环不息地操作。图 3-8 所示是一台脉冲反吹自清洁过滤器，在过滤单元上积灰过多时，过滤器阻力升高，阻力达到一定程度后，脉冲阀释放压缩气体，经喷头或文氏管整流，反向冲击过滤元件，使过滤元件上的积灰脱落，过滤器阻力随之回

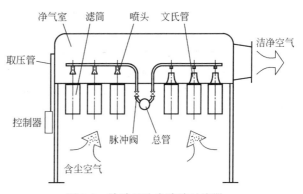

图 3-8　脉冲反吹自清洁过滤器

落。过滤元件的使用寿命一般为 1～3 年，大型过滤器可以配数百个过滤筒。

3.5　气固的电分离

气固的干法、湿法和过滤分离等虽然可适用于某些范围，但它们都各有若干缺点。例如，重力沉降法仅能达到初步除尘的目的，而且设备笨重，效率也低，不能除去小于 10μm 的尘粒；旋风分离器虽然紧凑，除尘效率较高，但仍不能除去小于 1μm 的粉尘；湿法分离只适用于不怕受冷和受潮的含尘气体，并不适用于析出有价值粉尘的场合；利用纺织品介质的过滤分离，不适用于高温和具有化学腐蚀性的气体，而且其生产效率随着滤布积尘的程度而降低，滤布甚至会堵塞。

电法分离能弥补以上几种方法的不足，另外还具有上面几种方法所不能达到的优点。

① 电法分离的效率高，一般分离效率限于 90%～99%；因为超过此限度，气体在电除尘器内的停留时间将延长，除尘器的容积也需相应地增大。

② 电法分离的能量消耗甚低，除尘时大约 $1000m^3$ 气体只需 0.1～0.8kW/h，而气体在电除尘器内流过时的压头损失也不超过 3～15mmH$_2$O。

③ 电法分离可处理高温和具有化学腐蚀性的气体。

④ 电法分离的操作，可以达到完全自动化。

现代轻化工厂中对于含有极细尘粒或烟雾的气体，均可用电法分离处理，此外，如应用机械分离后，还不能满足净制要求，则可考虑采用电法分离作最后的处理。

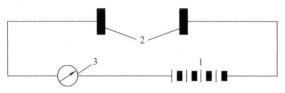

图 3-9　电法分离（电除尘器）操作原理简图
1—电源；2—金属板；3—电流计

电法分离的原理如图 3-9 所示。两金属板之间通空气，因空气不导电，所以电路中无电流，但若将两板间的电位差增大到一定程度，使两板间的空气发生电离作用，电路中的电流计指示出有电流通过。

基于上述原理，在两金属板间维持一强烈电场，而使含粉尘和烟雾的气体通过，气体将发生电离作用，生成带有正电荷与负电荷的离子，这些离子分别向两极运动，它们的运动速度及动能随着电场强度的增加而增大。当离子和电子的速度开始超过临界速度，由于获得了新的动能，它们就转而将其在运动路线上所遇到的中性分子分裂为离子。如此，两板间所有气体都发生电离作用。离子与粉尘或烟雾的质点相遇而附其上，使后者也带有电荷，被电极所吸引而从气体中除去。

由于在金属板间的均匀电场内同时产生许多离子，电流强度激增，于是发生火花和放电现象，引起电能的损失。为了避免此类电火花和电弧的发生，在电法分离中应采用不均匀电场，其方法有两个：在金属圆管内装导线或使金属板与导线平行。在上述两方法中，为避免电极间再发生火花而引起短路，导线半径 r 与圆管半径 R 之间必须保持一定的比例。根据计算结果，要使气体发生电离而不致引起短路，R/r 需大于等于 2.72。

电除尘器只可用直流电，使悬浮于气体中的质点仅向一个方向运动。倘若用交流电，电场的电压随时改变，气体中的悬浮质点，时而被推向一极，时而又被推向另一极，则在未到达任何一极时，悬浮质点已被气体带走而无法沉淀。

根据上述原理，电除尘器的构造可分为管式和板式两种。

管式电除尘器中的沉淀极为圆形或六角形的金属管，而电晕极（在金属管中央的导线，在电法分离中，电晕极为负极，圆管或金属板为正极，也称沉淀极）则位于管中心，通常是由夹同样云母的几股金属丝所绞成的导线。金属管的直径为 0.15～0.30m，净制中性气体时用铜管，对于酸性气体则用铅管。

图 3-10 所示为管式电除尘器的简图，其操作原理为：含尘气体从下面导管进入除尘器内，向上流过管状沉淀极中的电场，净制后的气体由导管向上排出，位于沉淀极中央的电极是直径为 1.2～1.5mm 的金属导线，共同挂在架子上，而挂线架又置于绝缘体上。为避免受粉尘的脏污和气体的腐蚀，绝缘体置于箱内，以资保护。沉淀于管内的粉尘，借锤击的自动振动装置，将其抖下，落入锥形斗中。

为使悬浮粒子更好地沉降，气体应由上而下流动，但实际上采用由下而上的流动，如此则绝缘体所接触的气体已是净制的气体，不至于受脏污和侵蚀。在多组式的电除尘器中，气体需依次经过许多组，所以在各组的沉淀管内，气体要交替着由下而上、由上而下地流过。

平板式电除尘器如图 3-11 所示，是用一列平行面作为沉淀极，电冕极则悬挂于这些平行面之间。平行面的沉淀极除光滑或具有波纹的金属板外，还可用金属网或金属粗线编排而成。平板式电除尘器又可分为直立式与横卧式，直立式沉淀极的高度为 4m，横卧式的长度为 2.5m。

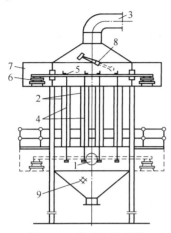

图 3-10　管式电除尘器

1—气体进口；2—管状沉淀极；3—气体出口；
4—电极；5—架子；6—绝缘子；7—补助箱；
8—振动装置；9—锥形底

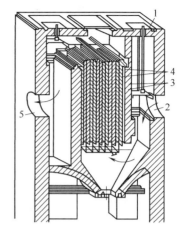

图 3-11　直立平板式电除尘器

1—室；2—气体进口；3—板状沉淀极；
4—沉淀极；5—气体出口

电除尘器也可依其所处理悬浮物的性质，分为干式与湿式两种，干式主要用以除去干的粉尘，湿式则用于除去酸雾或液状悬浮物。

【**例 3-1**】　有一除尘室，用以除去燃烧炉气中的硫铁矿尘粒，尘粒的最小直径为 $8\mu m$，尘粒的密度为 $4000kg/m^3$，除尘室长 $l=4.1m$，宽 $b=1.8m$，总高 $h=4.2m$。室中的温度为 $427℃$，在此温度下，气体的黏度为 $0.034cP$，气体的密度为 $0.5kg/m^3$。若需处理 $0.6m^3/s$（标准状况）的炉气，计算除尘室中隔板间的距离及除尘室的层数。

解　炉气流量　　　$V_秒 = 0.6 \times (273 + 427)/273 = 1.54$（$m^3/s$）

炉气进入速度　　　　　$u = 1.54/(1.8 \times 4.2) = 0.2$（$m/s$）

$8\mu m$ 的尘粒很小，假定 Re 小于 1，则尘粒的沉降速度为

$$u_t = \frac{d^2 \rho_s g}{18\mu} = \frac{(8 \times 10^{-6})^2 \times 4000 \times 9.81}{18 \times 0.034 \times 10^{-3}} = 0.0041\ (m/s)$$

$$F' = bh',\ u = 0.2,\ F = bl = 4.1b,\ u_t = 0.0041$$

则对于每层　　　　　　$V_秒 = F'u = Fu_t$

于是　　　　　$V_秒 = bh'u_t = 1.8 \times 4.1 \times 0.0041 = 0.0303$（$m^3/s$）

由此解出隔板间的距离

$$h' = \frac{V_秒}{b \times 0.2} = \frac{0.0303}{1.8 \times 0.2} = 0.084m = 84\ (mm)$$

以此数据计算 Re，复验前假定是否正确

$$Re = \frac{d u_t \rho}{\mu} = \frac{8 \times 10^{-6} \times 0.0041 \times 0.5}{0.034 \times 10^{-3}} = 0.00048$$

计算所得 $Re < 1$，在适用范围之内，所以原假定正确。

根据上述结果，如不计隔板厚度，则除尘室的层数为

$$\frac{4.2}{0.084}=50$$

所以除尘室应为 50 层叠在一起的气体通道。

【例 3-2】 流量为 $2.5\text{m}^3/\text{s}$，黏度为 0.03cP，密度为 0.45kg/m^3，的含尘气体，以 20m/s 的平均圆周速度进入一个内半径为 0.56m、排气管外径为 0.32m 的旋风分离器。尘粒的最小直径为 $10\mu\text{m}$，最大直径为 $50\mu\text{m}$，密度为 2000kg/m^3。求旋风分离器的工作容积和高度，以及气流通过排气管的速度。

解 气流的平均角速度

$$\omega=\frac{u}{r}+\frac{20}{\dfrac{0.56+0.32}{2}}=45.5 \ (\text{rad/s})$$

假定 $Re<1$

$$\tau=\frac{18\mu}{d^2\rho_s\omega^2}\ln\frac{r}{r_0}=\frac{18\times0.03\times10^{-3}}{(10\times10^{-6})^2\times2000\times45.5^2}\ln\frac{0.56}{0.32}=0.755 \ (\text{s})$$

由粉尘分离所需要的时间，应用式（3-16）求出分离器的工作容积

$$V=V_{秒}\tau=2.5\times0.755=1.89\text{m}^3$$

再从式（3-17）可求出其高度

$$H=\frac{V}{\pi(R^2-r_0^2)}=\frac{1.89}{\pi(0.56^2-0.32^2)}=2.85 \ (\text{m})$$

气体通过排气管的速度

$$u_{秒}=\frac{V_{秒}}{\pi r_0^2}=\frac{2.5}{0.32^2\pi}=7.8 \ (\text{m/s})$$

校验

$$u_r=\frac{d^2\rho_s u^2}{18\mu r}=\frac{(10\times10^{-6})^2\times2000\times20^2}{18\times0.03\times10^{-3}\times0.32}=0.463 \ (\text{m/s})$$

$$Re=\frac{du_r\rho}{\mu}=\frac{(10\times10^{-6})\times0.463\times0.45}{0.03\times10^{-3}}=0.069$$

复验所得 $Re<1$，所以假设正确。

第4章
液固分离设备

液相非均一系是由不溶解的物质悬浮于液体中而构成，在轻化工业制造过程中常有液相非均一系的存在，它的形成原因或者是由于溶液的浓度析出晶体，或者是由于液相中化学反应的进展而产生沉淀，或者是由于液相中杂质的存在。因而解决液相非均一系的分离是轻化工生产过程中的一个重要课题。液相非均一系的分离有时是很复杂的，对其还有待进一步的研究，探索更有效的分离方法，获得更纯净的产品。

4.1　液固分离的分类及其分离方法

按悬浮物的性质，液相非均一系可分为三类。

① 悬浮液：是由液相分散介质和悬浮于介质中的固体微粒所组成。

② 乳浊液：是由液相分散介质和悬浮于介质中的一种或数种其他液体微粒所组成。

③ 泡沫液：是由液相分散介质和悬浮于介质中的气体微粒所组成。

以上三种液相非均一系中，工业上常见的为悬浮液，其性质可按悬浮固体微粒的浓度及其大小而定。

悬浮液的悬浮浓度：当悬浮液中悬浮物的浓度增加时，悬浮液的黏度也相应增加，而且当浓度增加到某一程度时，悬浮液失去其流动性而转变为可塑体。在可塑状态之下，分散于液体介质中的微粒互相接触，流动甚为困难。在这种情况下，若对物体所施加的力不够，仅可使之作弹性变形，而不能使之流动。但在未达到可塑体状态之前，悬浮液仍为液体，具有流动性，按液体的流动定律，在此种情况下，其流动形式属于层流范畴。

悬浮液的黏度随悬浮固体微粒浓度的增加而增加，其值可由下式求得

$$\mu = \mu_0(1 + 4.5\phi)$$

式中　μ——悬浮液的黏度；

ϕ——悬浮液中所含悬浮固体的容积与悬浮液总容积之比；

μ_0——悬浮液中分散介质的纯液体的黏度。

除黏度外，悬浮液的密度也随悬浮固体浓度的增加而加大，其加大的数值最好由实验确定。

悬浮液的微粒细度：固体微粒能悬浮于液体中，其粉细程度必然很小，它的单位以 μm 或 nm 表示较为方便。按此单位所表示的悬浮固体微粒的大小，可将悬浮液分为四类。

① 粗粒子悬浮液：固体微粒大于 $100\mu m$。

② 细粒子悬浮液：固体微粒的大小在 $0.5 \sim 100\mu m$ 之间。

③ 浑浊液：固体微粒可小到 100nm。

④ 胶体溶液：固体微粒的大小由 100nm 到分子般大小。

在粗粒子的悬浮液中，固体微粒易于辨识。在细粒子的悬浮液中，固体微粒不易辨识，悬浮液表面看来是完全均一的，仅能在显微镜下辨识它的非均一性，微粒呈细粉的情况下，悬浮液内已有布朗运动现象存在，即悬浮固体微粒由于受分散介质的分子撞击，作不规则的运动，其方向与速度无规律，随时改变。在浑浊液中，微粒的布朗运动极为显著，以致不为

重力所能沉淀，这些微粒的存在，用超显微镜仍可辨识。微粒的粉细程度再小，则悬浮液进入胶体溶液的范围，其微粒即使在超显微镜下有时也不可见。

工业中常遇到的液相非均一系为悬浮液。处理和分离这种悬浮液的最简便方法就是利用其中固体微粒所受到的重力作用，使其沉降。若悬浮微粒的密度较分散介质的密度为小，则固体上浮，可用倾析法分离。但悬浮的固体微粒较小，沉降较慢，可利用压力或离心力，即采取过滤或离心分离的方法进行分离。

沉降适用于粗粒子悬浮液的分离，过滤常用于较细粒子悬浮液的分离，而离心分离则用于较细粒子悬浮液和乳浊液的分离。

4.2 液固的沉降分离及设备

悬浮液中固体微粒的沉降，其所遵循的法则和所应用的计算公式，与气体中悬浮物的沉降一样。悬浮液中固体微粒沉降时，犹如气体中悬浮粉尘，最初为等加速运动，经过若干时间后，当固体微粒与介质间的摩擦阻力等于微粒本身的重力时，就成为等速运动。微粒以某一固定的速度下降，这个速度为固体微粒的沉降速度。

对于光滑的球形微粒，其沉降速度 u_t 的基本式如式（4-1）所示

$$u_t = \sqrt{\frac{4gd(\rho_s - \rho)}{3\rho\xi'}} \tag{4-1}$$

式中 　d——微粒的直径；

　　ρ_s，ρ——分别代表微粒及液相介质的密度；

　　　ξ'——称为阻力系数，为 Re 的函数。

当 $Re < 1$，$\xi' = 24/Re$，代入上式得

$$u_t = \frac{d^2(\rho_s - \rho)}{18\mu} \tag{4-2}$$

式（4-2）为斯托克斯定律。

如 $1 < Re < 500$，沉降速度按式（4-1）计算；如 $500 < Re < 150000$，根据实验结果 $\xi' = 0.44$ 代入

$$u_t = 1.74\sqrt{\frac{gd(\rho_s - \rho)}{\rho}} \quad \text{或} \quad u_t = 5.45\sqrt{\frac{d(\rho_s - \rho)}{\rho}} \tag{4-3}$$

由上可见，悬浮液中固体微粒的沉降速度与微粒的大小、微粒的密度及液体分散介质的密度和黏度有关。当 $Re < 1$ 时，式（4-2）适用；如果微粒的直径小到 $100 \sim 500$nm 时，则悬浮液将变为胶体溶液，布朗运动阻止微粒的沉降，此时被认为是适用斯托克斯定律的最低限度。

在通常的情况下，悬浮液中微粒的大小并不一致，即使在粗悬浮液中，微粒在沉降时也可能有 Re 小于 1 的情况。因此，要使所有的微粒全部沉静下来，以获得澄清的液体，必须按照最小的沉降速度进行计算，可用斯托克斯定律。

在悬浮液中，只有当微粒独立沉降而不互相干扰时，按式（4-2）或式（4-3）计算出的沉降速度才与实际情况相接近，此种情况下的沉降称为自由沉降。在较浓的悬浮液中，微粒相距甚近，沉降时互相发生干扰，此种情况下的沉降称为干扰沉降。

在干扰沉降情况下，众多的极细微粒由于迟迟不能沉降，悬浮于液体中形成一种浑浊液，所以较大的粒子沉降时，实际上需穿过此浑浊液。如果将浑浊液的密度和粒度代替式

（4-2）和式（4-3）中纯液体介质的密度 ρ 和黏度 μ，则此二式仍可近似地代表干扰沉降过程。干扰沉降可以提高悬浮液中粒子的分离效果。

悬浮液在沉降时，假设悬浮液的微粒较粗，则这样的微粒较快地沉于器底，形成密致的沉淀层，沉淀层与澄清液体之间有清晰的界限。假设悬浮液的微粒很细，则沉降时悬浮液的浓度自上而下逐渐增高，器底的沉淀层含有大量的液体，沉淀层与澄清液间并无清晰的界限。假设悬浮液中所含微粒的大小不一，则在自由沉降中可得到若干层的沉淀，最下层为由粗粒子所形成的稠密沉淀层，其上为细粒子沉淀层，最上层为由悬浮细粒子所形成的浑浊液，若将各层分别倾去，可得到大小粒子间的部分分离。

由此可见，无论是通过自由沉降或干扰沉降，悬浮液中的固体微粒不但可以同固体介质分离，而且还可借其本身沉降速度的不同获得大小粒子间的分离。此项原理常应用在流动的水中使含有大小不一的固体粒子得到分离，如图 4-1 所示。若设物料是混合物，其中粒子的大小不一、密度也不相等，则大而重的先沉降，小而轻的后沉降，中间一段为物料的大而轻和小而重的混合物。此种方法称为水力离析法，广泛应用于选矿工业中，在轻化工业中也常应用。

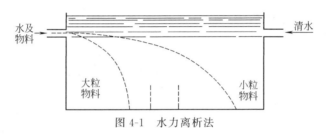

图 4-1　水力离析法

重力沉降器的处理能力由下式计算

$$V_1 = \frac{FH}{\tau} = 3600 F u_{\text{t}} \qquad (4-4)$$

式中　V_1——澄清液相的量，m^3/h；

　　F——沉降面积或容器水平截面积，m^2；

　　H——澄清液的高度，m；

　　τ——沉降时间，h。

由上式可见，沉降器的处理能力 V_1 与沉降器的高度有关，由悬浮液中粒子的沉降速度 u_{t} 及沉降器的水平截面积所决定。因此，现代沉降器的构造，在使沉降器的截面积扩大而高度不很高，足以暂时储存相当数量的沉淀及适当的澄清液即可。

当沉淀无损失时，沉降前后干固体的总量不变，而且在沉降后全部形成沉淀，此时可得沉降器的水平截面积

$$F = \frac{V_0 - V_2}{3600 u_{\text{t}}} = \frac{V_0}{3600 u_{\text{t}}}\left(1 - \frac{C_0}{C_1}\right) \qquad (4-5)$$

式中　V_0——悬浮液中液相的量，m^3/h；

　　V_2——沉淀中液相的量，m^3/h；

　　C_0——沉降前悬浮液的浓度，kg（固相）$/\text{kg}$（液相）；

　　C_1——沉降后沉淀的浓度，kg（固相）$/\text{kg}$（液相）。

此式仅可用于连续操作和半连续操作的沉降器，即其中悬浮液是不断加入，澄清液不断流出，而积于器底的沉淀则可以连续地或间歇地排出。

沉降器可按其操作情况分为间歇式、半连续式和连续式。

4.2.1　间歇式沉降器

间歇式沉降器通常为圆形、方形或矩形的沉降槽或沉降池。操作时，将悬浮液注入器内，经过一段时间的沉淀，固体颗粒沉于器底，上层液体澄清，可以倾析离去，倾出的方法通常利用原装在器壁不同高度的出液管，此管为活门所控制，活门开启，澄清液即流出。沉淀物大多数由器底活门放出。间歇式沉降器的原理为沉降器中最简单的，沉降器的大小与悬浮液的数量及其浓度和沉降速度等有关。

4.2.2　半连续式沉降器

这类沉降器与间歇式大致相同，仅悬浮液是以不大的速度连续流过沉降槽，此速度应当调节到一个较小的数值，以便流体在流出沉降器以前，固体颗粒可有足够的时间沉于槽底。操作时槽底沉淀逐渐增多，可于液体倾析后，间歇地排出，所以称为半连续式。

4.2.3　连续式沉降器

在连续式沉降器操作中，悬浮液连续送入，澄清液及沉淀物也连续放出。此类设备的结构形式颇多，但原理相同。

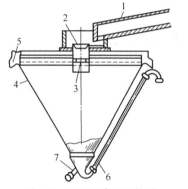

图 4-2　锥形沉降器的构造

1—悬浮液进料槽；2—漏斗；3—浮动环；4—锥体；
5—送出澄清液的槽；6—沉淀排出管；7—洗涤水送入管

（1）锥形沉降器　锥形沉降器为一圆锥形容器。如图 4-2 所示，倾角为 60°，悬浮液由中央进料槽经过浮动环，平静地进入沉降器内，澄清液则自槽的周沿溢流而排出，连接于器底的沉淀排出管则向上弯曲，以免因液体向下流动时过速而导致器内发生扰动。

如果使几个大小不同的锥形沉降器串联操作，如图 4-3 所示，则悬浮液由最小的沉降器进入，横流经过各器到最后的最大沉降器流出，当悬浮液由前一器流入下一器时，因水平截面积的增大，液体的流动速度减慢，于是较大的颗粒沉于器底，细小的颗粒仍随着液体向前流动，在以后的各器中依次沉降，直至固体颗粒的离析程度达到要求为止。这样的操作在湿法选矿中广泛应用。

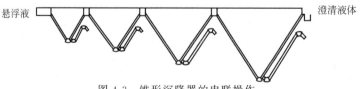

悬浮液　　　　　　　　　　　　　　　　　　　　　　　　澄清液体

图 4-3　锥形沉降器的串联操作

（2）槽形沉降器　槽形沉降器可制作成圆形、方形或矩形。如图 4-4（a）所示，在圆形槽中，悬浮液由一端进入，澄清液自另一端流出；如图 4-4（b）所示，在圆形槽中，由器的中央进入，而自器的外周沟道溢流而倾出。

沉降器操作时，悬浮液的进入速度必须控制在一适当的值，这样在液体流经沉降器的时间内，固体颗粒可有足够的时间沉于底部，并借助钢耙的蠕转（0.025～0.5r/min）使沉淀集于器底中心，由隔膜泵连续排除。

连续式沉降器一般用于浓度低而量大的悬浮液，凡浓度在 1% 以下的，均可在增浓器中初步处理，然后将增浓后的悬浮液（有时可增浓到 50% 的浓度）送去过滤。

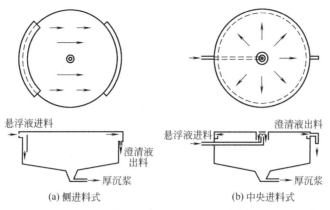

图 4-4　槽形沉降器的进料及出料情况

4.2.4　沉淀的洗涤

在沉降操作中，固体颗粒虽然已经沉淀，但沉淀中仍然含有大量的液体。倘若不加洗涤，则遇到有价值的液体时，此液体将与排出沉淀一同损失；假设沉淀为主要产品，积留在沉淀中的液体又将影响成品的质量。所以，洗涤也是必要的。

洗涤方法一般采用连续洗涤法，如图 4-5 所示是用三个增浓器串联组成的连续逆流洗涤组。悬浮液首先进入第一增浓器，由此放出的浓厚沉淀，由隔膜泵送至第二增浓器，在第二增浓器中加以洗涤，洗涤后的沉淀送入第三增浓器中，再加清水洗涤，至此，悬浮液中沉淀物上所附着的溶液几乎完全被除去。在第三增浓器中所得到的稀溶液，送入第二增浓器，用以洗涤来自第一增浓器的浓厚沉淀，由第一增浓器所得到的溶液为浓度最高的成品溶液，因为洗涤水与沉淀是以相逆的方向连续流动，所以称为连续逆流洗涤法。

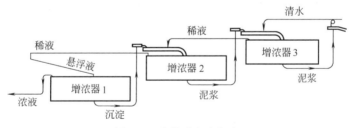

图 4-5　连续逆流洗涤法

连续逆流洗涤法的优点是只需少量的洗涤水就可将固体沉淀相当彻底地洗净，并可获得浓度较高的溶液。

为了减少增浓器的占地面积，亦可使若干个增浓器重叠起来，以进行连续逆流洗涤操作，此项设置称为多层沉降（或洗涤）器，其操作原理与上述的串联洗涤组相同。

4.3　液固的过滤分离及设备

凡固体微粒不能在适当的时间内以沉降法得到分离时，多可采用过滤进行液固分离。因此，过滤分离悬浮液中所含固体微粒成为普遍应用而有效的方法。过滤操作的基本原理是利用一种具有众多毛细孔的物体作为介质，使液体由小细孔通过而将悬浮固体截留。这种介质称为过滤介质，实验室中的滤纸就是一例，在工厂中则用一些强度大、性质良好的物料作为过滤介质。

4.3.1 过滤介质

工业上常用的介质品种很多，常见的主要有三种。

（1）粒状介质 如细沙、石砾、玻璃碴、木炭、酸性白土等。此类介质颗粒较硬，可以堆集为层，颗粒间的微细孔道足以将悬浮固体截留，而允许液体通过。一般城市和工厂的给水设备中的滤池，就是用这类介质构成。

（2）织状介质 或称为滤布介质，是由天然或人造纤维所织成的滤布，所用的材料如棉花、石棉、蚕丝、麻、羊毛以及各种人造纤维与金属丝等，此类介质应用最广，尤以棉织的帆布、斜纹布及毛织的呢绒等更为普遍。

（3）多孔陶瓷介质 此为特殊的介质，是在低温中烧制，具有大量微细孔道的陶器，实验室中沙滤器及清洁饮用水用的滤缸、沙芯漏斗都属于这类介质。

过滤用的介质，需具有众多的滤孔，凡固体微粒大于滤孔的固然不能通过而为介质所截留，但微粒小于滤孔的因其为粒状，可能在滤孔中发生架桥现象，也足以将细小的颗粒截留，而只允许液体通过。至于扁平胶状的固体，因其形状易为压力所改变，滤孔往往被此类物质所堵塞，在这种情况下，不仅悬浮的固体不能通过，液体的流通也受到阻碍，甚至闭塞。为进行补救，可在滤布面上涂一层性质坚硬、不为普通压强所能变形的粒状物质，如硅藻土、活性炭、纸粕等，这些预涂物料通常称为助滤剂，也有称之为活动介质的。助滤剂的作用在于防止胶性微粒对滤孔的堵塞，也作为实际的过滤介质，这是因为助滤剂表面有吸附胶体的能力，而且颗粒细小坚硬，大体不可压缩，使滤孔不致全部堵塞。过滤完毕后，助滤剂本身可与滤饼（滤布上被截留的固体所形成的）同时除去。

在具体应用中除预涂外，助滤剂也可均匀地混于悬浮液中，然后加入过滤机，因此而形成的滤饼必然较疏松，滤液可以畅流。

4.3.2 过滤速度

过滤速度为单位时间内，每单位过滤面积的滤液体积流量。若以 V 为滤液的体积（m^3），τ 为过滤时间（h），F 为过滤面积（m^2），则过滤速度为

$$U = \frac{dV}{F\,d\tau} \quad (m/h) \tag{4-6}$$

而过滤速率为

$$\frac{dV}{F\,d\tau}F = \frac{dV}{d\tau} \quad (m^3/h) \tag{4-7}$$

若时间单位为 s，则过滤速度和速率的单位为 m/s 和 m^3/s。

过滤速率可表示为过滤推动力与过滤阻力之比。过滤推动力通常以作用于悬浮液的压强表示。但实际发生推动力作用的不是所受压强的绝对值，而是滤饼和介质两侧的压强降。按推动力的不同来源，过滤操作可分为：

① 重力过滤；

② 加压过滤；

③ 真空过滤；

④ 离心过滤。

在过滤操作中，通常称原有的悬浮液为滤浆，滤浆中的固体粒子被截留而积聚于过滤介质上的称为滤渣或滤饼，透过滤饼和过滤介质的澄清液体则称为滤液。

过滤推动力为透过滤饼与过滤介质的压力降，而过滤的阻力为滤饼阻力与过滤介质阻力之和。用粒状介质时，假定滤浆内含有滤渣很少，则滤饼的阻力可忽略不计。用织状介质

时，介质的阻力仅在过滤开始时较为显著，经过一段时间后，当滤饼积有适当厚度时，介质的阻力即可略而不计。事实上，逐渐增厚的滤饼则变为真实的过滤介质。因为滤浆中所含滤渣粒子的大小不一，在大多数情况下，过滤介质并不能完全阻止细小微粒的通过，所以在过滤开始时，滤液往往呈现浑浊。但当介质的表面积有滤饼时，滤液即显澄清，此表示滤饼中的毛细孔道较介质的孔道为小，或者介质的孔道中已有了广泛的架桥现象。

由此可见，在大多数情况下，过滤的阻力主要决定于滤饼的厚度及其特性。滤饼的厚度一般为工程设计者所控制，而滤饼的特性却很复杂。滤渣可分为两种，不可压缩的和可压缩的。前者为不变形的颗粒所组成，如晶体的碳酸钙、碳酸钠、硅胶、硅藻土等，后者为不定型的颗粒所组成，如胶性的氢氧化铝、氢氧化铬或其他的水化物沉淀。不可压缩的滤渣，当其沉淀于滤布上时，各个颗粒间相互排列的位置，以及粒子与粒子间的孔道均不受压强的增加而改变。反之，在过滤可压缩的滤渣时，粒子与粒子间的孔道则随压强的增加而变小，因此对滤液的畅流发生阻碍作用。

4.3.3　过滤基本方程式及计算

无论过滤介质的种类和推动力的来源如何，过滤速度决定滤液流经滤饼和介质的速度。因为滤饼和介质中的孔道都较微细，滤液在此孔道中的流动形式为层流。由此，根据流体力学的原理，对滤饼中的一根毛细孔道而言，其压强降可以用伯努利方程表示，即

$$\Delta p_0 = \frac{32\mu l u}{d^2} \qquad (4\text{-}8)$$

式中　Δp_0——毛细孔道两端的压强降，Pa；

　　　　μ——滤液的黏度，Pa·s；

　　　　l——毛细孔道的长度，m；

　　　　d——毛细孔道的直径，m；

　　　　u——滤液流动的线速度，m/s。

对滤饼中的任一毛细孔道而言，由上式得知，滤液的线速度为

$$u = \frac{d^2 \Delta p_0}{32\mu l} \qquad (4\text{-}9)$$

若以 F 为过滤面积，L 为滤饼厚度，n 为单位过滤面积上的毛细孔道数，a 为毛细孔道弯曲程度的校正系数（即 $l = aL$，且 $a > 1$），则过滤速度为

$$u = \frac{\mathrm{d}V}{F \mathrm{d}\tau} = n\,\frac{\pi}{4}d^2\,\frac{d^2 \Delta p_0}{32\mu a L} = \frac{n\pi d^4 \Delta p_0}{128a\mu L} \qquad (4\text{-}10)$$

式中，过滤速度 u 单位为 m/s。因为滤饼中 l，d，n 及 a 等值难于测定，所以方程式在直接应用上，没有什么价值，但明确了下列各点：

① 过滤速度与压强降 Δp_0 成正比；

② 过滤速度与滤液的黏度成反比，所以过滤温度的增加可增大过滤速度；

③ 过滤速度与滤饼的厚度成反比；

④ 过滤速率与过滤面积成正比；

⑤ 在具有压缩性的滤饼中，孔道直径 d 的减少，对过滤速度有较大的不利影响。

以上所述，对于过滤介质也完全适合。

在一定正常操作情况下，n、d、F、μ、a 等值均为常数，所以过滤速度仅随所施加的推动力及滤饼的厚度而变化。实验证明，理想的均匀而不可压缩的滤饼确是如此。然而在工

业上所遇到的滤饼，或多或少具有压缩性，即滤饼中的孔道直径是随压强的增大而减少。在这种情况下，上述理论式很难应用，但可在该式的物理基础上，求出实际可用的过滤方程式。

根据实际操作和分析，得

$$\frac{\mathrm{d}V}{F\,\mathrm{d}\tau}=\frac{\Delta pF}{\mu r_0 x(V+V_\mathrm{e})} \tag{4-11}$$

式中　r_0——滤饼的比阻，$1/\mathrm{m}^2$；

V_e——虚拟的滤液体积；

x——相当于单位体积滤液的滤渣体积。

在一般情况下，滤饼及介质的一边为大气压，则此 Δp 可以用表压 p 代替。于是式（4-11）可写为

$$\frac{\mathrm{d}V}{\mathrm{d}\tau}=\frac{pF^2}{\mu r_0 x(V+V_\mathrm{e})} \tag{4-12}$$

此式为过滤基本方程的微分式。

式（4-12）中的 r_0 代表不可压缩滤饼的比阻。设滤饼是可压缩的，其压缩影响所产生的阻力变化，可用压强 p 的指数函数表示，即

$$r_0=r'p^s \tag{4-13}$$

式中，s 为滤饼的压缩指数，其值恒小于1，是由实验确定的数值。r' 为当 $p=1\mathrm{kg/m}^2$ 时的比值。

将式（4-13）代入式（4-12），得

$$\frac{\mathrm{d}V}{\mathrm{d}\tau}=\frac{p^{1-s}F^2}{\mu r' x(V+V_\mathrm{e})} \tag{4-14}$$

可以指出，对不可压缩的滤饼，$s=0$、$r'=r_0$，则式（4-14）与式（4-12）相同。

式（4-12）和式（4-14）同为过滤操作基本方程式的微分式，但在实际应用时，并非滤饼和介质两种阻力均包含在内，而是可以根据实际情况省略其中之一。例如在砂滤池中过滤污水时，水中滤渣量甚少，因滤渣而形成的滤饼阻力也极微小，所以介质阻力远比滤饼阻力要大，因而滤饼的阻力可以忽略不计。同样，在以滤布为介质过滤含有大量滤渣的悬浮液时，由滤渣形成的滤饼，其阻力远比介质要大，所以介质阻力或式（4-12）和式（4-14）中的 V_e 可以略去。

实际上，过滤有两种不同的操作方式，即：

① 恒压强过滤（压强保持不变，过滤速率逐渐减小）；

② 恒速率过滤（过滤速率保持不变，压强逐渐加大）。

过滤操作通常为恒压强过滤，恒速率过滤很少。但合理的操作方式，是先采用一段短时间的恒速率过滤，逐渐加压，而后采用恒压强过滤。这是由于在过滤开始时，介质表面还没有滤饼，过滤阻力最小，若猛然施以最大压强，则迫使滤渣中的微粒冲过介质的孔道，致使滤液浑浊，或者堵塞于孔道中，阻碍滤液的畅流。

各种不同情况的计算如下。

（1）过滤介质阻力为主要阻力的计算　符合于此种情况的过滤设备为重力过滤式的滤池或滤槽，滤水用的滤池即为一例。过滤的推动力为液体过滤介质上高度。因为滤渣极少，滤

饼阻力可略而不计，则得

$$\frac{dV}{d\tau} = \frac{pF}{\mu r_0 L_e} \tag{4-15}$$

对于一定的过滤操作，式中 $1/\mu r_0 L_e$ 为一常数，p 可以用在过滤介质面上液体的高度 H 来表示，则式（4-15）变成

$$\frac{dV}{d\mu} = KHF \tag{4-16}$$

若槽中滤浆的高度不变，H 为常数，则 $dV/d\tau$ 不变，为恒速率过滤，过滤速率与过滤面积 F 成正比。假设槽中装满滤浆后，不再补充，则 H 将随过滤的进行而降低，$dV = -FdH$。将此关系代入式（4-16），积分后得

$$\ln \frac{H_1}{H_2} = K\tau \tag{4-17}$$

式中 H_1——开始时滤浆的高度；

H_2——经过 τ 时间后的滤浆高度。

（2）滤饼阻力为主要阻力、介质阻力可以忽略时的计算 对于可压缩滤饼，自式（4-14）略去 V_e，得

$$\frac{dV}{d\tau} = \frac{p^{1-s} F^2}{\mu r' x V} \tag{4-18}$$

在一定操作情况下，μ、r'、x 均为常数。以 K 代表 $1/\mu r' x$，则式（4-18）可写为

$$\frac{dV}{d\tau} = \frac{K p^{1-s} F^2}{V} \tag{4-19}$$

式（4-19）可根据不同的操作情况予以积分。

① 恒压强过滤。压强 p 保持不变，压缩指数 s 也为常数，经积分后得

$$\left(\frac{V}{F}\right)^2 = 2K p^{1-s} \tau \tag{4-20}$$

② 恒速率过滤。过滤速率 $dV/d\tau$ 保持不变，得

$$\left(\frac{V}{F}\right)^2 = K p^{1-s} \tau \tag{4-21}$$

③ 先恒速率过滤，后恒压强过滤。在过滤开始，保持 $dV/d\tau$ 为常数至 $\tau = \tau_r$、$V = V_r$，然后改为恒压，保持压强不变，以至过滤结束。恒速率阶段仍可应用式（4-21），在恒压强阶段则将式（4-18）积分，得

$$\frac{V^2 - V_r^2}{F^2} = 2K p^{1-s} (\tau - \tau_r) \tag{4-22}$$

（3）滤饼阻力和介质阻力均应计入时的计算 根据下述操作情况，将式（4-14）积分。

① 恒压强过滤。

$$\left(\frac{V + V_e}{F}\right)^2 = 2K p^{1-s} (\tau + \tau_e) \tag{4-23}$$

式中，K 仍代表 $1/\mu$，r'、x、V_e 和 τ_e 为过滤常数，随操作压强与滤饼特性而定，由实验求得。

② 恒速率过滤。其中 $dV/d\tau$ 为常数，设 p_0 为滤液通过滤饼的压强降，p' 为在已知的恒定过滤速度下，且当过滤介质上无滤饼存在时，使滤液通过介质的压强降，则 $p = p_0 + p'$，恒速率过滤方程式为

$$\left(\frac{V}{F}\right)^2 = \frac{K(p-p')\tau}{p^s} \tag{4-24}$$

以上是对可压缩的滤饼而言。对于不可压缩的滤饼，上述各式也完全适用，只是 $s = 0$ 而已。

（4）过滤常数计算　过滤常数包括以上所述的各个实验常数，如 k、V_e、τ_e、s 等。为了测定这些数值，可将式（4-23）表示成为下列形式

$$(q + q_e)^2 = K(\tau + \tau_e) \tag{4-25}$$

式中，$q = V/F$，$q_e = V_e/F$，$K = 2kp^{1-s}$。

然而微分式（4-25）得

$$\frac{d\tau}{dq} = \frac{2}{K}q + \frac{2}{K}q_e \tag{4-26(a)}$$

式 [4-26(a)] 为线性方程式，其斜率为 $2/K$，截距为 $2q_e/K$。在大多数情况下，式 [4-26(a)] 左项的导微数可代以增量的比例，即

$$\frac{\Delta\tau}{\Delta q} = \frac{2}{K}q + \frac{2}{K}q_e \tag{4-26(b)}$$

在一定的压强下，对于某种滤渣，以实验方式求出在不同时间 τ 内所得到的不同滤液量 q。由此数据，求得 $\Delta\tau$ 和 Δq 的值，然后在坐标纸上进行标绘，以 $\Delta\tau/\Delta q$ 为纵坐标，q 为横坐标，得到一条直线，由此可求得斜率 $2/K$ 和截距 $2q_e/K$ 的值，即得到 K 和 q_e，可应用式（4-25）计算 τ_e 的值。

为了求得 s 和 K，需在不同的压强 p 下进行实验，以定出不同的 K 值。由于 $K = 2kp^{1-s}$，可在对数坐标纸上进行标绘，以 K 为纵坐标，p 为横坐标，由此可得一条直线，其斜率为 $1-s$，截距为 $2k$ 的对数值。

4.3.4　滤饼的洗涤与洗涤速度

在大多数情况下，需将滤饼在过滤结束时加以洗涤，其目的是使得到的固体成品（滤饼）较为纯净，或液体成品（滤液）能够较为完全地从滤饼中分离出来。假设滤液为成品，则洗涤后所得液体必然较稀，将在蒸发浓缩时多耗费热能。在这种情况下可采取逆流洗涤法作系统的洗涤。例如，滤饼需洗涤三次，则可先以稀溶液洗涤之，再以更稀的溶液洗涤之，最后才用清水。由清水洗涤所得的液体，即作为上述的更稀溶液。由稀溶液洗得的浓溶液，则送至蒸发器予以浓缩。在叶滤机中，在初次洗涤的开始一段时间内，所得溶液为遗留在滤饼中的滤液，可与总滤液汇合。

洗涤速率的表示与过滤速率相似。假定以 V_ω 为洗涤液的体积，则洗涤速率为 $dV_\omega/d\tau$（m³/s），其速度为 $dV_\omega/Fd\tau$（m/s）。滤饼的洗涤是在过滤完毕后进行，此时不再有滤渣的沉积，所以此时过滤阻力不变。倘若表压不变，则洗涤速率也恒定不变，其数值约等于最后的过滤速率，或约为其 1/4，视过滤设备的类型而定。在板框压滤机中，洗涤速率约为最后

过滤速率的 1/4；在叶滤机或连续过滤机中，洗涤速率约等于最后过滤速率。还应指出，洗涤速度也受所用洗涤液的黏度的影响；倘若洗涤液的黏度比滤液小，则上述洗涤速度的值将相应地增大。

洗涤水用量一般以所得滤液的体积分数表示。洗涤水量除以洗涤速率，即得洗涤所需的时间。

4.3.5　过滤机的分类

在实验室中，一个漏斗和一张滤纸已足够构成一种过滤设备，以进行过滤。但在工厂中，由于处理的滤浆量大，所需的设备也就比较复杂。工业上应用的过滤器械称为过滤机。

过滤机的分类，可按照过滤的操作方法，分为间歇式和连续式。间歇式过滤机的特点为操作的间歇性：滤浆的进入和滤饼的卸除均间歇地进行。虽然在粒状介质过滤机中，滤浆的进入和滤液的排出通常是连续的，但滤渣的卸出却是间歇的。在连续式过滤机中，所有操作环节，包括进料、过滤、洗涤以及卸出滤饼等，均连续不断而且同时进行。

过滤机的另一分类法，是根据过滤介质的性质，分为：

① 粒状介质过滤机；

② 滤布介质过滤机；

③ 多孔介质过滤机；

④ 半渗透介质过滤机。

其中滤布介质过滤机应用最为广泛。

除上述分类以外，过滤机还可以根据过滤推动力的产生方法分为重力过滤机、加压过滤机和真空过滤机。

过滤机的选择需考虑许多因素，其中最重要的为滤浆的化学性质，过滤的操作压强，滤浆中悬浮粒子的大小、性质以及工业的生产规模等。

4.3.5.1　粒状介质过滤机

此为一种最简单的过滤器，城市或工厂给水的沙滤池或沙滤器，是这类设备的代表。过滤器一般为圆形槽或方形池，其底部有多孔假底。假底上铺以石碟及细纱，厚为 0.6～1.5m，作为过滤介质。倘若器上无盖，称为开露式。浑水自上端流入，清水自底部流出。倘若有盖而且密闭，则浑水需用泵送入，以增加过滤推动力，所以称为加压式过滤器。

此种过滤器经过一段时间的操作后，砂碟中沉积滤渣已多，滤液的孔道多被堵塞，所以必须加以洗除。洗涤的方法是将清水自底部送入，自顶部排出，将所积滤渣带走。在巨型砂滤池中，其底部往往埋有空气管道，在洗涤前，通入压缩空气，将砂碟中的孔道松动，以利洗涤。

在工业制造过程中，凡需处理含有少量固体而滤渣又无回收价值的，往往利用这种设备，以砂碟、焦炭等为过滤介质。糖液的脱色滤清就是一个例子。

4.3.5.2　滤布介质过滤机

此类过滤机的应用最为广泛，一般以织成的滤布为介质，滤渣截留于滤布上成为滤饼，可以回收，也可以丢弃。依构造可分为下列两类。

（1）压滤机

① 厢式压滤机；

② 板框式压滤机。

（2）叶滤机

① 叶滤机；

② 加压叶滤机；

③ 圆形滤叶加压叶滤机。

在这些过滤机中，以板框式压滤机、加压叶滤机和圆形滤叶加压叶滤机较为重要。

板框式压滤机 此机是由多个滤板与滤框交替排列而组成。图 4-6 分别表示板框式压滤机的装置情况和滤板与滤框的结构。每台机器所用滤板与滤框的数目，需视过滤的生产能力及滤浆的情况而定。框的数目可由 10～60。倘若过滤物料的数量不多，可取一无孔道的隔板插入压滤机中，使后部的框板失去作用。装合时，将板与框交替排列，而后转动机头螺旋使板框紧密接合。滤板和滤框的右上角，均有小孔，互相连接成为一条孔道。操作时滤浆经此孔道进入滤框，如图 4-6 所示，滤液透过覆于滤板上的滤布，沿板上沟渠自下端小管排出。排出口处装有活门，有时还嵌有玻璃短管，以便观察滤液的浑浊情况。倘若该板上的滤布有破裂现象，流出的滤液必然显得浑浊，则可将活门紧闭，此板即失去作用，以便修整，也不致妨碍全机的工作进行。所产生的滤渣被留在框内，形成滤饼，待过滤机被滤渣充满后，则放松机头螺旋，取出滤框，将滤饼除去。然后将滤框和滤布洗净，重新装合，准备下一次的过滤。

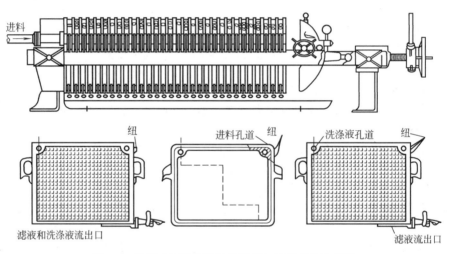

图 4-6　板框式压滤机装置及滤板与滤框的构造情况

由上可见，板框式压滤机的操作是间歇式的，由装合、过滤、去饼、洗净四种手续构成一个循环周期。假设滤饼需要洗涤，则滤饼的洗涤时间也需计入此循环周期之内。滤框的数目与厚度决定每一循环所获得的滤液量，而获得此量所需的时间又与过滤速度有关，凡此都足以影响每日的产量。

为了洗涤滤饼，滤板的左上角有一孔道，供输入洗涤液之用。由于板上孔道的连接不同，滤板分为两种。一种在板角孔道上留有暗孔，洗涤液由此进入滤板，此板称为洗涤板。另一种，在板角孔道上无暗孔，洗涤液只能经过而不得进入滤板。

洗涤在过滤终了后进行，即当滤框已充满滤渣时，将进料活门紧闭，同时关闭洗涤板下的滤液排出活门，然后将洗涤液送入，穿过滤布和滤框的全部，由对面滤板下流至排出口排出，滤饼经洗涤后，按理滤饼的上下各部均应洗净，但实际上离洗涤液进口较远之处，常有未获得充分洗涤的情况，因此在许多可洗涤式的压滤机中，常设有两条洗涤孔道。

板框式压滤机的操作压强，一般为表压的 2～3 个大气压。滤框与滤板的构造材料，对过滤中性或碱性滤浆用铸铁，对酸性滤浆用木材或其他耐酸金属。滤框的厚度通常为 20～50mm，滤板的厚度则视所受压强而定，通常较滤框薄些，滤板与滤框一般为方形，其边长由几厘米到 1m。

　　板框式压滤机的优点是构造简单，过滤面积大；其缺点是处理大量的含滤渣较多的滤浆时，板框的装卸过于费人工，而且滤饼的洗涤也费时多而效率差。

　　叶滤机　叶滤机是以多只滤叶装合而成。滤叶的构造如图 4-7 所示，是在坚强金属网上罩以滤布，叶的一端装有短管，供滤液流出，同时可作悬挂滤叶之用。过滤时将多数的滤叶置于密闭槽中，滤浆压于叶的周围，滤液透过滤布，沿金属网至出口短管，滤渣则积于滤布上成为滤饼，其厚度通常为 5～35mm，要视滤渣的性质和操作情况而定。

　　所用滤布，除棉织和毛织的外，现在多用金属丝织成，以使其质硬而且可兼顾到滤液的化学腐蚀性。

　　叶滤机中应用较普遍的有加压叶滤机和圆形滤叶加压叶滤机。

　　加压叶滤机是以不同宽度的多片滤叶（图 4-8）装于密闭的圆筒内，各滤叶固定于可移动的机盖上，滤液排出口突出盖外。当过滤时，滤浆泵入筒内，滤液穿过滤布至出口管排出，滤渣则截留于滤布上成为滤饼。过滤终了，即当滤液的流速减低到一定的数值时，将盖连同滤叶从筒内拖出，把滤饼除去，并以清水洗净，然后将盖装合，进行另一次的循环操作。假设滤饼需要洗涤，则在过滤结束以后，开盖以前，泵入洗涤水以洗涤滤饼。此时洗涤水所经的路径与过滤时相同，所以洗涤速率约等于过滤终了时的速率。此为叶滤机的优点之一。

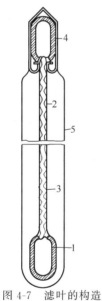

图 4-7　滤叶的构造

1—空框；2—金属网；3—滤布；4—顶盖；5—滤饼

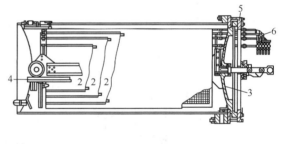

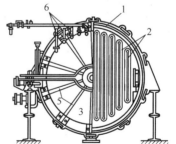

图 4-8　加压叶滤机

1—圆筒；2—滤叶；3—可移动机盖；
4—轨道；5—锁紧杆；6—滤液排出口

　　去滤饼时，有时因滤饼紧附于滤布上，以致清除困难，则可自内向外吹送压缩空气，使其松动自坠。由此可见叶滤机的装卸和洗涤均极简单，仅需一拖一推，不像板框压滤机装卸滤框滤板那样费时费力。此外，加压叶滤机占地小而过滤速率大，其主要缺点为滤叶的大小不同，而且过滤与洗涤都难以达到均匀。

　　圆形滤叶加压叶滤机的滤叶为圆形，悬挂于横卧的圆筒机壳内，壳分上下两半，上半固定，下半装有枢纽可以开闭。操作时上下两半用活节螺钉紧密连接，如图 4-9 所示。

　　过滤操作和上述的加压叶滤机一样，是通过滤叶来进行。滤浆泵入机壳后，滤液穿过滤

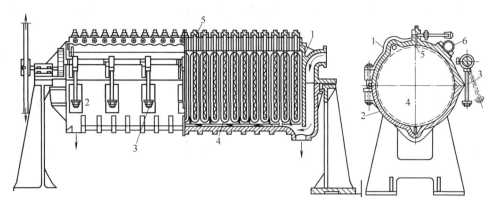

图 4-9　圆形滤叶加压叶滤机

1—外壳上半部；2—外壳下半部；3—活节螺钉；4—滤叶；5—滤液排出管；6—滤液汇集管

布，沿排出管流至总汇集管。过滤终了时，先行洗涤，而后开启机壳的下半部，于是滤叶与滤饼即行暴露，用压缩空气、蒸汽或清水卸除滤饼。

此机的特点在于去除滤饼时，滤叶固定不动，较省人工，而且每单位地面上所具有的过滤面积很大，洗涤效率较高，过滤机中无用的空间也少。然而与前述的过滤机相比较，则价格较贵。

滤浆中，滤渣颗粒的大小常不一致，因而滤渣有分别积聚现象，粗大的积于滤饼的底部，细小的集于上部，致使洗涤不均匀。为了避免这种缺点，可用回转式的滤叶，但此种过滤机的构造与操作均较复杂。

4.3.5.3　多孔陶瓷介质过滤机

在过滤操作中，常遇到有强烈的化学腐蚀性滤浆，或需在高温下操作的情况。在这些情况下，多孔陶瓷介质过滤机特别适用。此种介质是用各种陶瓷材料以及石英、硅藻土、玻璃等制成，做成砖形或管形。

砖形介质可用各种抗化学作用的油石灰粘连在一起，一般在真空下进行过滤操作。至于管形的多孔陶瓷过滤机，则多在加压下操作，因其强度较大，滤浆进口处的压强可高达表压的 8 个大气压。

图 4-10 所示是一直立多孔陶瓷管式过滤机。操作时，将经过搅拌后的滤浆由进口压入，先使外壳充满滤浆，其多余部分则通过铸铁板上的直立孔道，由顶端出口排出，回流到滤浆储槽中。此时顶端阀门关闭，过滤阶段开始。过滤时，滤液通过滤管的多孔壁，经过小孔及装于铸铁板间的通道排出，滤渣则截留在管壁的外面。当滤饼已积至适当厚度时，过滤阶段结束，

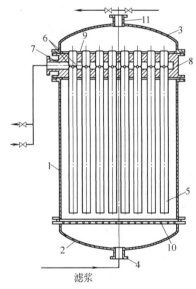

图 4-10　多孔陶瓷管式过滤机

1—外壳；2—底；3—盖；4,11—进口和出口；5—过滤管；6—孔；7,9—通道；8—铸铁板；10—分配板

洗涤和去饼阶段开始。洗涤前，机壳中残余的滤浆可用压缩空气由原进口压回储槽。洗涤水也由进口送入，经由与滤液同一路线排出。洗涤完毕，另以空气或气体吹干滤饼，空气或气体所走的路线与洗涤水相同。

滤饼吹干后，将底盖打开，经通道向滤管内通入压缩空气。由于空气的阵阵急冲，附着

于管外的滤饼即行脱落，由适当的传送设备带走。在某些情况下，滤饼也可以在稠厚的悬浮液状态下排出，这样就不必打开底盖，而在引入压缩空气以前使过滤机充满液体。

对于陶瓷管壁上滤孔的间歇清洗，可以利用适当的溶剂或吹入空气的方法来进行。陶瓷管式过滤机的优点，除前述的耐酸耐温的特性外，还有构造紧凑，具有很好的分离能力而且操作可以自动化。这种过滤机的过滤面积可由 $0.01 \sim 52 \mathrm{m}^2$，滤管的数目可由 $1 \sim 64$ 根，管外壁所附滤渣的厚度可达 60mm。

4.3.5.4　转筒真空过滤机

以上所述的各种过滤机均为间歇式。在工业上，连续式过滤机的应用日益广泛。连续式回转过滤机是使过滤、洗涤、去饼等各项操作环节分别在一回转装置中完成，一个回转等于一个循环操作周期。此种过滤机可在减压或加压下操作，但应用较为广泛的为减压式的转筒真空过滤机。

图 4-11 是一转筒真空过滤机的操作简图。此过滤机的主要构成部分为一回转圆筒，筒的直径可以小到 0.3m，大到 4.5m，其长度也可由 $0.3 \sim 6$ m 不等。筒的四周围包有滤布，由帆布或其他金属布所制成。滤布下有吸管多条，各个吸管与吸气机相连，其作用是使滤布的内侧形成真空。过滤时将圆筒置于滤浆槽中，转筒的下半部浸于滤浆内，上半部仍然露于槽外。槽内有搅拌器使滤浆搅拌均匀。转筒的内部为若干彼此不相通的扇形格，这些扇形格经过空心轴内通道与分配头的固定盘上小室相通。这些小室又分别与减压管路和压缩空气管路相通。于是当转筒回转时，扇形格内就分别成为真空或加压。图中 2 为分配头，管 3 及 4 与减压管路相通，管 5 及 6 与压缩空气管路相通，于是在转筒的回转过程中，借分配头的作用，便可控制过滤操作的顺序进行。据此，全部转筒可分为以下各区域（图 4-11）。

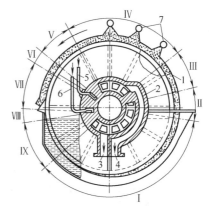

图 4-11　转筒真空过滤机的操作简图
1—转筒；2—分配头；3,4—与减压管相接的管；
5,6—与压缩空气相接的管；7—喷水管

（1）过滤区域Ⅰ　在此区域内，扇形格浸于滤浆中，格内为减压，滤液穿过滤布进入扇形格，然后经过分配头及管 3 排出。在滤布上则形成一层逐渐增厚的滤饼。

（2）吸干区域Ⅱ　在此区域内，扇形格内仍然为减压，将滤饼中剩余的滤液吸干。

（3）洗涤区域Ⅳ　在此区域内，洗涤水由管 7 喷洒于滤饼上，扇形格内减压将其吸入，经过管 4 单独排出或由管 3 与滤液一起排出。

（4）吹松区域Ⅵ　在此区域内，扇形格与压缩空气相遇，压缩空气吹向此洗涤并吸干后的滤饼，使其松动，便于卸除。

（5）卸料区域Ⅶ　在此区域内，滤饼被伸向过滤表面的刮刀所剥落。滤饼被剥落后，可用水或由扇形格内部通入空气或蒸汽，在区域Ⅷ内将滤布洗净，使之复原，重新开始操作。

图中区域Ⅲ、Ⅴ和Ⅸ称为不操作区域，位于操作区域之间，这样，当扇形格由一操作区域转向另一操作区域时，各操作区域不致相通连。

上述的转筒真空过滤机适用于过滤各种物料，如胶质物体以至各类盐的结晶体。对于温度较高的滤浆，此机也可用，但滤浆温度不能过高，否则真空将失去其效用。

转筒真空过滤机的滤饼厚度一般保持在 40mm 以内，对于过滤困难的胶体滤渣，其厚度可小到 $5 \sim 10$mm 或更小。在此情况下，刮刀卸料法可能将损坏滤布，可采用绳卸料法以代替之。其方法是在过滤时，预先将绳嵌在滤饼内，则卸料时，滤饼即随绳的移动而脱落。对于颗粒较大的滤渣，过滤时则不易被滤布所吸着，可以采用顶端加料法，而在转筒的底部或侧部刮去滤饼。

滤饼所能达到的厚度与转筒的回转速度有关。转筒的回转速为 $0.1\sim2.6r/min$，转筒真空过滤机的过滤面积一般为 $5\sim40m^2$，过滤机所消耗的动力为 $0.5\sim5$ 马力（1 马力 $=746$ 瓦），所得滤饼中水分的含量很少低于 10%，常可达到 30%。如欲得到较干的滤饼，可将转筒的一部分用盖罩住，在内通热空气以干燥之。

4.3.5.5 圆盘真空过滤机

圆盘真空过滤机与转筒真空过滤机有同等广泛的应用，另外还有连续圆盘真空过滤机。这种机器的操作顺序与转筒真空过滤机相同，其构造也与转筒真空过滤机相类似。

图 4-12 所示是一圆盘真空过滤机。图中 2 为圆盘，套在中空轴 1 上，慢慢地随轴在滤浆槽 3 中转动，其转速不超过 $3r/min$。圆盘的外面覆以滤布，其内部则分为许多扇形格。这些扇形格借分配头的作用分别与减压管和压缩空气管相通，与转筒真空过滤机的操作情况一样。操作时，滤液穿过滤布进入圆盘中，而后沿空心轴排出，滤渣则附着于滤布上成为滤饼，由刮刀剥落。若滤饼需要洗涤，则将洗涤液喷洒于滤饼上，由减压管吸走。

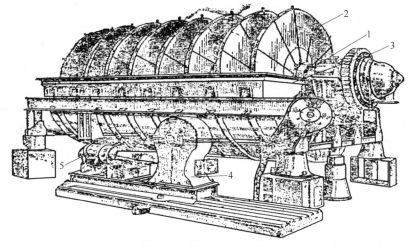

图 4-12　圆盘真空过滤机
1—空心轴；2—圆盘；3—滤浆槽；4—减速装置；5—电动机

与转筒真空过滤机相比较，圆盘真空过滤机具有非常大的过滤面积，可以大到 $85m^2$。此外，圆盘真空过滤机还有一些优点，如装置紧凑、消耗能量小，而且滤布的消耗也少，因为当滤布损坏时，可以只换一个扇形格的滤布。

对于过滤含有粗重颗粒的滤浆，可以采用由一个圆盘构成的水平盘真空过滤机，其特点为生产能力大，滤饼的厚度可以高到 $100mm$。

4.3.5.6 加压连续式链带式过滤机

链带式过滤机是一种比较新的产品，现在广泛地在化工企业中采用。这种机械的构造特点是利用一合口的橡皮带紧套在两个转轮上而不断地运动，带上有许多孔，滤布则覆于带上。操作时，滤浆注于带的一端；当带慢慢向前转动时，滤液穿过滤布，由带下排出，而滤渣则截留于滤布上成为滤饼，在带折返时自动卸落，其情况有如一链式运输机。

链带式过滤机的优点为构造简单，用以过滤不均匀的滤渣时，其生产能力很大，对于含滤渣量少的悬浮液，此机尤为适用。链带式过滤机的缺点为过滤面积小，而且滤布在折返途中不能工作，因而滤布的效用未能充分发挥。

　　链带式过滤机可分为加压式和减压式。图 4-13 所示是一种加压连续式链带过滤机的简图。图中 1 为密闭的长方形外壳，其中有滤带 2 在转轮 3 和 4 上不断地运动，转轮 3 为带动轮。操作时，滤浆由进料口 7 引入，落于转动的滤带上。当带沿装于壳内的支承圆滚 5 向右慢慢转动时，外壳内的压缩空气迫使滤液穿过滤布而集于带下的滤液收集室 9，然后由出口 10 排出。滤渣则停留于滤带上，成为滤饼，由喷水管 11 喷水洗涤之。当滤带转至另一端时，滤带折返，滤饼自行脱落于收集槽 12，然后利用螺旋运输器将其排至机外。滤带在其折返途中为刷子和喷淋设备所清洗，而后如前重复操作。

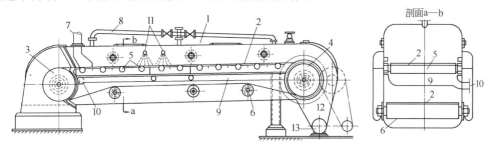

图 4-13　加压连续式链带过滤机

1—外壳；2—滤带；3,4—转轮；5—支承圆辊；6—导向辊；7—滤浆进料口；8—压缩空气管；
9—滤液收集室；10—滤液排出口；11—喷水管；12—滤饼收集槽；13—螺旋输送器

　　以上所述，仅为加压连续式过滤机的一个例子。转筒真空过滤机和圆盘真空过滤机，均可用类似的方法密闭于外壳内以进行加压式的连续操作。加压连续式过滤机除提高过滤的生产能力外，还适用于过滤黏滞以及具有挥发性的滤浆。机中的压强一般为表压的 1～4 个大气压，由压缩空气或惰性气体提供。

4.4　液固的离心分离及设备

　　离心机是利用离心力使悬浮液中固体颗粒与液体分离的一种设备，特别适用于分离晶体或粒状物料以及纤维质物料和液体的分离，如食盐、蔗糖、葡萄糖、味精等。离心机的构造形式颇多，但其主要部分为一快速旋转的鼓，鼓装在直立或水平轴上，鼓壁分为有孔和无孔式，孔上覆有滤布或其他介质。如鼓壁有孔，并以每分钟约 1000 转的高速旋转时，鼓内液体依靠离心力的作用由滤孔迅速钻出，固体颗粒则留于滤布上，完成固体与液体的分离。这一种分离称为离心过滤。假设鼓壁无孔，则物料受离心力的作用时，按密度的大小分层沉淀，密度最大、颗粒最粗的物料直接附于鼓壁上，密度最小、颗粒最细的物料则靠近鼓的中央。这种分离称为离心沉降。假设鼓壁无孔而物料为乳浊液，则在离心力作用下，液体按密度的大小分层。这种分离称为离心分离，牛奶厂利用离心机分离乳酪，就是根据此项原理。

4.4.1　离心力的大小

　　若使任何物体绕轴旋转，则有向心力作用于该物体上，力的方向朝向转轴，根据力学第三定律，产生与向心力大小相等而方向相反的力，称为离心力。离心力即为物体运动方向改变时的惯性力。

　　若以 G 为旋转物（鼓及鼓中的物料）的重量（kg），u 为鼓的圆周速度（m/s），r 为旋转半径，g 为重力加速度，则所发生的离心力 B 为

$$B = \frac{Gu^2}{gr} \tag{4-27}$$

　　若以 n 为每分钟鼓的转数，D 为鼓的直径，则 $u = 2\pi rn/60$，$r = D/2$，因此

$$B = \frac{2G\pi^2 Dn^2}{3600g} = \frac{G\pi^2 Dn^2}{1800g} \tag{4-28}$$

因 π^2 与 g 在数值上略相等，所以式（4-28）可简化为

$$B \approx \frac{GDn^2}{1800} \approx \frac{Grn^2}{900} \text{（kg）} \tag{4-29}$$

由此可见，增加转速增大离心力比增大转鼓以增大离心力容易，因此直径小而转速大的转鼓，其所产生的离心力比直径大而转速小的转鼓要大。

倘若旋转鼓的旋转用角速度（rad/s），r 为鼓的半径（m），则离心加速度 $\omega^2 r$ 与重力加速度 g 之比，称为离心分离因数，以 a 代表之

$$a = \frac{\omega^2 r}{g} = \frac{u^2}{gr} \tag{4-30}$$

离心分离因数是代表离心机特点的重要因数，它表示离心力场的特性。a 的值越大，离心力也越大，即越有助于固体颗粒的分离。由上式得知，增加鼓的旋转角速度及转鼓半径，可以增大分离因数之值，但在增大旋转角速度 ω 的同时，应适当减小转鼓半径 r 的值，以免转鼓所受的应力过于增加，以致不能保证转鼓的机械坚固性。

由于离心力所产生的分离效果好，所以由离心机所得的滤饼，其液体含量较少，一般低于 10%。与过滤比较，过滤所得滤饼的液体含量约为 30%～50%；至于用沉降法所得的沉淀，其液体含量至少为 60%。

4.4.2 离心分离的特点

离心分离虽然与沉降和过滤操作有关，但其机理却较为复杂。例如在一般的沉降操作中，固体颗粒借重力作用沉降，而在离心沉降中，除固体颗粒受离心力作用而沉降外，还有沉淀所受的压紧作用。此外，在沉降器中重力加速度与颗粒的位置无关，因而颗粒的沉降速度不变，而在沉降式的离心机中，离心加速度（$a = \omega^2 r$）却随颗粒的旋转半径而不同（若角速度 ω 为一常数），同时由于离心力线互不平行，各个颗粒所受离心力作用的方向也不同。由于上述原因，一般的沉降规律不完全适用于离心沉降。

至于离心过滤，其情形更为复杂。离心过滤的进行可分为三个阶段：

① 滤饼的形成；

② 滤饼的压紧；

③ 被毛细管和分子吸引力所保留于滤饼中的液体的排除。

在此三个阶段中，仅第一阶段与普通过滤类似，但所用推动力仍不同，第二阶段相同于上述的离心沉降，第三阶段为离心过滤的特点，即滤饼中的水分可借机械方法除去，起着部分的干燥作用。硝化棉及皮革制品、纺织品等的脱液，即是利用此项原理，其中对消化棉的脱液尤为适宜（因一般的加温干燥极易引起燃烧事故）。

4.4.3 离心机的分类

离心机的分类，可依照不同的原则进行，通常可有下列三种分类法。

（1）依分离因数 a 值的分类（$a = \omega^2 r/g$）

① 常速离心机 $a < 3000$，主要用于分离颗粒不太大的悬浮液和物料的脱水等工作。

② 高速离心机 $a > 3000$，主要用于分离乳状和细粒子悬浮物。

（2）依操作原理分类

① 过滤式离心机 机中有转鼓，鼓壁有孔，壁面覆有滤布，类似一般过滤机的情况。这种机器适用于分离含有结晶或固体颗粒的悬浮液。

② 沉降式离心机　机中有转鼓，鼓壁无孔，用以分离不易过滤的悬浮液。

③ 分离式离心机　机中有转鼓，鼓壁无孔，适用于乳浊液的分离或悬浮液的增浓。

（3）依操作方式分类

① 间歇式离心机　此类离心机又可分为上悬式和下动式，其进料、卸料是在减速或停车时进行，所以称间歇式。

② 连续式离心机　物料的进出均是连续操作，无需停车。

4.4.3.1　间歇式离心机

间歇式离心机的操作可分为三个阶段，即启动及进料阶段、分离阶段和停车卸料阶段。这三个阶段构成一个操作循环。在轻化工业中，大多数的滤渣需要洗涤，则在分离阶段后，借助喷嘴将洗涤水喷洒于转鼓内的滤饼上，经过滤饼由鼓壁小孔排出。假设洗涤是在减速下进行，停车前转鼓应重新启动使其达到原有的旋转速度，以便洗涤水能自滤饼中排出。

间歇式离心机中转鼓的构造，视鼓壁的有孔与否，分为有孔鼓壁离心机和无孔鼓壁离心机两种，前者称为过滤式，后者称为沉降式或分离式。在有孔鼓壁中，液体自孔中流出，集于鼓的外壳，由导管排出，滤渣则沉积于鼓面滤布上，成为滤饼，用人工或机械间歇地卸除。设鼓壁无孔为沉降式，则滤渣附于鼓壁，液体自鼓边溢流至外壳，由导管排出；设鼓壁无孔为分离式，则密度较大的液体集近于鼓壁，密度较小的液体集近于鼓的中央，分别由导管排出。

常用的间歇式离心机有上悬式和下动式。图 4-14 所示是一上悬式离心机，离心机的转鼓为上置的电动机所传动。转鼓必须保持在同一中心位置，装料也必须均匀，一般是在转鼓缓慢旋转的情况下进料。为了洗涤滤饼，上悬式离心机多装有喷洒器，将洗涤液喷洒于旋转的滤饼上。

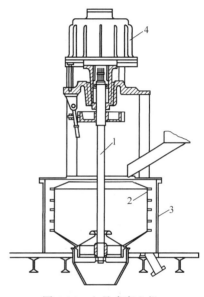

图 4-14　上悬式离心机
1—轴；2—转鼓；3—外壳；4—电动机

洗涤完毕，将离心机转速减慢以至停止，滤饼由转鼓底部的假底卸出。此种离心机通用于轻化工业中，以分离晶体或粗粒子悬浮液。

图 4-15 所示是一下动式离心机，也称三足式离心机，是因其机壳和转鼓是支持在一个三足架上。此类离心机的特点为传动机构位于转鼓之下，物料易自顶部取出，广泛应用于纺织、洗染和制药工业中，使物料脱水。在轻化工业中，这种机器可用于分离悬浮液中的杂质、不易分离的中等大小粒子和粗粒子悬浮液。此机一般有手制动器，在电动机的电门关闭后，可用以使转鼓停车。

图 4-16 所示是一沉降式上悬离心机。此机的特点为鼓壁无孔，当转鼓旋转时，固体颗粒沉于鼓壁上，液体经过鼓边而溢流至外壳与转鼓的空间地带，由底端排出。滤渣的卸出，则在停车后依靠人工或借助重力作用进行。主轴上附有锥形罩，进行分离时，此罩将鼓底的卸料孔封盖，卸料时将此罩举起，卸料孔即行开启。

4.4.3.2　自动离心机

在上述各种类型的离心机中，卸料时需要停车，因而产生时间及能量上的损失。但如采用自动化装置，以卸出滤渣，则整个操作循环，包括装料、分离、洗涤、吹干、卸料等，全是在鼓的运转情况下自动操作，所以称自动离心机。此离心机是在转鼓内装一刮刀，在分离

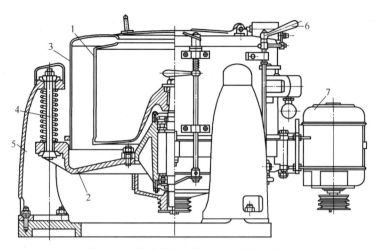

图 4-15　下动式离心机（三足式离心机）
1—转鼓；2—机座；3—外壳；4—牵引杆；5—支柱；6—制动器；7—电动机

及洗涤期间，将此刮刀拨在一旁，

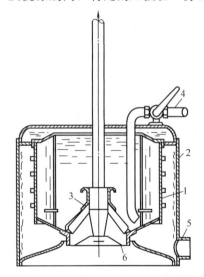

图 4-16　沉降式上悬离心机
1—无孔转鼓；2—外壳；3—锥形罩；
4—加料管；5—滤液导出管；6—滤渣排出口

卸料时，则将刮刀压于距鼓壁的滤布约 1mm 之处，滤饼被刮下而落于出料口。利用此种设备，对于硫酸铵晶体的分离，每一循环仅需约 2min。此机的一切操作虽然都是自动，但其操作循环的各阶段，如装料、分离、卸料等却仍是分段进行，所以仅称之为自动式而不能称之为连续式。

4.4.3.3　连续式离心机

在理想的连续式离心机中，装料、分离、卸料等操作环节是连续不断地同时进行。近年来此类离心机在构造上已有显著的进步，并已获得了广泛的应用。此类构造的主要特点在滤渣的卸除方法。现在的卸料法有两种，即往复卸料法和螺旋卸料法。

在往复卸料连续式离心机中，转鼓是横置的，如图 4-17 所示，欲分离的悬浮液由进料管 3 引入一个锥形进料斗 4 的狭窄部分。随着速度的增加，悬浮液沿进料斗的内壁流至转鼓的滤网 2 上，滤液穿过鼓壁，流入外壳与鼓间处的滤液出口 6 而连续排出，滤渣则沉积于滤网上，利用一个往复推送的卸料器 5 将其推出。卸料器在鼓壁上作往复运动，每分钟 12～16 次，当其向右进一段距离时，

将右端的滤饼推卸，当卸料器回程向左时，另一批滤饼又开始积聚，卸料器往复运动的频率可以随意调节，其每一冲程约为 40～50mm。对于滤渣的洗涤，在出口途中装有特备的洗涤水喷管 7，洗涤液则由特意装在外壳内的出口 8 排出。

在螺旋卸料连续式离心机中，转鼓也横着安装，一般均为沉降式。悬浮液经由进料斗及螺旋运输器进入机内，因离心力作用，滤渣积于鼓壁上。鼓内装有刮刀，其旋转速度比转鼓稍慢（约慢 1%～2%），于是滤渣随聚随刮，沿鼓壁推到出口端卸出。转鼓与刮刀同由齿轮组传动，同时获得所需要的差速。

4.4.3.4　超速离心机

根据上述原则，若离心机的转速再增加，鼓的直径必须再减小，所以超速离心机的转鼓

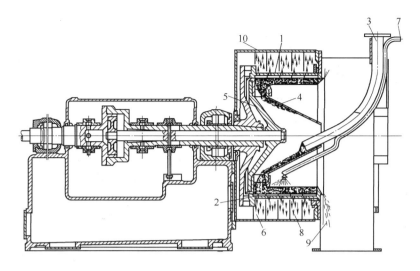

图 4-17　往复卸料连续式离心机

1—转鼓；2—滤网；3—进料管；4—锥形进料斗；5—卸料器；6—滤液出口；
7—洗涤水喷管；8—洗涤液出口；9—滤饼卸出管；10—外壳

一般制成管状，其转速可达 15000～50000r/min，转鼓直径为 50～100mm。显然，超速离心机为高速离心机的一种，有关操作情况和应用范围也大致相同。

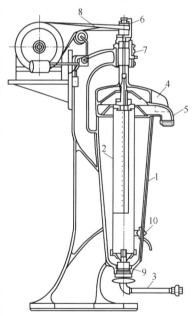

图 4-18 所示是一种管式超速离心机。欲处理的悬浮液由底端进料管 3 进入转筒 2。筒内有沿辐射方向排列的若干挡板，可以带动液体使其与转筒以同一速度旋转。分离的液体按其轻重由不同出口流出，轻者由流出管 4 排出，重者由流出管 5 排出。由液体中分离出的固体微粒，则附着于鼓壁，经过一定时间后，停车取出。

超速离心机具有构造简单、紧凑和管理方便等优点，其缺点是生产能力小。

特殊设计的超速离心机，其转速可达 100000r/min。关于超速离心机的选用，应先了解悬浮液的性质及其分离情况，可在有关专门书籍中查阅。

4.4.3.5　旋流器

旋流分离技术是利用不同物料的密度差，通过流体的高速旋转产生强大的离心力来实现以液相为连续相的非均相混合物（液固悬浮液、液液乳液等）高效分离。

旋流器为管状结构，主要由造旋腔（直筒段）、分离锥、底流管和溢流管几部分组成，其工作原理如图 4-19 所示。料浆在压力下切线流入后，形成外圈向下和内圈向上的两个螺旋形涡漩流动。外圈的主涡漩携带着悬浮物一起，沿着旋流器轴心方向向下运动。

图 4-18　管式超速离心机

1—机座；2—转筒；3—进料管；
4—轻液流出管；5—重液流出管；
6—传动装置；7—挠性轴；8—皮带
传动装置；9—倒轴承；10—制动器

内圈的涡漩中物料被携带轴向向上运动，从溢流管离开。溢流中通常固含量较低，且主要是细小颗粒，而底流是粗颗粒的悬浮液，相对于进料料浆大大浓缩。取决于固液分离的具

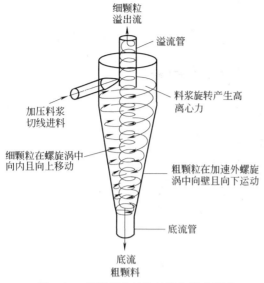

细颗粒溢出流

溢流管

加压料浆切线进料

料浆旋转产生高离心力

细颗粒在螺旋涡中向内且向上移动

粗颗粒在加速外螺旋涡中向壁且向下运动

底流管

底流粗料

图 4-19　旋流器内结构示意和流动形态

体目的，可以对旋流器结构作针对性的设计，如图 4-20 所示，采用长锥型结构的旋流器，有利于产生更稠厚的底流，但对溢流液中固含量的降低效果不如长筒型结构旋流器。

作近似处理时，旋流器可以视作卷绕起来的重力沉降室，而其中的重力加速度被离心加速度所取代。

单只旋流器对于液固非均一系分离的锐度不高，但通过两只旋流器串联（图 4-21 所示）可以显著改进分离锐度。采用小直径的旋流器，可以得到对固体颗粒的高截留率；但旋流器的处理通量受到限制。因而，实际过程中，可以通过安装多套并联的旋流分离装置来解决这一问题。

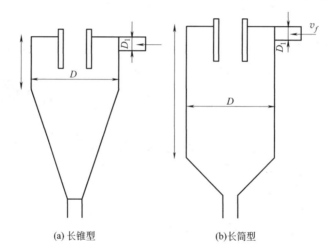

(a) 长锥型　　　　　　　　　(b) 长筒型

图 4-20　旋流器的基本结构参数

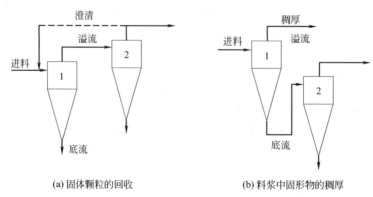

(a) 固体颗粒的回收　　　　　　　(b) 料浆中固形物的稠厚

图 4-21　两只旋流器串联的两种形式

除了用于液固悬浮液的分离之外，旋流器也可以用于液液乳液分离，典型的应用是油水分离。

目前油水旋流器主要有两大类：双锥体和单锥体。鉴于单锥或双锥旋流器直径变化较大，易引起油滴破碎，同时考虑到油滴粒径近似正态分布，采用如图 4-22 所示的结构，它具有双进口、弧锥体的结构特征，结构上采用连续渐缩的锥体以减少油滴破碎。该设备操作时，含油污水在压力下从进口沿切线方向进入旋流管内，液流由直线运动转变为高速旋转运动，经分离锥后因流道截面的逐渐缩小，液流速度则逐渐增大并形成螺旋流态，在旋流管内部形成了稳定的离心力场。油相密度小于水相，聚结在旋流管中心区，形成油芯。油芯为螺旋线形状，螺旋线由水相出口至油相出口逐渐变粗；水相受到的离心力更大，聚集在旋流管壁区，从尾管排出，由此实现了油水两相的分离。该旋流管油水分离性能优于目前单锥型和双锥型旋流管。

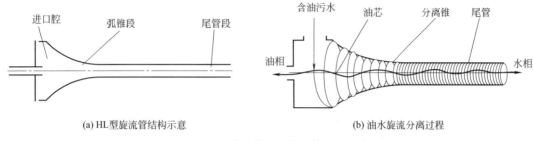

(a) HL型旋流管结构示意　　　　　　　(b) 油水旋流分离过程

图 4-22　HL 旋流管的结构设计和油水分离

【例 4-1】　在一个小型实验槽中，测试石灰浆与纯碱溶液作用后所产 $CaCO_3$ 的自由沉降速度，结果如下：

沉降时间/min	0	1	2	3	4	5	6
沉降距离/cm	0	1.01	1.98	2.99	4.04	4.98	6.01

沉降前每公斤悬浮液含 0.15kg 干 $CaCO_3$。

沉降后所得沉淀中每公斤沉淀含 0.5kg 干 $CaCO_3$。

悬浮液的比重为 1.13，干固体 $CaCO_3$ 的比重为 2.93。根据上述实验结果建造一个圆形沉降槽，用以处理 $30m^3/h$ 的此种悬浮液，求此槽的直径是多少？

解　将上述实验结果进行标绘，可得一直线，其斜率为 1，所以固体粒子的自由沉降速度 $\omega_0 = 0.000166m/s$，则悬浮液中液相的流量为

$$V_0 = 30\left(1 - \frac{1.13 \times 0.15}{2.93}\right) = 28.3 \ (m^3/h)$$

因 $C_0 = \dfrac{0.15}{1-0.15} = 0.176$，$C_1 = \dfrac{0.5}{1-0.5} = 1$，于是沉降槽的水平截面积为

$$F = \frac{V_0}{3600\omega_0}\left(1 - \frac{C_0}{C_1}\right) = \frac{28.3}{3600 \times 0.000166}\left(1 - \frac{0.176}{0.5}\right) = 31.1 \ (m^2)$$

则

$$D = \sqrt{\frac{4F}{\pi}} = \sqrt{\frac{4 \times 31.1}{\pi}} = 6.30 \ (m)$$

所以圆形沉降槽的直径为 6.3m。

【例 4-2】　一台板框式压滤机的过滤面积共为 $20m^2$，在表压 0.15MPa 下，以恒压强操

作方式过滤某一种悬浮液。2h 后，得滤液 40m³。若介质阻力略而不计：

（1）若其他情况不变，过滤面积加倍，可得多少滤液？

（2）若表压加倍，而滤饼是可压缩的，其压缩系数 $s=0.25$，2h 后得多少滤液？

（3）若其他情况不变，但将操作时间缩短到 1h，所得滤液为多少？

（4）若在原表压下过滤 2h 后，以 5m³ 的水去洗涤滤饼，需要多少洗涤时间？

解

（1）在恒压操作条件下，介质阻力可略而不计，可应用下式进行计算

$$\left(\frac{V}{F}\right)^2 = 2Kp^{1-s}\tau$$

当其他情况不变，$2Kp^{1-s}\tau$ 为一常数。显然，当 F 增加一倍，则所得滤液为 80m³。

（2）若表压加倍，$s=0.25$，则

$$\frac{V_2^2}{V_1^2} = \left(\frac{p_2}{p_1}\right)^{1-s} = 2^{1-0.25} = 1.68$$

$$V_2 = 40\sqrt{1.68} = 52 \quad (\text{m}^3)$$

（3）若时间缩短一半，则

$$\frac{V_2^2}{V_1^2} = \frac{\tau_2}{\tau_1} = 0.5$$

$$V_2 = 40\sqrt{0.5} = 28.3 \quad (\text{m}^3)$$

（4）恒压强操作时，$2Kp^{1-s}\tau$ 为一常数，若以 K_τ 代表之，则

$$\left(\frac{V}{F}\right)^2 = 2Kp^{1-s}\tau = K_\tau \tag{4-31}$$

微分上式，得

$$\frac{\mathrm{d}V}{\mathrm{d}\tau} = \frac{KF^2}{2V}$$

此微分式代表任何瞬时的过滤速率，因要求此洗涤在过滤完毕后进行，所以 $V = 40\text{m}^3$，而且对板框式压滤机而言，洗涤速率约为过滤速率的 1/4，洗涤速率为

$$\left(\frac{\mathrm{d}V}{\mathrm{d}\tau}\right)_{\text{洗}} = \frac{1}{4} \times \frac{KF^2}{80} \tag{4-32}$$

由式（4-31）可知，$KF^2 = \dfrac{V^2}{\tau} = \dfrac{40^2}{2} = 800$。将此式代入式（4-32），得

$$\left(\frac{\mathrm{d}V}{\mathrm{d}\tau}\right)_{\text{洗}} = \frac{1}{4} \times \frac{800}{80} = 2.5 \quad (\text{m}^3/\text{h})$$

今用 5m³ 水进行洗涤，则洗涤时间为

$$\tau_{\text{洗}} = \frac{5}{2.5} = 2 \quad (\text{h})$$

第5章

热交换设备

热交换设备是化工、石油、食品、制药及其他许多工业部门常用的设备，尤其在轻化工生产中，所用的热交换设备类型很多，并占有重要的地位。轻化工生产中的热交换器大多用作加热器、冷却器、冷凝器、蒸发器和再沸器等。根据冷、热流体热量交换的原理和方式基本上可分为三大类。

① 壁式换热器。它的主要特点是冷、热流体被固体隔开，并具有固定的传热面积，热量的传递是通过冷、热流体分别与固体壁的对流给热和固体壁的导热完成的。

② 混合式换热器。冷、热流体在换热器中直接混合进行热量交换。

③ 蓄热式换热器。冷、热流体交替通过换热器的同一通道，即交替冷却和加热换热器内的填充物从而达到冷、热流体换热的目的。

按照其结构形式，换热器分为夹套式、蛇管式、套管式、列管式、板壳式、板翅式、螺旋板式和板式等。不同类型的换热器，其性能各异，因此要了解各种换热器的特点，以便根据工艺要求选用适当的类型。同时，还要根据传热的基本原理，选择流程，确定换热器的基本尺寸，计算传热面积以及计算流体阻力等。

换热器在轻化工生产过程中应用非常广泛，它不仅可独立使用，而且是许多化工装置的组成部分，随着化工以及轻化工行业的迅速发展，各种换热器发展也很快，新型结构不断出现，以满足各工业部门的需要。换热器的基本发展趋势是：提高紧凑性，降低材料消耗，提高传热效率，保证互换性和扩大容量的灵活性，通过减少污垢和便于除垢来减少操作事故，在广泛的范围内向大型化发展。

5.1 壁式换热器

5.1.1 夹套式换热器

这种换热器是在容器外壁安装夹套制成的（如夹套加热反应器），它结构简单，如图5-1所示，但其加热面积受容器壁面的限制，传热系数也不高。为提高传热系数且使内液体受热均匀，可在器内安装搅拌器，当夹套中通入冷却水或无相变的加热剂时，也可在夹套中设置螺旋隔板或其他增加湍流措施，以提高夹套一侧的传热系数。为补充传热面积的不足，也可在器内部安装蛇管。夹套换热器广泛用于反应过程的加热和冷却。

5.1.2 沉浸式蛇管换热器

这种换热器是将金属管绕成各种与容器相适应的形状，并沉浸在容器内的液体中。如图5-2所示，蛇管式换热器的优点是结构简单，能承受高压，可用耐腐蚀材料制造。其缺点是容器内液体湍动程度低，管外传热系数小。为提高传热系数，容器内可安装搅拌器。

5.1.3 喷淋式换热器

这种换热器是将管子成排地固定在钢架上，热流体在管内流动，冷却水从上方喷淋装置均匀淋下，所以也称为喷淋式冷却器。如图5-3所示，喷淋式换热器的管外是一层湍动程度较高的液膜，管外传热系数较大，比沉浸式增大很多。另外，这种换热器大多数放置在空气流通之处，冷却水的蒸发也带走一部分热量，可起到降低冷却水温度、增大传热推动力的作用，因此，和沉浸式相比，喷淋式换热器的传热效果大为改善。

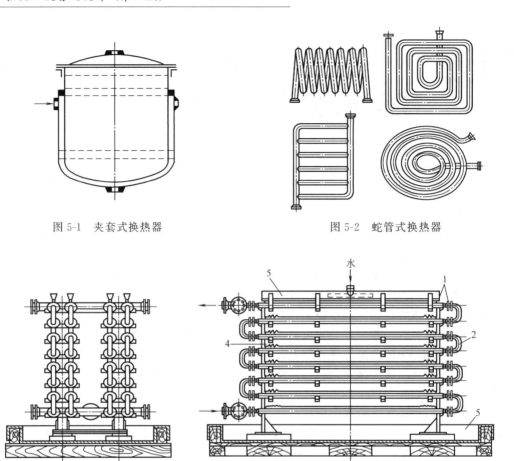

图 5-1　夹套式换热器　　　　　　　　　图 5-2　蛇管式换热器

图 5-3　喷淋式换热器

1—列管；2—U形接管；3—水槽；4—檐板；5—底盘

5.1.4　套管式换热器

套管式换热器（也称列管式换热器）是由大小不同的直管制成的同心套管，并由 U 形弯头连接而成，如图 5-4 所示。在这种换热器中，一种流体走管内，另一种流体走环隙，两者皆可得到较高的流速，所以传热系数很大。另外，在套管式换热器中，两种流体可为逆流，对数平均推动力较大。套管式换热器结构简单，能承受高压，应用方便（可根据需要增减管段数目），特别是由于套管换热器同时具备传热系数大、传热推动力大以及能承受高压强的优点，在超高压生产过程（例如操作压力为 3000 个大气压的高压聚乙烯生产过程）中所用的换热器几乎全部是套管式换热器。

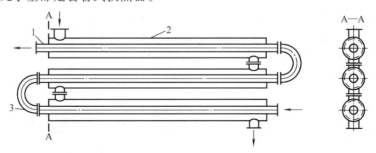

图 5-4　套管式换热器

1—内管；2—外管；3—U形接管

5.1.5　管壳式换热器

管壳式换热器（也称列管式换热器）是最典型的间壁式换热器，它在工业上的应用有着悠久的历史，而且至今仍在所有的换热器中占主导地位。

管壳式换热器主要由壳体、管束、管板和封头等部分组成，如图 5-5 所示，壳体多呈圆形，内部装有平行管束，管束两端固定于管板上。在管壳式换热器内进行换热的两种流体：一种在管内流动，其行程称为管程；一种在管外流动，其行程称为壳程。管束的壁面即为传热面。

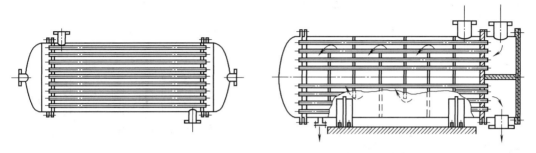

图 5-5　管壳式换热器

为了提高管外流体的传热系数，通常在壳体内安装一定数量的横向折流挡板，折流挡板不仅可防止流体短路，使流体速度增加，还能迫使流体按规定路径多次错流通过管束，使湍流程度大为增加。另外还可以在两端封头内设置适当隔板，以增加流体在壳内或管束间的折返次数，增加流体的湍动程度。

这种换热器具有结构牢固、适应性大、传热系数较高、材料范围较广等优点。

5.1.6　螺旋板式换热器

螺旋板式换热器主要由外壳、顶盖、螺旋体、密封元件及接管等组成。螺旋体是换热元件，它是由两张间隔一定缝隙的平行的薄钢板卷制而成，在其内部形成一对同心的螺旋形通道，在其中央设有隔板，将两螺旋形通道隔开。两板之间焊有定距柱以维持通道间距，在螺旋板两端焊有盖板如图 5-6 所示。冷热流体分别由两螺旋形通道流过，通过薄板进行热交换。

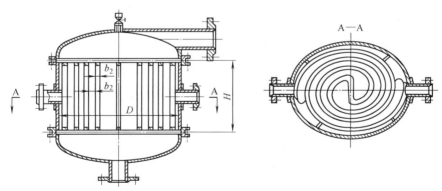

图 5-6　螺旋板式换热器

螺旋板式换热器的优点如下。

① 由于离心力的作用和定距柱的干扰，流体湍动程度高，所以传热系数大。例如，水对水的传热系数可达到 $2000 \sim 3000 \mathrm{W/(m^2 \cdot ℃)}$，而管壳式换热器一般为 $1000 \sim 2000 \mathrm{W/(m^2 \cdot ℃)}$。

② 由于离心力的作用，流体中悬浮的固体颗粒被抛向螺旋形通道的外缘而被流体本身冲走，所以螺旋板换热器不易堵塞，适用于处理悬浮液体及高黏度介质。

③ 冷热流体可作逆流流动，传热平均推动力大。

④ 结构紧凑，单位容积的传热面为管壳式的 3 倍，可节省材料。

⑤ 价格便宜，加工也比较简单。

5.1.7 板式换热器

板式换热器是由一组金属薄板及相邻薄板间衬以垫片并用框架夹紧组装而成，如图 5-7 所示。其上四角开有圆孔，形成流体通道。冷热流体交替地在板片两侧流过，通过板片进行换热。板片厚度为 0.2～3mm，通常压制成各种波纹形状，既增加刚度，又使流体分布均匀，加强湍动，提高传热系数。

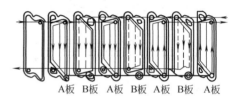

A板 B板 A板 B板 A板 B板 A板

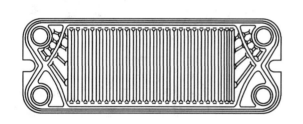

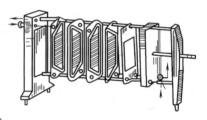

图 5-7　板式换热器

板式换热器的主要优点如下。

① 由于流体在板片间流动湍动程度高，而且板片厚度又薄，所以传热系数 K 大。在板式换热器内，水对水的传热系数可达 1500～4700W/($m^2 \cdot$ ℃)。

② 板片间隙小（一般为 2～6mm），结构紧凑，单位容积所提供的传热面为 250～1000m^2/m^3，而管壳式换热器只有 40～150m^2/m^3。板式换热器的金属消耗量可减少一半以上，因此相应体积小、重量轻。

③ 具有可拆卸结构，可根据需要调整板片数目以增减传热面积。操作灵活性大，检修清洗也方便。

板式换热器的主要缺点是所允许的操作压强和温度比较低。通常操作压强不超过 2.0MPa，压强过高容易渗漏。操作温度受垫片材料的耐温性的限制，一般不超过 250℃。

板式换热器适用于化工、食品、制药等工业部门。

5.2　管壳式换热器的类型及选择

5.2.1　管壳式换热器的类型

管壳式换热器的种类很多，目前在广泛使用的按其温差补偿结构来分，主要有以下几种。

5.2.1.1　固定管板式换热器

这类换热器的结构比较简单、紧凑，造价便宜，但不能机械清洗，如图 5-8 所示。此种换热器管束连接在管板上，管板分别焊在外壳的两端，并在其上面连接有顶盖，顶盖和壳体装有流体进出口接管。为改善传热效果，通常在管外装置一系列垂直于管束的挡板。同时管子和管板与外壳的连接都是刚性的，而管内、管外是两种不同温度的流体，因此，当管壁与壳壁温度相差较大时，由于两者的热膨胀不同，产生了很大的温度应力，以致管子扭弯或使管子从管板松脱，甚至毁坏整个换热器，所以这种换热器只适用于温差不大的体系。

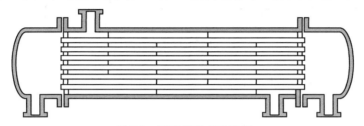

图 5-8　固定管板式换热器

为了克服温差应力，必须设有温差补偿装置。一般在管壁与壳壁温度相差 50℃ 以上时，为安全起见，换热器应有补偿装置，即温差补偿圈（或称膨胀节），图 5-9 所示为具有温差补偿圈的固定管板换热器。依靠膨胀节的弹性变形可以减少温差应力。但这种装置只能用在壳壁与管壁温差低于 60～70℃ 和壳程流体压强不高的情况。一般壳程压强超过 0.6MPa 时，由于补偿圈过厚，难以伸缩，失去温差补偿的作用，就应考虑其他结构。

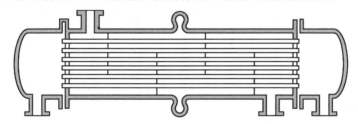

图 5-9　有温差补偿圈的固定管板换热器

5.2.1.2　浮头式换热器

这种换热器的一块管板用法兰与外壳相连接，另一块管板不与外壳连接，以便管子受热或冷却时可以自由伸缩，但在这块管板上连接一个顶盖，称之为"浮头"，所以称浮头式换热器，如图 5-10 所示。这种形式的换热器其优点是：管束可以拉出，便于清洗；管束的膨胀不受壳体的约束，因而当两种换热介质的温差较大时，不会因管束与壳体的热膨胀量的不同而产生温差应力。其缺点是结构复杂、造价高。

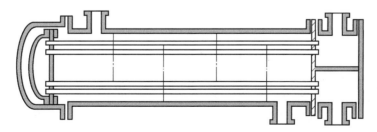

图 5-10　浮头式换热器

5.2.1.3　填料式换热器

如图 5-11 所示，这类换热器管束一端可以自由膨胀，结构比浮头式简单，造价比浮头

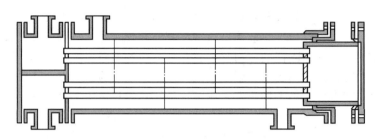

图 5-11　填料式换热器

式低。但壳内介质有外漏的可能，壳程中不应处理易挥发、易燃、易爆和有毒的介质。

5.2.1.4　U 形管式换热器

如图 5-12 所示，U 形管式换热器只有一块管板，管程至少为两程，每根换热管都成 U 形，进出口分别安装在同一管板的两侧，封头以隔板分成两室。管束可以抽出清洗，管子可以自由膨胀，而与外壳无关。在结构上，U 形管比浮头式简单，但管子内壁不易清洗，管子更换困难，管板上排列管子少，只适用于清洁而不易结垢的流体。

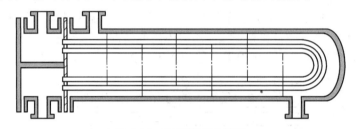

图 5-12　U 形管式换热器

5.2.2　管壳式换热器的选择

在选择管壳式换热器时，应根据各类管壳式换热器的特性，并考虑下列几个因素。

① 加热或冷却介质的物理性质、腐蚀性、物料的清洁情况。

② 实际的操作压力、温度以及其他工艺条件。

③ 工艺上需要的温差。

④ 根据换热流体特性选择结构与材料。

⑤ 所要达到交换的热负荷量。

5.3　传热过程基本方程

5.3.1　热负荷方程

对无相变过程
$$Q = WC_p(T_1 - T_2) \tag{5-1}$$

对有相变过程
$$Q = WC_p(T_1 - T_2) + WH_v \tag{5-2}$$

式中　W——物料的量，mol；

$\quad C_p$——物料的平均摩尔热容，kJ/(mol·℃)；

$\quad Q$——总热负荷量，kJ/h 或 kW；

$T_1，T_2$——物料的终点和初始温度，℃；

$\quad H_v$——物料的汽化或冷凝热，kJ/mol。

5.3.2　传热基本方程式

在稳态下，即传热系数 K 随温度变化不大时

$$Q = KA\Delta t_{\mathrm{m}} \tag{5-3}$$

式中 K——传热系数，$W/(m^2 \cdot °C)$；

   A——与 K 值对应的基准传热面积，m^2；

   Δt_{m}——有效平均温度差，$°C$；

   Q——需交换的热量，W 或 kW。

5.3.3 传热面积

$$A = \frac{Q}{K\Delta t_{\mathrm{m}}} \tag{5-4}$$

5.3.4 有效平均温度差

$$\Delta t_{\mathrm{m}} = \frac{\Delta t_1 - \Delta t_2}{\ln \dfrac{\Delta t_1}{\Delta t_2}} \tag{5-5}$$

式中 Δt_1，Δt_2——分别为换热器两端冷热流体的温差，$°C$。

当 $1/2 < \Delta t_1 / \Delta t_2 < 2$ 时，可用算术平均值 $\Delta t_{\mathrm{m}} = \dfrac{\Delta t_1 + \Delta t_2}{2}$。

上述温差用于无相变的纯粹逆流和并流换热器中，或一侧为恒温的其他流向的换热器中。

在其他流向的换热器中，当无相变时

$$\Delta t_{\mathrm{m}} = \varepsilon_{\Delta t} \Delta t_{\mathrm{m}}'$$

式中 $\Delta t_{\mathrm{m}}'$——按纯逆流的情况求得的对数平均温差；

   $\varepsilon_{\Delta t}$——温差校正系数。

$\varepsilon_{\Delta t}$ 的求取方法是先计算

$$\frac{\text{热流体的温降}}{\text{冷流体的温升}} = \frac{T_1 - T_2}{t_1 - t_2}$$

$$\frac{\text{冷流体的温升}}{\text{两流体最初温差}} = \frac{t_1 - t_2}{T_1 - t_1}$$

然后按不同的流向查 $\varepsilon_{\Delta t}$ 与 R、p 的关系图，最后查得 $\varepsilon_{\Delta t}$，代入上式计算。

5.3.5 传热系数 K

在基本条件（设备型号、雷诺数 Re、流体物性等）相同时，K 值可直接采用经验数据（查 K 值范围数据表）。

如果基本条件相差太大，则应由各传热膜系数 α 及其他热阻的计算结果求得。K 值的计算公式为

$$\frac{1}{K} = \frac{1}{\alpha_1} + \frac{1}{\alpha_2} + \frac{\delta}{\lambda} + \gamma_1 + \gamma_2 \tag{5-6}$$

式中 α_1，α_2——分别为两流体的传热膜系数，$W/(m^2 \cdot °C)$；

   λ——管壁的导热系数，$W/(m^2 \cdot °C)$；

   δ——管壁的厚度，m；

γ_1，γ_2——两边污垢的热阻，$(m^2 \cdot ℃)/W$。

5.4 管壳式换热器的工艺计算

5.4.1 热负荷计算

热负荷根据工艺生产要求而定，它是物料在换热过程中放出或吸收的热量。在无相变化情况下即为

$$Q = WC_p(T_1 - T_2)$$

已知过程的热负荷后，同理，加热或冷却介质消耗量则可根据热量平衡原理算出。如果有相变，如饱和蒸汽加热，且不计热损失，根据热量平衡，物料吸收的热量应等于蒸汽冷凝或冷却放出的热量

$$Q = WC_p(T_1 - T_2) = D(I - \theta) \tag{5-7}$$

所以蒸汽消耗量为

$$D = \frac{WC_p(T_1 - T_2)}{I - \theta} \quad (kg/h) \tag{5-8}$$

式中　I——饱和蒸汽热焓，kJ/kg；

　　　θ——冷凝水热焓，kJ/kg。

5.4.2 管壳式换热器的温差计算

管壳式换热器的温差与所选冷热两流体的流向有关，而流向的选择决定于工艺条件和强化传热之间的权衡。只有确定了两流体的流向及进出换热器的温度后，才能加以计算。其具体方法可按前述 5.3 节中有效平均温差的计算方程和方法进行。

5.4.3 换热器内流体通道的选择

在管壳式换热器中，哪一种流体走管内（管程），哪一种流体走管外（壳程），也是关系到设备的使用是否合理的问题，一般可从下列几方面进行考虑。

① 不清洁、易结垢的流体走管内，以便清洗。例如，冷却水一般通入管内，因为冷却水常用的是河水或井水，较脏，有的硬度也较大，受热后易结垢，在管内便于清洗。此外，管内容易达到高速，可避免悬浮颗粒沉积于换热器中。

② 流量小的流体或传热膜系数 α 小的流体应在管内，因管内截面一般比管间截面小，流速可大些，利于提高传热膜系数。

③ 有腐蚀性的流体走管内，这样只要管子和管板用耐腐蚀材料即可，而壳体及管外空间的其他零部件可用一般普通材料。此外，管子便于检修。

④ 有压力的流体走管内，因为管子直径小，承受压力的能力强，同时还避免了采用高压的外壳和高压密封。

⑤ 饱和蒸汽宜走壳程，饱和蒸汽比较干净，而且冷凝液便于排出。

⑥ 被冷却的流体宜走壳程，便于冷却散热。

⑦ 高温或低温流体走管内，这样可减少热量（或冷量）向周围大气散失所形成的热损失。

⑧ 流量小而黏度大的流体一般走壳程，因为壳程 $Re > 100$ 即可达到湍流。

上面诸原则可能有时是互相矛盾的，在实际使用中不可能同时满足所有要求。应该认真调查研究，对具体情况作出具体分析，抓住主要方面。例如首先从流体压力、防腐蚀及清洗等要求来考虑，然后再从对压力降或其他要求予以校核选定。

5.4.4 传热系数 K 的确定

正确选择 K 值对设计换热器有决定性的意义。对于 K 值的确定，经常采用的是经验数据（表 5-1）和实测方法。另外，也可以通过计算间壁两边流体的传热膜系数 α 以及间壁的导热系数 λ，按式（5-6）算出。

表 5-1 K 值大致范围

管内（管程）	管外（壳程）	传热系数 K 值	
		W/(m² · ℃)	kcal/(m² · h · ℃)
水(0.9~15m/s)	净水(0.3~0.6m/s)	582~698	500~600
水	水(流速较高时)	814~1163	700~1000
冷水	轻有机物 $\mu < 0.5 \times 10^{-3}$ Pa·s	467~814	350~700
冷水	重有机物 $\mu = (0.5 \sim 1) \times 10^{-3}$ Pa·s	290~698	250~600
冷水	重有机物 $\mu > 1 \times 10^{-3}$ Pa·s	116~467	100~350
盐水	轻有机物 $\mu < 0.5 \times 10^{-3}$ Pa·s	233~582	200~500
有机溶剂	有机溶剂 0.3~0.55m/s	198~233	170~200
轻有机物 $\mu < 0.5 \times 10^{-3}$ Pa·s	轻有机物 $\mu < 0.5 \times 10^{-3}$ Pa·s	233~465	200~400
重有机物 $\mu = (0.5 \sim 1) \times 10^{-3}$ Pa·s	重有机物 $\mu = (0.5 \sim 1) \times 10^{-3}$ Pa·s	116~349	100~300
重有机物 $\mu > 1 \times 10^{-3}$ Pa·s	重有机物 $\mu > 1 \times 10^{-3}$ Pa·s	58~233	50~200
水(1m/s)	水蒸气(有压力)冷凝	2326~4652	2000~4000
水	水蒸气(常压或负压)冷凝	1745~3489	1500~3000
水溶液 $\mu < 2.0 \times 10^{-3}$ Pa·s	水蒸气冷凝	1163~4071	1000~3500
水溶液 $\mu > 2.0 \times 10^{-3}$ Pa·s	水蒸气冷凝	582~2908	500~2500
有机物 $\mu < 0.5 \times 10^{-3}$ Pa·s	水蒸气冷凝	582~1193	500~1000
有机物 $\mu = (0.5 \sim 1) \times 10^{-3}$ Pa·s	水蒸气冷凝	291~582	250~500
有机物 $\mu > 1 \times 10^{-3}$ Pa·s	水蒸气冷凝	116~349	100~300
水	有机物蒸气及水蒸气冷凝	582~1163	500~1000
水	重有机物蒸气(常压)冷凝	116~349	100~300
水	重有机物蒸气(负压)冷凝	58~174	50~150
水	饱和有机溶剂蒸气常压冷凝	582~1163	500~1000
水	含饱和水蒸气的氯气(20~50℃)	349~147	300~150
水	SO₂(冷凝)	814~1163	700~1000
水	NH₃(冷凝)	698~930	600~800
水	氟利昂(冷凝)	756	650

值得注意的是，通常在操作过程中，传热膜系数是个变量，主要由于污垢的热阻是变化的，因此在设计中选定传热膜系数时，是结合清洗周期来考虑的。若 K 值选得太高（污垢热阻选得太小），清洗周期会很短，传热面积会较小，反之，传热面积则较大，所以应该全面衡量作出选择。

在应用式（5-6）计算时，传热面两边的污垢热阻的大致数值范围可参考表 5-2。

由于不同流动状态下的对流传热，具有不同的规律性，因此对流传热膜系数的计算，一般采用相同流动状况下的准数关系图或准数方程式。这方面在有关传热的参考书中介绍很多，这里不作详细叙述，下面只将常用准数方程摘录，以供参考。

5.4.4.1 无相变流体在圆形直管中作强制湍流时的传热膜系数

当 $Re > 10000$，$Pr = 0.7 \sim 160$，管长和管径之比 $L/d > 50$ 时，对气体和低黏度液体（不大于水黏度两倍的液体），可用下式计算传热膜系数。

$$Nu = 0.023 Re^{0.8} Pr^n \tag{5-9}$$

$$\frac{\alpha d_0}{\lambda} = 0.023 \left(\frac{d_0 u \rho}{\mu} \right)^{0.8} \left(\frac{C_p \mu}{\lambda} \right)^n$$

表 5-2 污垢热阻的大致数值范围

液　体	污垢热阻		液　体	污垢热阻	
	$(m^2 \cdot \text{℃})/kW$	$(m^2 \cdot h \cdot \text{℃})/kcal$		$(m^2 \cdot \text{℃})/kW$	$(m^2 \cdot h \cdot \text{℃})/kcal$
水：			劣质——不含油	0.09	0.000105
蒸馏水	0.09	0.000105	往复机排出	0.176	0.000205
海水	0.09	0.000105	液体：		
清净的河水	0.21	0.000244	处理过的盐水	0.264	0.000307
未处理的凉水塔用水	0.58	0.000675	有机物	0.176	0.000205
已处理的凉水塔用水	0.26	0.000302	燃烧油	1.065	0.00123
已处理的锅炉用水	0.26	0.000302	焦油	1.76	0.00205
硬水，井水	0.58	0.000675	气体：		
水蒸气：			空气	$0.26 \sim 0.53$	$0.000167 \sim 0.000302$
优质——不含油	0.052	0.0000605	溶剂蒸气	0.14	0.000163

式中，特性尺寸用管子的内径 d_0、流体的导热系数 λ、黏度 μ、密度 ρ、比热容 C_p，取定性温度下之值，定性温度为流体进出口温度的算术平均值。

当流体被加热时，$n=0.4$；

当流体被冷却时，$n=0.3$；

当 $L/d=30 \sim 40$ 时，需乘以校正系数 $1.07 \sim 1.02$。

对于黏度大的液体，采用下式进行计算

$$Nu = 0.027 Re^{0.8} Pr^{0.33} \left(\frac{\mu}{\mu_w}\right)^{0.14} \tag{5-10}$$

式中，除 μ_w 取壁温下的流体黏度外，其他应用条件同式（5-9）。

5.4.4.2　无相变流体在管外作强制对流时的传热膜系数

若列管式换热器的管间无挡板，管外流体可按平行管束流动考虑，仍可应用管内强制对流时的公式计算，但需将式中内径改为管间当量直径。

当管外有 25% 圆缺形挡板，$Re=2000 \sim 1000000$ 之间时，可用下式计算

$$Nu = 0.36 Re^{0.55} Pr^{1/3} \left(\frac{\mu}{\mu_w}\right)^{0.14} \tag{5-11}$$

$$\frac{\alpha d_e}{\lambda} = 0.36 \left(\frac{d_e u \rho}{\mu}\right)^{0.55} \left(\frac{C_p \mu}{\lambda}\right)^{1/3} \left(\frac{\mu}{\mu_w}\right)^{0.14}$$

式中，定性温度取流体进出口温度的算术平均值，而 μ_w 是指壁温下的流体黏度。当量直径要根据管子的排列情况决定。

5.4.4.3　单组分饱和蒸气冷凝时的传热膜系数

（1）饱和蒸气在垂直管或垂直板上作膜状冷凝

$$Re < 2100 \qquad \alpha = 1.13 \left(\frac{g \rho^2 \lambda^3 r}{\mu L \Delta t}\right)^{1/4} \tag{5-12}$$

$$Re > 2100 \qquad \alpha = 0.068 \left(\frac{g \rho^2 \lambda^3 r}{\mu L \Delta t}\right)^{1/3} \tag{5-13}$$

式中　L——定型尺寸，对垂直管为管长，对平板为板高，m；

　　　r——饱和蒸气冷凝潜热，J/kg；

Δt——饱和蒸气温度 t_s 和壁温 t_w 之差，℃。

（2）蒸气在水平管外冷凝

$$\alpha = 0.72 \left(\frac{g \rho^2 \lambda^3 r}{n d_0 \mu \Delta t} \right)^{1/4}$$ （5-14）

式中　n——水平管外在垂直列上的管数，对单根水平管，$n=1$。

5.4.5　传热面积的计算

根据传热基本方程式

$$A = \frac{Q}{K \Delta t_m}$$ （5-15）

式（5-15）中，当 Q、K、Δt_m 算出后，传热面积 A 也可求出。但是由计算得出的传热面积要适当考虑安全系数，一般安全系数约为 $5\% \sim 10\%$。

5.5　管壳式换热器的结构设计

管壳式换热器的结构设计是根据工艺设计对传热面的要求，选择合适的流速（包括管内，管间）、管径 d、管长 l，求出所需管子数 n，然后把管子排列在管板上，求得换热器的直径 D，再根据工艺要求确定流体进出口管径，最后选择好材料，画出结构图。

5.5.1　管径的选择

换热器的管束一般由无缝钢管组成。对液体，常用的管径（外径）为：18mm、25mm、32mm、38mm、57mm，壁厚 $1.5 \sim 3$mm。对气体，常用的管径（外径）为：45mm、57mm、76mm。选用管径时可参考下列因素，加以综合考虑，而后选定。

① 在传热系数公式中，$\alpha \propto 1/d^{0.2}$，所以管径 d 愈小，α 值愈大；一定的流量，管径愈小，流速愈大，也可以提高 α 值，所以尽可能选用小管径。

② 采用小管径在单位体积中可以有较大的传热面积。

③ 从加工来看，用胀管法固定时，管子太大或太小，加工都较困难，管径小，管子数多，接口多，泄漏机会也多。

④ 从清洗来看，管径愈小愈困难。

5.5.2　管内流速与程数

管内流速的选择对换热器有很大的影响，因为流速增加，传热系数增加（$\alpha \propto u^{0.8}$），从而提高了 K 值，减小了传热面积，也就减少了设备的投资；同时，流速增加，流体阻力也相应增加，动能消耗也增大，使设备的操作费用增大，所以必须选择合适的流速。通常选择的流速应使其数值保持在 $Re \geqslant 10000$，即在湍流条件下操作，黏度高的流体常常按层流设计，可采用经验数据，参见表 5-3。

表 5-3　换热器内常用流速范围

流体种类	管　型	流速/（m/s）	
		管内	壳程
液　体	直管	0.5～3	0.2～1.5
	盘管	0.3～0.8	
气　体	直管	5～30	2～15
	盘管	3～10	

选择流速时，可以考虑下列因素。

① 易结垢流体（如海水，河水）的管内流速应大于 1m/s，壳程流速应大于 0.5m/s。

② 流速随流体黏度的高或低而减小或增加。以普通钢管为例，可参见表5-4。

表5-4　不同黏度下常用流速

流体黏度/cP	最大流速 m/s	流体黏度/cP	最大流速 m/s
＞1500	0.6	35~1	1.8
1500~500	0.75	＜1	2.4
500~100	1.1	烃类	3
100~35	1.5		

③ 易燃、易爆液体的流速要低一些，同时设备应作静电接地。

假如流体流量较小或换热器的管数较多，而使管内流速很低时，为了增大管内流速，常可采用双程或多程。其程数为

$$m = \frac{u_0}{u} \tag{5-16}$$

式中　u_0——保证湍流操作时的流速，m/s；

　　　　u——实际流速，m/s，且 $u < u_0$；

　　　　m——该值应圆整为整数。

5.5.3　挡板的安装

由于管隙的截面积通常比管内截面积大，当管内传热系数比管外大得多时，决定 K 值的主要因素即为管外的传热系数。为此，必须提高管隙间的流速。增大管间隙流速的办法是在壳体内装设挡板。常用的有圆缺形（弓形）挡板和环盘形挡板。

圆缺形挡板是最常用的形式。把圆钢板切去一部分（常用的是切除25%，即挡板高度为3/4D），然后在上面钻孔，孔的大小可取 $d_r = (1.02 \sim 1.05)d_外$，$d_r$ 为挡板上钻孔孔径，$d_外$ 为管子外径。挡板厚度可取2~4mm；挡板安装间距 h 与流体的流速有关，一般取 $h = (0.2 \sim 1.0)D$，D 为壳体内径。为了避免过大压力降，挡板间距不应小于20~80mm。常用间距：150mm、200mm、300mm、450mm（480mm）、600mm。

环盘形挡板是由圆环和圆盘交替地排列而组成的，环数比盘数恒多1。

挡板的安装要互相平行并垂直于管束。挡板可以用点焊的方法焊牢在几根杆（或管）上，称为拉杆（或定距管），它也使挡板保持在一定位置，起定距作用。拉杆的直径和数目随壳体直径增大，但直径不小于3/8in（1in=25.4mm），数目不少于4根。假若在壳体内装置平行于管轴线的挡板（称为纵向挡板），可以使壳体内分程，也起增加管外流速的作用。

5.5.4　管子长度的选择

根据传热面积 $A = n\pi dL$，对于一定的 A 应用长管 L，管数 n 和管径 d 可以小些。这样换热器的外形尺寸较小，比较经济，投资较省。但应用长管时，换热器的清洁和检修、换管子等不方便，换热器也不紧凑。因此，管长一般不大于6~7m，长径比（L/D）在4~25之间，常用的是6~10。竖放时，应考虑稳定性，一般取（L/D）在4~6。在选择管子长度时，应考虑国内管子的产品规格，尽可能合理使用材料，使管长为产品规格的整数倍。常用的管子长度为1000mm、2000mm、2500mm、3000mm、4000mm、6000mm等。

5.5.5　管数的确定

若选定流体的流速 u_0，管径 d 和管长 L，则所需管子数 n 可由下式求得

$$n = \frac{A}{\pi dL} \tag{5-17}$$

求出管子数后，根据流体体积流量 $V_秒$（m³/s）来校正实际流速 u，即

$$u = \frac{V_{秒}}{0.785 d_{内}^2 n} \tag{5-18}$$

如实际速度 u 与选定的流速 u_0 相同，此管数即为整数。若 u 与 u_0 不同，但很接近，可适当改变管子长度来调节。如 $u \ll u_0$，改变管长已不能解决时，可采用多程以增加实际流速 u。

5.5.6　管板和壳体直径

管板（或称花板）上管子的排列方法，常见的是正三角形、正方形和同心圆，如图 5-13 所示。

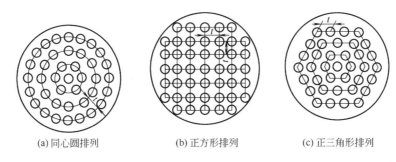

(a) 同心圆排列　　　(b) 正方形排列　　　(c) 正三角形排列

图 5-13　管板上管子排列

正三角形可排列的管子最多，用得最为普遍；同心圆法排列也较紧凑，在制氧设备中用得最多；正方形排列的管数比三角形要少，但便于用机械清洗管子外表面。如将列管换热器用作卧式冷凝器，蒸气在水平管外冷凝，则由于冷凝液落到下一排的管子上增加液膜厚度，使 α 降低，为此应将排列的管子转一定的角度（图 5-14），以使冷凝液沿下一根管子的切向流过，以提高蒸气冷凝给热。

管子在管板上固定的方法主要有胀接、焊接和胀接加焊接三种。

胀接是利用胀管器磙子的滚碾作用使伸入管板孔内的管子产生塑性变形，管径增大便与管板紧密地贴合在一起。图 5-15（a）所示是常用的一种胀接方法，管板孔的外侧作出 30° 的锥面，使管子胀成喇叭翻边。图 5-15（b）为在管板孔内表面开 0.5～0.8mm 的小槽，以增强连接。管端伸出离板约 3mm，胀接用于操作压力 ≤4.0MPa 的情况，管板硬度应比管子高，使胀接后管子的拆卸、检修比较方便。

焊接固定对连接的紧密性较可靠，制造工艺也比胀接方便得多，一般应优先考虑采用焊接，但管子不能更换。

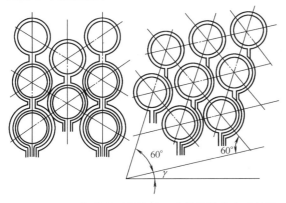

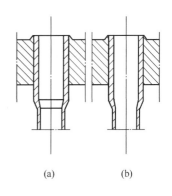

图 5-14　正三角形排列的管子上冷凝液膜的生成情况　　　图 5-15　管子的胀接固定

管间距（管中心距）的大小与管子在管板上固定方法有关。一般来说，管间距小，壳程的流速大，排列紧凑，单位体积的传热面大；但其阻力也大，不易清洗，所以管间距不能太大。

常用的管中心距 t：胀管固定取 $t=(1.3\sim1.5)d_外$，相邻两管的外壁间距一般不小于 6mm，即 $t\geqslant6+d_外$（mm），焊接固定取 $t=1.25d_外$。

5.5.7 换热器的材料选择

换热器材料根据物料性质、流体压力，可选用碳钢、不锈钢、紫铜、黄铜、铝等各种金属材料。具体选材料时，可参考有关手册。列管换热器各部件常用材料可参见表 5-5。

表 5-5 列管换热器常用材料

序号	部件或零件名称	材 料 牌 号	
		碳 素 钢	不 锈 钢
1	壳体，封头	Q235-A，16MnR	16Mn+0Cr18Ni9Ti
2	法兰，法兰盖	16Mn，Q235-A	1Cr18Ni9Ti
3	管板	16Mn	
4	膨胀节	Q235-A，16MnR	1Cr18Ni9Ti
5	折流板或支承板	Q235-A	1Cr18Ni9Ti
6	换热管	10♯	1Cr18Ni9Ti
7	螺栓，双头螺栓	16MnR、40Mn、40MnB	1Cr18Ni9Ti
8	螺母	16MnR、40Mn	
9	垫片	石棉橡胶板	
10	支座	Q235-A	

【例 5-1】 从一精馏塔塔顶送出的正戊烷饱和蒸气通过一个立式列管冷凝器的壳程中冷凝。正戊烷饱和蒸气的流率为 3000kg/h，冷凝液于饱和温度 51.7℃ 下离开冷凝器。冷却水的进口温度为 32℃、流量为 70000kg/h。所要求冷凝器列管长 3m、管径为 $\phi25mm\times2.5mm$。试求完成上述冷凝任务所需列管数。

已知正戊烷液体的平均物性常数如下。

导热系数：$\lambda=0.133W/(m\cdot K)$；

密度：$\rho=600kg/m^3$；

黏度：$\mu_1=1.9\times10^{-4}Pa\cdot s$；

比热容：$C_p=2.39kJ/(kg\cdot℃)$；

51.7℃ 正戊烷饱和蒸气冷凝潜热为 $3.56\times10^5kJ/(kg\cdot℃)$；

操作条件下水的平均比热容为 $C_{p水}=4.174kJ/(kg\cdot℃)$。

解 ① 热负荷计算 由于正戊烷饱和蒸气在冷凝器中仅为冷凝作用，因此

$$Q=Wr=\frac{3000}{3600}\times3.56\times10^5=2.97\times10^5 （W）$$

② 冷却水出口温度计算 假设忽略热损失，由过程的热平衡关系进行计算，

$$Q=GC_{p水}(t_2-t_1)=Wr$$

$$Q=\frac{70000}{3600}\times4.174\times10^3(t_2-32)=2.97\times10^5$$

$$t_2=35.7 （℃）$$

③ 平均温差计算

$$\Delta t_m=\frac{(51.7-32)-(51.7-35.7)}{\ln\dfrac{51.7-32}{51.7-35.7}}=17.8 （℃）$$

④ 传热面积计算 假定 $K = 525 \mathrm{W/(m^2 \cdot K)}$

$$A = \frac{Q}{K \Delta t_m} = \frac{2.97 \times 10^5}{525 \times 17.8} = 31.8 \ (\mathrm{m^2})$$

⑤ 列管数计算

$$n = \frac{A}{\pi d_0 l} = \frac{31.8}{3.14 \times 0.025 \times 3} = 135 \ (根)$$

⑥ 传热系数 K 的校核计算

管程传热膜系数 $\alpha_2 = 0.023 \dfrac{\lambda_2}{d_2} Re_2^{0.8} Pr_2^{0.4}$

取水的平均温度 $= \dfrac{1}{2}(35.7 + 32) = 33.8℃$

查出 33.8℃时水的物性常数

$$\mu_2 = 0.75 \times 10^{-3} \mathrm{Pa \cdot s}$$
$$\lambda_2 = 0.622 \mathrm{W/(m \cdot K)}$$
$$C_{p水} = 4.174 \mathrm{kJ/(kg \cdot K)}$$
$$u = \frac{\dfrac{70000}{3600}}{\dfrac{\pi}{4}(0.02)^2 \times 135} = 0.459 \ (\mathrm{m/s})$$

$$Re_2 = \frac{d_2 u \rho}{\mu_2} = \frac{0.02 \times 459 \times 1}{0.75 \times 10^{-3}} = 1.224 \times 10^4$$

$$Pr_2 = \left(\frac{C_{p水} \mu_2}{\lambda}\right) = \frac{4.174 \times 10^3 \times 0.75 \times 10^{-3}}{0.622} = 5.36$$

$$\alpha_2 = 0.023 \frac{\lambda_2}{d_2} Re_2^{0.8} Pr_2^{0.4}$$
$$= 0.023 \times \frac{0.622}{0.02}(1.224 \times 10^4)^{0.8} \times 5.36^{0.4} = 2480 \ [\mathrm{W/(m^2 \cdot K)}]$$

$$Re_1 = \frac{d_e G_1}{\mu_1} = \frac{4\left(\dfrac{A_1}{\pi d_1 n}\right)\left(\dfrac{W_1}{A_1}\right)}{\mu_1} = \frac{4 W_1}{\pi d_1 n \mu_1}$$
$$= \frac{4 \times \dfrac{3000}{3600}}{3.14 \times 0.025 \times 135 \times 1.9 \times 10^{-4}} = 1655 < 2100$$

再设正戊烷蒸气冷凝传热膜系数 $\alpha_0 = 890 \mathrm{W/(m^2 \cdot K)}$，管壁和污垢热阻可忽略，管壁温度可用下式计算

$$Q = \frac{T_s - t_m}{\dfrac{1}{\alpha_0} + \dfrac{d_1}{\alpha_2 d_2}} = \frac{t_w - t_m}{\dfrac{d_0}{\alpha_2 d_2}}$$

代入数值

$$\frac{51.7 - 33.8}{\dfrac{1}{890} + \dfrac{0.025}{2480 \times 0.02}} = \frac{t_w - 33.8}{\dfrac{0.025}{2480 \times 0.02}}$$

解得

$$t_w = 39.4 \; (\text{℃})$$

所以用下式来计算垂直管束外的冷凝膜系数

$$\alpha_1 = 1.13 \left(\frac{r\rho^2 g\lambda^3}{\mu L \Delta t} \right)^{1/4}$$

$$= 1.13 \left[\frac{3.56 \times 10^5 \times 600^2 \times 9.81 \times 0.133^3}{1.9 \times 10^{-4} \times 3 \times (51.7 - 39.4)} \right]^{1/4}$$

$$= 897 \; [\text{W}/(\text{m}^2 \cdot \text{K})]$$

假设 α_0 值与计算值基本相符，所以认为假设正确。

管壁和污垢热阻可忽略，取钢管导热系 $\lambda_w = 46.5 \text{W}/(\text{m} \cdot \text{K})$

$$K = \frac{1}{\dfrac{1}{897} + \dfrac{1}{2480} + \dfrac{0.003}{46.5}} = 641 \; [\text{W}/(\text{m}^2 \cdot \text{K})]$$

前面假设 $K = 525 \text{W}/(\text{m}^2 \cdot \text{K})$，小于校核计算值，所以认为按假设值算出的管数 n 为 135 根是安全的。

【例 5-2】 选择一台板式换热器用于加热一种轻化工原料的有机液体，要求处理量为 7200kg/h，温度由 20℃加热到 80℃。在平均温度下该液体具有下列物化特性。

密度：$\rho = 900 \text{kg}/\text{m}^3$；

黏度：$\mu = 0.00053 \text{Pa} \cdot \text{s}$；

导热系数：$\lambda = 0.458 \text{W}/(\text{m} \cdot \text{℃})$；

比热容：$C_p = 3730 \text{J}/(\text{kg} \cdot \text{℃})$；

普朗特数：$Pr = 4.35$。

利用 0.6MPa 压力的饱和水蒸气加热，其冷凝温度 $t = 158.1$℃。在此温度下冷凝液的特性如下。

密度：$\rho = 908 \text{kg}/\text{m}^3$；

黏度：$\mu = 0.000177 \text{Pa} \cdot \text{s}$；

导热系数：$\lambda = 0.683 \text{W}/(\text{m} \cdot \text{℃})$；

蒸汽热焓：$h = 2095000 \text{J}/\text{kg}$；

普朗特数：$Pr = 1.11$。

板式换热器的结构特性由本题附表所示。

[例 5-2] 附表　板式换热器的结构特性

结构特性	板片面积/m²				
	0.2	0.3	0.5	0.6	1.3
长度/mm	650	1370	1370	1375	1392
宽度/mm	650	300	300	660	640
厚度/mm	1.2	1.0	1.0	1.0	2.0
通道当量直径/m	0.0076	0.0080	0.0080	0.0074	0.0115
通道截面积/m²	0.0016	0.0011	0.0018	0.00262	0.00368
通道的换算长度/m	0.45	1.12	1.15	0.893	1.91
接管公称直径/mm					
Ⅰ类	50	50	100	200	
Ⅱ类		65	150	200	250
Ⅲ类			200	250	300

解　① 热负荷计算

$$Q = W C_p (t_2 - t_1) = \frac{7200}{3600} \times 3730 \times (80 - 20) = 447600 \text{ （W）}$$

② 蒸汽消耗量计算

$$G = \frac{Q}{h} = \frac{447600}{2095000} = 0.214 \text{ （kg/s）}$$

③ 平均温差计算

$$\Delta t_m = \frac{(T_1 - t_1) - (T_1 - t_2)}{\ln \dfrac{T_1 - t_1}{T_1 - t_2}} = \frac{(158.1 - 20) - (158.1 - 80)}{\ln \dfrac{158.1 - 20}{158.1 - 80}} = 105 \text{ （℃）}$$

④ 传热面积估算　有资料可查得板式换热器的传热系数的变化范围从 $1000 \sim 1500 \text{W}/$ $(\text{m}^2 \cdot \text{℃})$，所以取 $K = 1250 \text{W}/(\text{m}^2 \cdot \text{℃})$，则所需传热面积的估算值为

$$A = \frac{Q}{K \Delta t_m} = \frac{447600}{1250 \times 105} = 3.41 \text{ （m}^2\text{）}$$

选用表中板片面积为 0.3m^2，板片数 $N = 12$ 的板式加热器，其换热面积为 3.6m^2。

⑤ 传热系数 K 的校核计算

$$\frac{1}{K} = \frac{1}{\alpha_1} + \frac{1}{\alpha_2} + \frac{\delta}{\lambda} + r_1 + r_2$$

a. 液体的传热膜系数　在每个通道截面积 F 为 0.0011m^2 和当量直径 d_e 为 0.008m 的通道中，液体流速为

$$u_2 = \frac{G}{\rho_2 (N/2) F} = \frac{7200/3600}{900 \times 6 \times 0.0011} = 0.337 \text{ （m/s）}$$

其雷诺数为

$$Re_2 = \frac{d_e u_2 \rho_2}{\mu_2} = \frac{0.008 \times 0.337 \times 900}{0.000534} = 4544$$

$$\alpha_2 = \frac{\lambda_2}{d_e} 0.023 Re_2^{0.8} Pr_2^{0.4}$$

$$= \frac{0.458}{0.008} \times 0.023 \times 4544^{0.8} \times 4.35^{0.4} = 1999 \text{ [W/(m}^2 \cdot \text{℃）]}$$

b. 蒸汽的传热膜系数

$$Re_1 = \frac{G_1 L}{\mu F} = \frac{0.214 \times 1.12}{0.000177 \times 3.6} = 376$$

$$\alpha_1 = \frac{\lambda_1}{L} 322 Re_1^{0.7} Pr_1^{0.4}$$

$$= \frac{0.683}{1.12} \times 322 \times 376^{0.7} \times 1.11^{0.4} = 12964 \text{ [W/(m}^2 \cdot \text{℃）]}$$

假设蒸汽一侧的污垢热阻 r_1 可以忽略。板片厚度取 1mm，不锈钢材料的 $\lambda = 17.5 \text{W}/$ $(\text{m}^2 \cdot \text{℃})$。液体一侧的污垢热阻 r_2 取 $\dfrac{1}{5800}$，则传热系数为

$$K = \frac{1}{\dfrac{1}{\alpha_1} + \dfrac{1}{\alpha_2} + \dfrac{\delta}{\lambda} + r_1 + r_2} = \frac{1}{\dfrac{1}{1999} + \dfrac{1}{12964} + \dfrac{0.001}{17.5} + \dfrac{1}{5800}} = 1240 \text{ [W/(m}^2 \cdot \text{℃）]}$$

$$A = \frac{Q}{K\Delta t_{m}} = \frac{447600}{1240 \times 105} = 3.44 \text{（m}^2\text{)}$$

实际 K 值 1240W/(m^2·℃) 与所取 K 值 1250W/(m^2·℃) 基本接近，所以计算结果取 3.6m^2 是安全的。

5.6 管壳式换热器的换热深度和强化

5.6.1 管壳式换热器的换热深度

管壳式换热器具有机械密封性好、承压能力强等特点，是动力、能源、冶金、化工等行业的关键通用设备。换热器热流体出口温度 T_{H2} 与冷流体的出口温度 T_{L2} 比值 α（$\alpha = T_{H2}/T_{L2}$）可表征换热器的换热深度，α 有下列三种情况。

① 当 $\alpha > 1$，换热器处于非深度换热状态；

② 当 $\alpha = 1$，换热器处于临界深度换热状态；

③ 当 $\alpha < 1$，换热器处于深度换热状态。

在管壳式换热器大型化过程中，长径比（L/D）锐减的同时也伴随出现了深度换热难以实现的问题。超大型换热器中采用壳程多通道结构是改善深度换热受限的有效方法，壳程多通道管壳式换热器相当于一个由若干个长宽比为 L/W 的并列分置管壳式换热器组成的换热器网络，不同 L/W 的管壳式换热器对管壳式换热器换热深度有影响。在壳程多通道大型管壳式换热器中，深度换热之所以得以实现是由于并列分置管束管壳式换热器的 L/W 远大于大型管壳式换热器 L/D。

换热器的换热深度性能与长宽比 L/W 密切关联，随着换热器 L/W 的减小，换热器壳程流场分布越来越不均匀，换热器性能下降陡增并且壳程压降急剧增大。换热器深度换热性能随 L/W 的减小而下降是因为换热器温差场的均匀性随 L/W 的减小而下降。在一定的管壳程流速下，调节并列分置管束管壳式换热器的长宽比 L/W 可调节换热器的换热深度。

5.6.2 管壳式换热器的强化措施

5.6.2.1 管程强化措施

① 螺形槽管；

② 螺形扁管；

③ 缩放管；

④ 翅片管（内翅或外翅）；

⑤ 管内插件。

5.6.2.2 壳程强化措施

① 改变管束支撑结构，如横、纵流式支撑，螺旋式支撑；

② 改变壳程流场布置。

5.6.2.3 除垢强化措施

① 超声波抗垢；

② 流体振动除垢；

③ 磁场除垢；

④ 电场除垢。

第6章
蒸发设备

6.1 概述

在日用化工工业、食品工业、制药工业等众多的行业中，通常要遇到将溶液蒸浓的工业操作。这种借加热作用使溶液中一部分溶剂汽化因而获得浓缩的过程称为蒸发。蒸发的目的是使溶液中的溶剂汽化，这种情况下，要求溶剂具有挥发性而溶液中的溶质则不应具有挥发性。按照分子运动学说，当溶液受热时，靠近加热面的分子获得的动能胜过分子间的吸引力，故逸向液面上的空间，变为自由分子，这就称为汽化。因汽化而生成的蒸气，倘若在逸向空间后不予除去，则蒸气与溶液将渐渐趋于平衡状态，使汽化不能继续进行。所以进行蒸发的必备条件为热能的不断供给和所产生的蒸气不断排除。蒸气的排除一般采用冷凝的方法，也可以用惰性气体带走。蒸发的典型例子有糖、氯化钠、氢氧化钠、甘油和生物胶的水溶液以及牛奶、橘汁和中药的浓缩。在这种情况下，浓缩液是需要的产品，而蒸发出来的水通常作为废水排走，在少数情况下，冷凝水作为本工艺的回用水，或作为锅炉给水以及作其他用途。

在蒸发过程中，溶液中溶剂的汽化可分为在沸点时的汽化与低于沸点时的汽化，前者的速率远超过后者，所以工业上的蒸发都在沸腾情况下进行的。在沸腾情况下进行溶剂的蒸发，仍需要热能的不断供给。蒸发单位重量溶剂所需的热量，称为蒸发潜热或汽化潜热。如果是水溶液则溶剂为水。工业上采用的热源通常为水蒸气，所以遇到水溶液的蒸发时，一方面用蒸汽作为热源以供给热能，另一方面则水溶液本身蒸发时也产生蒸汽，为易于区别，前者称为加热蒸汽，后者称为二次蒸汽。

蒸发可在大气压、减压或加压情况下进行。在大气压下进行蒸发时，可用敞口设备；在减压或加压下进行时，必须采用密闭设备。在减压下进行的蒸发，称为真空蒸发。

6.2 蒸发设备的类型及选择

6.2.1 蒸发设备的类型

蒸发设备的构造、种类繁多，其原始的构造形式，特别是用于制糖工业方面，多为俄国工程师所创制。蒸汽夹套式单效真空蒸发器早在1812年就用于糖液的蒸发。1829年出现了多次利用蒸汽的多效蒸发设备。

随着工业的需要和发展，蒸发设备构造的形式也逐步改进。例如先以横管加热式取代了夹套加热式，再改进成为竖管加热式，而后者在广泛使用中又继续得到改进，为了避免溶液静压强的影响，创造了液膜蒸发器，为了提高生产强度，又创造了加热室在外的蒸发器和强制循环蒸发器。此外，节省加热蒸汽的办法，除了将二次蒸汽加以利用成为多效蒸发外，还可借二次的绝热压缩，使其温度升高而能再度用于原蒸发器，以作为加热蒸汽，如此操作的蒸发器称为热泵蒸发器。这些改进和创造，都以蒸发的基本原理以及与其生产强度有关的许多因素的研究为依据。

各种不同构造的蒸发器的特征如下：

① 加热面性状和位置——夹套、蛇管、直管、加热室在内或在外；

② 蒸发器本身的放置方法——横卧、竖立、倾斜。

③ 溶液的循环方法——自然循环、强制循环。

若按操作方法，蒸发设备也同样可以分为间歇式和连续式两类。

6.2.1.1 水平列管式蒸发器

早期的（1843 年）简单的水平列管式蒸发器如图 6-1 所示，加热管为 $\phi20\sim40\text{mm}$ 的无缝钢管或铜管，管内通加热蒸汽，管束浸没于溶液中。这种蒸发器在 19 世纪末曾风行一时，适用于蒸发无结晶析出而黏度不高的溶液，由于在操作中溶液自然循环的速度受到横管的阻拦而减低，所以随后被中央循环管式蒸发器所取代。

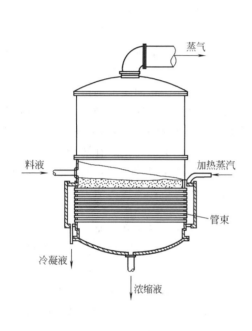

图 6-1　水平列管式蒸发器

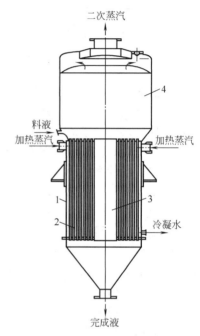

图 6-2　中央循环管式蒸发器

1—外壳；2—加热室；3—中央循环管；4—蒸发器

6.2.1.2 中央循环管式蒸发器

中央循环管式蒸发器的加热室由许多垂直列管所组成，管径为 $\phi25\sim40\text{mm}$，总长 1～2m。在加热室中装有中央循环管，中央循环管截面为加热管总截面的 $40\%\sim100\%$。如图 6-2 所示，由于在循环管与加热管中液体的密度不同，所以产生液体的循环。在蒸发器内，溶液由加热管上升，受热而达到沸腾，所产生的二次蒸汽经分离器与除沫器由顶部排出，液体则经中央循环管下降。降至蒸发器底的液体又沿加热管上升，如此不断循环，溶液的循环速度也不断加快，可达 $0.1\sim0.5\text{m/s}$，因而可以提高蒸发器的传热系数与生产强度。此种蒸发器适用于黏度大的溶液和易结垢或结晶的溶液。

6.2.1.3 外循环式蒸发器

这种蒸发器的特征在于加长的加热管（管长与直径之比 $L/D=50\sim100$），并使加热室安装在蒸发器的外面，这样就可以减低蒸发器的总长度，同时循环管没有受到蒸汽加热，使溶液的自然循环速度较快（循环速度可达 1.5m/s）。其外形结构如图 6-3 所示。

6.2.1.4 升膜式蒸发器

这种升膜式蒸发器如图 6-4 所示，其加热管束很长，可达 3～10m。溶液由加热管底部进入，并将液面维持在较低的位置，溶液被加热沸腾而汽化，因而产生大量的二次蒸汽泡

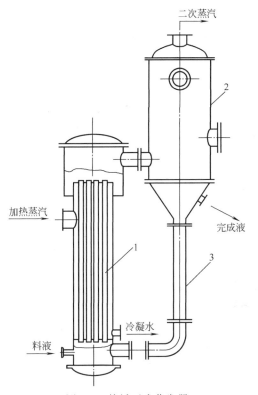

图 6-3　外循环式蒸发器

1—加热室；2—蒸发室；3—循环管

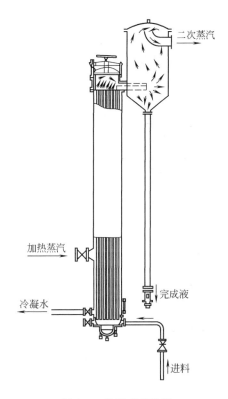

图 6-4　升膜式蒸发器

沫，发生向上的推进作用，最终液体被上升的蒸汽拉成环状薄膜，沿壁向上运动，非常剧烈，气液混合物由管口高速冲出，这时溶液与泡沫的混合物在管中的速度可达 20m/s。这种高速度具有以下两个优点：

① 增加沸腾传热系数，因此传热系数可以很大；

② 结垢不易生成，从而可以减慢蒸发器在操作期间因结垢的生成而减小传热系数的现象。

被浓缩的液体经气液分离器后即排出蒸发器。

此种蒸发器需要妥善、合理的设计和操作，使加热管内上升的二次蒸汽保证具有较高的速度，从而获得较高的传热系数，使溶液一次通过加热管即达到预定的浓缩要求。气液分离装置可以设计在加热室的上面，也可以移出加热室。为了使二次蒸汽所夹带的液沫分离，在分离装置内设置螺旋分离器或其他破沫装置。此种类型的蒸发器适用于稠厚和易生泡沫的溶液，但不适用于处理黏度大于 50cP、易结垢、易结晶及浓度过大的溶液。

6.2.1.5　降膜式蒸发器

降膜式蒸发器其结构如图 6-5 所示。物料由加热室顶部加入，经液体分布器分布后呈膜状向下流动。在管内被加热汽化，被汽化的蒸汽与液体一起由加热管下端

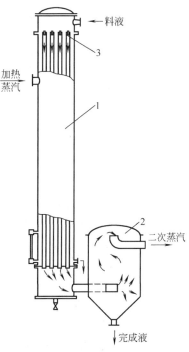

图 6-5　降膜式蒸发器

1—膜蒸发器；2—气液分离器；
3—列管及分布器

引出，经气液分离后即得到完成液。

为使溶液在加热管内壁形成均匀液膜，又不使二次蒸汽由管上端窜出，所以要求对液体分布器进行良好的设计。常见的几种分布器形式如图6-6所示。

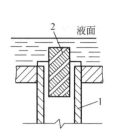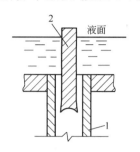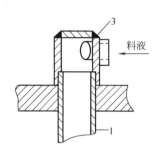

图 6-6　液体分布器形式
1—加热管；2—导流管；3—旋液分配头

在降膜式蒸发器的操作过程中，由于物料的停留时间很短（5～10s或稍长），而传热系数很高，因此这种类型的蒸发器较广泛地应用于热敏性的物料。例如橘子水和其他果汁，也可以用于蒸发黏度较大的物料，但不适宜处理易结晶的溶液，或形成均匀的液膜较为困难、传热系数不高的物料。

6.2.1.6　强制循环式蒸发器

在自然循环的蒸发设备中，溶液的循环速度一般小于1.5m/s，若借助装在蒸发器内或外的泵，可使循环速度增加到1.5～3.5m/s的范围。具有这种较高循环速度的蒸发器，称为强制循环蒸发器，在现代大规模的工业生产中需要生产强度大的蒸发设备时，就采用这种蒸发器，如图6-7所示。

提高循环速度的重要性不仅在于提高沸腾传热系数，其主要用意在于降低单程汽化率。由于被循环的液体量超过蒸发水分的许多倍，二次蒸汽仅能在加热管的上部一段中生成，由此上升的气液混合物撞击到除沫器上时，二次蒸汽继续上升而由顶部溢出，液体则受阻落下，从圆锥形底部被循环泵吸入，以较高的速度再进入加热管，如此循环不息。在同样的蒸发能力下（单位时间的溶剂汽化量），循环速度越大，单位时间通过加热管的液体将越多，溶液通过加热管后汽化的百分数（汽化率）也越低，这样邻近加热面的溶液其局部浓度增高的现象可以减轻，加热面上结垢的现象就可以延缓，溶液的浓度就越高。如果溶液蒸发时易生结垢或析出晶体，所用的循环速度就不应小于2.5m/s，所以减少结垢所需的循环速度就越大。

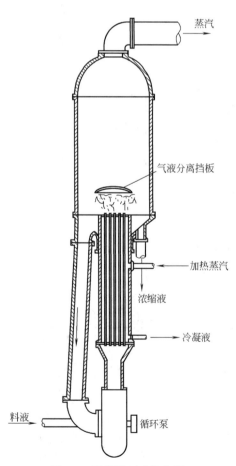

图 6-7　强制循环式蒸发器

6.2.1.7　列文蒸发器

采用强制循环虽然可保证足够的循环速度，但毕竟增加了泵的投资和经常的维修。为在自然对流条件下造成尽可能大的循环速度，并尽可能减少结垢现象，研制了列文蒸发器，其结构如图 6-8 所示。

此种蒸发器的结构特点如下。

① 沸腾段与加热段分开。在加热段上方设一沸腾段，由于液柱静压的作用，液体在加热段内受热，温度升高，但并不沸腾，待液体流至上部沸腾段时，因静压降低，产生自蒸发现象。由于加热面上不发生汽化，可显著减少和避免加热面上结垢现象。

② 设置粗而高的液体循环管，促进液体循环，但也使设备高度增大。

③ 沸腾段中设有纵向挡板，限制大气泡的形成，从而降低了气泡运动的速度。气泡速度低，在同样汽化率下，单位体积中气泡量就多，降低了沸腾段内混合物的平均密度。较高的沸腾段较低的平均密度，造成较大的静压差，导致较大的循环速度。

6.2.1.8　旋转刮板式蒸发器

此种蒸发器专为高黏度溶液的蒸发而设计的。蒸发器的加热管为一根较粗的直立圆管，中、下部设有两个夹套进行加热，圆管中心装有旋转刮板。刮板的形式有两种：一种是固定间隙式，见图 6-9，刮板端部与加热管内壁留有约 1mm 的间隙；另一种是可摆动式转子，

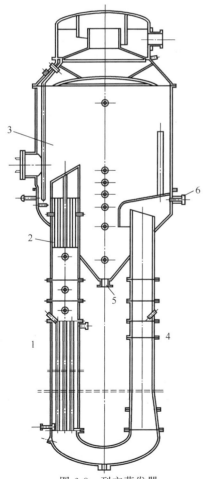

图 6-8　列文蒸发器

1—加热段；2—沸腾段；3—分离空间；
4—循环管；5—完成液出口；6—加料

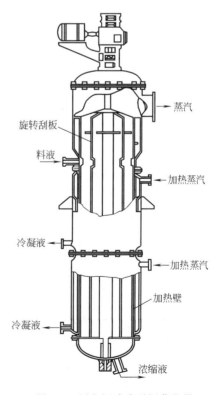

图 6-9　固定间隙式刮板蒸发器

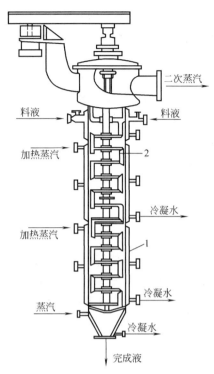

图 6-10　转子式刮板蒸发器
1—夹套；2—刮板

如图 6-10，刮板借旋转离心力紧压于液膜表面。

料液自顶部进入蒸发器后，在重力和刮板的搅动下分布于加热管壁，并呈膜状旋转向下流动。汽化的二次蒸汽在加热管上端无套管部分被旋转刮板分去液沫，然后由上部抽出并加以冷凝，浓缩液由蒸发器底部放出。

旋转刮板式蒸发器的主要特点是借助外力强制料液呈膜状流动，可适应高黏度，易结晶、结垢的浓溶液的蒸发，此时仍能获得较高的传热系数。某些场合下可将溶液蒸干，而由底部直接获得粉末状的固体产物。这种蒸发器的缺点是结构复杂，制造要求高，加热面不大，而且需消耗一定的动力。

6.2.2　蒸发设备的选型

蒸发设备在结构上必须有利于过程的进行，因此，选用和设计蒸发设备时应该考虑以下几点：

① 尽量保证较大的传热系数；

② 要适合溶液的一些特性，如黏度、起泡性、热敏性、溶解度随温度变化的特性及腐蚀性；

③ 能完整地分离液沫；

④ 尽量减少温差损失；

⑤ 尽量减慢传热面上污垢的生成速度；

⑥ 能排出溶液在蒸发过程中所析出的结晶体；

⑦ 能方便地清洗传热面。

除了从工艺过程的要求来考虑蒸发设备的结构以外，还必须从机械加工的工艺性、设备的价格、操作费和设备费的经济分析来考虑，为此还需注意下列几点：

① 设备的体积和金属材料的消耗量小；

② 机械加工和制造、安装应该合理和方便；

③ 检修要容易；

④ 设备的使用寿命要长；

⑤ 有足够的机械强度；

⑥ 操作费用要低。

综上所述，对蒸发器的要求是多方面的，但在选型的时候，首先要看它能否适应所蒸发物料的工艺特性，包括浓缩液的结垢、黏度、热敏性、有无结晶析出、发泡性及腐蚀性等。这些情况将分述如下，见表 6-1。

表 6-1　常用蒸发器的一些主要性能

蒸发器形式	造价	总传热系数		溶液在管内的流速 /(m/s)	停留时间	完成液浓度能否恒定	浓缩比	处理量	对溶液性质的适应性					
		稀溶液	高黏度						稀溶液	高黏度	发泡性	易结垢	热敏性	有结晶析出
水平管型	最廉	良好	低		长	能	良好	一般	适	适	适	不适	不适	不适
标准型	最廉	良好	低	0.1~0.5	长	能	良好	一般	适	尚适	适	尚适	尚适	稍适
外循环型	廉	高	良好	0.4~1.5	较长	能	良好	较大	适	尚适	较好	尚适	尚适	稍适

续表

蒸发器形式	造价	总传热系数		溶液在管内的流速 /(m/s)	停留时间	完成液浓度能否恒定	浓缩比	处理量	对溶液性质的适应性					
		稀溶液	高黏度						稀溶液	高黏度	发泡性	易结垢	热敏性	有结晶析出
列文型	高	高	良好	1.5~2.5	较长	能	良好	较大	适	尚适	较好	尚适	尚适	稍适
强制循环	高	高	高	2.0~3.5	较长	能	较高	大	适	好	好	适	尚适	适
升膜式	廉	高	良好	0.4~1.0	短	较难	高	大	适	尚适	好	尚适	良好	不适
降膜式	廉	良好	高	0.4~1.0	短	尚能	高	大	较适	好	适	不适	良好	不适
刮板式	最高	高	高		短	尚能	高	较小	较适	好	较好	不适	良好	不适
甩盘式	较高	高	低		较短	尚能	较高	较小	适	尚适	适	不适	较好	不适
旋风式	最廉	高	良好	1.5~2.0	短	较难	较高	较小	适	适	尚适	尚适	适	适
板式	高	高	良好		较短	尚能	良好	较小	适	尚适	适	不适	尚适	不适
浸没燃烧	廉	高	高		短	较难	良好	较大	适	适	适	适	不适	适

（1）结垢　在蒸发器的加热管上会有一些污垢生成，使传热系数受到影响，严重结垢时，传热系数显著减小，使生产能力下降。污垢生成的原因有两种：一种是由于加热管局部过热而使物料炭化；二是在大多数情况下，因温度上升，物料浓缩面析出 $CaSO_4$、$Mg(OH)_2$ 或 $CaCO_3$ 等无机盐或其他固体。

污垢通常可用化学药品清洗除去，也可用机械方法剥离。例如用一旋转头装在金属软管一头，金属软管另一头接压缩空气，压缩空气使转头旋转，将转头伸入加热管以剥离污垢。总之，当生成一定厚度的污垢后，就要进行清洗，对于一般容易生成污垢的物料，宜选取管内流速大的强制循环蒸发器。

（2）黏度　当浓缩液黏度显著增加时，在自然循环型的蒸发器管内流速降低，传热系数也随之降低，因而蒸发器生产能力减小。所以对于黏度大的物料不宜选择自然循环型蒸发器。通常自然循环型适用的黏度范围为 0.01~0.1Pa·s。当管内能取得较大的流速，即使黏度增加，传热系数也能维持较大的数值。因此，对黏度大的物料，以选择强制循环型、回转型和降膜型蒸发器为宜。

（3）热敏性　对热敏性溶液，需用储量少、滞留时间短的蒸发器，所以低温蒸发器和各种形式的薄膜蒸发器均可采用。

（4）有无结晶析出　对于有结晶析出，特别是溶解度随温度上升而降低的物料，则加热管有堵塞的可能。此种情况采用强制循环蒸发器和列文式蒸发器为宜。

（5）发泡性　当蒸发器液面发泡激烈，伴随夹带飞沫而引起成品损失增加，严重时甚至不能操作。任何液体不可避免会或多或少地发泡，彻底消除发泡的蒸发器是没有的，强制型和长管薄膜型蒸发器管内流速大，对破坏泡沫有利。操作条件对发泡程度也有影响，例如变更蒸发温度就会引起发泡情况的变动。所以在考虑设备形式的同时，也要考虑操作条件。当发泡严重时，则需加入消泡剂。

（6）腐蚀性　处理腐蚀性的物料时，加热管需采用合适的防腐材料。目前使用的有玻璃、不透性石墨和合金等材料。

6.2.3　蒸发设备操作条件的确定

蒸发设备操作条件主要是指蒸发器加热蒸汽的压力（或温度）和冷凝器的操作压力或真空度。正确确定蒸发的操作条件，对保证产品质量和降低能源消耗，都是有重要意义的。

确定加热蒸汽压力（或温度）的重要依据就是被蒸发溶液允许的最高温度，如超过这个温度，物料就可能变质、破坏。例如蔗糖溶液，为了防止高温下分解和焦化，其蒸发温度一般不能超过127℃。蒸发操作可以在低于最大允许温度的广阔温度范围内进行。可以采用压力蒸发、常压蒸发和真空蒸发。在现在的制药厂、食品工业和一些化工企业中，大部分的蒸发都采用真空蒸发操作。

蒸发是一个消耗大量加热蒸汽而又产生大量二次蒸汽的过程。从节能的观点出发，应该充分利用蒸发所产生的二次蒸汽作为其他加热设备的热源，即要求蒸发装置能提供温度较高的二次蒸汽。这样既可减少锅炉发生蒸汽的消耗量，又可减少末效进入冷凝器的二次蒸汽量，提高了蒸汽的利用率，因此，能够采用较高温度的饱和蒸汽是有利的。常见蒸发器的主要性能见表6-1。

通常所用的饱和蒸汽的温度一般不超过180℃，若超过180℃时，相应的压强就很高，这就增加了加热的设备费用和操作费用。多效蒸发旨在节省加热蒸汽，应该尽量采用多效蒸发。如果工厂提供的是低压蒸汽，为了利用这些低压蒸汽，并实现多效蒸发，则末效应在较高的真空度下操作，以保证各效具有必要的传热温差。或者选用高效率的蒸发器，这种蒸发器在低温差下仍有较大的蒸发强度。

可基于如下的考虑来确定末效的操作压力。

① 如果第一效采用较高压力的加热蒸汽，则末效可以采用低真空蒸发或常压蒸发，甚至可以采用压力蒸发。此时，末效产生的二次蒸汽具有较高的温度，可以全部利用，而不进入冷凝器（为适应生产中实际存在的不稳定性，冷凝器不能取消），因而经济性高。

② 各效操作温度较高，溶液黏度较低，传热好，蒸发强度较大。

③ 如果第一效加热蒸汽压力低，则如上所述，末效应采用较高的真空度操作，此时，各效二次蒸汽温度不高，利用价值低。

④ 末效二次蒸汽进入冷凝器冷凝，大量能量损失，又消耗了冷却水泵所需能量。此外，各效在较低温度下操作，溶液黏度大，传热差，蒸发强度也较低。但对于那些高温对产品质量有不良影响的物料，这种低温蒸发显然是好的。

6.2.4 蒸发装置流程的确定

蒸发装置流程是指多效蒸发器的数目及其组合排列方式，物料和蒸汽的流向，附属设备如预热器、冷凝器和真空泵的装设，以及为谋求进一步节省蒸汽和充分利用热能而引出额外蒸汽，采用冷凝水自蒸发器和低压蒸汽再压缩使用的方案和流程。下面分述以上各项的确定原则。

6.2.4.1 效数的确定

在设计流程时首先应考虑采用单效蒸发还是多效蒸发。为了充分利用热能，工厂一般多采用多效蒸发。在多效蒸发中，将前一效的二次蒸汽作为后一效的加热蒸汽，所以多效蒸发能节省生蒸汽的消耗量。但不是效数越多越好，多效蒸发的效数受到经济上和技术上的限制。

① 经济上的限制是指效数超过一定值则经济上不合理。在多效蒸发中，随着效数的增加，则总蒸发量相同时所需的生蒸汽量减少，可使操作费用降低。但效数越多，设备费用也就越高，而且随着效数的增加，所节省的生蒸汽消耗量也越来越少，所以，不能无限制地增加效数。最适宜的效数应使设备费和操作费两者之和为最小。

② 技术上的限制是指效数过多，蒸发操作将难以进行。多效蒸发的第一效加热蒸汽温度和冷凝器的温度都是受限制的，多效蒸发的理论传热总温度差，即上述两温度之差值，也是受限制的。在具体操作条件下，此差值为一定值，当效数增多时，各效温度差损失之和随之增大，因而有效总温度差减少。当效数过多，有效总温度差很小时，分配到各效的有效温

度差将会小得无法保证各效发生正常的沸腾状态，蒸发操作将难以进行，所以效数也就受到限制。

基于上述理由，实际的多效蒸发过程，效数并不很多。通常对于电解质溶液，如 NaOH、NH$_4$NO$_3$ 等水溶液，由于其沸点升高较大所以通常为 2～3 效；对于非电解质溶液，如有机溶液等，起沸点升高较小，所以可取 4～6 效。但真正适宜的效数，还需要通过最优化的方法来确定。

6.2.4.2 多效蒸发装置中溶液流程的选择

在多效蒸发装置中，溶液的流程可以是并流、逆流、平流和错流，流程的选择主要根据溶液特性、操作方式以及经济程度来决定。

① 在一般情况下常用并流加料（图 6-11）。溶液与蒸汽成并流的方法称为并流法。因为并流法操作，溶液在效间输送可以利用各效间的压力差来进行，而不需要泵。另外，由于各效沸点依次降低，所以前一效的溶液进入后一效时，会因过热而自行蒸发，因而可以产生较多的二次蒸汽。但并流加料时，各效浓度依次增加，而沸点依次降低，所以溶液黏度依次增加，各效传热系数依次降低，因此，对于黏度随浓度迅速增加的溶液不宜采用并流法操作。

② 溶液与蒸汽成逆流的方法，称为逆流法（图 6-12）。在逆流法的流程中，料液由末效加入，依次用泵送入前一效。溶液从后一效进入前一效时，温度低于该效的沸点。在这种流程中，溶液的浓度越大，蒸发的温度越高。因此，各效溶液的黏度不会相差太大，因而传热系数大小也就不至于很悬殊。其缺点是各效之间都要用泵输送料液，设备较复杂。所以，逆流加料法适用于黏度随浓度变化较大的溶液，而不适用于热敏性物料的蒸发。

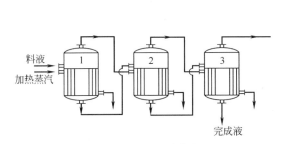

图 6-11 并流加料三效蒸发流程

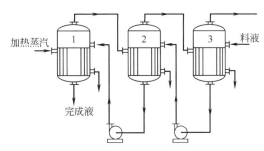

图 6-12 逆流加料三效蒸发流程

③ 溶液与蒸汽在有些效间成并流，而在有些效间则成逆流，称为错流法（图 6-13）。错流法操作是在各效间兼用并流和逆流法加料。例如，在三效蒸发装置中，溶液的流向可为 3→1→2 或 2→3→1。所以此法采取了以上两法的优点而避免其缺点，但此操作比较复杂，在实际过程中很少应用。

④ 每效都加入原料液的方法，称为平流法（图 6-14）。此法是按原料液在每效进入而完

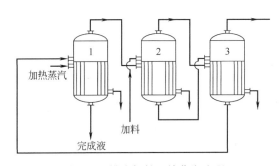

图 6-13 错流加料三效蒸发流程

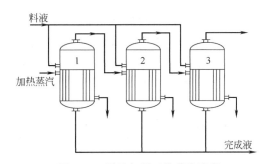

图 6-14 平流加料三效蒸发流程

成液自每效放出的方法进行。平流法加料适用于在蒸发过程中伴有结晶析出的场合。例如：食盐水溶液的蒸发，因为有结晶析出，不便于在效间输送，所以宜采用此方法。

6.3 蒸发设备工艺计算

6.3.1 蒸发设备工艺计算的基本公式

6.3.1.1 蒸发量

在蒸发器中，从溶液中蒸发出的水分量，可由一般的物料衡算方程解出，即

$$FX_0 = (F - W)X \tag{6-1}$$

所以蒸发量为

$$W = \frac{F(X - X_0)}{X} = F\left(1 - \frac{X_0}{X}\right) \tag{6-2}$$

式中　F——溶液的加料量，kg/h；

　　　W——水分的蒸发量，kg/h；

　X_0，X——料液与完成液（产物）的质量分数。

6.3.1.2 蒸汽消耗量

在蒸发器中所消耗的热量，主要是供给发生二次蒸汽所需的潜热。除此以外，还要供给溶液加热至沸点及损失于外界的热量。所以蒸汽的消耗量是由上述三者之和所决定的。可以通过热量衡算求得。

$$DI + FCt_0 = Wi + (FC - WC)t_1 + DC\theta + q' \tag{6-3}$$

$$D(I - C\theta) = W(i - Ct_1) + FC(t_1 - t_0) + q' \tag{6-4}$$

由上式可以计算加热蒸汽的消耗量为

$$D = \frac{W(i - Ct_1) + FC(t_1 - t_0) + q'}{I - C\theta} \tag{6-5}$$

假设加热蒸汽和二次蒸汽都在其冷凝温度时排出，则 $(I - C\theta)$ 与 $(i - Ct_1)$ 分别为加热蒸汽和二次蒸汽的蒸发潜热，所以上式简化为

$$D = \frac{Wr + FC(t_1 - t_0) + q'}{R} \tag{6-6}$$

式中　C——溶液的比热容，kJ/(mol·K)；

　　　D——加热蒸汽的消耗量，kJ/h；

　　　I——加热蒸汽的热含量，kJ/mol；

　　　i——二次蒸汽的热含量，kJ/mol；

　　　R——加热蒸汽的蒸发潜热，kJ/mol；

　　　r——二次蒸汽的蒸发潜热，kJ/mol；

　　　θ——冷凝水的温度，K；

　t_0，t_1——溶液的最初温度和最终温度（即沸点），K；

　　　q'——损失于外界的热量，kJ/h。

溶液的比热容 C 在缺乏可靠数据时，可按下式估算

$$C = C_1 B + C_2(1 - B) \tag{6-7}$$

式中，B 为溶液的浓度，以溶质质量分数表示；C_1 和 C_2 分别为溶质和溶剂的比热容，对稀溶液，既当 B 小于 20% 时，比热容 C 可近似地按下式估算

$$C = C_2(1-B) \tag{6-8}$$

因水的比热容为 1，所以溶液的比热容可近似地取为

$$C = C_1 B + (1-B) \quad 或 \quad C = (1-B)$$

了解加热蒸汽消耗量和二次蒸汽发生量在单效蒸发器中的关系，可假设原料液进入蒸发器时已加热至沸点，即 $t_0 = t_1$，又设损失于外界的热量忽略不计，即 $q' = 0$，则从式（6-6）可得

$$D = \frac{Wr}{R} \quad 或 \quad \frac{D}{W} = \frac{r}{R} \tag{6-9}$$

式中，D/W 称为单位蒸汽消耗量，用以表示蒸汽的经济程度。

6.3.1.3　传热面积

蒸发器的传热面积的计算，可用一般的传热方程式，即

$$Q = KA\Delta t = D(I - C\theta) = DR \tag{6-10}$$

式中　Q——每小时经过传热面积的热量，kJ/h；

$\quad\quad K$——传热系数，$W/(m^2 \cdot K)$；

$\quad\quad A$——传热面积，m^2；

$\quad\quad \Delta t$——加热蒸汽饱和温度与溶液沸点之差，K。

6.3.2　单效蒸发计算

单效蒸发计算与传热计算十分相近。计算任务是：确定蒸发器的热负荷和加热蒸汽消耗量，计算传热温差、估计传热系数，最后由传热速率来决定蒸发器的传热面积。

6.3.2.1　蒸发器的热负荷计算

单效蒸发器的热负荷可按生产任务的要求由物料衡算和热量衡算确定。物料衡算可通过式（6-1）和式（6-2）进行计算，因为蒸发操作是连续定态过程，单位时间进入和离开蒸发器的溶质数量应相等，通过以上两式即可算出水分的蒸发量。

通过热量衡算得出的式（6-3）~式（6-6）可用来直接计算出生蒸汽的消耗量。因此蒸发器的热负荷即为

$$Q = DR \tag{6-11}$$

6.3.2.2　传热温度差的计算

若蒸发器中的溶液其浓度极稀或是纯水，在此理想情况下，传热温度差为

$$\Delta t^0 = T - t^0 \tag{6-12}$$

式中　T——生蒸汽的温度，℃；

$\quad\quad t^0$——水的沸点，即冷凝器压强下水蒸气的饱和温度，℃。

实际蒸发器中溶液的沸点 t 高于进入冷凝器的二次蒸汽的饱和温度 t^0，其差值用 Δ 表示，即

$$t = t^0 + \Delta \tag{6-13}$$

蒸发器的实际传热温度差为

$$\Delta t = \Delta t^0 - \Delta \tag{6-14}$$

所以称 Δ 为（传热）温度差损失。此温度差损失由下面三个原因引起。

① 因溶质的存在，使溶液的沸点升高，它与纯水沸点之差为 Δ'。

② 二次蒸汽由蒸发室流至冷凝器（或下一效蒸发器的加热室）有流动损失，这使蒸发器的压强高于冷凝器，相应的饱和温度也高于冷凝器温度，此两者的差别为 Δ''，通常取 1℃ 左右。

③ 蒸发器中液体的液柱静压强和流动导致加热管内不同深度的压强不同程度地高于液面上方蒸发室的压强，由此使沸点升高 Δ'''。

温度差损失 Δ 为

$$\Delta = \Delta' + \Delta'' + \Delta''' \tag{6-15}$$

6.3.2.3 传热面积计算

根据上述两项的计算结果，按有关手册中提供的 K 值数据选择一个合适的经验值，再按传热方程式计算传热面积

$$A = \frac{Q}{K \Delta t} \tag{6-16}$$

6.3.3 多效蒸发计算

6.3.3.1 各效温度和浓度分布

多效蒸发是一个多级串联过程。就其中任一效来说，各操作参数仍与单效蒸发相同。但各效之间相互联系，过程参数相互制约。

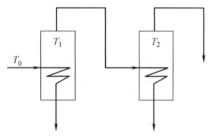

假设有一套处于操作状态的多效蒸发装置，并流加料，当第一效的加料状态、生蒸汽温度、末效冷凝器温度一旦规定，则各效溶液的浓度、温度必然在操作中自动调整而不能任意规定。

为说明这一事实，取一理想的双效蒸发系统，参见图 6-15。为简化起见，假定其中所处理的溶液其浓度极低，不计溶液的沸点升高及其他温度差损失。

图 6-15 无温差损失的双效蒸发

图 6-15 中 T_0——生蒸汽温度，℃；

T_1，T_2——第一、第二效蒸发器的二次蒸汽温度，其中 T_2 为冷凝器温度。

该两蒸发器的传热速率分别为

$$Q_1 = K_1 A_1 (T_0 - T_1) \tag{6-17}$$
$$Q_2 = K_2 A_2 (T_1 - T_2) \tag{6-18}$$

不计热损失，第一效汽化的二次蒸汽即供给第二效加热用，所以 $Q_1 = Q_2$，于是上式成为

$$T_1 = \frac{K_1 A_1 T_0 - K_2 A_2 T_2}{K_1 A_1 - K_2 A_2} \tag{6-19}$$

可见第一效蒸发器中的温度受两个蒸发器的传热条件 K_1、K_2、K_3、K_4 及端点温度 T_0、T_2 所规定，在操作过程中将自动达到此稳定值。

进而可将式（6-19）解出的 T_1 代入式（6-18），便可求出 Q_1、Q_2，或蒸发量 W_1、W_2。如进料浓度确定，则操作中两蒸发器的溶液浓度必然由物料衡算所确定。

将上述讨论引申至多效蒸发，即可得出如下结论：

① 各效蒸发器的温度仅与端点温度有关，在操作中自动形成某种分布；

② 各效浓度仅取决于端点温度及料液的初始浓度，在操作中自动形成某种分布。

在以上讨论中并未对溶液的种类加以限制，只是不计温度差损失，上述结论便可成立。但是，溶液的蒸气压大小取决于物质种类。多效蒸发中在建立各效温度和浓度分布的同时，也建立起对应的压强分布，但其数值与所处理的溶液性质有关。

6.3.3.2　多效蒸发中效数的限制

多效蒸发是牺牲设备的生产强度以换取生蒸汽经济性的提高，需合理选取蒸发效数以使设备费和操作费之和为最少。现在，可进一步分析溶液的温度差损失对选择效数的影响。

效数增加，各效的传热温差损失的总和也将随之增加，有效的传热温差减少，设备的生产强度将因温度差损失的存在而额外地下降。这一因素使工业蒸发的效数受到很大限制。目前，对无机盐溶液的蒸发常为 2～3 效；对糖和有机溶液的蒸发，因其沸点上升不大，可用于 4～6 效；只有对海水淡化等极稀溶液的蒸发才用至 6 效以上。

必须注意，由于温度差损失的存在，使多效蒸发的效数受到技术上的限制。显然，在设计过程中，两端点的总温差不得小于各效的温度差损失之和；反之，在操作中的多效蒸发器若两端点温差过低，其操作结果必然达不到指定的增浓程度。

6.3.3.3　多效蒸发的计算步骤

（1）预估各效蒸发器中的溶液浓度 x_i　为此，可先假定各效蒸发量相等以作为计算溶液浓度的初值。

$$W_i = \frac{1}{n} F \left(1 - \frac{x_0}{x_n} \right) \tag{6-20}$$

各效溶液浓度为

$$x_i = \frac{F x_0}{F - W_1 - W_2 - \cdots - W_i} \tag{6-21}$$

（2）计算各效的温度差损失及总有效温度差 $\sum \Delta t_{有效}$　根据各效溶液的浓度查图，或预先将沸点升高的图线整理为 $\Delta_i = \varphi(x_i)$ 的形式以供计算。总有效传热温差为

$$\sum \Delta t_{有效} = (T_0 - T_n) - \sum \Delta_i \tag{6-22}$$

（3）预计各效的溶液温度 t_i 与二次蒸汽温度 T_i　其方法是假定各效的传热量相等（这是各效蒸发量相等的引申），对各效的传热温度差作初次分配。按传热速率方程式

$$Q_i = K_i A_i \Delta t_i \tag{6-23}$$

因 Q_i、A_i 各效相等，各效传热温度差应按下列规律分配

$$\Delta t_1 : \Delta t_2 \cdots \Delta t_i = \frac{1}{K_1} : \frac{1}{K_2} \cdots \frac{1}{K_i}$$

即

$$\Delta t_i = \sum \Delta t_{有效} \frac{\dfrac{1}{K_i}}{\sum \dfrac{1}{K_i}} \tag{6-24}$$

由此可算出各效 T_i、t_i 以作为试差初值。

由 $i=1$、$T_{i-1} = T_0$ 起算，溶液温度 $t_i = T_{i-1} - \Delta t_i$，二次蒸汽温度

$$T_i = t_i - \Delta_i \tag{6-25}$$

两式交替，直至第 n 效。

（4）确定物性　在各效温度、浓度已有初值的基础上，可查表求出有关物性 I_i、r_i、i_i。

（5）由热量衡算式求出各效水分蒸发量 W_i

第 1 效

$$W_1(I_1 - i_1) - Dr_0 = F(i_0 - i_1) \tag{6-26}$$

第 2 效

$$W_1(i_1 - i_2 - r_1) + W_2(I_2 - i_2) = F(i_1 - i_2) \tag{6-27}$$

第 3 效

$$W_1(i_2 - i_3) + W_2(i_2 - i_3 - r_2) + W_3(I_3 - i_3) = F(i_2 - i_3) \tag{6-28}$$

第 n 效

$$W_1(i_2 - i_3) + W_2(i_2 - i_3 - r_2) + W_3(I_3 - i_3) + \cdots + W_n(I_n - i_n) = F(i_{n-1} - i_n) \tag{6-29}$$

总蒸发量

$$W_1 + W_2 + \cdots + W_n = W \tag{6-30}$$

由 $(n+1)$ 个方程解出 $W_1 \sim W_n$ 及 D。这个线性方程组，求解应无困难。

（6）检验 W_i 与初值的差别　即将计算所得 W_i 与第（1）步的假设值比较，如果有明显差别，则回到第（1）步，重新计算各效溶液浓度 x_i，再重复第（1）～（5）步，直到所算得之值 W_i 与上一次迭代值相近。

（7）计算传热面

$$A_i = \frac{W_{i-1} r_{i-1}}{K_i \Delta t_i} \tag{6-31}$$

（8）检验各效传热面是否相等　如有明显差别，则说明第（3）步中各效温差 Δt_i 分配不当。对 Δt_i 重新分配，以使 A_i 趋于相等，其方法如下。

由式（6-31）可知

$$A_i \Delta t_i = \frac{W_{i-1} r_{i-1}}{K_i} \tag{6-32}$$

因 W_{i-1}、r_{i-1}、K_i 值不会变化太大，调整后 $\Delta t_i'$、A_i 与调整前的关系为

$$\Delta t_i' A_i' = \Delta t_i A_i \tag{6-33}$$

A_i' 各效相同，将式（6-33）的 n 个方程相加可得

$$A_i' = \frac{\sum (A_i \Delta t_i)}{\sum (\Delta t_i')_{有效}} \tag{6-34}$$

调整后总有效温差与调整前相同，将上式代入式（6-33）可得

$$\Delta t_i' = A_i \Delta t_i \left(\frac{\sum (\Delta t)_{有效}}{\sum (A_i \Delta t_i)} \right) \tag{6-35}$$

（9）重复第（3）~（8）步计算，直至各效传热面相近

【例 6-1】　设计一台单效蒸发器，用来浓缩 9072kg/h 的盐水溶液，料液的浓度为 1.0%（质量），温度为 311.0K（37.8℃），浓缩液出口浓度为 1.5%（质量），蒸发器蒸发室压力为 101.325kPa（1.0 标准大气压）（绝对），加热蒸汽是 143.3kPa 下的饱和蒸汽。总传热系数为 1704W/(m²·K)。计算：蒸发量、浓缩液量、蒸汽消耗量、传热面积。

（1）设计计算

① 蒸发量

$$W = F\left(1 - \frac{X_0}{X}\right) = 9072 \times \left(1 - \frac{0.01}{0.015}\right) = 3024 \text{ （kg/h）}$$

② 浓缩液量　作物料衡算

$$F = L + W$$
$$L = F - W = 9072 - 3024 = 6048 \text{ （kg/h）}$$

③ 蒸汽消耗量

已知料液温度为 311.0K（37.8℃），加热蒸汽是 143.3kPa 下的饱和蒸汽，蒸发室压力为 101.325kPa。

假定料液的比热容 $C = 4.14$kJ/(kg·K)（对于无机盐水溶液，通常假定它的比热容值近似等于纯水的比热值），并选择蒸发器中稀溶液的沸点作为基准温度，即选择在 101.32kPa 下水的沸点 100℃。因此，r 正好就是 273.2K 下水的潜热，从《饱和蒸汽和水的性质表》查得它的值为 2257kJ/kg。在 143.3kPa（温度 383.2K）下，水蒸气的潜热 R 为 2230kJ/kg，并假定热量损耗 $q' = 0$。

$$D = \frac{Wr + FC(t_1 - t_0) + q'}{R} = \frac{3024 \times 2257 + 9072 \times 4.14(100 + 273.2 - 311)}{2230}$$
$$D = 4105 \text{ [kg(蒸汽)/h]}$$

④ 传热面积

$$Q = DR = 4105 \times 2230 = 9154150 \text{ [kJ/(kg·h)]} = 2542819 \text{ （W）}$$
$$A = Q/K\Delta t = 2542819/1704(383.2 - 373.2) = 149 \text{ （m}^2\text{）}$$

（2）蒸发器主要尺寸计算

① 加热器尺寸计算　选用 $\phi38$mm×3mm、长为 3m 的不锈钢管作为加热管。则管数为

$$n = \frac{A}{\pi d_0 l} = \frac{149}{3.14 \times 0.038 \times 3} = 416 \text{ （根）}$$

为安全，取 $n = 416 \times 1.1 = 458$ 根

加热管按正三角形排列，则管束中心线上的管子数约为

$$n_c = 1.1\sqrt{n} = 1.1\sqrt{458} = 24 \text{ （根）}$$

取管心距 s 为 50mm，取管束中心线上最外层管的中心至壳体内壁的距离 b' 为 $1.5d_0$，则加热室的内径为

$$d_i = s(n_c - 1) + 2b' = 50(24 - 1) + 2(1.5 \times 38) = 1264 \text{ （mm）}$$

取 $d_i = 1300$mm。

② 循环管尺寸计算　根据经验，循环管的截面积取 80% 的加热管总截面积，即循环管

总截面积为

$$f = 0.8n\frac{\pi}{4}d_0^2 = 0.8 \times 458 \times \frac{\pi}{4}(0.038 - 2 \times 0.003)^2 = 0.295 \text{ （m}^2\text{）}$$

所以，循环管直径为

$$d = \sqrt{\frac{4f}{\pi}} = \sqrt{\frac{4 \times 0.295}{\pi}} = 0.613 \text{ （m）}$$

经圆整，取 $d = 650$mm。

③ 分离室尺寸计算

取分离室的高度为　$H = 2.5$m。

假设蒸发时的真空度为 -0.08MPa，相当于绝对压强为 20kPa 时，二次蒸汽的密度 ρ 为 0.131kg/m^3，所以二次蒸汽的体积流量为

$$V_s = \frac{W}{3600\rho} = \frac{3024}{3600 \times 0.131} = 6.4 \text{ （m}^3/\text{s）}$$

取允许的蒸发体积强度 $V_{s,y}$ 为 1.5m^3/(m$^3 \cdot$ s)，则

$$V_s = \frac{\pi}{4}D_Z^2 H V_{s,y}$$

$$D_Z = \sqrt{\frac{4V_s}{\pi H V_{s,y}}} = \sqrt{\frac{4 \times 6.4}{\pi \times 2.5 \times 1.5}} = 1.47 \text{ （m）}$$

经圆整，取 $D_Z = 1.5$m。

设计的外循环蒸发器的主要数据见此例题附表。

[例 6-2] 附表　设计的外循环蒸发器的主要数据

加 热 管			加 热 室		分 离 室		循 环 管
规　格	长度/m	根　数	直径/mm	长度/m	直径/m	高度/m	直径/mm
ϕ38mm×3mm	3	458	1300	约 3	1.5	2.5	650

6.4　蒸发过程蒸汽再压缩

由于常规的蒸发过程中产生的二次蒸汽压力和温度较低，因此二次蒸汽的利用率不高。提高二次蒸汽的压力和温度常用的两种方法：一种是蒸汽机械再压缩（mechanical vapor recompression，MVR）技术。另一种是热力蒸汽再压缩（thermal vapor recompression，TVR）技术。MVR 和 TVR 热泵技术均可以回收利用二次蒸汽，提高低品位蒸汽的利用，达到节能的目的。可广泛应用于化工、轻工、食品、制药、海水淡化、污水处理等工业生产领域，尤其处理高盐、高毒、高 COD 废水等过程。

6.4.1　MVR 技术

蒸汽机械再压缩（MVR）技术是利用蒸发系统自身产生的二次蒸汽通过压缩机压缩到较高压力，使蒸汽的压力、温度得以提高，再送到加热器作为热源，从而实现这股能量的持续循环，这样可以用较少量的电能，使低压蒸汽内能提高并重新利用。MVR 技术如图 6-16 所示。

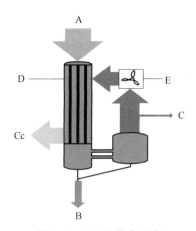

图 6-16　MVR 技术示意

A—进料；B—浓缩液；C—二次蒸汽；D—蒸汽；E—工作蒸汽；Cc—蒸汽冷凝水

　　常用的二次蒸汽压缩机有离心风机、罗茨风机等，当压缩机的压缩因子为 1.5 倍时，则出口压力是进口压力的 1.5 倍。例如，采用 MVR 技术蒸发处理己内酰胺废液，其蒸汽用量可减少 90%，能耗成本不到三效蒸发工艺的 30%，设备投资年运行成本也比三效蒸发小。

6.4.2　TVR 技术

　　TVR 技术是提高二次蒸汽品位的又一种有效手段，其原理是高压蒸汽在进入文丘里喷射器后，在高流速作用下使文丘里喷射器内部形成负压，将二次蒸汽吸入并与之混合，经过热力压缩后得到温度和压力较高的蒸汽用于循环，蒸汽增压部件如图 6-17 所示。与 MVR 技术相比，TVR 技术消耗少量高压较高的蒸汽来提高二次蒸汽的压力和温度，设备结构比较简单。

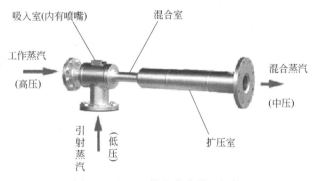

图 6-17　TVR 技术蒸汽增压部件

第7章
精馏设备

精馏设备是化学工业、石油工业、石油化工等生产中最重要的设备之一。精馏设备的性能对于整个装置的产品产量、质量、生产能力和消耗定额，以及三废处理和环境保护等各方面，都有重大的影响。因此，塔设备的研究和设计，对化工、炼油及轻化工等工业的发展起着重大的作用。

7.1 精馏塔的类型和结构

随着化学工业及其他工业的发展，出现了许多的塔设备结构。塔设备分类方法很多，例如：按操作压力分为加压塔、常压塔和减压塔；按单元操作分为精馏塔、吸收塔、解吸塔、萃取塔等；按形成相际接触面的方式分为具有固定相界面的塔和流动过程中形成相界面的塔；但是长期以来，最常用的是按塔的内部结构分为板式塔和填料塔两大类。

气液传质设备主要是板式塔和填料塔两大类。精馏操作既可采用板式塔，也可采用填料塔。

7.1.1 板式塔

板式塔为逐级接触型气液传质设备，在板式塔中，塔内装有一定数量的塔盘，气体自塔底向上以鼓泡喷射的形式穿过塔盘上的液层，使两相密切接触，进行传质，两相的组分浓度沿塔高呈阶梯式变化。板式塔种类繁多，根据塔板上气-液接触元件的不同，可分为泡罩塔、浮阀塔、筛板塔、穿流多孔板塔、舌形塔、浮动舌形塔和浮动喷射塔等多种。

板式塔在工业上最早使用的是泡罩塔（1813年）、筛板塔（1832年），其后，特别是在20世纪50年代以后，随着石油、化学工业生产的迅速发展，相继出现了大批新型塔板，如S形板、浮阀塔板、多降液管筛板、舌形塔板、穿流式波纹塔板、浮动喷射塔板以及角钢塔板等。目前从国内外实际使用情况看，主要的塔板类型为泡罩塔、筛板塔及浮阀塔，后两者使用尤为广泛。

7.1.1.1 泡罩塔

泡罩塔是最早使用的板式塔，近三十年来由于塔设备的发展，不少新型塔板取代了它的地位，但在许多场合仍然使用。

泡罩塔的优点是操作弹性较大，在负荷变动范围较大时仍能保持较高的效率；液气比的范围大；不易堵塞，能适用于多种介质；操作稳定可靠。其缺点在于结构复杂，造价高，安装维修麻烦，以及气相压力降较大，但在常压或加压下操作，压力降虽高些，并不是主要问题。

泡罩的种类很多，目前应用最多的是圆形泡罩（图7-1）。泡罩的尺寸有部颁标准。

泡罩塔盘的主要结构包括泡罩、升气管、溢流管及降液管。泡罩塔盘上的气液接触状况是液体由上层塔盘通过左侧的降液管流入塔盘，然后横向流过塔盘上布置泡罩的区段，此处为塔盘的气液接触区，接着液体流过出口堰进入右侧的降液管。在堰板上方的液层高度称为堰上液流高度。在降液管中被夹带的蒸汽分离出来上升返回塔盘，清液则流向下层塔盘。与此同时，蒸汽从下层塔盘上升，进入泡罩的升气管中，通过环形通道，再经泡罩的齿缝分散到泡罩间的液层中去。蒸汽从齿缝中流出时，搅动了塔盘上的液体，使液层上部变成泡沫层。气泡离开液面破裂成带有液滴的气体，小液滴相互碰撞形成大的液滴落回液层；还有少量微小液滴被蒸汽夹带到上层塔盘称为雾沫夹带。如上所述，蒸汽在从下层塔盘进入上层塔盘的液层并继续上升的过程中，与所接触的液体发生传热与传质。蒸汽通过每层塔盘所引起的压力损失称为每层塔板的压力降。另外，当液体流过整个塔盘时，还需克服各种阻力，因而产生液面落差，由于液面落差的存在使塔盘上的液层高度不同，又造成蒸汽分布不均匀，所以在设计中应充分注意。

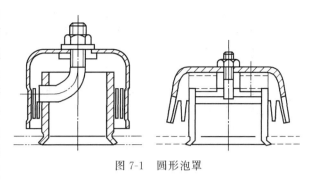

图 7-1　圆形泡罩

7.1.1.2　筛板塔

筛板塔也是最早出现的板式塔之一。与泡罩塔相比，其生产能力要大 20%～40%，塔板效率高 10%～15%，而且结构简单，塔盘造价减少 40% 左右，安装维修都较容易。近年来，发展了大孔筛板（孔径达 20～25mm）、导向筛板等多种筛板塔。

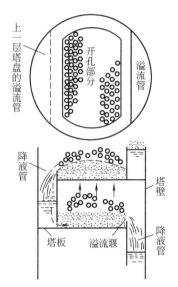

图 7-2　筛板塔盘上气液接触状况

筛板塔的示意结构及气液接触状况如图 7-2 所示。筛板塔盘上分为筛孔区、尤孔区、溢流堰及降液管等几部分。工业塔的筛孔孔径为 3～8mm，按正三角形排列，孔间距与孔径之比为 2.5～5。它具有制造容易，不易堵塞等优点，只是漏液点稍低，操作弹性较小。

与泡罩塔操作情况类似，液体从上一层塔盘的降液管流下，横向流过塔盘，经溢流管流入下一层塔盘。依靠溢流堰保持塔盘上的液层高度。蒸汽自下而上穿过筛孔时，分散成气泡，在穿过板上液层时，进行气液间的传热和传质。

筛板塔作为传质过程的常用塔设备，它的主要优点如下。

① 结构简单，易于加工，造价约为泡罩塔的 60%，为浮阀塔的 80% 左右；

② 处理能力大，比同塔径的泡罩塔可增加 10%～15%；

③ 塔板效率高，比泡罩塔高 15% 左右；

④ 压降较低，每块板压力降比泡罩塔低 30% 左右。

筛板塔的缺点如下。

① 塔板安装的水平度要求较高，否则气液接触不均匀；

② 操作弹性较小（约 2～3）；

③ 小孔筛板容易堵塞。

7.1.1.3　浮阀塔

浮阀塔是在泡罩塔的基础上发展起来的，它主要的改进是取消了升气管和泡罩，在塔板开孔上设有浮动的浮阀，浮阀可根据气体流量上下浮动，自行调节，使气缝速度稳定在某一数值。这一改进使浮阀塔在操作弹性、塔板效率、压降、生产能力以及设备造价等方面都比泡罩塔优越。但其在处理黏稠度大的物料方面，又不及泡罩塔可靠。浮阀塔广泛用于精馏、吸收以及解吸等传质过程中。浮阀塔塔径从 200～6400mm，使用效果均较好。国外浮阀塔径大者可达 10m，塔高可达 80m，板数有的多达数百块。

浮阀塔具体的特点如下。

① 处理能力大，比同塔径的泡罩塔可增加 20%～40%，接近于筛板塔。

② 操作弹性大，一般约为 5～9，比筛板、泡罩、舌形塔板的操作弹性要大得多。

③ 塔板效率高，比泡罩塔高 15% 左右。

④ 压降小，在常压塔中每块板的压降一般约为 400～666Pa。

⑤ 使用周期长，黏度稍大以及有一般聚合现象的体系也能正常操作。

⑥ 结构简单，安装容易，其制造费约为泡罩板的 60%～80%，但为筛板的 120%～130%。

7.1.1.4 导向浮阀塔

浮阀塔板具有不少优点，但随着塔器技术的不断进步，发现浮阀塔板存在如下一些缺点。

① 塔板上液面梯度相对较大，使气体在液体流动方向上分布不均匀，在塔板的进口端易产生过量的泄漏，或者在塔板的出口端导致气体喷射，二者均使塔板效率降低。

② 浮阀为圆形，从阀孔出来的气体向四面八方吹出，使塔板上的液体返混程度较大。塔板上的液体返混降低了塔板效率。

③ 在塔板两侧的弓形部位存在液体滞止区。在滞止区内，液体无主体流动，通过滞止区的气相几乎无组成变化，这使塔板效率明显降低。

④ 在操作中，浮阀不停地转动，浮阀和阀孔容易被磨损，浮阀易脱落。

为了克服浮阀塔板的上述缺点，开发和研究了导向浮阀塔板。导向浮阀塔板的构思，具有明确的指导思想，试图保留浮阀塔板的优点，克服浮阀塔板的上述缺点。因此，导向浮阀塔板在结构上与浮阀塔板有所不同。

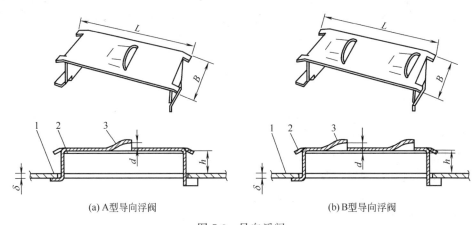

(a) A型导向浮阀　　　　　　　(b) B型导向浮阀

图 7-3　导向浮阀

1—塔盘；2—浮阀；3—导向舌

导向浮阀的结构如图 7-3 所示，其主要特征如下。

① 塔板上配有导向浮阀，浮阀上有一个或两个导向孔，导向孔的开口方向与塔板上的液流方向一致。在操作中，从导向孔喷出的少量气体推动塔板上的液体流动，从而可明显减少甚至完全消除塔板上的液面梯度。

② 导向浮阀为矩形，两端设有阀腿。在操作中，气体从浮阀的两侧流出，气体流出的

方向垂直于塔板上的液体流动方向。因此,导向浮阀塔板上的液体返混是很小的。

③ 塔板上的导向浮阀,有的具有一个导向孔,有的具有两个导向孔。具有两个导向孔的导向浮阀,适当排布在塔板两侧的弓形区内,以加速该区域的液体流动,从而可消除塔板上的液体滞止区。

④ 由于导向浮阀在操作中不转动,浮阀无磨损、不脱落。

导向浮阀塔板的操作性能得到了改善。在同样条件下,对导向浮阀塔板与浮阀塔板进行了实验比较。实验结果表明,导向浮阀塔板的压降较小,雾沫夹带较小,泄漏较小,塔板效率较高。实验研究和工业应用表明,导向浮阀塔板与浮阀塔板相比,处理能力可提高 30%,塔板效率提高 10%～20%,塔板压降减小 20% 以上。对于加压或常压操作条件下的蒸馏、吸收、汽提等传质过程,用导向浮阀塔板代替浮阀塔板,可获得显著的经济效益。例如:某厂醋酸装置的脱低沸塔和脱高沸塔,采用了导向浮阀塔板,与浮阀塔板相比,生产能力提高40%,压降减小了 30%～40%,蒸汽耗量减小了约 20%,产品质量由工业级提高到化学试剂级。

7.1.1.5　舌形塔及浮动舌形塔

舌形塔是喷射型塔,20 世纪 60 年代开始应用。它是在塔盘上开有与液流相同方向的舌形孔,如图 7-4 所示。蒸汽经舌孔流出时,其沿水平方向的分速度促进了液体的流动,因而在大液量时也不会出现较大的液面落差。由于气液两相呈并流流动,就大大减少了雾沫夹带。当舌孔气速提高到某一定值时,塔盘上的液体受气流喷射形成滴状和片状,从而加大了气液接触的面积。与泡罩塔相比其优点是液面落差小,塔盘上液层薄、持液量少、压力降小(约为泡罩塔盘的 33%～35%)、处理能力大,塔盘结构简单,钢材可节省12%～45%,而且安装维修方便;其缺点是操作弹性小,塔板效率低,因而使用受到一定限制。

浮动舌形塔盘是一种新型的喷射塔盘,其舌片综合了浮阀及固定舌片的结构特点,如图7-5 所示,所以其既有浮阀塔的操作弹性大、效率高、稳定性好等优点,又有舌形塔盘处理量大、压降低、雾沫夹带小的优点;其缺点是舌片易损坏。

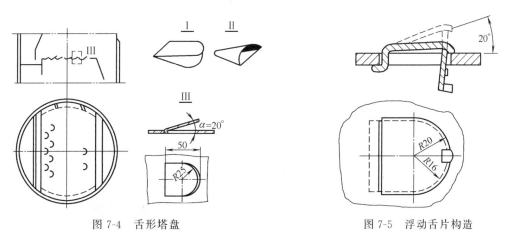

图 7-4　舌形塔盘　　　　　　　　　　图 7-5　浮动舌片构造

7.1.1.6　穿流式栅板塔

穿流式栅板塔盘如图 7-6 所示,属于无溢流装置的板式塔,在工业上也得到广泛的应用。根据塔盘上所开的栅缝或筛孔,分别称为穿流式栅板塔或穿流式筛板塔。这种塔没有降液管,气液两相同时通过栅缝或筛孔。操作时,蒸汽通过孔缝上升进入液层,形成泡沫,与蒸汽接触后的液体不断地通过孔缝流下。

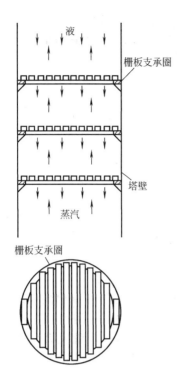

图 7-6　穿流式栅板塔盘

穿流式栅板塔的优点是塔盘上无溢流装置，结构比一般筛板塔还简单，因而制造容易、安装维修方便、节省材料和投资；由于没有溢流装置，省去了降液管所占的面积（一般降液管占塔盘面积的 15％～30％），允许通过更多的蒸汽流量，所以生产能力大；其开孔率大，孔缝气速比溢流式塔盘小，所以压力降小（比泡罩塔小 40％～80％），适用于真空蒸馏；污垢不易沉积，孔道不易堵塞；可用塑料、陶瓷、石墨等非金属耐腐蚀材料制造。其缺点是操作弹性较小，能保持较好效率负荷的上下限之比约为 2.5～3.0；塔板效率较低，比一般板式塔低 30％～60％。但穿流式塔的孔缝气速较小，雾沫夹带量也小，所以可缩小塔板间距，因而在同样的分离条件下，塔的总高度与泡罩塔大致相同。

7.1.1.7　导向筛板塔

导向筛板塔盘的结构如图 7-7 所示。它是在普通筛板塔盘上进行了两项改进：其一是在筛板上开设了一定数量与液流方向一致的导向孔；其二是在液体进口区设置了鼓泡促进装置。利用导向孔喷出的气流推动液体，既可减少液面落差，又可通过适当安排的导向孔来改善液流分布的状况，减少液体返混，从而提高塔板效率，并且导向孔气流与筛孔气流合成了抛物线型的气流，可减少雾沫夹带。鼓泡促进装置使塔盘进口区的液层变薄，可避免漏液，因而易于鼓泡，从而使整个鼓泡区气体分布均匀，所以可增大处理能力和减少塔板压力降。

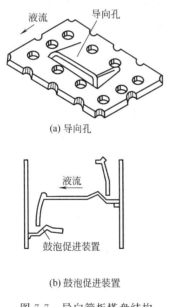

图 7-7　导向筛板塔盘结构

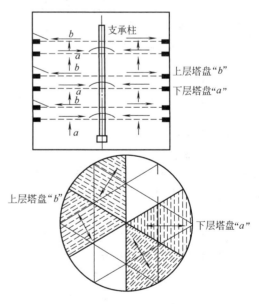

图 7-8　标准 Kittel 塔盘

7.1.1.8　Kittel（凯特尔）塔

Kittel 塔盘是最早利用气相动能来强化传质的塔盘。标准 Kittel 塔盘结构见图 7-8。它属于穿流式塔盘，由上下两层塔盘组成一个单元。塔盘用拉伸金属板网制造，具有定向切口，通过塔盘分块的特殊布置，促进液体流动。在每个单元中，切口的安排使上层塔盘的液体流向是离心的，下层塔盘是向心的。操作时，上层塔盘的液体从中心向塔盘边缘积聚，通过外缘的切口流入下层塔盘；下层塔盘的液体又从四周聚向中心，最后从切口流往下一个单元。

每层标准 Kittel 塔盘由 6～8 块扇形的拉伸金属板网组合而成，塔板开孔率约为 20%，离心板与向心板间距为 200mm，单元间的塔板距为 400mm。塔盘中心有支承柱。

Kittel 塔盘的特点是：由于气液的流动使相接触面得到迅速的更新，有利于传质；由于离心塔盘和向心塔盘的交替排列，液体可以得到自动的再分配；因为其开孔率较大，所以有较低的压力降；又因为它有效地利用了气相动能和有较小的雾沫夹带，所以具有较大的负荷能力；其塔板有自净作用，不易堵塞。

7.1.2　填料塔

填料塔具有结构简单、压力降小，而且可用各种材料制造等优点。在处理容易产生泡沫的物料以及用于真空操作时，有其独特的优越性。过去由于填料及塔内构件的不完善，填料塔大多局限于处理腐蚀性介质或不宜安装塔板的小直径塔。近年来，由于填料结构的改进，新型的高效、高负荷填料的开发，既提高了塔的通过能力和分离效能，又保持了压力降小及性能稳定的特点，因此填料塔已被推广到许多大型气液操作塔设备中。在许多场合下代替了传统的板式塔。

填料是填料塔气液接触元件，正确的选择填料，对塔的经济效益有着重要影响。从填料塔用于工业以来，填料的结构形式有了重大的改进，到目前为止，各种形式、各种规格的填料已有几百种之多。填料改进的方向为增加其通过能力，以适合工业生产的需要；改善流体的分布与接触，以提高分离效率。填料可分为乱堆填料（颗粒填料）和规整填料两大类。

7.1.2.1　乱堆填料

（1）乱堆填料的类型

① 拉西环　拉西环是最老最典型的一种填料，由于它结构简单、制造容易、价格低廉、性能数据较齐全以及机械强度高，因此长久以来，尽管它有如许多严重缺点，但仍受厂家欢迎，沿用至今。拉西环是一个外径和高度相等的空心圆柱体，如图 7-9 所示，可用陶瓷、金属、塑料等材料制造。拉西环可以乱堆及整砌，乱堆装卸较方便，但压力降大，一般直径在 50mm 以下的拉西环用乱堆，直径在 50mm 以上用整砌，整砌压力降小。拉西环的缺点是结构不敞开，有效空隙率比实际空隙率小得多，所以压力降较大。此外，拉西环还有布液能力差、堆放后整个床层不易均匀、向壁偏流严重等缺点。

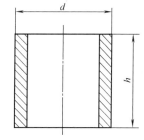

图 7-9　拉西环填料

② 鲍尔环　鲍尔（Pall）环是国内外都认为性能优良的一种填料，它是针对拉西环存在的一些主要缺点加以改进而出现的。由于它具有许多优点，得到大量使用。

鲍尔环的形状是在普通拉西环的壁上沿周向开一层或两层长方形小窗（每层有几个小窗），制造时，小窗的母材并不从环上落下，而是将其弯向环的中心，并在中心处搭接，上下两层窗的位置是错开的，如图 7-10 所示。一般小窗的总面积为整个环壁的 35% 左右。由于开了小窗，所以便具有下列特点。

a. 气液得以从小窗穿越通过，对于同样的空隙率，阻力大为降低，因而能提高气速。

b. 由于小窗的叶片向环的中心相搭，所以液体的分布情况较为均匀，改善了拉西环使

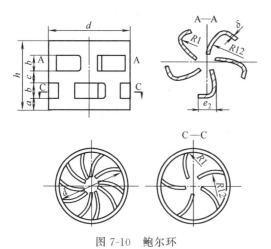

图 7-10 鲍尔环

液体流向塔壁的缺点。

c. 开小窗后，环内气液流通性能改善，环的内表面得以充分利用。

由于上述原因，鲍尔环与拉西环相比较，具有生产能力大、阻力低、效率高、操作弹性大等特点。在一般情况下，同样压降时，处理量可以比拉西环大 50％以上；同样处理量时，压降可相应降低；传质效率能提高 20％左右，所以鲍尔环是目前适用于工业大塔的一种良好填料。

③ 弧鞍形填料　弧鞍形填料是一种表面全部敞开的填料，用陶瓷烧成，形状像马鞍，见图 7-11。当液体淋洒到填料表面后，弧面使液体向两旁分散。即使液体初始分布不良，经弧面分散后仍可得到一定程度的改善。此外，弧面上无积液，且表面的有效利用率很高。因此，弧鞍形填料比拉西环的传质效能高。

然而，由于其形体对称，装填时容易形成重叠，该部分的表面积非但不能利用，还降低了有效空隙率。此外，敞开式结构的强度也较差，因此在矩鞍形填料出现后，该填料目前在工业上已很少使用。

④ 矩鞍形填料　矩鞍形填料也是一种敞开式填料，其形状见图 7-12，这种填料两面不对称，保留了弧形结构，改进了扇形面形状，而且大小不等，不会产生重叠，强度也较好。它的流体阻力小，处理物料能力大，有良好的液体再分布性能，传质效率高，比鲍尔环制造方便，是一种性能良好的填料。矩鞍

图 7-11　弧鞍形填料

形填料一般可用陶瓷制造，常用于吸收操作，适用于处理腐蚀性物料，也可用塑料和金属来制造。

⑤ 阶梯环　阶梯环填料形状如图 7-13 所示。阶梯环圆筒部分的高度仅为直径的一半，圆筒一端有向外翻卷的喇叭口，其高度约为全高的 1/5。阶梯环与鲍尔环相似，环壁上开有窗孔，环内有两层十字形翅片，两层翅片交错 45°。

这种填料由于形状不对称的特点，在填料床层内减少了料环的相互重叠，增大了空隙率，同时使填料的表面得以充分利用，因此可使压降降低，传质效率提高。

（2）乱堆填料的选用　由于乱堆填料的形式不断改进，传统的拉西环填料国外已很少使用，几乎全部被鲍尔环和矩鞍形填料所

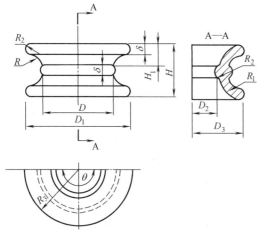

图 7-12　矩鞍形填料的结构

代替。20 世纪 70 年代出现的阶梯环及金属鞍形环等新型填料，性能又有所改善，应用范围正在扩大。

选择填料时，需综合考虑生产能力、效率、操作弹性、压力降和成本等因素。此外，物

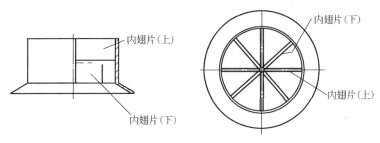

图 7-13　阶梯环填料

料的腐蚀性和填料的供给等情况也应注意。

① 填料的用材　选择填料的材料应根据所处理物料的腐蚀性及操作温度。常用的材料是金属、陶瓷和塑料等。

可用于制作填料的塑料，有聚丙烯、聚乙烯、聚氯乙烯及其增强塑料，以及其他工程塑料等。当操作温度许可时，应尽量选用塑料制作填料，因为它具有质量轻、价格低等优点，塑料填料的选择顺序是阶梯环、鲍尔环和矩鞍形填料。

当操作温度较高，而物系又无显著腐蚀性时，可选用金属鞍形环或金属鲍尔环。如物系有腐蚀性时，则宜采用陶瓷矩鞍形填料。

② 填料的尺寸　实践证明，塔径与填料外径的合适比值（简称径比）有下限值。因为径比太小时，塔壁附近的填料层空隙率大而不均匀，通过能力虽有提高，但因气液短路，会降低塔的效率，各种填料的径比下限：拉西环为 20～30；鲍尔环为 10～15，最小不低于 8；鞍形填料为 15。

对于一定的塔径，满足径比下限的填料可能有几种尺寸，因此还需按经济因素进行选择。

填料尺寸大、成本低、通过能力高，但效率低。使用大于 50mm 的填料所带来的成本降低和通过能力的提高，不能补偿效率的降低。所以，在大塔中最常用的是 50mm 的填料，最大用到 80mm。反之，用较小的填料时，效率的提高将弥补其通过能力较低和成本较高的缺点。然而，实践证明，在大塔中使用小于 20～25mm 的小填料，效率并无显著改进。一般推荐：当塔直径 $D \leqslant 300$mm 时，选用 20～25mm 的填料；当 $300 \leqslant D \leqslant 900$ 时，选用 25～38mm 的填料；当 $D > 900$mm 时，选用 50～80mm 的填料。

③ 填料的通过能力　填料的极限通过能力就是液泛的空塔气速。各种填料的相对通过能力，可对比其气速求得。根据实验数据，几种常用填料在相同压力降下，通过能力按顺序为：拉西环＜矩鞍形环＜鲍尔环＜阶梯环＜鞍形环。

④ 填料的效能及压力降　填料效能一般用传质单元高度或等板高度表示。影响填料效能的因素十分复杂，计算值与实测值往往相差很大，一般按实测值进行设计较为可靠。

填料塔的动力消耗，主要取决于气相的全塔总压力降。气体通过单位高度填料层的压力降是填料塔设计的重要数据，如真空操作的蒸馏塔往往以压力降的限定值作为设计依据。各种填料的压力降可查阅有关设计手册。

7.1.2.2　规整填料

研究填料塔性能时，发现乱堆填料使气液两相分布不均匀，从而导致塔的分离效率下降。由于工业现代化和节能的需要，要求塔设备具有高的分离效率和低的压力降，有时则要求塔设备能适应较高的气速或在较小回流比下操作，于是促进了规整填料的发展。

规整填料的类型很多，有的着重于气液流道的安排，使气液尽可能均匀分布；有的侧重于接触面积的扩大；有的则考虑尽量降低阻力，而出现了各种平行板模式填料。20 世纪 60 年代波纹填料的出现，较为满意地解决了流体分布均匀、有效传质面积大和阻力小等要求。

波纹填料有丝网波纹填料和板波纹填料两种。目前已在精馏、吸收、解吸等单元操作中得到了广泛应用，取得了较好的经济效果。

（1）丝网波纹填料　丝网波纹填料是由若干平行直立放置的波网片组成，见图 7-14，

图 7-14　丝网波纹填料

网片的波纹方向与塔轴线成一定的斜角（一般为 30°或 45°），相邻网片的波纹倾斜方向相反，于是在波纹网片间构成了一个相互交叉又相互贯通的三角形截面的通道网，组装在一起的网片周围用带状丝网圈箍住，构成一个圆柱形的填料盘。填料盘的直径略小于塔的内径，以便装入塔内。填料装填入塔时，上下两盘填料的网片方向互成 90°。

操作时，液体沿丝网表面以曲折路径向下流动，并均布于填料表面。气体在两网片间的交叉通道网内流动，所以气液两相在流动过程中不断地、有规律地转向，从而获得较好的横向混合，这就使得在塔的水平截面上，在两网片之间的横向均匀性较好。又因上下两盘填料互转 90°，所以每通过一盘填料，气液两相就作一次再分布，从而进一步促进了气液的均布。如果在波纹上按一定的间隔开孔（孔径 5mm，间距约 10mm），则有利于相邻片网之间气液的均匀分布。由于填料层内气液分布均匀，所以放大效应不明显，这是波纹填料最重要的特点，也是波纹填料能用于大型填料塔的重要原因。

因此丝网波纹填料具有下列特点。

① 由于丝网材料较为细薄，填料可以做成较小的尺寸，因而比表面积大。

② 空隙率大，阻力小。

由于这些特点，丝网波纹填料具有等板高度小、阻力低的特性，因而每层理论板的压降也小。此外，由于表面润湿率高，单位容积的持液量较大，但相当于每层理论板的持液量却很小（因为 HETP 低），这些特性对于精密精馏过程是十分合适的。丝网波纹填料在使用条件上也有一定限制，在多数场合下不可能代替常用的实体填料及板式塔，主要由于以下原因。

① 价格昂贵。

② 丝网波纹填料不适于有腐蚀性及污垢的物料。

③ 使用时要采取适当的预润湿措施，要求操作时十分平稳。

④ 装填时要求松紧适当，上下均匀，如果处理不当，常会造成很多困难。

⑤ 拆修不便，拆修后的填料大部分不能再使用。

（2）板波纹填料　由于丝网波纹填料价格较高、又易堵塞，因此发展了板波纹填料（国外称 Mellapak 填料）。

板波纹填料的结构与波网填料的结构相同，只是用金属波纹板、塑料波纹板或陶瓷波纹板代替了波纹丝网。因此它同样通道均匀，不像乱堆填料那样通道曲折、截面多变，所以气体阻力小，空塔气速可比普通填料高几倍而且具有很高的比表面积（500～1500m²/m³）和空隙率。等板高度（HETP）为 200～300mm，比一般填料的等板高度小得多。板波纹填料塔的操作性能稳定，效率不易受气速波动影响。

同样，其缺点也是不适宜于容易结疤、有固体析出、聚合或液体黏度较大的物料；在大塔中板波纹填料重量大，造价高；装卸填料不如乱堆填料方便，清理较困难。

板波纹填料安装要正确，相邻两板反向叠靠，垂直排列组成盘，再一盘一盘地装于塔体

中，盘与盘间波纹板成 90°方向旋转排列。除了注意盘与盘间放置的方向外，还要注意盘与盘间要紧密接触，这样才能保证液体均匀再分布。盘与塔壁缝隙间要用其他物质嵌塞，要保证操作时盘不移动或浮动，必要时可在顶层加固定装置。安装正确的板波纹填料，液体再分布性能好，没有液体向壁的偏流现象，因此无须设置液体再分布器，但却要求设置液体初始分布器，使液体在开始时有较均匀的分布。

7.2　精馏操作对塔设备的要求

精馏操作所进行的是气液两相之间的传质，而作为气液两相传质的塔设备，首先必须要能使气液两相得到充分的接触，以达到较高的传质效率。没有这一条，则失去了其存在的基础。但是，为了满足工业生产的要求，塔设备还得具备下列各种基本要求。

① 气液处理量大。即生产能力大时，仍不致发生大量的雾沫夹带、拦液或液泛等破坏操作的现象。

② 操作稳定、弹性大。即当塔设备的气液负荷有较大范围的变动时，仍能在较高的传质效率下进行稳定的操作，并应保证长期连续操作所必须具有的可靠性。

③ 流体流动的阻力小。即流体流经塔设备的压力降小，这将大大节省动力消耗，从而降低操作费用。对于减压精馏操作，过大的压力降还将使整个系统无法维持必要的真空度，最终破坏系统的操作。

④ 结构简单，材料耗用量小，制造和安装容易。

⑤ 耐腐蚀和不易堵塞，方便操作、调节和检修。

⑥ 塔内的滞留量要小。

实际上，任何塔设备都难以满足上述所有要求，况且上述要求中有些也是互相矛盾的。不同的塔型各有某些独特的优点，设计时应根据物系性质和具体要求，抓住主要矛盾，进行选型。

7.3　塔设备设计方案的确定

确定设计方案是指确定整个精馏装置的流程、各种设备的结构形式和某些操作指标。例如组分的分离顺序、塔设备的形式、操作压力、进料热状态、塔顶蒸汽的冷凝方式、余热利用方案以及安全、调节机构和测量控制仪表的设置等。

7.3.1　设备基本参数的确定

（1）操作压力　精馏操作通常可在常压、加压和减压下进行。确定操作压力时，必须根据所处理物料的性质，兼顾技术上的可行性和经济上的合理性进行考虑。例如，对热敏性的物料，可采用减压操作，同时减压操作下组分之间的相对挥发度较大，也有利于分离。但压力降低将导致塔径增加，同时要使用抽真空的设备。对于低沸点、常压下呈气态的物料，则应在加压下进行蒸馏。当物性无特殊要求时，一般是在稍高于大气压下操作。但在相同的塔径下，适当地提高操作压力，可以提高塔的处理能力。有时应用加压精馏的原因，则在于提高平衡温度后，或便于利用蒸汽冷凝时的热量，或可用较低品位的冷却剂使蒸汽冷凝，从而减少精馏的能量消耗。

（2）进料状态　进料状态与塔板数、塔径、回流量及塔的热负荷都有密切的联系。进料状态有多种，但一般都将料液预热到泡点或接近泡点才送入塔中，这样塔的操作比较容易控制，不致受季节气温的影响。此外，泡点进料时，精馏段与提馏段的塔径相同，在设计上和制造上也比较方便。

（3）加热方式　精馏釜的加热方式通常采用间接蒸汽加热，设置再沸器。有时也可以采用直接蒸汽加热。若塔底产物基本上就是水，而且在浓度稀薄时溶液的相对挥发度较大（如酒精与水的混合物），便可采用直接蒸汽加热。直接蒸汽加热的优点是：可以利用压力较低的蒸汽加热；在釜内只需安装鼓泡管，不需安置庞大的传热面。这样，操作费用和设备费用均可节省一些。然而，直接蒸汽加热，由于蒸汽的不断通入，对塔底溶液起了稀释作用，在塔底易挥发物损失量相同的情况下，塔底残液中易挥发组分的浓度应较低，因而塔板数稍有增加。但对有些物系（如酒精与水的二元混合液），当残液的浓度稀薄时，溶液的相对挥发度很大，容易分离，所以所增加的塔板数并不多，此时采用直接蒸汽加热是合适的。

（4）热能的利用 精馏过程的特性是重复地进行汽化和冷凝，因此，热效率很低。通常，进入再沸器的能量的95%以上被塔顶冷凝器中的冷却水或空气带走，而仅5%左右的能量被有效地利用。所以精馏系统的热能利用问题是值得认真考虑的。

塔顶蒸汽和塔底残液都有余热可以利用，但在利用这些热量时，要分别考虑这些热量的特点。例如，塔顶蒸汽冷凝放出的热量是大量的，但其能位较低，不可能直接用来作塔底热源。若采用热泵技术使塔顶蒸汽经绝热压缩，提高温度后用于加热釜液，使釜液蒸发，塔顶蒸汽冷凝，即节省大量加热蒸汽（或其他热源），又节省大量冷却水（或其他冷源）。当然，塔顶蒸汽也可直接用作低温热源，或通入废热锅炉，产生低压蒸汽，供别处使用。

此外，通过精馏系统的合理设置，也可以取得节能的效果。例如，采用中间再沸器和中间冷凝器的流程，可以提高精馏塔的热力学效果。因为设置中间再沸器，可以利用温度比塔底低的热源，而中间冷凝器则可回收温度比塔顶高的热量。

值得提及的是，在考虑充分利用余热时，还应估计到由此给操作控制带来的影响。例如，为了保持分凝器中回流液量的稳定，有时也常用冷却水作为塔顶分凝器的冷却剂，而不利用塔顶的蒸汽来预热料液。这样，分凝器的操作可以很方便地通过调节冷却水的用量来控制。

7.3.2 确定设计方案的原则

总的原则是在可能的条件下，尽量采用科学技术上的最新成就，使生产达到技术上最先进、经济上最合理的要求，符合优质、高产、安全、低消耗的原则。为此，必须具体考虑如下几点。

（1）满足工艺和操作的要求 所设计出来的流程和设备，首先必须保证产品达到任务规定的要求，而且质量要稳定。这就要求各流体流量和压头稳定，入塔料液的温度和状态稳定，从而需要采取相应的措施。其次所定的设计方案需要有一定的操作弹性，各处流量应能在一定范围内进行调节，必要时传热量也可以进行调整。因此，在必要的位置上要装置调节阀门，在管路中安装备用支线，计算传热面积和选取操作指标时，也应考虑到生产的可能波动。再其次，要考虑必需装置的仪表（如温度计、压强计、流量计等）及其装置的位置，以便能通过这些仪表来观测生产过程是否正常，从而帮助找出不正常的原因，以便采取相应措施。

（2）满足经济上的要求 要节省热能和电能的消耗，减少设备及基建费用。如前所述精馏过程中如能适当地利用塔顶、塔底的废热，就能节约很多原蒸汽和冷却水，也能减少电能消耗。又如冷却水出口温度的高低，一方面影响到冷却水的用量，另一方面也影响到所需传热面积的大小，也对操作费和设备费都有影响。同样，回流比的大小对操作费和设备费也有很大影响。

降低生产成本是各生产部门的经常性任务，因此在设计时，是否合理利用热能，采用哪种加热方式，以及回流比和其他操作参数是否选得合适等，均要作全面考虑，力求总费用尽可能低一些。而且。应结合具体条件，选择最佳方案。例如，在缺水地区，冷却水的节省就很重要；在水源充足及电力充沛、价廉地区，冷却水出口温度就可选得低一些，以节省传热面积。

（3）保证安全生产 例如酒精属易燃物料，不能让其蒸气弥漫车间，也不能使用容易发生火花的设备。又如，塔一般是在常压下操作的，塔内压力过大或塔骤冷而产生真空，都会使塔受到破坏，因而需要安全装置。

以上三项原则在生产中都是同样重要的。在工程设计中，对这三方面必须作全面的综合的考虑。

7.4 板式精馏塔的工艺计算

板式精馏塔是逐级接触型的气液传质设备，气相通过塔板时，穿越板上的液层进行传质过程。板式塔的空塔速度比填料塔高，因而生产能力大，但压降则较高。直径较大的塔，用板式塔重量较轻、造价较低、检修清理容易。板式塔直径放大时，塔板效率较为稳定。

7.4.1 物料衡算与能量衡算

7.4.1.1 物料衡算

物料衡算的任务，就是根据设计任务中提出的产量和产品浓度的要求及原料浓度和残液浓度的限制，计算出每小时所需原料量和所产生的残液量。计算之前，要先确定塔釜采用直接蒸汽加热，还是间接蒸汽加热。

直接蒸汽加热与间接蒸汽加热的物料衡算方法相同。在一定的生产任务与操作条件下，二者蒸馏段情况相同，所以操作线没有变化，q 线也没有变化，且直接蒸汽加热时，提馏段中上升蒸汽量 V'（kmol/h）与溢流液量 L'（kmol/h）也和间接蒸汽加热一样。基于恒摩尔流的假设，采用直接蒸汽加热时所通入的饱和蒸汽量即为 V'。由物料衡算可知，此时的残液量 W^*（kmol/h）应与溢流量 L' 相等，即

$$W^* = L' \tag{7-1}$$

对间接蒸汽加热时则有

$$W + V' = L' \tag{7-2}$$

式中，W 为间接蒸汽加热时的残液量（kmol/h）。

可见

$$W^* = W + V' \tag{7-3}$$

由于直接蒸汽的稀释作用，使得残液浓度 x_w（易挥发组分的摩尔分数）降为 x_w^*，二者的关系为

$$W x_w = W^* x_w^* \tag{7-4}$$

对直接蒸汽加热时提馏段的易挥发组分进行物料衡算，可得

$$y_n = \frac{L'}{V'} x_{n+1} - \frac{W^*}{V'} x_w^* \tag{7-5}$$

所得的提馏段操作线方程与间接蒸汽加热时一样。所不同的是间接蒸汽加热时提馏段操作线的终点是 A（x_w，y_w），直接蒸汽加热时，提馏段操作线必须延长到与 x

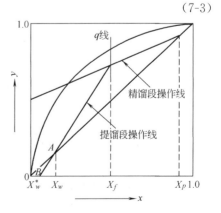

图 7-15 直接蒸汽加热与间接蒸汽加热时的提馏段操作线

轴相交于点 B $(x_w^*, 0)$，如图 7-15 所示。

7.4.1.2 热量衡算

利用热量衡算，可以确定加热蒸汽和冷却水的消耗量及再沸器、产品冷凝器、产品冷却器和原料预热器的热负荷。在进行计算时，如果所处理的物料在塔中的汽化量和溢流量接近恒摩尔流，可简化计算，否则要通过全塔热量衡算来求有关未知数。

7.4.2 理论塔板数的确定

实际生产中的精馏操作，通常是将多元混合物中的多种组分加以分离。如酒精精馏主要是将乙醇与水分离，但同时也要将原料中含有的醛类、杂醇等杂质除去，所以必须采用多塔精馏操作。

精馏塔理论塔板数的求取方法有多种，一般可选用直角梯级图解法、逐板计算法、捷算法等，其中图解直角梯级法是最典型的，下面简单介绍一下这些方法。

7.4.2.1 图解法

（1）直角梯级图解法（McCabe-Thiele Method） 该法是在两相组成 x-y 直角坐标上，作出平衡线与操作线，再于平衡线与操作线之间绘出连续的阶梯，以求得理论塔板数。其具体步骤如下。

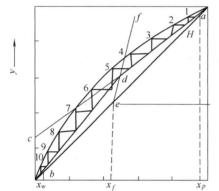

图 7-16 直角梯级图解法求理论塔板数

① 在 x-y 直角坐标中绘出待分离的混合物的平衡曲线，并作出辅助线，即对角线，如图 7-16 所示。

② 按精馏段操作线方程作操作线。

$$y = \frac{R}{R+1}x + \frac{1}{R+1}x_p \tag{7-6}$$

在 $x = x_p$ 处作垂直线，与对角线相交于 a 点，用式 (7-6) 方程的截距 $x_p/(R+1)$ 值在 y 轴上定出 c 点，连接 ac 即为精馏段操作线。

③ 按 q 线方程（进料方程）作 q 线。

$$y = \frac{q}{q-1}x - \frac{x_f}{q-1} \tag{7-7}$$

在 $x = x_f$ 处作垂线，与对角线相交于 e 点，过 e 点作式 (7-7) 方程斜率 $q/(q-1)$ 的直线 ef 即得 q 线。此线与 ac 线交于 d 点。式中，q 为进料热状态参数，也叫做进料的液相分率。

④ 作提馏段操作线。在 $x = x_w$ 处作垂直线，与对角线交于点 b，连接 db 即得提馏段操作线。

⑤ 作梯级。自 a 点作水平线与平衡线相交于点 1，从点 1 作垂直线与操作线相交于点 H。再自 H 点作水平线与操作线相交于点 2，依此类推，交替地在平衡线与精馏段之间绘制梯级，直到梯级达到或略超过两操作线的交点 d 之后，则将所作的垂直线与提馏段操作线相交，继续在平衡线与提馏段操作线之间绘制梯级，直到最后一级的垂直线达到或超过 x_w 为止。

⑥ 确定理论塔板数。因为一个梯级代表一块理论板，所以所绘制的梯级数即为理论塔板数。其中，过交点 d 的阶梯为进料板；最后一个梯级代表再沸器。因为再沸器中气液两相视为达到平衡，相当于一个理论板的作用。图 7-16 中，理论塔板数为 9 块（含再沸器），从上往下数第 5 块理论板为进料板。

为了得到较准确的结果，应采用适当的比例作图。当分离要求较高，而用同一比例作图误差较大时，平衡线的两端可另行放大。

直角梯级图解法引入了恒摩尔流的简化假设，所以计算、分析和作图都很简便。但这些假设与工业生产的实际条件并不完全符合，因而，应用时会引起一定的误差。由于塔板效率的估算更不准确，所以此法虽不甚准确，但因其简便仍得到普遍应用。

（2）热焓图解法（Ponhon-Savarit Method） 该法实际上是在"焓-组分"坐标图上进行图解求得理论塔板数。

热焓图解法不受恒摩尔流假定的限制，用此法求出的理论板数可以精确一些。但因使用不够简便，加之目前塔板效率难以准确计算，应用此法来提高塔板数的精确性是无实际效果的，所以目前该法的应用不及直角梯级图解法普遍。

7.4.2.2 精确解析法

精馏塔所需塔板数，也可以用解析法来求取。特别是分离相对挥发度较小、难以分离的物系，用图解法不易得到准确结果的情况，更需采用解析法。利用物系的平衡关系和操作关系逐板进行严格计算的工作量是很大的，不过，如今应用数字计算机这一现代计算工具，可以帮助克服此困难。

7.4.2.3 捷算法

捷算法是先求出最小回流比 R_m 和全回流时所需要的最少理论塔板数 N_m，并选定合适的回流比 R，然后利用吉利兰图求出理论塔板数。该法虽然比逐板计算法误差大，但当板数较多，用 x-y 图解法也难以得到准确结果时，捷算法就成为一种切实可行的快速估算法。捷算法适用于作方案比较。该法的具体步骤如下。

（1）求取最小回流比 R_m 对于理想溶液，或在所涉及的浓度范围内，相对挥发度可取为常数，可用下面方程式计算 R_m。

① 进料为饱和液体（$q=1$）时

$$R_m = \frac{1}{\alpha-1}\left[\frac{x_p}{x_f} - \frac{\alpha(1-x_p)}{1-x_f}\right] \tag{7-8}$$

② 进料为饱和蒸汽（$q=0$）时

$$R_m = \frac{1}{\alpha-1}\left(\frac{\alpha x_p}{y_f} - \frac{1-x_p}{1-y_f}\right) - 1 \tag{7-9}$$

③ 进料为气液混合物（$0<q<1$）时

$$R_m = q(R_m)_{q=1} + (1-q)(R_m)_{q=0} \tag{7-10}$$

式中　　　　x_p，x_f——分别为塔顶产品和进料的浓度（易挥发组分的摩尔分数）；

y_f——饱和蒸汽进料的浓度（易挥发组分的摩尔分数）；

α——塔顶、塔釜两处相对挥发度 α_p 与 α_w 的几何平均值，即

$$\alpha = (\alpha_p \alpha_w)^{1/2} \tag{7-11}$$

$(R_m)_{q=1}$，$(R_m)_{q=0}$——分别表示 $q=1$ 与 $q=0$ 时的 R_m 值；

q——进料状态的标志值，其意义为

$$q = \frac{每千摩尔进料变成饱和蒸汽所需的热量}{进料的摩尔潜热}$$

对平衡曲线形状不正常的情况，可用作图法求 R_m。

（2）求最少理论塔板数 N_m 最少理论板数 N_m，即全回流时所需的理论板数，可用芬斯克方程式求出

$$N_m = \frac{\lg\left[\left(\frac{x_p}{1-x_p}\right)\left(\frac{1-x_w}{x_w}\right)\right]}{\lg\alpha} \tag{7-12}$$

式中，x_w 为釜液中易挥发组分的摩尔分数。N_m 值中是把塔釜看作是一块理论塔板包括在内的。

（3）求理论塔板数 N　求出 R_m 与 N_m 值，并选定操作回流比 R 后，所需理论塔板数 N（包括塔釜在内）可由吉利兰曲线（图 7-17）求得。

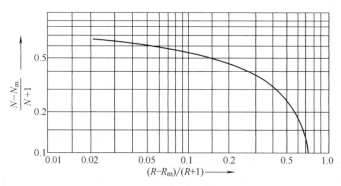

图 7-17　吉利兰曲线

（4）确定进料板的位置　设精馏段和提馏段的理论板数分别为 n 与 m（包括釜），对于饱和液体进料，可应用下述经验公式来决定 n 与 m

$$\lg\frac{n}{m} = 0.206\lg\left[\frac{W}{P}\left(\frac{1-x_f}{x_f}\right)\left(\frac{x_w}{1-x_p}\right)^2\right] \tag{7-13}$$

$$n+m=N \tag{7-14}$$

式中　W——塔釜产品量，kmol/h；

　　　P——塔顶产品量，kmol/h。

7.4.3　回流比的选择

在确定所需的理论塔板数时，回流比 R 的选择是一个很重要的问题。因为回流比的大小不仅影响到所需理论板数，还影响到加热蒸汽和冷却水的消耗量，影响到塔径、精馏釜与冷凝器的尺寸，以及塔板构造等多个尺寸。因此，若回流比选择得适宜，可使设计出来的塔在设备投资及财政方面的费用较低，而且对生产任务具有一定的弹性。

决定适宜回流比，主要应从经济观点去考虑，力求使设备费和操作费之和最低。但作为课程设计，要进行这种经济核算是有困难的，因而只要全面考虑回流比在设计中和今后操作中有哪些影响，然后根据下面三种方法之一来选定回流比。

① 根据设计的具体情况，参考生产上较可靠的回流比经验数据选定。

② 先求出 R_m，再按经验式 $R=(1.2\sim2)R_m$ 确定回流比。

③ 任意选定五种左右的回流比，根据图 7-17 求出对应的理论塔板数 N，作出回流比 R 与理论塔板数 N 的曲线，如图 7-18 所示。图中右边，曲线几乎与横轴平行，回流比增加，塔板数变化很少；而斜线部分左边回流比太小也不

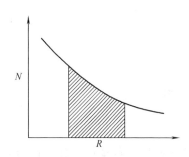

图 7-18　R 与 N 关系示意图

适宜，塔板数增加很多，可在斜线部分选一个适宜的回流比。

在选择回流比时，还需指出：设计时当回流比选得偏小，所需理论塔板数就会比较多，对操作时完成生产任务的分离要求比较安全；但另一方面，所设计出来的塔板结构对蒸汽及液体负荷的弹性却相对降低了。如果选定的回流比较大，设计出来的塔板结构就能承担较高的负荷，但理论塔板数较少，这样在估计塔板效率时取偏低值，以保证操作时的分离要求。一般对容易分离的溶液，选较小的回流比也不致使塔板数太多，而对难以分离的溶液应采用较大回流比，以免塔板数过多。

7.4.4　塔板总效率的估算

在求取理论塔板数后，要先决定塔板总效率才可求出实际塔板数。塔板效率定得是否合理，对设计的塔在建成后能否满足生产上的要求有重要意义。而塔板效率与物系的性质、塔板的结构以及操作条件都有密切的关系。由于影响因素很多，目前尚无适用范围广又较精确的计算方法。一般用下面三种方法之一来确定。

① 可参考工厂同类型塔板、物系性质相同（或相近）的塔效率的经验数据。

② 在生产现场对同类型塔板、类似物系的塔进行实际测定，得出可靠的塔板效率数据。

③ 在没有可靠的经验数据作参考时，可采用奥康奈尔的蒸馏塔效率关系图来估算全塔效率，见图 7-19。

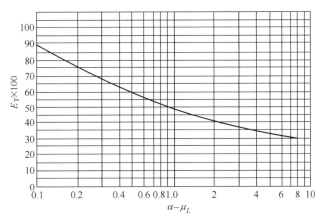

图 7-19　蒸馏塔的全塔效率

图 7-19 中　E_T——全塔效率；

α——平均塔温下的相对挥发度；

μ_L——进料液在塔顶和塔底平均温度下的黏度，mPa·s，可从手册中查得，也可按下式计算

$$\mu_L = \sum x_i \mu_{Li} \qquad (7\text{-}15)$$

式中　x_i——进料中组分 i 的摩尔分数；

μ_{Li}——液态组分 i 的黏度，mPa·s，取塔顶及塔底平均温度下的数值。

必须注意此关系曲线的适用范围如下。

① $\alpha\text{-}\mu_L = 0.1 \sim 7.5$。

② 液体在板上的流程长度<1.0m。超过 1.0m 时，实际上可达到的全塔效率 E_T 比由图 7-19 中得出的值为大。

③ 此关系曲线是对泡罩塔或筛板塔的几十个工业塔进行试验而得的结果，对浮阀塔可参考使用。由我国某厂八个浮阀塔实测的全塔效率表明，实测数据与由奥康奈尔曲线估算出

的数据基本吻合。

【例 7-1】 某化工厂欲用常压连续精馏塔分离苯和甲苯的混合物。原料混合物中含苯 44%，要求塔顶产品中含苯 97.4%，塔釜产品中含苯不大于 2.35%（以上均为摩尔分数）。进料为饱和液体，塔顶采用全凝器。已知操作条件下塔顶的相对挥发度为 2.6，塔釜的相对挥发度为 2.34，进料的相对挥发度为 2.44。试用捷算法确定完成该分离任务所需要的理论塔板数及进料板位置。

解 ① 最小回流比 R_m 求解　因为混合物是泡点进料，所以可用下式来计算最小回流比，即

$$R_m = \frac{1}{\alpha-1}\left[\frac{x_p}{x_f} - \frac{\alpha(1-x_p)}{1-x_f}\right]$$

式中相对挥发度可采用塔顶、塔底相对挥发度的几何均值，即

$$\alpha = \sqrt{\alpha_p\alpha_w} = \sqrt{2.6\times2.34} = 2.46$$

$$R_m = \frac{1}{2.46-1}\left[\frac{0.974}{0.44} - \frac{2.46\times(1-0.974)}{1-0.44}\right] = 1.44$$

② 最少理论塔板数 N_m

$$N_m = \frac{\lg\left[\left(\frac{x_p}{1-x_p}\right)\left(\frac{1-x_w}{x_w}\right)\right]}{\lg\alpha}$$

$$N_m = \frac{\lg\left(\frac{0.974}{0.026}\times\frac{0.9765}{0.0235}\right)}{\lg2.46} = 8.16$$

③ 理论塔板数　利用吉利兰曲线求理论塔板数，即

$$\frac{R-R_m}{R+1} = \frac{3.5-1.44}{3.5+1} = 0.46$$

从吉利兰曲线上查得

$$\frac{N-N_m}{N+2} = 0.284 \quad 或 \quad \frac{N-8.16}{N+2} = 0.284$$

解出理论板数 $N = 11.8$ 块（不包括塔釜）

④ 进料板位置　将芬斯克式中的塔釜液 x_w 换成进料组成 x_f，则可用于求取精馏段的最少理论塔板数 $N_{m,1}$，即

$$N_{m,1} = \frac{\lg\left[\left(\frac{x_p}{1-x_p}\right)\left(\frac{1-x_f}{x_f}\right)\right]}{\lg\alpha_1}$$

式中，α_1 为精馏段的平均相对挥发度，即

$$\alpha_1 = \sqrt{\alpha_p\alpha_f} = \sqrt{2.6\times2.44} = 2.52$$

所以　　$$N_{m,1} = \frac{\lg\left(\frac{0.974}{1-0.974}\times\frac{1-0.44}{0.44}\right)}{\lg2.52} = 4.18$$

已查出 $\dfrac{R-R_m}{R+1}=\dfrac{3.5-1.44}{3.5+1}=0.46$ 时，$\dfrac{N_1-N_{m,1}}{N_1+2}=0.284$

所以
$$\frac{N_1-4.18}{N_1+1}=0.284$$

由此解得　　　　　　　　　$N_1=6.2$ 块（不包括进料板）

所以进料板的位置在从塔顶数起的第 7 块理论板处。

7.5　分子蒸馏设备

常规蒸馏过程中的减压蒸馏方法，能够有效降低蒸馏所需的温度，从而可以避免有些物质在蒸馏过程中因受热而分解。但是，对于高沸点、热不稳定、高黏度的物质，普通的减压蒸馏无法适用。

分子蒸馏作为一种对高沸点、热敏性物料有效的分离手段，在石油化工、轻化工业中得到广阔使用。

7.5.1　分子蒸馏原理

7.5.1.1　分子运动理论基本知识

分子与分子之间存在着相互作用力。一个分子与相邻分子之间碰撞时所走的路程称为分子运动自由程。任一分子在运动过程中自由程都是不断变化的，在某个时间内自由程的平均值称为平均自由程，表示如下

$$l_m=\frac{V_m}{f} \tag{7-16}$$

式中　V_m——分子的平均运动速度，m/s；

　　　f——单位时间内某分子与其他分子碰撞的次数，即碰撞频率；

　　　l_m——平均自由程。

对于运动着的分子，尽管所处的状态（压力，温度）相同，但它们的自由程是不同的，有的大于平均自由程，有的则小于平均自由程。根据统计学的理论，若在 n 次实验中某事件发生一次，则在 m 次连续实验中发生这一事件的概率为

$$p=(1-e^{-\frac{m}{n}}) \tag{7-17}$$

利用这一概率公式，当分子走了 l_m 距离后，发生碰撞的可能性为

$$p=(1-e^{-\frac{l_m}{l_m}})=63.2\%$$

换句话说，一群处于相同状态下运动着的分子，其自由程小于或等于平均自由程 l_m 的分子为 36.8%。

7.5.1.2　分子蒸馏分离原理

根据分子运动理论，液体混合物的分子受热后运动会加剧。当接收到足够能量时，分子就会从液面逸出而成为气体分子，随着液面上方气体分子的增加，有一部分气体会返回到液体。在外界温度保持不变的情况下，最终会达到动态平衡，即尽管仍不断有液体分子从液面逸出和气体分子返回液体，但它们的数量是相等的，故从宏观上是平衡的。

此外，根据平均自由程的知识，不同种类的分子，由于其分子有效直径不同，故其平均自由程也不相同，也就是说，不同种类的分子，从统计学观点看其逸出液面后不与其他分子碰撞的飞行距离是不同的。

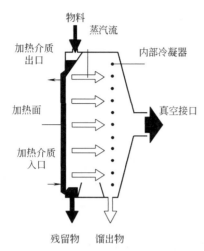

图 7-20　分子蒸馏装置分离原理示意

分子精馏的分离作用就是利用液体分子受热后从液面逸出，而且不同类型分子逸出后其平均自由程不同。液体混合物为达到分离的目的，首先进行加热，能量足够的分子逸出液面。轻分子的平均自由程大，重分子的平均自由程小，若在离液面小于轻分子平均自由程而大于重分子平均自由程处设置一冷凝面，如图 7-20 所示，使得轻分子落在冷凝面上被冷凝，从而破坏轻分子的动态平衡，使得轻分子连续不断逸出。重分子因达不到冷凝面而很快达到动态平衡。从而达到轻重分子的分离。

由于轻分子只走很短的距离就被冷凝，所以分子蒸馏亦叫短程蒸馏（short path distillation）。

7.5.2　分子蒸馏过程分析

对于许多物料而言，至今仍无可供实际应用的数学公式对分子蒸馏中的变量进行准确的描述。但可将从各种蒸发器模型中获得的蒸馏条件，用于生产装置的描述。

7.5.2.1　膜的形成

Nasselt 对降膜、无机械运动的"垂直"装置中膜的形成描述如下。

假设一个层流（无扰动），其膜厚为

$$\sigma_m = \sqrt[3]{\frac{3\nu^2}{g}Re} \tag{7-18}$$

式中　σ_m——膜厚，m；

　　g——重力加速度，m/s^2；

　　Re——雷诺数

$$Re = \frac{\mu}{V};$$

　　V——表面负载，$m^3/(s \cdot m)$；

　　μ——物料的运动黏度，m^2/s。

对于机械式刮膜，文献中的膜厚公式都为经验式，它们介于 0.05～0.5mm 之间。

7.5.2.2　停留时间和热分解

名义停留时间取决于加热面长度、物料黏度、表面载荷和要求的产量。如每小时 60L 的物料加到 0.75m^2 的一个蒸发器内，如果假设最大刮膜厚度为 0.5mm，则只有 0.375L 物料分布在整个蒸发器上。在这种情况下，物料被"滞留"在蒸发面上的时间仅为 22.5s。放射同位素测量的结果与这些时间一致。而根据各种物料浓度曲线计算出的名义停留时间为 15s。

利用每种类型蒸发器的名义停留时间和特征工作压力，可以对不同类型蒸发器的分解概率（热分解）进行比较。Hickman 和 Embree 对分解概率给出如下计算式

$$Z = pt \tag{7-19}$$

式中　Z——分解概率；

　　p——工作压力，mTorr（1Torr＝133.322Pa）；

　　t——停留时间，s。

表 7-1 为在不同蒸馏过程中物料的分解情况比较。

表 7-1　不同蒸馏过程物料分解的比较

参　数 蒸馏类型	停留时间 /s	工作压力 /mTorr	分解概率 $Z=pt$	稳定性指标 $Z_1=\lg Z$
间隙蒸馏柱	4000	760×10^3	3×10^9	9.48
间隙蒸馏	3000	20×10^3	6×10^7	7.78
旋转蒸发器	3000	2×10^3	6×10^6	6.78
真空循环蒸发器	100	20×10^3	2×10^6	6.3
刮膜蒸发器柱	25	2×10^3	5×10^4	4.7
降膜蒸发器	20	1	20	1.3
分子蒸发器	10	1	10	1.00

从表中可以看出，物料在分子蒸馏中的分解概率和停留时间比其他类型的蒸馏过程要低得多，因此，用分子蒸馏可以保证物料少受破坏，效率高。

对于分子蒸馏过程而言，如果阻止进入内部冷凝器中的不凝性气体被抽走，则在介于 $10^{-3}\sim10^{-1}$ mbar（1bar＝10^5Pa）之间的工作压力下，分子蒸馏能获得 300kg/m^2 的生产能力。

7.5.2.3　蒸发速率

蒸发速率表示为

$$G=1500p\sqrt{\frac{m}{T}} \tag{7-20}$$

式中　G——蒸发速率，kg/(m^2·h)；

　　　m——摩尔质量；

　　　p——物料蒸气压，mbar；

　　　T——蒸馏温度，K。

此式是假设蒸发是在不受其他分子阻碍的情况下导出的，然而某些蒸发出来的分子在到达冷凝面以前难免会与残余分子碰撞，所以上式给出的 G 值通常达不到，实际中必须用一个因子 α 来校正，残余气体的压力愈低，α 值愈接近 1，一般可达 0.9。

7.5.2.4　分子蒸馏的特点

① 分子蒸馏的操作温度低。根据分子蒸馏的原理，混合物的分离是由于受热分子逸出液面。而分子逸出液面并不需要达到其沸点，在物料沸点以下就能实现。故分子蒸馏是在低于沸点的温度下进行操作，这是与常规方法的明显区别。

② 蒸馏压力低。由于设备结构的原因，分子蒸馏过程中分子运动的平均自由程需足够大，要增大平均自由程可以通过降低压力来达到。因此，分子蒸馏都是在很低的压力条件下进行，一般为 10^{-1}Pa（10^{-3}Torr）数量级，压力的降低使物料的沸点降低。

③ 受热时间短。由于分子蒸馏装置的受热面和冷凝面距离小于分子运动的自由程，使液面逸出的轻分子几乎未经碰撞就被冷凝，所以受热时间短。另外，在设计分子蒸馏装置结构时，尽量考虑使冷凝混合液成膜，使液面和加热面几乎相等，这样，物料在蒸馏过程中受热时间就更短，一般受热时间仅为十几秒。

④ 分离程度高。分子蒸馏能分离常规蒸馏过程不易分开的物质，例如沸点相近但运动自由程不同的分子间分离。

⑤ 当混合物内各组分的分子平均自由程相近时，则分离困难。

7.5.3　分子蒸馏装置

分子蒸馏过程有脱气、预热和蒸馏等过程，分子蒸馏技术的核心是分子蒸馏的装置，分子蒸馏装置的关键是高真空度产生和膜的形成过程。

7.5.3.1 高真空度的形成

产生真空常用的泵有如下种类。

① 液环真空泵。

② 旋片真空泵。

③ 蒸汽喷射泵。

④ 罗茨泵。

⑤ 扩散泵。

在选用真空泵时，根据工艺对真空度的要求，采用单个泵或多个泵的组合。泵的组合以及可以达到的真空度范围表达如图 7-21 所示。

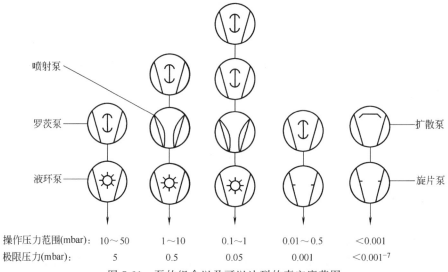

操作压力范围(mbar):	$10\sim50$	$1\sim10$	$0.1\sim1$	$0.01\sim0.5$	<0.001
极限压力(mbar):	5	0.5	0.05	0.001	$<0.001^{-7}$

图 7-21 泵的组合以及可以达到的真空度范围

7.5.3.2 膜的形成

（1）降膜式分子蒸馏装置 降膜式分子蒸馏装置如图 7-22 所示，在工业上应用非常广泛。降膜式分子蒸馏设备的特点是：液膜厚度小，物料沿蒸发面流动；物料在蒸发面上的停留时间短，物料热分解的程度小；且连续生产能力大。但液体的分配装置难以完善，很难保证所有的蒸发面都被液体均匀覆盖，而且流体流动时常发生翻滚现象，当所产生的雾沫夹带溅到冷凝面时，分离效率降低。

（2）离心式分子蒸馏装置 离心式分子蒸馏装置具有旋转的蒸发表面，如图 7-23 所示。离心式成膜的特点是：液膜薄，流动性好，生产能力大；料液在蒸发温度下的停留时间短；由于离心的作用，液膜分布良好，减少雾沫飞溅；结构复杂，设备成本高。

（3）转子刮板式分子蒸馏装置 转子刮板式分子蒸馏装置如图 7-24 所示，一般为内置式冷却形式。转子在离心力的作用下贴近器壁，靠自身的旋转刮成液膜。其特点是：强化成膜，有效减小液膜的厚度，降低传质阻力，提高分离效率和生产能力。转子刮板式分子蒸馏装置已有工业化大型设备，处理量每小时可达 1t 以上。

7.5.4 分子蒸馏的应用

图 7-25 所示为工业应用二级分子蒸馏装置，为转子刮板式成膜，内置冷凝器。其工作原理如下：物料由料罐 1 经泵送入，经过预热后进入分子蒸发器 2 中的旋转物料分配器中，并通过分配器上的小孔被抛向蒸发壁面。物料分配器和刮膜器组成转子，转子由电动机带动，转子轴伸出蒸发器处装有密封件。物料沿蒸发器壁流下时，因离心力作用而抛向壁面被

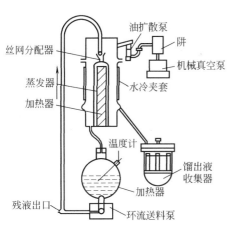

图 7-22　降膜式分子蒸馏装置

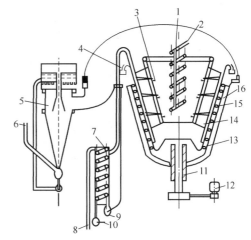

图 7-23　离心式分子蒸馏装置

1—冷却水出口；2—冷却水进口；3,14—三段翼型冷凝器；4—残液沟槽；5—真空泵体；6—前级泵接口；7—换热器；8—残液出口；9—残液泵；10—原料泵；11—轴承座；12—马达；13—转子；15—辐射加热器；16—绝热层

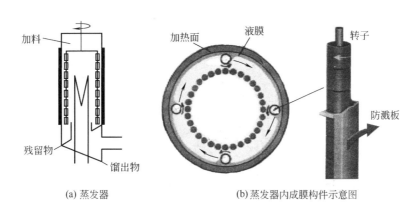

(a) 蒸发器　　　　　　(b) 蒸发器内成膜构件示意图

图 7-24　转子刮板式分子蒸馏装置

旋转着的转子刮板刮成薄膜，同时在蒸发器上被加热蒸发。轻组分的分子受热后离开液面飞跃到内置冷凝器面而被冷凝，并沿着冷凝器往下流到收集器 3 内，由物料泵 5 排出，而重分子则沿着蒸发器壁面流入收集器内，由物料泵 5 送入下一级分子蒸发器继续蒸发分离。

　　转子刮膜的厚度一般可以达到 0.1～0.25mm，物料停留时间约在 5～15s 左右。转子刮膜分子蒸馏器与离心式相比，结构较简单，加工制造容易，操作参数容易控制，维修方便，相应的投资也较低，应用广。

　　分子蒸馏主要应用在以下几个方面。

　　（1）石油化工方面　生产低蒸气压油（如真空泵油等）；蒸馏制备高黏度润滑油；原油渣油及其类似物质的分离。

　　（2）塑料工业方面　用在增塑剂型酯类的提纯，经过分子蒸馏可以将粗产品增塑剂提纯到 95% 以上，且色泽好，已用于工业化生产；高分子物分子蒸馏脱臭；树脂类物质的精制等。

　　（3）食品工业方面　用分子蒸馏分离混合油脂，可获得纯度高达 90% 以上的单甘油酯，我国已有年产 1000t 单甘油酯的分子蒸馏装置。另外，分子蒸馏还用来从天然甘油三酯中分离出抗氧化剂和助氧化剂；从棉籽油、亚麻油等植物油中提取纯甘油三酸酯；还可用于脱除残留溶剂等。

（4）医药方面　天然鱼油维生素 A 的浓缩；提取天然维生素 E；通过分子蒸馏还可以获得激素的缩体。

（5）香料工业方面　用分子蒸馏处理天然精油可以除去精油中低萜类化合物，脱臭、脱色及提高纯度等，从而使天然香料的品位大大提高。

如甘油脂肪酸酯是三甘油酯的混合物，它们各由一半的单酯和双酯组成，在食品工业中用作乳化剂。当催化剂分解和过量的甘油被分离后，随着初始原料的再形成，单酯在很高的温度下会发生歧化缩合。如要获得高纯度的单酯，蒸馏必须尽快完成，以使歧化缩合造成的损失降低至最小。采用分子蒸馏装置，可使硬化酯组成的酯基转移作用混合物在较低的温度和较短的时间内蒸馏出，使因缩合造成的单酯损失低于 1%。

类似的其他应用还有环氧树脂混合物的分离；丙二异氰酸盐蒸馏；单齐聚脂肪酸的分离。

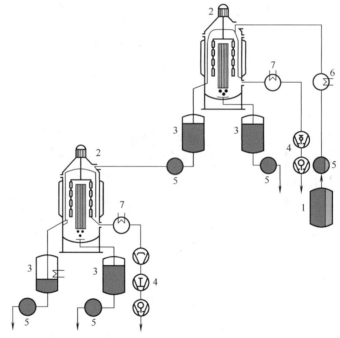

图 7-25　二级分子蒸馏装置

1—入料罐；2—分子蒸发器；3—馏出物、残留物收集器；4—真空系统；
5—物料泵；6—预热器；7—冷阱

第8章

吸收及吸附设备

8.1 吸收概述

气体混合物与液体相接触，混合物中的某些能溶解的组分便溶解到液相中形成溶液，不能溶解的组分则仍留在气相中，这样就实现气体混合物的分离。这种利用溶解度的差异来分离气体混合物的操作称为吸收。对于吸收全过程，必须选择合适的溶剂、合适的传质设备以及内构件和合适的溶剂再生方法。

在气体吸收过程中，很多有价值的工业操作都涉及溶解的气体与液体之间的化学反应。它将促进单位体积溶液所能溶解的气体量大大增加，同时又可以降低液面上的气相平衡分压，加快液体内的反应速率，从而提高传质系数。如果反应是可逆的，则吸收了气体的溶液还可以用加热所产生的蒸汽或惰性气体提馏带走所释放出的气体进行溶液再生，然后重新进入吸收器循环使用，如图 8-1 所示。

对于吸收过程，在吸收塔中，用液体吸收气体的操作称为吸收；在再生塔中，被溶解的气体从溶液中释放出的操作称为解吸。过程中，富液相包含吸收剂和被吸收组分两部分，气体相包含被吸收的组分和不与吸收剂发生反应的惰性组分两部分。其中，吸收剂和惰性气体两者在吸收或解吸过程中仅起载体作用。

凭借组分在溶剂吸收过程中是否与溶剂发生反应，吸收可分为物理吸收和化学吸收两种类型。

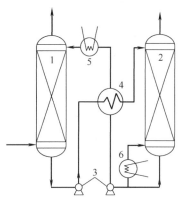

图 8-1 吸收-解吸过程示意图
1—吸收塔；2—再生塔；3—泵；4—换热器；5—冷却器；6—再沸器

化学生产中，无论是物理吸收还是化学吸收过程都应用广泛。它们常用于获得产品，分离气体混合物，净化原料以及脱除尾气中有毒、有害物等。作为吸收装置的工业化流程基本上有两大类：一类是吸收剂不需再生；另一类为吸收剂必须解吸再生，且这种吸收剂一般都是循环使用的流程。

吸收过程的应用如下。

（1）获得产品 利用吸收剂将气体中有效成分吸收以获得产品，吸收剂不再生。例如，硫酸吸收 SO_3 制浓硫酸；水吸收 HCl 制盐酸；水吸收甲醛制福尔马林液；氨水吸收 CO_2 制碳酸氢铵等。

（2）气体混合物的分离 吸收剂选择性地吸收某些组分以达到分离的目的。例如，从焦炉气或城市煤气中分离苯；从裂化气或天然气的高温裂化气中分离乙炔；从乙醇催化裂解气中分离丁二烯等。

（3）气体净化 分两大类，一类是原料气净化，其目的是清除杂质。另一类是尾气、废气的净化，以保护环境。如燃煤锅炉烟气中脱硫化物，硝酸尾气中脱 NO_x，磷肥生产中除去气态氟化物以及液氯生产时尾气脱氯等。

（4）回收有价值的组分 出于对人或环境的考虑，回收一些有价值的物质，如挥发性溶剂醇、酮、醚等的回收。

8.2 吸收设备的分类和特点

用于吸收操作的设备多为圆柱形，其高度一般都大于直径，通称为塔设备。根据塔内气液接触部件的结构形式，可将塔设备分为三类，即填料塔、板式塔和其他形式的塔。

8.2.1 填料塔

填料塔结构如图 8-2 所示。塔内支撑栅板上有某种形式的填充物，即填料。液体由塔上部液体分布器均匀淋洒到填料层上，靠重力作用沿填料表面呈膜流下；气体则在压强差推动下，由塔的下部进入，穿过填料层的空隙，从塔的顶部排出。气液两相在填料的润湿表面上进行接触、传质，其组分沿塔的高度而变化。

液体向下流动时，有向设备的壁面"弥散"现象，从而造成液体分布不均。因此，当填料层较高时，就要分段填装，而且，在两段填料之间，设置液体再分布器，把沿壁流下的液体导至中央，使之重新分布。液体像这样依次流过各段填料，与气体逆流接触，最后从塔底排出。

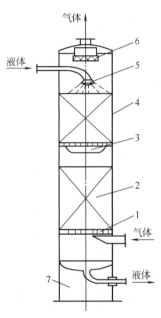

图 8-2 填料塔示意图
1—支撑栅板；2—填料；3—液体再分布器；4—塔身；5—液体分布器；6—除沫器；7—支座

8.2.2 板式塔

这种塔内沿塔高装有若干层塔板（也称塔盘），液体靠重力的作用由顶部逐板流向塔底，并在各块板面上形成流动的液层；气体则靠压强差推动，由塔底向上依次穿过各塔板上的液层而流向塔顶。气液两相在塔内进行逐级接触，两相组分沿塔高呈梯级式变化。

根据塔板是否安装降液管，又可分为：有降液管式塔板和无降液管式塔板两种。

有降液管式塔板又称溢流式塔板，如图 8-3（a）所示，各塔板之间有专供液体溢流的降液管或称溢流管。各层板上一般都设控制液层高度的溢流堰。液体由降液管到塔板后，在塔板上流向溢流堰；而气体则从板下穿过塔板孔眼到板上与液体接触。因此，气、液在板上与液体接触。常见的板型有泡罩塔板、筛孔塔板、浮阀塔板以及喷射型塔板等。

无降液管式塔板又称穿流式塔板，也称淋降式塔板，如图 8-3（b）所示。塔板之间没有降液管，气液两相同时从塔板上的孔眼中逆向穿流通过。筛板、淋降式筛板和波纹塔板都属于这种逆流接触塔板。由于没有溢流装置，因此结构十分简单。

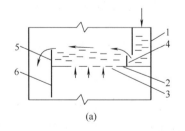
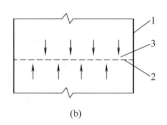

(a)　　　　　　　　　　　(b)

图 8-3 溢流式塔板和穿流式塔板
1—塔身；2—塔板；3—孔眼；4—进口堰；5—溢流堰；6—降液管

塔板上液体层高度靠气速来维持，气速很低时，液体全部从孔道中泄漏下去；随着气速的提高，液体开始滞留在塔板上，气体即鼓泡穿过液层。这种穿过式塔板，只能在较窄的气体负荷范围内操作。

圆孔穿流塔板，亦称穿流筛孔塔板，其结构与一般的筛板塔板相近，只是没有降液管。

直缝穿流塔板，亦称穿流栅孔塔板，如图 8-4（a）所示，塔板上开有 3~6mm 宽的长条形栅缝。这类塔板大多数由栅缝较短（长 60~120mm）的板块拼装而成，如图 8-4（b）所示。

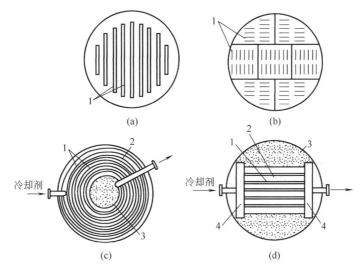

图 8-4 穿流式塔板的结构形式

1—栅缝；2—管子；3—多孔板；4—集液器

管式塔板由很多管子组成，管子之间留有缝隙，作为气体和液体的通道。管内可通入冷却剂把吸收过程中放出的热量带走，管式塔板的两种结构见图 8-4（c）、（d）。

8.2.3 其他形式的塔

填料塔和板式塔等逆流操作的气液传质设备，气体受到液泛的限制。因此，开发了一些特殊接触形式的塔设备，如并流的喷射塔、卧式塔、文氏塔等。

8.2.4 吸收塔的特点

板式塔和填料塔是常用的吸收设备，它们的特点比较列于表 8-1。

表 8-1 板式塔与填料塔比较

指 标	填 料 塔	板 式 塔[①]
造价	塔径在 800mm 以下，造价一般比较便宜，直径大则造价高	塔径在 800mm 以下时，造价一般比较高
效率	用小型填料时，小塔的效率高。但直径增大时，效率降低，所需塔高将急增	效率稳定，大塔板效率比小塔有所提高
空塔速度	低	高
安装检修	大塔检修清理费用大，劳动强度大	检修清理比填料塔容易。塔径小于 600mm 时，安装较为困难
塔板阻力	压降小，对有阻力要求的场合较适合	压降比填料塔大
材料	内部结构简单，便于用非金属材料制造，可用于腐蚀较严重的场合	多数部件不便于用非金属材料制造
层流量	小	大

① 主要指筛板、栅条、浮阀和泡罩之类的板式塔。

板式塔中，溢流式和穿流式的比较列于表 8-2 中。

表 8-2　溢流式塔板和穿流式塔板的特点

项　　目	溢　流　式	穿　流　式
结构	有降液管和溢流堰等	结构简单
板面利用率	降液管大约占去塔板面积的 20%	板利用率充分
液面落差	液体横过塔板，板上液层有位差（液面落差）。液面落差大时引起板上气体分布不均而降低效率	板上无液面落差
气速	不必靠气速来维持板上液层高度（由溢流堰维持）	需要较高的气速来维持板上液层高度
操作弹性	大	小
效率	高	低

8.2.5　吸收塔设备的选择

选择塔设备，主要考虑以下几个方面。

① 产能大。即单位时间、单位塔面积的处理量大。

② 分离效率高。对板式塔是指每层塔板的分离程度大；对填料塔是指单位高度填料层所达到的分离程度。

③ 操作弹性大。即最大气速负荷与最小气速负荷之比大，表明气速负荷波动较大时也能维持正常的操作。

④ 流体阻力小。即气体通过每层塔板或单位高度填料层的压降小。

⑤ 塔的结构简单。造价低廉、安装容易、维修方便、运行可靠。

几种不同吸收设备对应的各种指标情况列于表 8-3，供选择设备时参考。

表 8-3　各种吸收设备特性对照表

指　标	液膜式			填料式		鼓泡式							喷洒式		
	管式	片状填料	上升并流	乱堆填料	齐堆填料	浸没填料	泡罩塔板	筛孔塔板	穿流式塔板	百叶窗塔板	湍流塔	机械搅拌式	带喷头式	高气速并流式	机械式
在一级中能实现逆流操作	+	+	—	+	+	+	—	—	—	—	—	—	×	—	—
单个设备中能达到的传质单元数或级数															
<2	+	+	+	+	+	+	+	+	+	+	+	+	+	+	+
2~5	+	+	×	+	+	+	+	+	+	+	×	—	×	×	×
5~10	—	+	×	+	+	+	+	+	+	+	—	—	—	—	×
>10	—	+	—	×	×	+	+	+	+	+	—	+	—	—	+
能进行操作的 L/V 比															
<0.001	—	—	+	—	—	+	+	+	+	+	—	—	—	—	+
0.001~0.005	+	+	—	×	+	+	+	+	+	+	—	—	×	+	+
0.005~0.02	+	+	—	+	+	+	+	+	×	+	+	+	—	+	+
>0.02	—	—	—	—	—	×	+	+	×	+	+	+	—	+	+
能实现内部除热	+	—	+	—	—	+	+	+	+	+	—	+	—	—	+
低阻力降	—	—	+	—	—	×	+	+	+	+	+	+	—	—	+
气液负荷能大幅度变化	+	+	×	+	+	+	+	+	—	—	×	×	×	×	+
液体能长时间停留	—	—	—	—	—	+	+	+	—	—	+	—	—	—	+

续表

指　　标	液膜式			填料式		鼓　泡　式							喷洒式		
	管式	片状填料	上升并流	乱堆填料	齐堆填料	浸没填料	泡罩塔板	筛孔塔板	穿流式塔板	百叶窗塔板	湍流塔	机械搅拌式	带喷头式	高气速并流式	机械式
存在污垢时能操作	×	×	—	—	×	—	+	+	+	+	+	+	×	×	+
被处理气体流量/(m³/h)															
<1000	+	+	+	+	×	+	×	+	+	+	×	+	×	+	+
1000~10000	+	+	+	+	×	+	×	+	+	+	+	—	+	+	+
10000~100000	×	+	+	+	+	—	+	+	+	+	—	+	+	+	×
结构的简单程度	×	×	—	+	+	×	—	+	×	+	+	+	+	+	—
能在腐蚀性介质中操作	×	×	×	+	+	+	+	×	×	+	+	×	×	×	×

注：+代表符合要求；×代表部分符合要求；—代表不符合要求。

8.3　理论塔板数和吸收塔的计算

8.3.1　理论塔板数计算

填料层的高度是由传质单元高度计算的。筛板层数是通过每一块传质板情况和塔板效率直接计算板数。吸收塔中传质层的高度，有时也用理论板层数来计算。若采用填料塔，则有

$$填料高度＝理论板层数×等板高度$$

若采用的是板式塔，则

$$装板层的高度＝\frac{理论板层数}{总板效率}×板间距$$

由上述两式可知，理论板层数是计算塔设备的基本参数。所谓理论板，是指离开这种板的气液两相互成平衡，而且塔板上的液相组成也可以视为均匀一致的。例如，对于任意理论板 n 而言，离开该板的液相组成 X_n 与气相组成 Y_n 符合平衡关系。实际上，由于塔板上气液间接触面积和接触时间是有限的，因此，气液两相难以达到平衡状态，即理论板是不存在的一种理想板。引入理论板概念，对于传质过程的分析和计算很有用。在设计板式塔时，先求出理论板层数，然后用总板效率（又称全板效率）予以校正，便于求得实际板层数，根据板间距即可求出装板层的高度。在设计填料塔时，亦可先求出理论塔板层数，然后再根据等板高度（亦称当量高度）便可计算出填料的总高度。

理论塔板层数的求取方法有逐板计算法、图解法，当平衡关系为直线时，还可用解析法获得。逐板计算法和图解法的原理是一样的。图解法用作图的方法代替计算，过程简单，结果清晰。它的计算步骤如下。

① 在 y-x 坐标系中绘制平衡线，参见图 8-5。

② 按吸收塔物料衡算式

$$\frac{V}{L}=\frac{x_b-x_t}{y_b-y_t} \tag{8-1}$$

绘制吸收操作线，式中符号参见图 8-6。

③ 由操作曲线上的端点 $(x_b，y_b)$ 开始，在操作曲线与平衡曲线间作梯级，如图 8-5 中的梯级 1、2、3、4，直到梯级的水平线与操作线的交点纵坐标 (y) 等于或小于 y_t 为止。

④ 操作线上端点 $(x_b，y_b)$ 与下端点 $(x_t，y_t)$ 间的线段所经过的梯级数，就是理论板数。图 8-5 中所示的理论板数为 3.6 块。

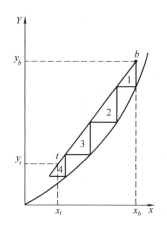

图 8-5 作图法计算理论板数

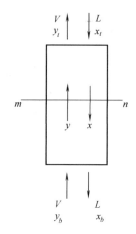

图 8-6 逆流吸收塔的物料衡算

8.3.2 吸收塔的计算

工业上为使气液两相充分接触以实现传质过程，可采用板式塔，也可采用填料塔。

填料塔内充以某种特定形状的固体物填料就构成填料层。填料层是塔内实现气液接触的有效部位。填料层内的空隙体积所占的比例较大，气体在填料间隙所形成的曲折通道中流过，提高了湍动程度；单位体积填料层内有大量的固体表面，液体分布在填料表面呈膜状流下，增大了气液之间的接触面积。

填料塔内的气液两相流动的方式，原则上为逆流，也可以为顺流。一般情况下，塔内液体作分散相，总是靠重力作用自上而下地流动；气体靠压强差的作用流经全塔，逆流时气体自塔底进入而自塔顶排出，并流时则相反。在对等的条件下，逆流方式可获得较大的平均推动力，因而能有效地提高过程效率。从另一方面讲，逆流时，降至塔底的液体恰与刚刚进塔的气体混合接触，有利于提高出塔吸收液的浓度，从而减少吸收剂的用量；升至塔顶的气体恰与刚刚进入塔顶的吸收剂相接触，有利于降低出塔气体的浓度，从而提高溶质的吸收率。所以，吸收塔通常都采用逆流操作。

吸收塔的计算，首先是在选定吸收剂的基础上确定吸收剂用量，继而计算塔的主要尺寸，包括塔径和塔的有效高度等。

8.3.2.1 塔径的计算

吸收塔的直径可根据圆形管道内的流量公式计算，即

$$V_s = \frac{\pi}{4} D^2 u \tag{8-2}$$

或

$$D = \sqrt{\frac{4V_s}{\pi u}} \tag{8-3}$$

式中 D——塔径，m；

V_s——操作条件下混合气体的体积流量，m^3/s；

u——空塔气速，即按空塔截面积计算的混合气体线速度，m/s。

在吸收过程中，由于吸收质不断进入液相，故混合气体量由塔底到塔顶会逐渐减少。在计算塔径时，一般应以塔底的气体量为依据。

计算塔径的关键在于确定适宜的空塔气速 u。如何确定适宜的空塔气速是属于气液传质设备的流体力学问题，可参考相关的书，也可根据经验，参考相关体系的流速。

8.3.2.2　填料塔的泛点计算

　　无论是填料塔还是板式塔，当气体流速增大时，将造成液体不能流下的液泛现象，这个不稳定点的操作气速称之为液泛速度。目前，塔设备的直径大都以液泛速度作为计算的基准。

　　填料塔的泛点计算有一种是利用埃克特（Eckert）关联图来进行，如图 8-7 所示，适用于各种乱堆填料，如拉西环、鲍尔环、鞍形环等填料。

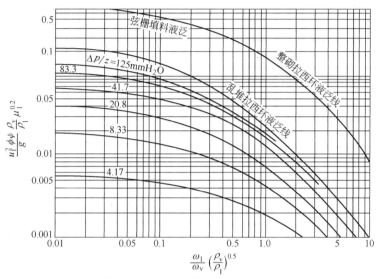

图 8-7　填料塔压降和液泛关联图

　　关联图中的纵坐标为

$$\frac{u_f^2 \phi \psi \rho_v}{g} \frac{\rho_v}{\rho_1} \mu_1^{0.2} \tag{8-4}$$

　　其横坐标为

$$\frac{\omega_1}{\omega_v}\left(\frac{\rho_v}{\rho_1}\right)^{0.5} \tag{8-5}$$

式中　　u_f——泛点空塔气速，m/s；

　　　　ϕ——填料因子，1/m；

　　　　g——重力加速度，9.81m/s^2；

　　　　ω_v——气体的质量流量，kg/s；

　　　　ω_1——液体的质量流量，kg/s；

　　　　ρ_v——气体的密度，kg/m^3；

　　　　ρ_1——液体的密度，kg/m^3；

　　　　μ_1——液体的黏度，cP（1cP=1×10^{-3}Pa·s）；

　　　　ψ——水的密度与液体密度之比。

　　根据两相流动参数可确定横坐标值，由图查得所使用的填料的泛点线所对应的纵坐标值，再将物性数据和填料特性数据代入，便可算出泛点速度。

　　关联图还有如下两个用途。

　　① 将操作气速 u 代替 u_f 求出纵坐标值，再算出横坐标值，则可从图上读得每米填料层的压降 Δp 值。

　　② 若已知每米填料层的压降 Δp 值及横坐标值，则可由图上读得纵坐标值，进一步从

中求出流速，此流速是操作时的流速。

几种填料的形状见图8-8。填料因子值 ϕ 列于表8-4～表8-8。

拉西环　　θ环　　十字格环　　鲍尔环　　　弧鞍　　　矩鞍

阶梯环　　　金属鞍环　　　网环　　　　波纹填料

图 8-8　几种填料的形状

表 8-4　钢质拉西环的特性（乱堆）

外径/mm	高×厚/(mm×mm)	比表面积 α_t/(m²/m³)	空隙率 ε/(m³/m³)	个数 n/(个/m³)	堆积密度 ρ_p	干填料因子 α_t/ε^3	填料因子 ϕ	备注
6.4	6.4×0.8	789	0.37	3110000	2100	2030	2500	
8	8×0.3	630	0.91	1550000	750	1140	1580	
10	10×0.5	500	0.88	800000	960	740	1000	
15	15×0.5	350	0.92	248000	660	460	600	
25	25×0.8	220	0.92	55000	640	290	390	
35	35×1	150	0.93	19000	570	190	260	
50	50×1	110	0.95	7000	430	130	175	
76	76×1.6	68	0.95	1870	400	80	105	

表 8-5　瓷质拉西环的特性

外径/mm	高×厚/(mm×mm)	比表面积 α_t/(m²/m³)	空隙率 ε/(m³/m³)	个数 n/(个/m³)	堆积密度 ρ_p	干填料因子 α_t/ε^3	填料因子 ϕ	备注
6.4	6.4×0.8	789	0.37	3110000	737	2030	2400	
8	8×1.5	570	0.64	1465000	820	2170	2500	
10	10×1.5	440	0.70	720000	700	1280	1500	
15	15×2	330	0.70	250000	690	960	1020	
16	16×2	305	0.73	192500	730	784	940	乱
25	25×2.5	190	0.78	49000	505	400	450	
40	40×4.5	126	0.75	12700	577	305	350	
50	50×4.5	93	0.81	6000	457	177	205	
80	80×9.5	76	0.68	1510	714	243	280	
80	80×9.5	102	0.57	1950	962	564		整
100	100×13	65	0.72	1060	930	172		齐
125	125×14	51	0.68	530	825	165		
150	150×16	44	0.68	318	802	142		

表 8-6 钢质和聚丙烯鲍尔环的特性（乱堆）

外径 /mm	材 质	比表面积 α_t /(m²/m³)	空隙率 ε /(m³/m³)	个数 n /(个/m³)	堆积密度 ρ_p	填料因子 /ϕ	备注
16	钢	364	0.94(厚 0.4mm)	235000	467	230	
16	聚丙烯	364	0.88	235000	72.6	320	
25	钢	209	0.94(厚 0.6mm)	51100	480	160	
25	聚丙烯	209	0.90	51100	72.6	170	
38	钢	130	0.95(厚 0.8mm)	13400	379	92	
38	聚丙烯	130	0.91	13400	67.7	105	
50	钢	103	0.95(厚 0.9mm)	6200	355	66	
50	聚丙烯	103	0.91	6380	67.7	82	
76	聚丙烯	67		1600		53	

表 8-7 瓷质鲍尔环的特性

外径 /mm	高×厚 /(mm×mm)	比表面积 α_t /(m²/m³)	空隙率 ε /(m³/m³)	个数 n /(个/m³)	堆积密度 ρ_p	填料因子 ϕ	备注
25	25×2.5	220	0.76	48000	565	300	乱堆
40	40×4.5	140	0.76	12700	577	190	乱堆
50	50×4.5	110	0.81	6000	457	130	乱堆
76	76×9.5	66	0.74	1740	645	100	乱堆
100	100×10	56	0.81	740	450	65	乱堆
100	100×10	82	0.72	1060	625		整齐

表 8-8 瓷质矩鞍形填料的特性

公称尺寸 /mm	厚度 /mm	比表面积 α_t /(m²/m³)	空隙率 ε /(m³/m³)	个数 n /(个/m³)	堆积密度 ρ_p	填料因子 ϕ	备 注
6		993	0.75	4170000	677	2400	
13	1.8	630	0.78	735000	548	870	
20	2.5	338	0.77	231000	563	480	
25	3.3	258	0.775	84600	548	320	塑料质填料因子为 110
38	5	197	0.81	25200	483	170	
50	7	120	0.79	9400	532	130	塑料质填料因子为 69
76	—	—	—	—	—	72	塑料质填料因子为 53

另外，大通量、低压降、高效率、放大效应小的规整填料得到迅速发展，按结构和特点可分以下形式。

① 单元接触型。斯特曼（Stedman）、双层网水平波纹。

② 绕卷型。古德洛（Goodloe）、海泊菲尔（Hyperfil）、新克洛斯（Neo-Kloss）。

③ 水平波纹板型（喷雾型）。帕纳帕克（Panapak）、斯普雷帕克（Spraypak）。

④ 垂直波纹板型。各种形式的苏尔寿网波纹（Sulzer packing，金属网波纹）、墨拉帕克（Mallapak）、凯雷帕克（Kerapak，塑料网波纹）、重叠纱网波纹。

⑤ 栅格型。格利希栅格（Glitsch grid）、格子（grid）、钻石格子（diamomd grid）。

⑥ 板片型。压延金属板（expanded metal）、多孔金属板、垂直布填料。

⑦ 蜂窝型及喷射型。脉冲填料（impulse）、网孔栅格（perform grid）、Z 形格子（Zgrid）、塑料蜂窝板。

上述填料还可以按其使用性能分为通用型和精密型两大类，如墨拉帕克、凯雷帕克、网孔栅格、脉冲填料等属于前者，苏尔寿网波纹、古德洛、海泊菲尔和新克洛斯等填料属于后者。

像鲍尔环、矩鞍形填料一样，苏尔寿网波纹填料也得到了广泛的应用。苏尔寿型波纹填料常做成与塔直径一样的圆柱形，每一圆柱形单元由压成波纹状的薄片或丝网组装而成。波纹方向与塔的轴线呈一定角度，且相邻波纹片的波纹方向相反，这样多个圆柱形单元盘盘相叠又相互成 90°交叉，紧贴塔体在填料内部形成许多相互交叉对称的倾斜通道，使液体自上而下经过多层填料并每盘都达到液体重新分布而趋于均布。气体向上同样有再分布和径向混合的特点，使填料效率几乎和塔径大小无关，减少了通常散装填料碰到的放大效应。表 8-9～表 8-11 分别列出了苏尔寿波纹填料的特性、F 因子值和 BX 型规整填料塔型与其他塔型的比较。

表 8-9　各种波纹填料及其特性数据

名称	填料类型		材料	交换表面积 α /(m²/m³)	水力直径 d_h/mm	倾斜角 ϕ /(°)	空隙率 ε /%	堆积密度 ρ_p /(kg/m³)
网波纹	金属丝网	AX	不锈钢	250	15	30	95	125
		BX		500	7.5	30	90	250
		CY		700	5	45	85	350
	塑料丝网	BX	聚丙烯或聚丙烯腈	450	7.5	30	85	120
板波纹	金属或塑料薄片	Mellapak 250Y	碳钢、不锈钢或铝、聚氯乙烯等	250	15	45	97	200 （厚 0.2 mm）
	陶瓷薄片	BX	陶瓷	450	约 6	30	约 75	550

表 8-10　各种波纹填料的基本性能及应用

填料类型	气体负荷 F [m/s·(kg/m³)^0.5]	每块理论板压降 /mmHg	每米理论板数	滞留量 /%	操作压力 /mbar	适 用 范 围
AX	2.5～3.5	～0.3	2.5	2	1～1000	要求处理量大及理论板数不多的蒸馏
BX	2～2.4	0.3	5	4	1～1000	热敏性、难分离物系的真空精馏，含有机物废气处理
CY	1.3～2.4	0.5	10	6	50～1000	同位素分离，要求大量理论板数的有机物蒸馏，高度受限制的塔器
塑料丝网填料 BX	2～2.4	～0.45	～5	5～15	1～1000	低温（小于 80℃）以下，脱除强臭味物质，回收溶剂
Mellapak 250Y	2.25～3.5	0.75	2.5	3～5	>100	中等真空度以上压力及有污染的有机物蒸馏；常压和高压吸收（解吸）；改造填料塔及部分板式塔；重水最终分离装置；用作静态混合器单元
Kerapak	1.7～2.0	0.4～0.8	4～5	8～15	1～5000	高温或有腐蚀性物的蒸馏与吸收（解吸）、热交换器、除雾器、催化剂载体等

注：1mmHg＝133.322Pa；F—空塔气相动能因子，$F = W_a \rho_g^{0.5}$；W_a—空塔气速，m/s；ρ_g—气相密度，kg/m³。

表 8-11 BX 型填料与其他塔型填料的比较

塔 型	BX 型	鲍尔环	穿流板	筛板浮阀泡罩	并流塔
比空气速度 W_1/(m/s)	2	2	2.5	2	2
每米理论板数 N_t/m^{-1}	5	2	1.5	1.5	1
每块理论板压降/mmHg	0.1～0.3	0.5～2	2～10	2～10	10～70
分离能力 W_1、N_t	10	4	3.5	3	2

波纹填料自应用于精密精馏，扩大到一般的精馏、热泵精馏和吸收等，至今广泛应用于化工、原子能、轻工、食品、制药、炼油等领域。

8.3.3 吸收剂用量的计算

在吸收塔设计时，需要处理的气体量及气体初、终浓度为已知，吸收剂的入塔浓度常由工艺过程所决定或由设计者选定，但是，吸收剂的用量尚需要由设计者来确定。由图 8-9 (a) 可知，在 V、y_1、y_2 及 x_2 已知的情况下，吸收塔操作线的一个端点 T 已经固定，另一端 B 点则可在 $y=y_1$ 的水平线上移动。点 B 的横坐标取决于操作线的斜率 L/V。

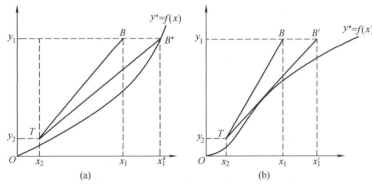

图 8-9 吸收塔的最小气液比

操作线的斜率 L/V 称为气液比，是溶剂与惰性气体摩尔流量的比值。它反映单位气体处理量的溶剂消耗用量大小。在此，V 值已经确定，故若减少吸收剂用量 L，操作线的斜率就要变小，点 B 便沿水平线 $y=y_1$ 向右移动，其结果是使塔吸收液的浓度加大，而吸收推动力相应减小。若吸收剂用量减小到恰使点 B 移至水平线 $y=y_1$ 与平衡线的交点 B^* 时，$x_1=x_1^*$，即塔底流出的吸收液与刚进入塔的混合气体组分达到平衡。这是理论上吸收液能达到的最大浓度，但此时过程的推动力已为零，因而需要无限大的相间传质面积。这在实际上是办不到的，只能用来表示一种极限状态，此种状态下吸收操作线（B^*T）的斜率称为最小气液比，相应的吸收剂量即为最小吸收剂的用量，以 $L_{\min}$ 表示。

反之，若增大吸收剂用量，则 B 点将沿水平线向左移动，使操作线远离平衡线，过程推动力增大。但超过一定限度后，这方面的效果就不明显，而溶剂消耗、输送及回收等操作费用将增加。吸收剂用量的大小，从设备费和操作费两方面影响到生产过程的经济效益，应选择适宜的用量，使两者费用之和为最小。一般情况下，吸收剂用量取最小用量的 1.1～2.0 倍，即

$$\frac{L}{V}=(1.1\sim2.0)\left(\frac{L}{V}\right)_{\min} \tag{8-6}$$

或

$$L=(1.1\sim2.0)L_{\min}$$

最小气液比可用图解法求取。如果平衡曲线符合图 8-9 (a) 的情况，则需要找到水平线 $y=y_1$ 与平衡线的交点 B^*，从而得 x_1^* 值，然后用下式计算最小气液比

$$\left(\frac{L}{V}\right)_{\min}=\frac{y_1-y_2}{x_1^*-x_2} \tag{8-7}$$

或
$$L_{\min}=V\frac{y_1-y_2}{x_1^*-x_2} \tag{8-8}$$

如果平衡曲线呈图 8-9（b）中的情况，则应过点 T 作平衡曲线的切线，找到水平线 $y=y_1$ 与此切线的交点 B'，从而得到点 B' 的横坐标 x_1' 值，然后按下式计算最小气液比

$$\left(\frac{L}{V}\right)_{\min}=\frac{y_1-y_2}{x_1'-x_2} \tag{8-9}$$

或
$$L_{\min}=V\frac{y_1-y_2}{x_1'-x_2} \tag{8-10}$$

若平衡关系符合亨利定律，可用 $y^*=mx$ 表示，则直接用下式计算最小气液比

$$\left(\frac{L}{V}\right)_{\min}=\frac{y_1-y_2}{\dfrac{y_1}{m}-x_2} \tag{8-11}$$

或
$$L_{\min}=V\frac{y_1-y_2}{\dfrac{y_1}{m}-x_2} \tag{8-12}$$

8.4 吸附概述

固体可分为多孔和非多孔性两类。非多孔性固体只有很小的比表面积，用粉碎的方法可以增加比表面积。多孔性固体由于颗粒内微孔的存在，比表面积很大，可达每克几百平方米。换言之，非多孔性固体的比表面积仅取决于可见的外表面积，而多孔性固体的比表面积是由"外表面"和"内表面"组成。内表面可比外表面大几百倍，且有较高的吸附势，是较好的吸附剂。

固体表面的分子或原子处于特殊的状态。固体内部的分子所受的力是平衡的，但处在固体表面的分子受力不平衡，因此界面上存在不饱和力场，即存在一种固体表面力，它能从外界吸附分子、原子或粒子，并在吸附剂表面附近形成多分子或单分子层。物质从液体或气体浓缩到固体表面从而达到分离的过程称为吸附作用，把表面上发生吸附作用的固体称为吸附剂，而把吸附的物质称为吸附质。

按照吸附力的差异，吸附可分为三类。

（1）物理吸附　吸附剂和吸附质通过分子力或称范德华力产生吸附作用。这是一种最常见的吸附现象，它的特点是吸附不限于一些活性中心，而是整个自由界面。物理吸附是可逆的，即在吸附的同时，被吸附的分子由于热运动而离开固体表面。物理吸附可以是单分子层或多分子层。由于分子力的普遍存在，一种吸附剂可吸附多种物质，没有严格的选择性，但由于吸附物性质不同，吸附量有所差异。物理吸附与吸附剂的表面、细孔分布和温度等因素有关。

（2）化学吸附　化学吸附是由于吸附剂在吸附物之间的电子转移，发生化学反应而产生，属于库仑力范围。它与通常的化学反应不同之处是吸附剂表面的反应原子保留了它或它们原来的格子不变。化学吸附的选择性较强，一种吸附剂只对一种或几种特定的物质有吸附作用。因此化学吸附一般为单分子层吸附，吸附后较稳定，不易解吸。这种吸附与吸附剂的表面化学性质以及吸附物的化学性质有直接关系。

（3）交换吸附　吸附剂表面为极性分子或离子所组成，吸引溶液中带相反电荷的离子而形成双电层。这种吸附称为极性吸附，同时在吸附剂与溶液之间发生离子交换，即吸附剂吸

附离子后，它同时放出等当量的离子溶于溶液中。离子的电荷是交换吸附的决定因素。离子所带的电荷愈多，它在吸附剂表面的相反电荷点上的吸附力就愈大，电荷相同的离子，其水化半径愈小，愈易被吸附。

必须指出，固体自溶液中吸附溶质，往往是几种力同时作用，较为复杂，有时很难区分。物理吸附和化学吸附虽有基本区别，但有时也很难划分，两种吸附的比较见表 8-12。

表 8-12　物理吸附与化学吸附的特点

项　　目	物　理　吸　附	化　学　吸　附
作用力	范德华力	化学键力
吸附热	较小,接近液化热	较大,接近反应热
选择性	几乎没有	有选择性
吸附速度	较快,需要的活化能很小	慢,需要一定的活化能
吸附分子层	单分子层或多分子层	单分子层

产生吸附作用根本的原因是吸附剂与吸附质之间的作用力，也就是范德华力，它包括三方面的力：定向力、诱导力和色散力。分子被吸附后，一般动能降低，故吸附是放热过程。物理吸附的热能较小，一般在 $(2.09 \sim 4.18) \times 10^4 J/mol$，化学吸附的热能较大，一般在 $(8.4 \sim 41.8) \times 10^4 J/mol$。

常用的吸附剂如下。

(1) 活性炭　活性炭是最常用的吸附剂，吸附容量大、稳定性好。通常有两种形式：颗粒状和粉末状。前者的孔径小于 $30 \times 10^{-9} m$，比表面积通常在 $1000 m^2/g$ 左右，后者的孔径在 $30 \times 10^{-9} m$，比表面积在 $300 m^2/g$。

(2) 分子筛　分子筛是一类由硅铝四面体形成的三维硅铝酸盐金属构成的晶体，大多数是合成的。分子筛与其他吸附剂相比，其最大的特点是其微孔孔径的高度一致性，因而具有较高的选择性。分子筛根据它们的孔结构和硅铝比的不同，可分为 A 型、X 型、Y 型 ZSM 型、丝光沸石型等。如 A 型分子筛硅铝比较小，对水及其他极性物质有较高的选择性，可用于干燥和净化；而 ZSM 型分子筛硅铝比较高，其表面更多地倾向于疏水性而强烈地吸附弱极性的有机分子，并且由于其特殊的孔结构而在油品脱蜡降凝、有机物异构体的分离、二甲苯异构化等吸附和催化方面得到应用。

(3) 活性氧化铝　是由活性氧化铝的水合物经加热脱水活化后制得，对水有很强的吸附作用。活性氧化铝孔径在 $2 \times 10^{-8} m$，比表面积通常在 $200 \sim 500 m^2/g$。

(4) 硅胶　由无定型的 SiO_2 构成的多孔网状结构的固体颗粒。它的孔径通常在 $(2 \sim 20) \times 10^{-9} m$，比表面积为数百平方米每克。

(5) 吸附树脂　一种带有巨型网状结构的合成树脂，如苯乙烯和二乙烯苯的共聚物、聚苯乙烯、聚丙烯酸酯等，可根据需要制成从非极性到强极性的各种吸附树脂，用于不同的分离过程。

8.5　吸附速率

吸附过程中物质传递经过下列过程。

① 外扩散。吸附质经气流与吸附剂表面处的边界层达到固体外表面的扩散。

② 内扩散。吸附质沿吸附剂的毛细孔深入到吸附表面的扩散。

③ 吸附。吸附于内表面的活性点上。

通常吸附本身进行得很快，实际上几乎是瞬间的，因此其速度远比外扩散与内扩散快，其吸附动力学取决于内扩散和外扩散的速度，即此两过程的阻力起控制作用。吸附传质速率

可表示为

$$\frac{\partial q}{\partial \tau} = K_F \alpha_p (C - C^*) \quad\quad (8\text{-}13)$$

式中　C^*——吸附剂中吸附质平衡的流体相浓度，mol/L；

　　　α_p——单位质量吸附剂颗粒的比表面积，m^2/kg；

　　　K_F——总传质系数。

若外扩散传质系数为 k_y，内扩散传质系数为 k_x，则 K_F 表示如下

$$\frac{1}{K_F} = \frac{1}{k_y} + \frac{1}{k_x} \quad\quad (8\text{-}14)$$

由于吸附传质过程变数很多，例如与吸附质和吸附剂的性质有关，所以传质系数要根据不同的情况用实验方法求取。有关的经验式可参阅专业书籍。

8.6　固定床吸附分离设备

8.6.1　固定床吸附分离设备概述

固定床吸附器通常称为吸附柱，是常用的吸附装置，有立式、卧式等吸附器。图 8-10 为卧式圆柱形吸附器，两端为球形顶盖，靠近底部焊有横栅条 8，上面放着可拆式铸铁栅条格板 9，栅条上再放金属网（也有用多孔板），当吸附剂颗粒较细时，可在金属网上堆上颗粒较大的砾石再放吸附剂。图 8-11 为立式吸附器示意图，其基本结构与卧式相同。

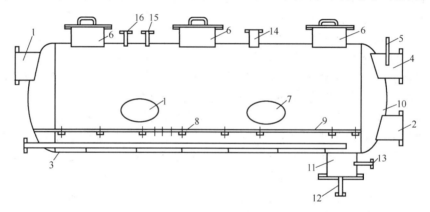

图 8-10　卧式圆柱形吸附器

1—送蒸汽空气混合物入吸附器管道；2—除去被吸蒸汽后空气排出口；3—送直接蒸汽入
吸附器的鼓泡器；4—解吸时的蒸汽排出口；5—温度计插口；6—加料孔；7—活性炭和
砾石出料口；8—栅条；9—栅条格板；10—挡板；11—圆筒形凝液排除器；12—凝液
排出管；13—进水管；14—排气管；15—压力计连接管；16—安全阀连接管

操作时吸附和脱附交替进行，所以通常流程中都有两个以上吸附器以便于切换使用。图 8-12 为两个吸附器操作的流程示意图。当 A 器在吸附时，原料气由下方通入（通 B 器的阀关闭），吸附后的原料气从顶部出口排出。与此同时，吸附器 B 处于脱附再生阶段，再生用气体由加热器加热至要求的温度，从顶部进入 B 器（通 A 器的阀关闭），再生气进入吸附器的流向与原料气相反，再生气携带从吸附剂上脱附的组分从吸附器底部出来，经过冷却器冷凝后分离，再生气循环使用，如果所带组分不易冷凝，要用其他的方法使之分离。

固定床吸附器结构简单，造价低，吸附剂磨损少，操作可靠，床层中返混小，产品纯度高。其缺点是间隙操作，为使整个生产过程连续化就要多台吸附器连用，此时不仅因周期性切换使操作复杂，而且单位吸附剂的生产能力下降。

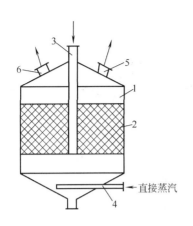

图 8-11　立式吸附器

1—吸附器；2—活性炭层；3—中央管通入混
合气体；4—鼓泡器，解吸时通入直接蒸汽；
5—惰性气体出口；6—解吸时蒸汽出口

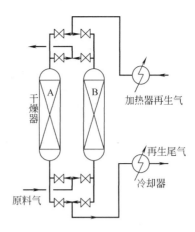

图 8-12　固定床吸附操作流程示意图

8.6.2　吸附负荷曲线和穿透曲线

固定床吸附器是最常用的连续接触式吸附传质设备。设想将吸附质浓度为 C_0 的流体以阶跃的方式注入一干净的吸附剂层中，并以 v 通过该床层。在此流动状态下，床层内吸附剂吸附的溶质随着时间和床层位置的不同而不同，此吸附量变化的曲线称为床层负荷曲线。此曲线内的面积即为该吸附剂的吸附量。在实际体系中，由于存在传质阻力、流体的流动分布、两相间平衡和吸附速度等条件的影响，传质阻力不可能为零，因而传质速率不是无穷大。流动相在床层某一点的停留时间比达到相平衡需要的时间要短，使吸附负荷曲线成为抛物线形。最初，在床层入口处送入原料，经过一定时间 t_1 后，在入口端形成负荷曲线，随着吸附的不断进行，负荷曲线沿床层轴向向床层出口处移动。由于吸附等温线斜率的影响，床层内各点吸附剂的吸附量随着流动相内吸附质浓度的变化而变化，此抛物线形负荷曲线中 S 形的一段曲线即为传质前沿。当吸附速度无穷大时，传质前沿为垂直于 x 轴的直线。S 形传质前沿所占据的床层长度为吸附传质区。从吸附剂床层入口端到传质区的床层部分，由于其中的吸附已饱和，故称为饱和区，至于传质区到吸附剂床层出口端的床层部分，则尚未发生有关的吸附过程而是清洁的床层。因此，传质区长度或负荷曲线的计算就成为固定床吸附器工艺计算的关键。

在常用的固定床吸附器中，将吸附质浓度为 C_0 的流体阶跃式注入吸附剂床层中，测定吸附剂层出口的吸附质浓度随着时间的变化即穿透曲线，可以了解固定床吸附的传质过程。典型的穿透如图 8-13 所示。一般将出口吸附质浓度达到入口浓度的 5％的点称为破点，又叫穿透点，即图上的 a 点，而将出口吸附质浓度达到入口浓度 95％的点作为吸附剂床层已饱和的标志，称为饱和点，即图上的 b 点。因此，从破点到饱和点的那段穿透曲线便反映了吸附质在吸附剂床层中的传质过程，它是扩散过程与吸附传质过程两种影响的综合结果。

对于通常的吸附过程，有三种典型的吸附等温线，对应于有关的吸附特征，即优惠型、线性和非优惠型，如图 8-14 所示。

对于优惠型吸附等温曲线，吸附质分子与吸附剂之间的作用随着流体相中吸附质浓度的增大而减少。当吸附操作刚开始时，由于原料为阶跃进料，浓度波在床层进口端形成直线，随着继续进料，浓度波沿床层向出口移动。由于优惠型吸附等温线的性质，组分浓度增加，

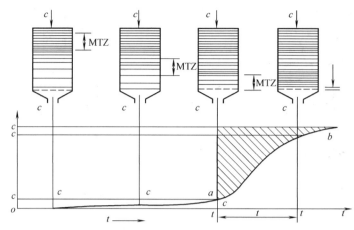

图 8-13　恒温固定床吸附器的穿透曲线

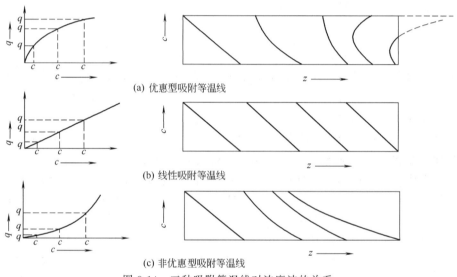

(a) 优惠型吸附等温线

(b) 线性吸附等温线

(c) 非优惠型吸附等温线

图 8-14　三种吸附等温线对浓度波的关系

吸附剂固相的吸附量减少，故浓度波中高浓度的一端要比相应的低浓度的一端移动得要快，从而使得传质区有变得愈来愈短的趋势，两者互相影响，最终在经历一段时间后使得床层的传质区长度恒定不变，成为一稳定波形的浓度在吸附剂床层内移动。

对于线性吸附等温线，吸附质分子与吸附剂之间的作用与流体相中吸附质浓度的大小无关。由于床层传质扩散阻力的影响，使得传质区随时间而变得愈来愈长。

对于非优惠型吸附等温曲线与优惠型吸附等温线相反，吸附质分子与吸附剂之间的作用随着流体相中吸附质浓度的增大而增大，导致浓度波中浓度高的一端比低浓度的一端移动得慢，传质区不断变长。再加上扩散阻力的影响，对整个传质过程更加不利。

8.6.3　固定床吸附器的计算

假设：

① 床层内流形是活塞流，无返混现象；

② 床层内传质阻力为零，即吸附速率无限大，所以传质区为零。

根据假设，带有吸附质的流体进入床层进口端后立即被全部吸附，床层形成饱和区。流体不断进入，吸附负荷曲线沿床层高移动至出口处，即达到穿透点时，床层已全部处于平衡状态。如果流体进、出口吸附质浓度为 y_0 和 y_e，流速为 w，床层截面积 S，经过一段时间 τ 流体经过床层的吸附量 q 为

$$q = wS(y_0 - y_e)\tau_0 \tag{8-15}$$

式中 τ_0——穿透时间。

设床层高度 L，其中吸附的溶质量为

$$q = (x_e - x_0)SL \tag{8-16}$$

式中 x_e——平衡吸附量，即吸附剂的静活性，kg(质)/kg(吸附剂)；

x_0——吸附剂的初始浓度，kg/m³。

则 $(x_e - x_0)$ 为单位体积吸附剂的饱和吸附量。由物料衡算得

$$wS(y_0 - y_e)\tau_0 = (x_e - x_0)SL \tag{8-17}$$

$$\tau_0 = \frac{x_e - x_0}{w(y_0 - y_e)}L = KL \tag{8-18}$$

即

$$K = \frac{x_e - x_0}{w(y_0 - y_e)} \tag{8-19}$$

称为吸附床层的 K 值。在床层高度 L 一定时，K 值愈小，τ_0 也小，即床层允许操作的时间愈短。由 K 值等式可知，当流体进口浓度 y_0 和流速 w 愈大；床层单位体积吸附的饱和吸附量 $(x_e - x_0)$ 愈小时，K 值愈小。如果 K 值一定，床层 L 愈长，允许操作的时间也长。

在实际操作过程中不允许传质区移到床层出口处，所以在设计时不能以饱和吸附量即静态活性为依据，而只能以动态活性为依据。但动态活性不易测定，所以用静态来替代时，能够操作的时间 τ 应比 τ_0 要小，其差值称为损失时间 τ_m，则实际的吸附时间为

$$\tau = KL - \tau_m \tag{8-20}$$

如果使 $\tau_m = KL_m$，则 L_m 相当于完全没有吸附的一段。上式中的 τ_m、K 等应该由试验得到。

8.7 移动床和模拟移动床吸附设备

8.7.1 移动床吸附器

移动床吸附器又叫超吸附柱，图 8-15 是从甲烷、氢混合气体中提取乙烯的移动床吸附器。从吸附器底部出来的吸附剂由吸附剂提升管 9 送往柱顶上部的料斗加入，以一定速度向下移动，从柱底带出。在它自上而下移动的过程中，依次经过冷却、吸附、精馏、脱附（即解吸）等阶段。由柱底排出的吸附剂已经过再生，用气力输送到提升管 9 送至柱顶料斗供循环使用。待处理的原料气（如含有乙烯 5.7% 的甲烷、氢混合物气）经过分布板 4 分配后导入柱中，与吸附剂进行逆流接触，在吸附段 5 中活性炭将乙烯和其他重组分吸附，未吸附的甲烷和氢成为塔顶轻组分放出。吸附有乙烯等组分的活性炭在其移动过程中进入精馏段 6，在此段中较难吸附的组分（乙烯等组分）被较易吸附的组分（重烃组分）从活性炭上替换下。各烃类组分经过反复吸附和脱附，重组分沿柱高自上而下浓度增加，类似于精馏塔内的精馏段。经过精制的馏分分别以侧线中间馏分（主要为乙烯和少量的丙烷）和塔底重馏分（主要为丙烷和脱附引入的直接蒸汽）的形式取出。最后，吸附了重烃组分的活性炭进入解吸段 7，加热升温至 260℃，使活性炭解吸，解吸出的重组分以回流的方式向上流入精馏段。

移动床可实现连续逆流操作，吸附剂用量少，但是吸附剂的磨损严重。降低吸附剂的磨损消耗，减少整个装置的运行费用，是移动床能否大规模工业化的关键。

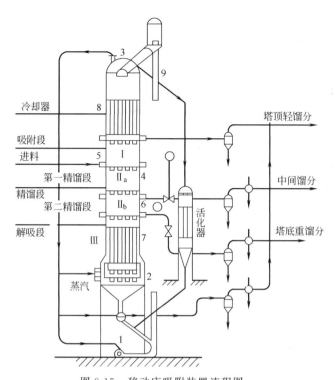

图 8-15　移动床吸附装置流程图

1—提升泵（风机）；2—塔底加热器；3—加料器；4—分布板；5—吸附段；

6—精馏段；7—解吸段；8—冷却段；9—吸附剂提升管

8.7.2　模拟移动床吸附器

针对移动床吸附器存在的缺点，在 20 世纪 60 年代开发出模拟移动床技术，称为"Sor-bex"。在模拟移动床中，吸附剂本身不移动，而原料的进口、各产品和冲洗剂的进口按顺序不断在吸附器上移动，相当于吸附剂颗粒的移动，再生方法则采用冲洗剂循环流动。模拟移动床中原料、各产品和冲洗剂进出口的移动在试验装置中是通过定期启闭切换吸附塔各塔节的进出料和冲洗剂的阀门，从而使各液流进出口的位置不断变化（图 8-16），相当于吸附剂在塔内移动。在阀门未切换时，对每个塔节而言是固定床间隙操作，当塔节很多和阀门不断地切换时，吸附塔就可视为连续操作的移动床。为了保证冲洗剂在吸附塔内循环流动，并使各进出料在整个吸附塔内造成循环，需用精密调节流量的精密计量泵。在此情况下，可将吸附塔视为环形的塔进行操作，各种吸附、一级精制、解吸、二级精制操作将沿着"环形"的塔不断循环工作。例如，模拟移动床分离混合二甲苯的过程，吸附塔被分成 24 个塔节，其中吸附段占 9 节，一级精制占 8 节，解吸段占 4 节，二级精制占 3 节。在图 8-16 中，冲洗剂、抽余剂、原料和抽出液的进出口分别为 3、6、15、23。经过一段时间后，由于旋转阀的转动，这四个口一起向上移动一节，即成为在 2、5、14、22 节处进出。由于液流进出口的向上移动，相对地就产生了与液体进出口固定而吸附剂向下移动相同的效果。这样，通过旋转阀的定时转动，依次向上移动液体进出口（当达到塔顶后转到塔底第 24 节），实现流体与吸附剂的逆流操作。显然，吸附塔分节数愈多，液体进出口位置切换的时间愈短，模拟移动床愈接近普通移动床的连续逆流操作。但从模拟移动床中所得到的抽出液、抽余液都需经过精馏等方法作进一步的分离，以便从中获得冲洗剂和轻组分产品。冲洗剂重新进入吸附塔，因而与普通吸附塔过程相比较为复杂。

模拟移动床一般用于难分液相组分体系，特别是异构体的分离过程。工业上应用主要有从

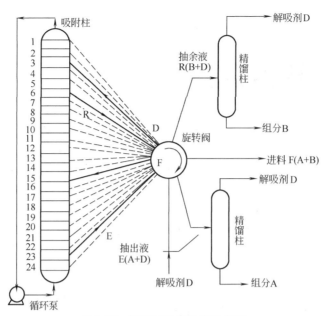

图 8-16　模拟移动床操作示意图

混合二甲苯中分离对二甲苯，从混合二乙苯中分离对二乙苯，从烷烃混合物中分离正构烃，从 $C_8 \sim C_{18}$ 烷烃和烯烃的混合物中分离烯烃，以及从葡萄糖与果糖的混合物中分离果糖浆液等。

　　图 8-17 所示为 9 个圆形柱的模拟移动床设备，它由旋转盘及上、下两端分配器组成，圆形柱被固定在一个类似于"旋转木马"的装置上。

　　分配器分为旋转和非旋转两部分。分配器的工作原理如图 8-18，随着柱子的旋转，当分配器旋转端的槽口与固定端的槽口相通时，流体流入或流出圆形柱，有时流体从一个固定端的槽口流入一个圆形柱，而有时则分流到两个圆形柱内。

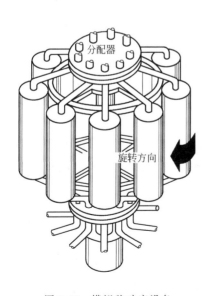

图 8-17　模拟移动床设备

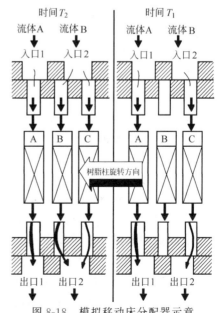

图 8-18　模拟移动床分配器示意

第9章
萃取和提取设备

9.1 概述

萃取与提取是指用溶剂分别从液体与固体原料中提取分离目标成分的过程。液液萃取也叫溶剂萃取。在液液萃取过程中，一个液态溶液（水相或有机相）中的一个或多个组分（溶质）被萃取进入第二个液态溶液（有机相或水相），而上述两个溶液是互不相溶或仅仅是部分互溶。所以，萃取过程是溶质在两个液相之间重新分配的过程，即通过相间物质传递来达到分离和提纯的目的。

9.1.1 液液萃取的特点

同精馏和吸附过程相比，虽然同属化工分离操作，但萃取过程有以下的特点。

① 萃取过程中互相接触的两相均为液体，在萃取设备中两相应先进行有效接触，以加强并完成传质，然后又必须依靠两相之间的密度差或外界输入能量进行两相分离。

② 萃取过程中的两相间的密度差、界面张力以及两相的黏度等物理性质是十分重要的因素，水相和有机相对设备材质的亲和性有时也是一个重要因素。一个用于气液接触效率很高的设备，用于液液萃取操作，往往会显得效率不高。以填料塔为例，目前所用的一些新型填料实际上是根据气液传质过程而开发。然而，液液萃取与气液传质过程对填料的要求有所不同。气液过程的传质主要在填料表面完成，它要求能很好地浸湿填料表面，并要求填料提供尽可能大的有效传质表面积；液液萃取过程的传质是在分散相液滴群与连续相之间进行的，它要求填料能很好地分散液滴群，且其表面不被分散相所湿润，以防止液滴群的凝聚。否则，传质效率会显著下降。

③ 在萃取过程中，特别是在微分逆流萃取过程中，轴向混合的影响是相当严重的。通常把导致两相流动的非理想性并使两相在萃取设备中的停留时间分布偏离活塞流的现象，统称为轴向返混。一般认为，它包含了返混和前混等各因素。例如，当下降的连续相局部速度过大时会夹带分散相液滴，引起分散相的返混。当分散相液滴群向上速度过大时，会引起其周围连续相的返混；当分散相液滴大小不均时，如在萃取塔中作为轻相上升时，液滴的上升速度不同，造成分散相的前混等。

对于具有外界输入能量的萃取塔，其流动状况更为复杂，轴相返混也往往进一步加剧。

由于液液萃取过程通常有两相密度差较小，黏度和界面张力大等特点，因此轴相返混对过程的不利影响比在精馏和吸附中更为严重。据报道，对于大型的工业化萃取塔，有时多达 $60\% \sim 80\%$ 的塔高是用来弥补轴向返混的不利影响。

9.1.2 萃取剂的选择和常用萃取剂

萃取剂必须具备以下条件。

① 萃取剂分子中至少有一个功能基团。通过萃取剂可以与被萃取物结合成萃合物。常见的基团有 O、P、S、N 等原子。有的萃取剂还含有两个或两个以上的基团。

② 作为萃取剂的有机溶剂的分子中必须有相当长的烃链或芳香环。这样可使萃取剂及萃取物容易地溶解于有机溶剂相。一般认为萃取剂的分子量在 $350 \sim 500$ 之间较为适宜。

工业上选用萃取剂时，常应综合考虑以下几点。

① 选择性好。要对分离组分或几个组分具有较好的选择性。

② 萃取容量大。单位体积或单位重量的萃取剂对所萃取溶质的饱和容量大，这就要求萃取剂具有较多的功能性基团和适宜的分子量，否则萃取容量就会降低，试剂单耗和成本会增加。

③ 化学稳定性好。要求萃取剂不易水解，加热时不易分解，能耐酸、碱、盐、氧化剂或还原剂，对设备的腐蚀性小。

④ 易于分层，不产生第三相或产生乳化现象。要求萃取剂在原料液相的溶解度小，与原料相的比重差要大，黏度小但表面张力要大，以便于分相和保证萃取过程能正常进行。

⑤ 易于反萃取。要求萃取时对被萃取物的结合能力适当，当改变萃取条件时能比较容易地将被萃取物从萃取剂中反萃取出或易于蒸馏或蒸发分离。

⑥ 操作安全。要求萃取剂无毒或毒性小，无刺激性，不易燃或闪点高，挥发度小等。

⑦ 经济性好。要求萃取剂的原料来源广，合成制备方法简单，价格便宜，在循环使用中损耗小。

⑧ 对环境友好。选择萃取剂时常要考虑萃取剂对环境的影响，尽量使用对环境污染小或无污染的萃取剂。

9.2　萃取设备的分类、特点和选择

9.2.1　萃取设备的分类

工业上采用的液液萃取设备形式繁多，按溶质在萃取设备中的变化，可分为分级接触式萃取设备和连续接触式萃取设备。前者各相组成是逐级阶跃式变化，而后者则两相组分沿流动方向连续变化。

性能良好的萃取设备，均能为两相充分混合和充分分离提供条件。为了混合充分，有的设备采用了不同形式混合装置。为了迅速分离，有的设备还能提供离心力场。萃取设备的分类情况如表 9-1 所列。

表 9-1　萃取设备的分类

混　合　情　况	分级接触萃取设备	连续接触萃取设备
无搅拌装置，靠两相密度差逆流流动		喷洒塔、填料塔、筛板塔
有旋转搅拌装置	单级混合澄清槽、多级混合澄清槽、圆筒形立式萃取器	转盘塔、偏心转盘塔、搅拌筛板塔、搅拌填料塔
有往复式搅拌装置		振动筛板塔
有产生脉冲的装置	脉冲混合澄清槽	脉冲填料塔、脉冲筛板塔
靠离心力作用		离心萃取器

萃取设备的一个重要标志是生产能力，通常通过比负荷或比流速来表达。比负荷是指单位时间内通过单位设备截面的两相总流量，其单位可用 $m^3/(m^2 \cdot h)$。比流速即空塔流速，常用 m/s 表示。

萃取设备的另一个重要标志是传质效率。对萃取塔而言，一般用传质单元高度或理论级当量高度表示。对于混合澄清槽，则用级效率表示。

为了综合考虑设备处理能力和传质效率两方面的因素，可用操作强度 J 作为综合评价

的指标。操作强度 J 表示萃取设备单位容积在萃取效率达到一个理论级时所能处理的物理量，因而它同时反映了设备的生产能力与萃取效率。

9.2.2 萃取设备的特点

除了处理能力和传质效率外，还有结构、操作等方面的特点。表 9-2 列出了几种萃取设备的优缺点。

表 9-2 几种萃取设备的优缺点及应用范围

设 备 类 型		优 点	缺 点	应 用 范 围
混合澄清槽		两相接触好，级效率高；处理能力大，操作弹性好；在很宽的流比范围内均可稳定操作；扩大设计方法比较可靠，不需要高厂房	滞留量大，需要的厂房面积大；投资较大；密封防护较复杂	核化工，湿法冶金，化肥工业
无机械搅拌的萃取塔		结构最简单，设备费用低，操作和维修费用低；容易处理腐蚀物料	传质效率低；需要高的厂房；对密度差小的体系处理能力低；不能处理流比很高的情况	石油化工，化学工业，废水处理
机械搅拌萃取塔	脉冲筛板塔	处理能力大，塔内无运动部件，工作可靠	对密度差较小的体系处理能力较低；不能处理流比很高的体系；处理易乳化的体系有困难；扩大设计方法比较复杂；有的设备操作费用高	核化工，湿法冶金，石油化工
	转盘塔	处理量较大，效率较高，结构较简单，操作和维修费用较低		石油化工，湿法冶金，制药工业
	振动筛板塔	处理能力大，结构简单，操作弹性好		制药工业，石油化工，湿法冶金，化学工业
离心萃取		处理两相密度差较小的体系，设备体积小，接触时间短，传质效率高；滞留量小，溶剂积压量小	设备费用大，操作费用高，维修费用大，设备制造技术要求高	制药工业，核工业，石油化工，食品化工

9.2.3 萃取设备的选择

萃取设备的选择，常常考虑以下几点：

① 萃取体系的特点，如稳定性，流体特性和澄清的难易程度等；

② 完成给定分离任务所需的理论级数；

③ 处理量的大小；

④ 对厂房要求，如面积大小和厂房高度等；

⑤ 设备投资和维修的难易程度；

⑥ 设计和操作萃取设备的经验等。

9.3 混合澄清槽和转盘萃取塔及其设计

9.3.1 混合澄清槽

混合澄清槽是分级萃取设备，可单级或多级操作。每一个萃取级包含混合器和澄清器（室）两个部分。混合器用于萃取剂和料液的混合，澄清器用于两相混合液的澄清分层。

（1）单级混合澄清槽 典型的单级混合澄清槽如图 9-1 所示。混合槽中有机械搅拌，可改善传质条件，使一相（分散相）形成小液滴分散于另一相（连续相）中，以增大接触面积。除了机械搅拌混合之外，还有喷射混合器。

在澄清槽中，密度小的液相（轻相）浮于上层，密度大的液相（重相）沉于下层。

为了设备紧凑，常将混合室和澄清室紧紧连在一起。

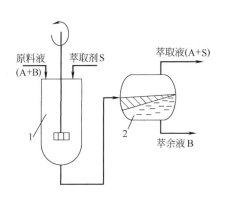

图 9-1　典型单级混合澄清槽萃取器示意

1—混合室；2—澄清室

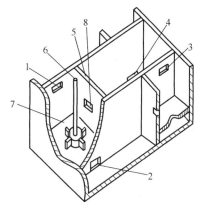

图 9-2　多级混合澄清槽结构

1—轻相入口；2—重相入口；3—轻相出口；
4—重相出口；5—垂直隔板；6—搅拌器；
7—水平隔板；8—混合相口

（2）多级混合澄清槽　多级混合澄清槽由多个单级萃取设备串联而成，典型的多级混合澄清槽如图 9-2 所示（图中画了 3 级，而较完整地绘出的只有 1 级）。

垂直隔板 5 将萃取器分为混合室和澄清室。混合室壁开有轻相入口 1 和重相入口 2，室内装有搅拌器。它在搅拌液体的同时，将重相不断吸入，并有调节液面高度的作用。在混合室内还安装了中间开有圆孔的水平隔板 7，水平隔板不但可以控制混合室的尺寸，提高搅拌效果，同时还大大减少搅拌液体对重相进口处的干扰。由轻相和重相入口进入的液体，在混合室混合后，经过隔板 5 上的混合相口 8 进入澄清室。为了防止和减少混合室的搅拌对澄清室分层的影响，在孔道处装了挡板，为调节混合相口 8 的位置，有时制成可以上下移动的结构。在澄清室内分层后，轻相和重相分别由出口 3、4 排出。

图 9-3 所示为混合澄清槽三级逆流萃取示意图。原料液进入第 1 级混合室与溶剂接触后，失去了一部分被萃取组分，到这一级澄清室中分层，尚残留部分被萃取质的萃余液依次进入第 2 级、第 3 级的混合室和澄清室，成为最终萃余相流出。新鲜溶剂则从第 3 级混合室加入，前后经过第 3 级、第 2 级、第 1 级与水相接触，获得了被萃取组分，成为最终萃取相由第一级的澄清室排出。由图可知，就整个萃取装置而言，是逆流操作，这种流程是分馏萃取的基础，广泛应用于有色冶金工业生产。

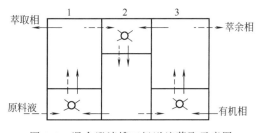

图 9-3　混合澄清槽三级逆流萃取示意图

这类混合澄清器萃取的优点为：结构简单、制造容易、维修方便、制造材料容易获得，常常可节省昂贵的耐腐蚀金属材料，不需要高厂房和复杂的辅助设备。同时可以改变生产能力和相比，操作弹性大，停车后再开车方便。其缺点是占地面积大，密封麻烦。混合澄清槽的级效率一般为 $80\%\sim85\%$。

9.3.2　转盘萃取塔

转盘萃取塔的结构如图 9-4 所示。在柱体内沿垂直方向等距离地安装了若干个固定环，在柱体中央的转轴上安装着转盘，其位置介于相邻的两个固定环之间。两相借快速旋转的圆盘的剪切力作用而获得良好的分散。固定环的作用在于减少液体的纵向混合，并使从转盘上抛向柱壁的液体返回，在每个萃取段内形成循环。两相充分混合和进行传质后，由密度差而实现逆流流动。重相由塔的上部进入而从塔底流出，轻相则从塔的底部进入而从塔的顶端排出。

转盘塔的转速愈高，液滴被粉碎得愈小，传质效果愈好。转盘塔的结构对塔的性能也有很大的影响。通常，转盘直径与塔径之比为 1∶(1.5～3)，固定环内径要大于转盘直径，以便于安装和检修，而塔径与转盘间距离之比为 1.2～8。

9.3.2.1　基本单元和尺寸

转盘塔基本单元如图 9-5 所示。塔径以 D 表示，环径以 D_S 表示，盘间距和环间距都以 H_T 表示，盘径以 D_R 表示。

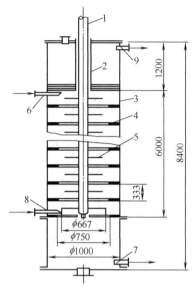

图 9-4　转盘萃取塔示意图（单位：mm）

1—轴；2—稳定套筒；3—筒体；4—固定环；5—转盘；
6,7—重相的进出口；8,9—轻相的进出口

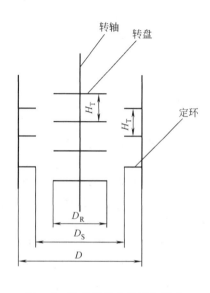

图 9-5　转盘塔基本单元和尺寸

在设计中，上述单元之间有如下选择范围

$$1.5 \leqslant \frac{D}{D_R} \leqslant 3 \tag{9-1}$$

$$2 \leqslant \frac{D}{H_T} \leqslant 8 \tag{9-2}$$

$$D_R < D_S \tag{9-3}$$

$$\frac{2}{3} \leqslant \frac{D_S}{D} \leqslant \frac{3}{4} \tag{9-4}$$

在具体选用时，显然应综合考虑到体系物性、转盘塔转速、操作条件、材料和机械强度等因素。有学者建议转盘塔尺寸为

$$\frac{D_R}{D} = 0.9, \quad \frac{D_S}{D} = 0.7 \tag{9-5}$$

而 H_T/D 的值可从表 9-3 中选择。

表 9-3　转盘塔 H_T/D 值与塔径的关系

D/m	0.5～1.0	1.0～1.5	1.5～2.5	＞2.5
H_T/D	0.15	0.12	0.1	0.08～0.1

为了解决塔的通量和效率之间的矛盾，在工业设计中，转盘塔的尺寸应该有最佳值。表 9-4 列出了一些参数增加时通量、效率的变化。

表 9-4　参数变化时通量和效率的变化关系

指　标	N_r	D_R	D_S	H_T	D	V_d/V_c
通　量	−	−	+	+	不变	+
效　率	+	+	−	−	不变	+

注：表中"+"表示增大，"−"表示减少，N_r 为转速。

9.3.2.2　转速与功率

转盘塔是依靠转盘来输入外界能量，转盘在塔内造成了一个高度湍动下的两相逆流流动，在转盘引起的剪切力作用下，分散相被分成液滴。当转速较慢时，对液滴没有产生明显的分散作用，即分散相的滞留率没有明显变化，只有当转速增大到一定程度，当产生的湍流的压头克服界面张力的临界值时，液滴才会进一步分散，因此，转盘塔的转速有一个临界值。

设计中，转盘塔的最佳操作转速最好由中间试验确定，当缺乏相应数据时，也可按特里巴尔（Treybal）和拉德哈（Laddha）提出的关联式估算临界转速。一般认为，转盘塔的周边速度不应小于 90m/min。

转盘塔的功率消耗主要在于向液体施加能量，而输入能量的多少又与液滴的大小有直接的关系。因此，转盘塔的功率研究在放大设计中非常重要。放大时可以以功率因子（$N_r^3 D_R^5 / H_T D^2$）相等原则作为依据，一般认为功率因子为 $0.045 m^2/s^3$ 时，萃取效率最高。但实际过程中，功率因子最好由中间试验数据确定。通量最好也由试验测定。

9.3.2.3　转盘塔的放大和设计

工业上转盘塔的设计主要以中间试验（中试）的方法，得到通量和效率后，应用放大原理进行设计，特别是对于大直径的转盘塔更是如此。已有 64mm 直径的中试设备放大到 4～4.5m 工业装置的报道。

（1）塔径　塔径的计算关键在于先得到液泛速度值。图 9-6 所示为转盘塔操作区域的示意图。由此可见，随着转速的增加，液滴直径变小，同时，分散相滞留率按区域 1→2→3 变化，一般区域 3 为转盘塔的操作区，若转速继续增大，则发生液泛。液泛速度可以由试验测定，也可用相关的关联式求取。

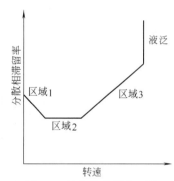

图 9-6　转盘塔的操作区域

塔径的计算式如下

$$D = \sqrt{\dfrac{Q_c}{\dfrac{\pi}{4} v_c}} \tag{9-6}$$

式中　Q_c——物料处理量，kg/h；
连续相流速 $v_c = (0.5 \sim 0.7) v_{cF}$；
连续相液泛速度 $v_{cF} = v_k (1 - \phi_F)^2 (1 - 2\phi_F)$；
分散相液泛速度 $v_{dF} = 2 v_k \phi_F^2 (1 - \phi_F)$

$$\phi_F = \frac{(L_R^2 + 8L_R)^{\frac{1}{2}} - 3L_R}{4(1 - L_R)} \tag{9-7}$$

$$L_R = v_{dF}/v_c$$

特征速度 v_k 的计算如下

$$\frac{v_k \mu_c}{\sigma} = \beta \left(\frac{\Delta\rho}{\rho_c}\right)^{0.9} \left(\frac{g}{D_R N_r^2}\right)^{1.0} \left(\frac{D_S}{D_R}\right)^{2.3} \left(\frac{H_T}{D_R}\right)^{0.9} \left(\frac{D_R}{D}\right)^{2.6} \tag{9-8}$$

式中　μ_c——连续相黏度，g/cm·s；

$\qquad\sigma$——界面张力，mN/m；

$\quad\ N_r$——转速，r/min；

其他符号同前。β 值为：

当 $(D_S - D_R)/D > 1/24$ 时，$\beta = 0.012$；

当 $(D_S - D_R)/D \leqslant 1/24$ 时，$\beta = 0.0225$。

（2）塔高　塔高可按总传质单元数和总传质高度的乘积计算。而总传质单元高度又可按扩散模型的 M-V 方法计算，即表观传质单元高度为

$$(HTU)_{axp} = (HTU)_{ax} + (HTU)_{axd} \tag{9-9}$$

式中　$(HTU)_{axp}$——总传质单元高度；

$\qquad(HTU)_{ax}$——"真实"传质单元高度，一般在中试规模设备中测得的总传质单元高度可视作 $(HTU)_{ax}$；

$\qquad(HTU)_{axd}$——分散传质单元高度，即补偿轴向混合影响的传质单元高度。

9.3.3　库尼塔（Kuni）

库尼萃取塔如图 9-7 所示。库尼塔与转盘塔的主要区别为：定盘是一块多孔板；搅拌器采用离心透平式浆。多孔板的开孔直径和开孔率根据工艺条件而定，可调节流体的停留时间，因此特别适用于有反应的萃取或两相流比较大的工艺过程。通量和效率主要取决于透平浆的转速和多孔板的开孔率，最佳时每米塔高可达 10 个理论级。

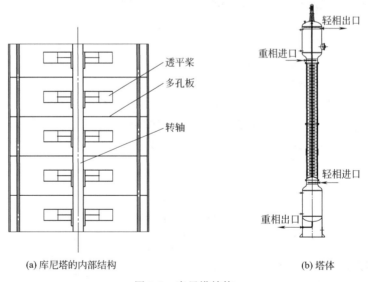

透平浆

多孔板

转轴

轻相出口

重相进口

轻相进口

重相出口

(a) 库尼塔的内部结构　　　　　(b) 塔体

图 9-7　库尼塔结构

9.3.4　夏贝尔塔（Scheibel）

夏贝尔萃取塔如图 9-8 所示。夏贝尔塔内交替安装了有搅拌器的混合段和空隙率为 97% 的金属丝网填料段，搅拌器由中心轴驱动，混合段和填料段的相对高度可以变化，以适应不同的分离需求。填料段虽然起一定的相分离作用，但主要用来隔断混合，以减小轴向混合的

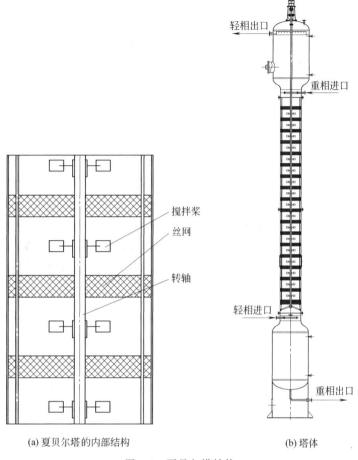

(a) 夏贝尔塔的内部结构　　　　　　(b) 塔体

图 9-8　夏贝尔塔结构

不利影响。

　　夏贝尔塔的操作原理类似于一串垂直摆放的混合澄清槽，在最佳的操作条件下，每米塔高相当于 3～5 个理论级。

9.3.5　离心萃取器

　　离心萃取器是利用离心力代替重力进行两相混合和分离的一种萃取设备，与通常的萃取塔和混合澄清槽相比，由于离心力比重力大得多。因此，离心萃取器特别适用于处理两相密度差小、黏度大和易乳化的体系。转筒式离心萃取器如图 9-9 所示。

　　在离心萃取器中，两相流体的停留时间很短，通常以秒来计，这一特点对某些稳定性差的体系得以应用。由于两相停留时间短，利用待分离物质在化学动力学行为方面的差异，在离心萃取器中进行分离。

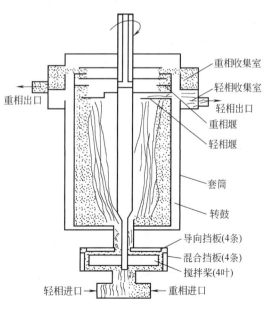

图 9-9　转筒式离心萃取器

通常称之为"非平衡操作"。

离心萃取器设备紧凑、单位容积生产能力高、溶剂滞留量较小，也易于密封，因而离心萃取器非常适用于卫生要求高的制药工业。

离心萃取器的开停车方便，易于达到稳定。但结构复杂，制造加工要求高，制造费用高，维修麻烦。离心萃取器不适宜处理含固体的物料。

9.4 萃取流程及其理论级数

液液萃取的操作流程由下列三部分组成。

① 被萃取的液体混合物与溶剂充分混合，在两液相密切接触情况下，使溶质从被处理的液体混合物中溶入溶剂中。

② 萃取结束后，将过程中形成的萃取相和萃余相借助分离器将其分开。

③ 萃取相经溶剂回收器回收溶剂，循环使用。必要时，也可将萃余相进行溶剂回收。

其中，液液两相接触传质过程的方式可分为分级式接触和连续式接触两类。现主要讨论分级式接触萃取过程的计算（连续式接触的计算与吸收塔填料层高度计算相类似）。

在分级式接触萃取过程计算中，无论是单级萃取操作还是多级萃取操作，均假设各级为理论级（又称理想级），即每级的 E 相和 R 相互为平衡。萃取操作中的理论级概念和蒸馏中的理论级相当。一个实际级的分离能力达不到一个理论级，两者的差异用级效率校正。

9.4.1 单级萃取

单级萃取的过程比较简单。将一定量的溶剂加入到料液中，充分混合，经一定时间后，体系分成两相，然后将它们分离，分别得到萃取相和萃余相。

操作可以连续进行，也可以间歇进行。间歇操作时，各股物料的量以 kg 表示；连续操作时，以质量流量 kg/s 表示。为简便起见，以 y 表示萃取相中溶质 A 的浓度，以 x 表示萃余相中溶质 A 的浓度。

进行萃取操作时，原料液 F 为被萃取的混合液，组成点为图 9-10 中 F 点。萃取时加溶剂 S 于原料液中，表示总组成的 M 点可根据原料液和溶剂的量按杠杆规则确定。

由于 M 点位于两相区内，故当原料液和溶剂充分混合并静置后，可使之分为两液相 E 和 R，两相互成平衡，E 和 R 两点可根据通过 M 点及辅助曲线、溶解度曲线来确定。

若将萃取相和萃余相中的溶剂分别加以回收，则当完全脱除溶剂 S 后，可在 AB 边上分别得到含两组分的萃取液 E′ 和萃余液 R′。由图可见，组分 A 和组分 B 得到了一定的分离。

一般地，料液量 F 及其组成 x_F 和物系的相平衡数据为已知，且规定了萃余相的浓度 x，要求的是溶剂用量、萃取相的量和组成及萃余相的量。这些可通过物料衡算进行计算，萃取计算中常用的方法是图解法。

如图 9-10 所示，先根据料液组成和所要达到的萃余相组成确定 F 和 R 点，过 R 点作联结线，得与之平衡的萃取相组成点 E。联结 F 和 S，与联结线交于点 M。最后连线 SR、SE，并分别延长交 AB 边于 R′ 和 E′。从 R′、E′ 点可读出萃余相，从 E 点可读出萃取相的组成，从 M 点可得到合点的组成。

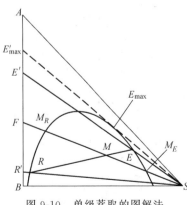

图 9-10 单级萃取的图解法

做总物料衡算，得

$$F + S = E + R = M \tag{9-10}$$

由杠杆规则可求得

$$S = F\frac{MF}{MS} \tag{9-11}$$

$$E = M\frac{MR}{ER} \tag{9-12}$$

$$E' = F\frac{R'F}{R'E'} \tag{9-13}$$

也可以用溶质物料衡算进行计算

$$Fx_F = Ex_E + Rx_R = E'y_{E'} + R'x_{R'} = Mx_M \tag{9-14}$$

因此有

$$E = \frac{M(x_M - x_R)}{y_E - x_R} \tag{9-15}$$

$$E' = \frac{F(x_F - x_{R'})}{y_{E'} - x_{R'}} \tag{9-16}$$

若从 S 点作溶解度曲线的切线，此切线与 AB 边相交于 E'_{max} 点。此 E'_{max} 点即为在一定操作条件下所获得的含组分 A 最高的萃取液的组成点。

在实际生产中，由于溶剂循环使用，其中会含有少量的 A 和 B。此时计算的原则和方法仍然适用，仅在相图中表示溶剂组成的 S' 点位置略向三角形内移动一点而已。

9.4.2 多级错流萃取

单级萃取能达到的分离程度是有限的。若要求的分离程度较高，可以采用多级错流萃取。

9.4.2.1 错流萃取过程特点

图 9-11 所示为多级错流萃取过程示意，每级加入新鲜溶剂 S。因料液 F 由第 1 级加入被 S_1 萃取后，其萃余相 R_1 引入第二个萃取器，又与新鲜溶剂 S_2 接触而再次进行萃取。依次进行，经过第 n 级萃取后，直到最后一级。从这一级引出的萃余相中溶质已降低到预定的生产要求。

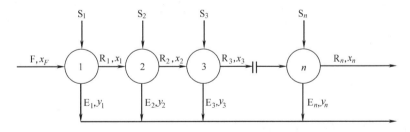

图 9-11 多级错流萃取过程示意图

错流萃取过程中，由于各级均加入了新鲜的溶剂，萃取的传质推动力大，能用较少的级数获得较好的结果，但溶剂消耗量比多级逆流萃取用量多。

9.4.2.2 错流萃取过程物料衡算

若溶剂 S 与水相的 B 不互溶或互溶度很小，则可认为萃余相中只有组分 A 与 B，而萃取相中只有组分 A 与 S。萃取相中溶质的含量可用质量比 $y[kg(A)/kg(S)]$ 表示，萃余相中溶质的含量可用质量比 $x[kg(A)/kg(B)]$ 表示。

假设进入各级的溶剂中含有少量的溶质 A，则第 1 级溶质 A 的物料衡算为

$$Bx_F + S_1 y_S = Bx_1 + S_1 y_1 \tag{9-17}$$

即

$$y_1 - y_S = -\frac{B}{S_1}(x_1 - x_F) \tag{9-18}$$

式中　B——原料液中稀释剂的量，kg 或 kg/h；

　　　S_1——加入第 1 级的溶剂量，kg 或 kg/h；

　　　y_S——溶剂中溶质 A 的浓度，kg(A)/kg(S)；

　　　x_F——原料液中溶质 A 的浓度，kg(A)/kg(B)；

　　　y_1——第 1 级萃取相中溶质 A 的浓度，kg(A)/kg(S)；

　　　x_1——第 1 级萃余相中溶质 A 的浓度，kg(A)/kg(B)。

同理，对任意一个萃取级 n 作溶质 A 的物料衡算有

$$y_n - y_S = -\frac{B}{S_n}(x_n - x_{n-1}) \tag{9-19}$$

上述为错流萃取操作线方程，它表示离开任意一级的萃取相 E_n 中组分 y_n 与萃余相 R_n 中组分 x_n 之间的关系。在直角坐标上描绘为一直线。此线成为错流萃取操作线，它通过点 $(x_{n-1},\ y_S)$，其斜率为 $-B/S_n$。设萃取为理论级，则其萃取相和萃余相处于平衡状态，故坐标点 $(x_n,\ y_n)$ 必位于平衡线上，即该点为操作线与平衡线的交点。

9.4.2.3　错流萃取过程的理论级数

理论级为两组分达到平衡的级数。在设计计算中通常已知 F、x_F 以及各级萃取剂的用量 S，规定最终萃余相的组成 x_n，要求计算理论级数。常用的计算方法是图解法。

（1）直角坐标图解法　如果萃取剂 S 与稀释剂 B 互不相溶或极小互溶，则用直角坐标图进行计算比较方便。在直角坐标上，依照系统的液液平衡数据绘制出平衡线，如图 9-12 所示。依原料液组分 x_F 及溶剂的组分 y_S 确定 V 点，以 $-B/S_1$ 为斜率，自点 V 作直线与平衡线相交于点 T，T 点的坐标 $(x_1,\ y_1)$ 即为第一个理论级的萃余相与萃取相组成。再从 T 点作垂直线 $y = y_S$ 线交于 U，在 U 点以 $-B/S_2$ 为斜率作直线与平衡线相交于点 Z，Z 点的坐标 $(x_2,\ y_2)$ 为第二个理论级的两相组成。依次继续作图，直到某直线与平衡线的交点 W 的横坐标 x_n 等于或小于生产要求为止。重复作图的次数即为所需的理论级数，图中的理论级数 n 为 6。

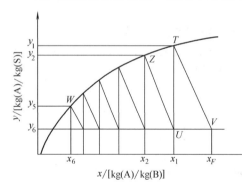

图 9-12　多级错流萃取直角坐标图解法

当过程中两相体积不变，其分配比 D 为一定值，各级加入的溶剂为等量的不含溶质 A 的溶剂时，多级错流萃取所需理论级数 n 可用下式求得

$$n = \frac{\lg(C_F/C_{w,n})}{\lg(1+e)} = \frac{\lg(1/\phi)}{\lg(1+e)} \tag{9-20}$$

式中　e——萃取因子，$e = (V_0/V_w)D$；

　　　V_0——有机相的体积，m^3；

　　　V_w——水相的体积，m^3；

　　　C_F——料液水相溶质浓度，kg/m^3；

　　　$C_{w,n}$——第 n 级萃余液，即残留相中溶质的浓度，kg/m^3；

　　　ϕ——溶质未被萃取的分数，称为萃余分率，$\phi = C_{w,n}/C_F$。

（2）三角形相图图解法 多级错流萃取过程三角形相图图解法如图 9-13 所示，实际上是单级萃取图解的多次重复，联结线数即为所需的理论级数。

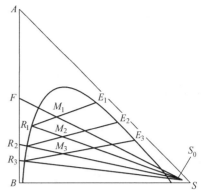

图 9-13 多级错流萃取的三角形相图图解法

总溶剂用量为各级溶剂用量之和，各级溶剂用量可以相等也可以不等，但对完成一定分离任务而言，只有各级溶剂用量相等时所需的溶剂用量才为最少。

【例 9-1】 25℃时丙酮-水-三氯乙烷系统的溶解度和联结线数据见本题附表。现以三氯乙烷为萃取剂，在三级错流萃取装置中萃取丙酮，料液量为 500kg/h，其中含丙酮 40%（质量分数，下同），各级溶剂用量相等，均为料液量的 50%。试求丙酮的回收率。

[例 9-1] 附表 1 溶解度数据 单位：%

三氯乙烷	水	丙 酮	三氯乙烷	水	丙 酮
99.89	0.11	0	38.31	6.84	54.85
94.73	0.26	5.01	31.67	9.78	58.55
90.11	0.36	9.53	24.04	15.37	60.59
79.85	0.76	19.66	15.39	26.28	58.33
70.36	1.43	28.21	9.63	35.38	54.99
64.17	1.97	33.96	4.35	48.47	47.18
60.06	2.11	37.83	2.18	55.97	41.85
54.88	2.98	42.14	1.02	71.80	27.18
48.78	4.01	47.21	0.44	99.56	0

[例 9-1] 附表 2 联结线数据 单位：%

水相中丙酮	5.96	10.0	14.0	19.1	21.0	27.0	35.0
三氯乙烷相中丙酮	8.75	15.0	21.0	27.7	32.0	40.5	48.0

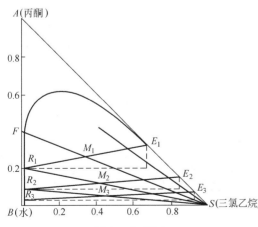

[例 9-1] 附图

解 由题中给的数据在等腰直角三角形相图上作溶解度曲线和辅助线（见本题附图）

各级加入的溶剂量为

$$S = 0.5F = 0.5 \times 500 = 250 \ (\text{kg/h})$$

由 F 和 S 的量用杠杆规则定出混合点 M_1 的组成。用试差法作过 M_1 的联结线，从而求出 R_1、E_1 的量。由杠杆规则得

$$M_1 = F + S = 500 + 250 = 750 \ (\text{kg/h})$$

$$R_1 = M_1 \frac{E_1 M_1}{E_1 R_1} = 750 \times \frac{33}{67} = 369.4 \ (\text{kg/h})$$

重复以上计算步骤，得

$$M_2 = R_1 + S = 369.4 + 250 = 619.4 \ (\text{kg/h})$$

$$R_2 = M_2 \frac{E_2 M_2}{E_2 R_2} = 619.4 \times \frac{43}{83} = 321 \ (\text{kg/h})$$

同理

$$M_3 = 321 + 250 = 571 \ (\text{kg/h})$$

$$R_3 = 571 \times \frac{48}{92} = 298 \ (\text{kg/h})$$

由图中读得

$$x_3 = 3.5\%$$

故丙酮的回收率

$$\eta_A = \frac{Fx_F - R_3 x_3}{Fx_F} = \frac{500 \times 0.4 - 298 \times 0.035}{500 \times 0.4} = 0.948$$

9.4.3　多级逆流萃取

9.4.3.1　多级逆流萃取的特点

多级逆流萃取体系指水相和有机相以相反方向流过各级，如图 9-14 所示。原料液 F 由第 1 级加入，逐次通过第 2、第 3 等各级，最终萃余相 R_n 由末级 n 排出。新鲜的溶剂 S 送入第 n 级，由该级产生的萃取相 E_n 与原料液流向相反，按顺序流经第 $n-1$、第 $n-2$，直到第 1 级，最终萃取相 E_1 由第 1 级排出。

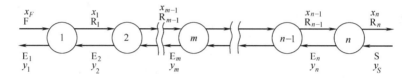

图 9-14　多级逆流萃取示意图

多级逆流萃取在工业中应用最广泛。进入第 n 级的萃余相 R_{n-1} 中溶质浓度已很低，但由于与新鲜溶剂相接触，仍有一定的传质推动力，可以继续进行萃取，从而使 R_n 中溶质含量进一步降低。同时，进入第 1 级的萃取相 E_2，虽然其中所含溶质浓度已高，但在第 1 级中与含溶质量最高的原料液 F 相接触，所以萃取相中溶质浓度在第 1 级中还可以进一步提高而获得最终萃取相 E_1。

9.4.3.2　多级逆流萃取的物料衡算和理论板计算

（1）直角坐标图解法

① 物料衡算　多级逆流萃取若是连续操作，则 F、S、E、R 等的量均以单位时间的质量（质量流量）计算。当两组分 B 与 S 完全不互溶时，萃取相中所含溶质的浓度可用质量比表示，即 $Y = A/S$，萃余相中所含溶质的浓度也可用质量比表示，即 $X = A/B$。

从第 1 级到第 n 级对溶质 A 作物料衡算得

$$BX_F + SY_S = BX_n + SY_1 \tag{9-21}$$

即

$$Y_S = \frac{B}{S} X_n + \left(Y_1 - \frac{B}{S} X_F \right) \tag{9-22}$$

式中　X_n——第 n 级水相出口的浓度，kg(A)/kg(B)；

$\quad\quad Y_1$——第 1 级有机相出口的浓度，kg(A)/kg(S)。

式（9-22）常常用来计算溶剂的用量。

若从第 1 级到第 m 级对溶质 A 作物料衡算可得

$$Y_m = \frac{B}{S} X_{m-1} + \left(Y_1 - \frac{B}{S} X_F \right) \tag{9-23}$$

式中　Y_m——第 m 级有机相出口的浓度，kg(A)/kg(S)；

　　　X_{m-1}——第 $m-1$ 级水相出口的浓度，kg(A)/kg(B)。

式（9-23）称为逆流萃取操作线方程式。对于一定萃取操作而言，B/S、Y_1、X_F 均为常数，上式表明某一级（$m-1$）水相的出口浓度与相邻的后一级（m）有机相的出口浓度的关系。按此式在 X-Y 直角坐标中作图，将得一条直线，叫操作线，如图 9-15 中的 NW 线所示。

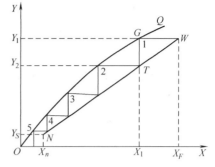

图 9-15　多级逆流萃取直角坐标图解法

② 萃取的理论级数　在 X-Y 直角坐标系中，根据平衡数据绘制出以质量比表示的平衡线 OQ，再绘制出操作线（参见图 9-15），从点 $W(X_F，Y_1)$ 开始在平衡线与操作线之间作阶梯级。其原理和方法与精馏的图解理论级数相似。从点 W 作平行于 X 轴的直线（$Y=Y_1$）与平行线相交于 G 点，由点 G 作 X 轴的垂直线与操作线交于点 $T(Y_2，X_1)$。再过点 T 作 X 轴的平行线，如此直到某一级阶梯所绘制的萃余相组成 X 等于或小于 X_n 为止。所绘制的阶梯数即为所需要的理论级数。图 9-15 所示的理论级数为 4.2。

若分配比为常数，且萃取过程中两相体积不变，萃余分率 ϕ 与理论级数有如下的关系：

当萃取因子 $e \neq 1$ 时，$\phi = \dfrac{e-1}{e^{n+1}-1}$；

当萃取因子 $e = 1$ 时，$\phi = \dfrac{1}{n+1}$。

如果已知 ϕ 和 e，便可按上式方便地求出理论级数 n，其中

$$\phi = \frac{水相出口中某溶质的质量流量}{料液中该溶质的质量流量} = \frac{C_{w,n}Q_w}{C_F Q_w} = \frac{C_{w,n}}{C_F}$$

③ 最少萃取剂用量　在萃取过程中，萃取剂用量愈少，则操作线的斜率愈大，完成同样分离任务所需的理论级数就愈多。图 9-16 中 NM_1 的斜率比 NM_2 的大，按 NM_1 操作，所需的溶剂量少，但所需的理论级数多。所谓最小萃取剂用量 $S_{\min}$，是指一种极限情况。此时，所需的萃取理论级数已达到无穷多，操作线的斜率最大，即图 9-16 中 NM 的斜率为

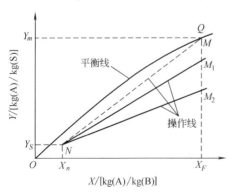

图 9-16　溶剂用量和操作线的位置

$$\frac{B}{S_{\min}} = \frac{Y_m - Y_S}{X_F - X_n} \tag{9-24}$$

实际的萃取剂用量必须大于此极限 $S_{\min}$。但是，萃取剂用量不能太大，不然回收溶剂所需的能量消耗增大，处理费用增加。适宜的萃取剂用量应依据经济合理性来确定。

（2）三角形图解法

① 物料衡算　在多级逆流萃取操作中，原料液的流量 F 和组成 x_F、最终萃余相中溶质组成 x_n 均由工艺条件规定，萃取剂的用量 S 和组成 y_S 由经济权衡而选定，要求计算萃取所需的理论级数和离开任一级各股物料流的量和组成。

在第 1 级与第 n 级之间作总物料衡算得

$$F+S=R_n+E_1 \tag{9-25}$$

对第 1 级作总物料衡算得

$$F+E_2=R_1+E_1 \quad 或 \quad F-E_1=R_1-E_2 \tag{9-26}$$

对第 2 级作总物料衡算得

$$R_1+E_3=R_2+E_2 \quad 或 \quad R_1-E_2=R_2-E_3 \tag{9-27}$$

以此类推，对第 n 级作总物料衡算

$$R_{n-1}+S=R_n+E_n \quad 或 \quad R_{n-1}-E_n=R_n-S \tag{9-28}$$

由上面各式可得出

$$F-E_1=R_1-E_2=\cdots=R_i-E_{i+1}=\cdots=R_{n-1}-E_n=\Delta \tag{9-29}$$

式（9-29）表明离开任意级的萃余相 R_i 与进入该级的萃取相 E_{i+1} 流量之差 Δ 为常数。Δ 可视为通过每一级的"净流量"。Δ 是虚拟量，其组成也可在三角形相图上用点 Δ 表示。Δ 点为各操作线的共有点，称为操作点。显然，Δ 点分别为 F 与 E_1、R_1 与 E_2、R_2 与 E_3、$\cdots$、R_{n-1} 与 E_n、R_n 与 S 诸流股的差点，故可任意延长两操作线，其交点即为 Δ 点。通常由 FE_1 与 SR_n 的延长线交点来确定 Δ 点的位置。

② 三角形相图图解法理论级计算 根据上述的物料衡算，三角形图解法如 9-17 所示，过程如下。

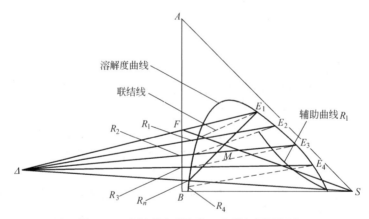

图 9-17 多级逆流萃取的三角形相图图解法

a. 根据工艺要求选择合适的萃取剂，确定适宜的操作条件。根据操作条件下的平衡数据在三角形坐标图上绘出溶解度曲线和辅助曲线。

b. 根据原料和萃取剂的组成在图上定出 F 和 S 两点位置（图 9-17 中是采用纯溶剂），再由溶剂比 S/F 在 FS 连线上定出合点 M 的位置。

c. 由规定的最终萃余相组成 x_n 在相图上确定 R_n 点，联结点 R_n、M 并延长 R_nM 线与溶解度曲线交于 E_1 点，此点即为离开第 1 级的萃取相组成点。

d. 连线 FE_1、R_nS，分别延长交于一点，即 Δ 点。

e. 作过 E_1 的平衡线，得与之平衡的 R_1 点。

f. 连线 ΔR_1，延长交溶解度曲线于 E_2。

g. 作过 E_2 的平衡线，得 R_2 点。

h. 重复 e、f 步骤，直至萃余相组成等于或低于 x_n 为止。由此得理论级数。

根据杠杆规则，可以计算最终萃取相及萃余相的流量。

Δ 点的位置与联结线斜率、料液流量 F 和组成 x_F、萃取剂用量 S 及组成 y_S、最终萃余相组成 x_n 等因素有关。

多级萃取操作与吸收操作有最小液气比一样，也有一个最小溶剂比和最小溶剂用量 S_{min}。S_{min} 是溶剂用量的最低极限值，操作时如果所用的萃取剂量小于 S_{min}，则无论用多少理论级也达不到规定的萃取要求。实际所用的萃取剂用量必须大于最小溶剂用量。溶剂用量少，所需理论级数多，设备费用大；反之溶剂用量大，所需理论级数少，萃取设备费用低，但溶剂回收设备大，回收溶剂所消耗的热量多，操作费用高。所以，需要根据萃取和溶剂回收两部分的设备费和操作费进行经济核算，以确定适宜的萃取剂用量。

由三角形相图看出，S/F 值愈小，操作线和联结线的斜率愈接近，所需的理论级数愈多，当萃取剂的用量减小至 S_{min} 时，将会出现某一操作线和联结线相重合的情况，此时所需的理论级数为无穷多，S_{min} 的值可由杠杆规则求得。

【例 9-2】　用纯溶剂 S 在多级逆流萃取装置中处理含溶质 A 30% 的料液，要求最终萃余相中溶质组成不超过 7%，溶剂比为 0.35，求所需的理论级数和最终萃取液的组成。操作条件下的溶解度曲线和辅助曲线如附图所示。

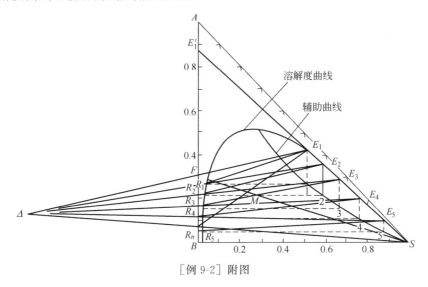

[例 9-2] 附图

解　① 由 x_F 在三角形相图上定出 F 点，连接 FS 点，由溶剂比在 FS 线上定出点 M。

② 由 $x_n = 0.07$ 在图上定出 R_n 点，连接 $R_n M$ 并延长交溶解度曲线于 E_1。

③ 连接 E_1、F 和 S、R_n，延长交于 Δ，为操作点。

④ 利用辅助线由 E_1 求得 R_1 点，连接 Δ 和 R_1 延长交溶解度曲线于 E_2。

⑤ 重复以上步骤直至 R_5 点处 $x_5 = 0.05 < 0.07$，即用 5 个理论级可满足分离要求。

⑥ 连接 E_1 和 S 并延长交 AB 边上 E_1'，读得最终萃取液组成为 $X_1' = 0.87$。

9.5　超临界流体萃取

超临界流体萃取是利用流体在临界点附近所具有的特殊溶解性能而进行萃取分离的一种技术。

所谓超临界流体，是指物质的温度和压力同时超过其临界温度（T_c）和临界压力（p_c）时的流体，见图 9-18。处于临界点的流体可实现液态到气态的连续过渡，两相界面消失，物质的汽化热为零。超过临界点的流体，不论压力有多大，都不会使其液化，压力的变化只

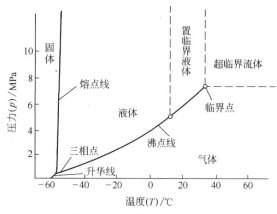

图 9-18 物质的 p-T 相图

引起流体密度的变化，从而引起流体溶解能力的变化。

超临界流体萃取作为一种化工分离手段，可应用于轻工、食品、医药、生物技术等领域。

9.5.1 超临界流体的特性

某些物质的临界参数如表 9-5 所示。

表 9-5 某些超临界流体萃取剂的临界特性

流 体 名 称	临界温度 T_c/℃	临界压力 p_c/bar	临界密度 ρ_c/(g·cm^{-3})	分子量
二氧化碳	31.1	73.7	0.468	44
笑气，N_2O	36.5	72.4	0.457	44
氟里昂-13，$CClF_3$	28.8	38.7	0.578	104
水	374.3	221.1	0.326	18
乙烯	9.9	50.3	0.227	28
乙烷	32.25	48.8	0.203	30
丁烷	152	38.0	0.228	58
戊烷	196	33.7	0.232	72
氨	132.4	113	0.236	17
二氧化硫	157.6	79.8	0.525	64
丙烷	96.6	42.4	0.217	44
甲醇	240	80	0.272	32
苯	288.9	48.9	0.302	78
甲苯	318.5	41.1	0.292	92
乙醇	240.4	61.4	0.276	46
乙醚	193.6	36.8	0.267	74

从上表中可以得出如下趋势。

① 大部分碳氢化合物其临界压力在 5MPa 左右。

② 对低碳烃化物，如乙烯、乙烷等，其临界温度接近常温，而环状的脂肪烃和芳香烃具有较高的临界温度。

③ 水和氨具有较高的临界温度和压力，这是因为极性大和氢键的缘故。

④ 二氧化碳具有温和的临界温度和相对较低的临界压力，为最常用的超临界流体。

⑤ 对于临界温度在 0～100℃ 范围的流体，适用于提取天然植物有效成分。

超临界流体除了上述特点外，还有以下特点。

① $\left(\dfrac{\partial p}{\partial V}\right)_{T_c}=0,\ \left(\dfrac{\partial p^2}{\partial^2 V}\right)_{T_c}=0$　故压力微小变化可引起流体密度的巨大变化。

② 扩散系数与气体相近，密度与液体相近。超临界流体与气体、液体物性参数比较如表 9-6 所示。

表 9-6　超临界流体与气体、液体物性参数的比较

物　　质	气体 常温、常压	超 临 界 流 体		液体 常温、常压
		$T_c \cdot p_c$	$T_c \cdot 4p_c$	
密度/(g/cm³)	$(0.6\sim2)\times10^{-3}$	$0.2\sim0.5$	$0.4\sim0.9$	$0.6\sim1.6$
黏度/(10^1g/cm·s)	$(1\sim3)\times10^{-5}$	$(1\sim3)\times10^{-5}$	$(3\sim9)\times10^{-5}$	$(0.2\sim3)\times10^{-3}$
自扩散系数/(cm²/s)	$0.1\sim0.4$	0.7×10^{-3}	0.2×10^{-3}	$(0.2\sim2)\times10^{-5}$

③ 密度随压力的变化而连续变化，压力升高，密度增加。

④ 介电常数随压力的增大而增加。

这些性质使得超临界流体比气体有更大的溶解能力，比液体有更快的传递速率。

9.5.2　超临界流体萃取原理

9.5.2.1　超临界流体萃取

以超临界 CO_2 萃取萘为例，如图 9-19 所示。从图 9-19 中可以看出，萘在超临界 CO_2 中的溶解度随着 CO_2 压力的增加而增加。如压力在 300atm（标准大气压）时，CO_2 中萘的含量达 8%左右（质量分数），而当压力降至 80atm 时，萘的含量降低至 0.5%左右。因此，通过改变过程的压力可实现物质的萃取和分离。温度对其溶解度的影响有两个趋势，从图 9-19 可以看出，在 120atm 以下，当压力不变时，CO_2 中萘的含量随着温度的增加而减少，而当压力大于 120atm 时，CO_2 中萘的含量随着温度的增加而增加。这主要是温度对 CO_2 流体密度和萘挥发度影响的最终结果。超临界流体萃取集液液萃取（物质在两相中溶解度的差异）和精馏（物质挥发度的差异）特点于一体，当温度增加时，流体的密度会下降，使流体的溶解能力下降，但温度增加时，物质的挥发度增加，蒸气压增加，故会使物质的溶解度增加。温度增

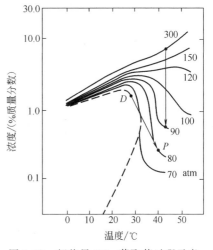

图 9-19　超临界 CO_2 萃取萘过程示意

加对超临界流体萃取溶解度的影响是两种作用最终的结果。在低压时，如图 9-19 所示萘体系压力小于 120atm 时，温度使流体密度下降是引起流体溶解能力下降的主要因素，故超临界流体的溶解能力随温度的增加而下降；但在高压段，当温度增加时，物质挥发度对溶解度的贡献大于因密度下降对溶解度的影响，两者作用的最终结果使物质的溶解度增加。图 9-19 中的 120atm 称为转变压力，不同的物质具有不同的转变压力，需通过实验测定。

9.5.2.2　超临界萃取过程影响因素

（1）压力　当温度恒定时，超临界流体的溶解能力随着压力的增加而增加；经过一段时间萃取后，原料中有效成分的残留随着压力的增加而减少。

（2）温度　当萃取压力较高时，较高的温度可获得较高的萃取速率。原因之一是由于在相对较高的压力下，温度增加，组分蒸气压增加；原因之二是传质速率随着温度的增加而增加，使得单位时间内的萃取量增加。

（3）流体密度　溶剂的溶解能力与其密度有关，密度增加，溶解能力增加，但密度增大时，传质系数变小。在恒温时，密度增加，萃取速率增加；恒压时，密度增加，萃取速率下降。

（4）溶剂比　当萃取温度和压力确定后，溶剂比是一个重要参数。在低溶剂比时，经过一定时间后固体中溶质残留量大；用非常高的溶剂比时，萃取后固体中的残留趋于低限。

溶剂比的大小必须考虑其经济性。有两个方面影响产品成本。一是高溶剂比时，萃取时间短。由于高溶剂比溶剂中溶质浓度低，引起操作成本增加。此外，溶剂比较高时，溶剂循环设备增大，投资增大。二是高溶剂比可增加生产能力，使产品成本下降。溶剂比增加时，萃取速率增加。但由于溶剂停留时间缩短，溶剂中溶质浓度下降。在某个溶剂比下，萃取速率将达到最大。

若投资成本突出时，溶剂比取达到最大萃取速率为目标。若产品成本中溶剂的循环费用突出时，应选用最小溶剂比。调节溶剂的流速，使溶剂流出萃取器时溶质达到平衡时的溶剂量为最小。实际过程最适溶剂比应视各个过程特点而定，在过程优化时，尤其要考虑某些限制。

（5）颗粒度　超临界流体通过固体物料时的传质，在很多情况下将取决于固体相内的传质速率。固体相内传递路径的长度决定了质量传递速率，在一般情况下，萃取速率随着颗粒尺寸减小而增加。当颗粒过大时，受固体相内传质控制，萃取速率慢。在这种情况下，即使提高压力来增加溶剂的溶解能力，也不能有效地提高溶剂中溶质浓度。但另一方面，传质必须到达溶剂相内，若颗粒尺寸小到影响流体在固体床中通过时，传质速率亦下降，这是因为细小的颗粒会形成高密度的床层，使溶剂流动通道阻塞而影响传质。

图 9-20 所示为超临界流体萃取天然植物有效成分示意图。由图可见，在低压时萃取精油和部分萜烯。当压力升高时，可萃取脂肪酸和脂肪；当压力进一步提高到 30MPa 时以上时，可提取出高分子长链蜡、树脂和色素等物质。这些特点在常规萃取过程中是无法做到的。

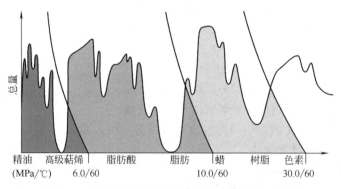

图 9-20　超临界流体萃取天然植物有效成分示意图

9.5.2.3　超临界流体萃取的优点

① 由于超临界流体的密度与普通液体溶剂相近，因此用超临界流体萃取具有与液体相近的溶解能力。同时，它又能保持气体所具有的传递特性，即比液体溶剂渗透得快，渗透得深，能更快地达到平衡。

② 操作参数主要为压力和温度，而这两者比较容易控制。在接近临界点处，只要温度和压力有微小的变化，流体的密度会有显著的变化，即溶解能力会有显著变化。因此，萃取

后溶质和溶剂的分离容易，只需改变压力或温度。

③ 超临界流体，尤其是超临界 CO_2 流体，可在近常温的条件下操作，故特别适用于热敏性、易氧化物质的提取分离。如天然香料、中草药有效成分等产品，几乎可全部保全热敏性本真物质，过程有效成分损失少、收率高。

9.5.2.4　超临界流体萃取存在的不足

① 高压下萃取，过程相平衡较复杂，物性数据缺乏。

② 高压装置和高压设备，投资费用高，安全要求亦高。

③ 超临界流体溶解度相对较低，故需要大量流体循环。

④ 超临界萃取过程以固体物系居多，连续化生产较困难。

9.5.3　超临界流体萃取的流程

9.5.3.1　工艺流程

超临界流体萃取过程基本上由萃取和分离两个阶段组成。图 9-21 所示为具有代表性的四种工艺流程示意：图 9-21（a）为变压萃取分离法（等温法）；图 9-21（b）为变温萃取分离法（等压法）；图 9-21（c）为吸附萃取分离法（吸附法）；图 9-21（d）为稀释萃取分离法（惰性气体法）。其中，变压萃取过程是应用最为方便和常见的一种流程。

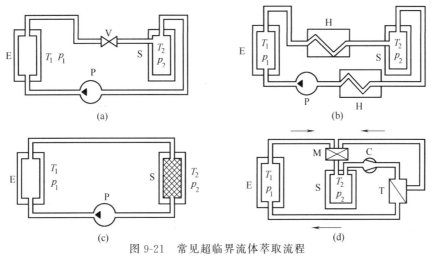

图 9-21　常见超临界流体萃取流程

（a）等温法，$T_1 = T_2$，$p_1 > p_2$；（b）等压法，$p_1 = p_2$，$T_1 \neq T_2$；

（c）吸附法，$p_1 = p_2$，$T_1 = T_2$；（d）惰性气体法，$p_1 = p_2$，$T_1 = T_2$

E—萃取器；S—分离器；P—泵；C—压缩机；V—节流阀；H—换热器；M—气体混合器；T—气体分离（膜分离）

9.5.3.2　流体的循环方式

在超临界流体萃取工业化过程中，流体的增压设备可用泵或压缩机。为了获得设计所需的热力学数据，现以 CO_2 循环过程的温度和熵的 T-S 说明不同的循环方式各点流体的状态及能量消耗。

（1）泵循环过程　萃取剂 CO_2 利用泵循环时各个过程的流体状态如下：

CO_2 循环

图 9-22 为超临界 CO_2 用泵循环时 T-S 示意图。流体经过泵增压后恒压升温，分离时流

体膨胀到亚临界状态，对其所需的热能和电能进行计算，其总能量列于表 9-7 中。

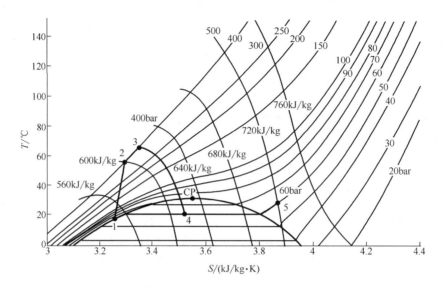

图 9-22 泵循环 T-S 示意图

1→2，液体增压；2→3，恒压汽化；3，萃取；3→4，节流膨胀；4→5，溶剂再生；5→1，冷凝

表 9-7 泵循环过程能量消耗

过 程 步 骤	能量传递/(kJ/kg)	热量排放/(kJ/kg)	冷却量/(kJ/kg)	电能/(kJ/kg)
5→1	−175.5	0	175.5	10.9
1→2	50.0	0	0	50.0
2→3	7.3	7.3	0	0
3→4	0	0	0	0
4→5	119.5	0	0	0

注：萃取条件 40MPa，339K；分离条件 6MPa，301K。

（2）压缩机循环过程　采用压缩机增压循环时各过程的流体状态如下：

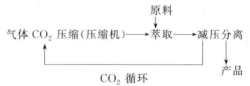

图 9-23 所示为 CO_2 用压缩机循环时的 T-S 图。图 9-23 与泵循环的主要区别是循环按逆时针进行。减压分离时，流体膨胀到亚临界状态，过程流体冷却（2→3）可用气体冷凝器加热蒸发液体（4→5/1）。循环过程需要的热能和电能计算列于表 9-8。

表 9-8 压缩机循环过程能量消耗

过 程 步 骤	能量传递/(kJ/kg)	热量排放/(kJ/kg)	冷却量/(kJ/kg)	电能/(kJ/kg)
4→5/1	168.2	0	0	0
1→2	38.7	0	0	38.7
2→3	−206.1	0	36	0.3
3→4	0	0	0	0

注：萃取条件 40MPa，313K；分离条件 5MPa，299K。

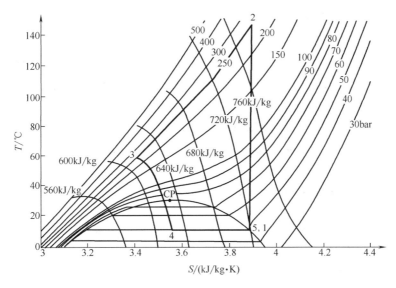

图 9-23 压缩机循环 T-S 示意图

1→2，增压；2→3，恒压冷却；3，萃取；3→4，节流膨胀；4→5/1，溶剂再生

图 9-24 和表 9-9 比较了压缩机循环和泵循环两个过程的能耗。当萃取压力增加时，能量消耗增加；当分离压力增加时，能耗减少；当分离压力处于临界状态时，两者的能耗相差不大，即使当萃取压力在 30MPa 左右，分离压力在亚临界状态时，压缩机循环和泵循环两者的能耗相差也不大；当萃取压力较高时，压缩机循环过程能耗大，萃取压力较低时，泵循环过程能耗较大，尤其是热能的消耗。

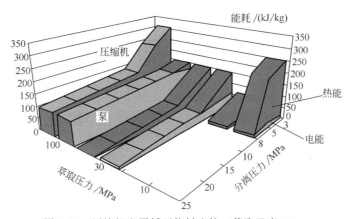

图 9-24 压缩机和泵循环能耗比较（萃取温度 313K）

表 9-9 超临界 CO_2 萃取循环能耗比较（kJ/kg，CO_2）

分离压力/MPa	泵 循 环			压 缩 机 循 环		
	萃 取 压 力/MPa					
	10	30	100	10	30	100
3	12.9	51.4	127.9	65.2	150	307
5	24.2	47.4	131.3	34.5	103.8	240
8	13.7	36	122.3	11	38.5	138.1
10		33.2	118.2		35.9	132.2

续表

分离压力/MPa	泵 循 环			压 缩 机 循 环		
	萃 取 压 力/MPa					
	10	30	100	10	30	100
15		24.7	114		24.8	120
20		17.1	106.9		17.2	110.2
25		9.9	101.5		9.6	101.5

泵循环的优点是：泵的投资比压缩机小；流体流量易于控制；当压力大于 30MPa 时，能耗比压缩机小。

泵循环的缺点是：需要热交换器和冷凝器及冷凝剂，此外，在较低压力下萃取时，冷凝所需的能耗相对较大。

实际工业设计时，是选用压缩机还是选用泵，应根据具体情况综合考虑。

9.5.4　超临界流体萃取设备

超临界流体萃取的一般流程如图 9-25 所示。

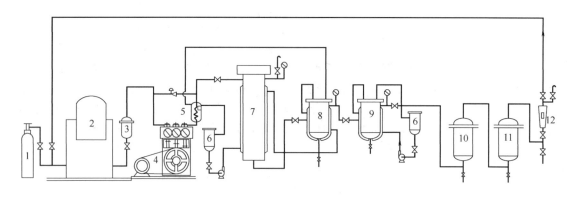

图 9-25　超临界流体萃取工艺流程图

1—CO_2 钢瓶；2—储气罐；3—过滤器；4—压缩机；5—换热器；6—恒温水槽及循环泵；

7—萃取器；8——级分离器；9—二级分离器；10—过滤器；11—气水分离器；12—流量计

从图中可以看出，超临界流体萃取过程设备主要包括流体储罐、增压系统、萃取器、分离器、吸附器及恒温系统。

超临界流体萃取过程是一个高压操作过程，装置的设计压力一般大于 32MPa，主要设备都是二类或三类压力容器，这对制造厂提出了更高的要求。另外，被萃取物料大多是固体，间歇操作是过程的特点之一，萃取器顶盖需频繁开启进出料，故对萃取器、分离器的设计要求较高，即要求物料进出口的拆卸要方便、安全、可靠，对疲劳设计、快开密封结构设计、厚壁容器的传热及拆卸料的自动化等提出了更高的要求。

除了压力容器外，增压系统也是超临界流体萃取过程中的一个重要设备。流体的压缩可采用压缩机（柱式或隔膜式压缩机），也可以用高压泵。前者设备体积较大，流体循环过程无相变；后者设备体积相对较小，但流体循环过程有相变，故需要配置冷冻装置。

超临界流体萃取过程，萃取器是承受压力最高的容器，在制造时可以采用锻压过的整体材料加工，也可以采用如图 9-26 所示多层套环的结构。萃取器的密封件可以采用 O 形圈，常见的 O 形圈密封结构如图 9-27 所示。

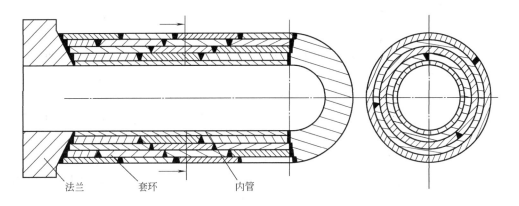

图 9-26 萃取器的多层套环结构

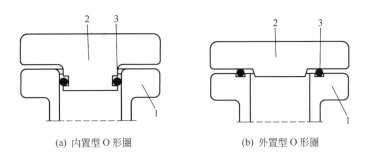

(a) 内置型 O 形圈 (b) 外置型 O 形圈

图 9-27 O 形圈密封结构
1—压力容器；2—容器盖；3—O 形圈

如前所述，超临界流体萃取过程中，被萃取物往往是固体原料，因此操作过程常常是间歇的。频繁的萃取器开启，要求萃取器的开启快速，安全可靠。图 9-28 所示为两种快开结构示意图。

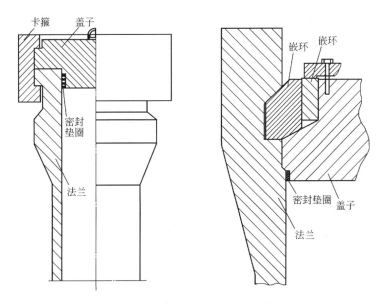

图 9-28 萃取器的快开结构示意

9.6 溶剂提取设备

提取涉及固体物料和溶剂，如固体物料和溶剂的混合、溶质的传递，非常温下提取还涉及热量的传递等。下面以提取天然植物有效成分为例，介绍一些常用的溶剂提取设备。

9.6.1 多功能提取器

多功能提取器是中药制药行业最常用的一种提取设备，如图 9-29 所示。多功能提取器的特点是能在全封闭的条件下，可进行常温常压提取，也可在高温高压下提取或真空低温提取，还可用于不同溶剂的提取（如水提取或醇提取）。在操作组合方面，多功能提取器可进行强制循环提取、回流提取及提取挥发油等操作，因此多功能提取器要比传统的中药煎煮锅操作方便、安全可靠、提取时间短、效率高。但大部分多功能提取器都是采用夹套式加热方式，因此普遍存在传热速度慢、加热时间长等缺点。

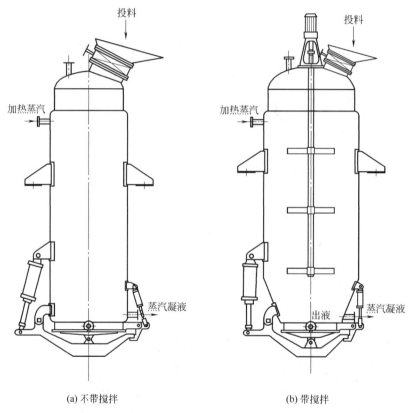

图 9-29　多功能提取器

多功能提取器的锥形底盖大多采用气动操作，操作轻便、安全，密封性能也较好，但由于罐口的出渣盖口径往往比罐体直径要小，有时候会出现残渣在锥底口发生"架桥"现象，阻塞罐口。

由于搅拌作用，使得原料在提取过程中产生了一定的动态提取效果，原料和溶剂在提取过程中的相对运动充分，大大改善了原料与溶剂的接触状况，从而能提高提取速率，缩短提取时间。

9.6.2 倒锥式提取器

倒锥式提取器主体采用倒锥形筒体，如图 9-30 所示，上口小下口大，锥度为 4°～8°。筒体的上口为加料口，可以设计为全口开启，也可以设计为封头顶再加设料斗，通过气动蝶阀来开闭加料口。筒体底部为卸渣口，由于开口较大，故采用距齿形旋转卡箍，达到了开闭操作灵活简便，密封性能良好等效果。另外由于设备采用了倒锥式的筒体，加料和卸渣十分方便，残渣不会在底部发生架桥阻塞，无须进行人工排渣，工人劳动强度大大降低，同时也提高了生产效率。

倒锥提取器还采用了侧向环形过滤网，与传统的提取罐相比，过滤面积大大增加。滤网设置在筒体的侧向，可减小残渣对滤网的静压，延长了滤网的使用周期。在操作中，提取液不断通过滤网进行过滤，残渣层在提取液循环过程中也起到了滤层的作用，保证了提取液的澄清度。

另外，倒锥提取器可以进行动态提取或静态提取，也可以使用各种溶剂进行提取，显示了其多功能的用途。提取器的动态提取，采用在泵的作用下进行热流体循环提取方式，加强了提取过程中固体表面与提取溶剂之间的湍动。流体的动态过程，消除了溶剂层的扩散阻力，促进溶质向溶剂相扩散，从而在同等的提取条件下提取时间缩短，提取效率提高。在动态提取时，在强制的循环流动下提取温度比较均匀。

9.6.3 蘑菇式内压渣提取器

提取器的技术发展过程是随提取工艺技术及自动化程度的提高而不断改进的过程。在传统的多功能提取器的基础上，发展了带搅拌多功能提取器、倒锥式提取器等，解决了提取过程中的一些技术问题，但对药渣的处理目前都在罐外进行处理，如离心式分离机、蛟龙式挤渣机等。这些装置投资较大，操作过程要消耗一定的能量，并要配以相应的设备，还要带来一定的噪声，影响工作环境。

蘑菇式内压渣提取器如图 9-31 所示，采取上大下小的蘑菇形筒体结构，并由加料口装

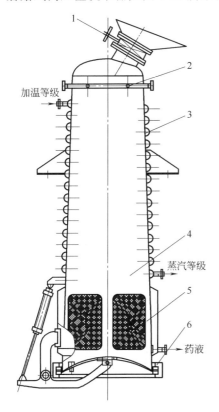

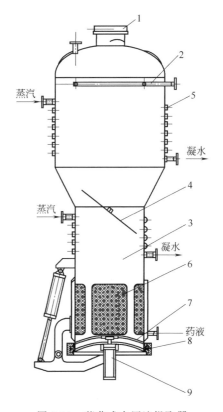

图 9-30 倒锥式提取器

1—加料口蝶阀；2—循环液分布器；
3—加热盘形半管；4—倒锥形筒体；
5—环状侧向过滤网；6—半据齿旋转卡箍

图 9-31 蘑菇式内压渣提取器

1—加料口蝶阀；2—循环液分布器；3—加热盘形半管；
4—碟式压盖板；5—蘑菇形筒体；6—环状侧向过滤网；
7—多孔顶压板；8—半据齿旋转卡箍；9—顶压汽缸

置、碟形压盖、多孔顶板、侧向环形过滤装置、距齿形旋转卡箍卸渣装置等构件组成。筒体上段作为循环溶剂的存留空间，下段筒体为溶剂通过原料层流动的通道，在循环提取过程中，可加快溶剂在原料间的流动速率，强化质量传递过程，提高提取过程的效率。

加料口安装了一个气动蝶阀，可结合自动称量加料装置，实现提取过程的全自动化生产。采用了筒体的侧向环形过滤，过滤口设置在筒体下端的侧向部位，并由多个过滤窗组成，在提取过程中，提取液不断通过各个过滤窗进入环状滤液腔，再由过滤腔流出，由循环泵再将其送入提取罐内进行提取，提取液又不断通过原料层和过滤窗进行循环，使提取液能达到良好的自净效果。

筒体中间的蝶形压盖和底部的多孔顶板组成挤压残渣的机构，当提取完成后，罐中间的压盖由汽缸带动而关闭，罐底的顶压板也由汽缸推动向上挤压残渣，将残渣中的残留液挤出，通过多孔板流下，并由泵抽出罐外。完成挤压后，多孔顶板退回原位，打开罐底盖，再开启蝶形压盖，并由蝶形压盖开启时的半边推力，将残渣向下推动，卸出罐外。罐底盖的开启将由罐底盖、距齿形旋转卡箍和推力汽缸组成的机构来完成。与倒锥式提取器一样，采用距齿形旋转卡箍，达到了罐口开闭操作灵活简便，密封性能良好等效果。

第10章 膜分离设备

10.1 膜分离过程

膜分离（membrane separation）的特点是以膜作为组分分离的手段。选用对所处理的均一物系中的组分具有选择性透过的膜，就可以实现混合物的组分分离。膜分离过程的推动力有浓度差、压力差、分压差和电位差。

膜分离过程所用的膜（membrane）因分离对象、分离方法的不同，采用多种多样的膜。可从以下几个方面进行分类。

根据膜的材质，从相态上可分为固膜分离（solid membrane）和液膜分离（liquid membrane）；从来源上分可分为天然膜（natural membrane）和合成膜（synthetic membrane），后者分为无机材料（金属、玻璃）膜和有机的高分子聚合物膜。用于工业分离的膜主要是由高分子材料制成的。根据固体膜的形态还可分为平面膜（flat sheet membrane）、管状膜（tubular membrane）和中空纤维膜（hollow fiber membrane）。有机高分子聚合物在适当的溶剂中溶解，配制成铸膜液（casting solution），制成各种形状后经表面蒸发、凝胶（gelation）和相转换（phase inversion）等步骤成膜。

根据膜体结构，可分为致密膜（dense membrane）和多孔膜（porous membrane），后者又可区分为微孔膜（microporous membrane）和大孔膜（macroporous membrane），液体膜的结构与固体膜完全不同。

根据膜的功能，分为超滤膜、反渗透膜、渗析膜、气体渗透膜和离子交换膜（ion-exchange membrane）。其中，只有离子交换膜是荷电膜，其余为非荷电膜。

膜分离过程概述如下。

（1）过滤式膜分离　溶液或混合气体置于固体膜的一侧，在压力差的作用下，部分物质透过膜而成为过滤液或渗透气，留下部分则成为滤余液或渗余气。由于组分的分子有大小、性质有差异，故它们透过膜的速率有差异，因而透过部分与留下部分的组分不同，实现了组分分离。属于过滤式膜分离的操作有超滤（ultrafiltration，UF）、反渗透（reverse osmosis，RO）和气体渗透（gas permeation）等。它们共同的特点是由透过膜的物质形成第二相，但过程中没有相变。

（2）渗析式膜分离　被处理的溶液置于固体膜的一侧，接受液是接纳渗析组分的溶剂或溶液，置于膜的另一侧。料液中的某些溶质或离子在浓度差、电位差的推动下，透过膜而分离出去，进入接受液中。属于渗析式膜分离的操作有渗析（dialysis）和电渗析（electrodialysis，ED）等。它们共同的特点是外加接受液作为第二相，但膜两侧的溶液的溶剂是相同的。

（3）液膜分离（liquid membrane permeation）　过程涉及三个液相：料液是第一相，接受液是第二相，处于这两者之间的液膜是第三相。液膜需与料液和接受液互不混溶。液液两相间的传质分离操作是萃取（extraction）和反萃取（re-extraction），溶质从料液进入液膜相等于萃取，溶质再从液膜进入接受液相当于反萃取。液膜分离相当于萃取与反萃取两者的结合，故又被称为液膜萃取。

由此可见，膜分离过程除了膜相外，还必须有第二相。被膜分隔的两相之间不存在平衡关系，依靠组分透过膜时的速率差别来实现组分的分离，因此称之为速率分离过程（rate-governed separation process）。

膜分离的优点是能耗低，化学品消耗低，操作方便，不产生二次污染。膜分离与具有相同分离作用的传统分离操作（如蒸发、萃取或离子交换等）相比较，不仅能避免组分受热变质或混入杂质，通常还有显著的经济效益。

膜分离技术主要包括渗透、反渗透、超滤、透析、电渗析、液膜技术、气体渗透和渗透蒸发等方法，参见表 10-1。

表 10-1 主要膜分离技术方法

膜分离方法	相态	推动力	透过物	截留物
微滤	液液	压力差 （0.01～0.2MPa）	水、溶剂	颗粒、悬浮物、纤维、细菌 （0.01～10μm）
超滤	液液	压力差 （0.1～0.5MPa）	水、溶剂、离子、小分子 （分子量<1000）	生物大分子等 （分子量 1000～300000）
纳滤	液液	压力差 （0.5～2.5MPa）	水和溶剂 （分子量<200）	溶质、二价盐、糖、 染料（分子量 200～1000）
反渗透	液液	压力差	水、溶剂	悬浮物、溶质、盐
渗透	液液	化学位	水、溶剂	悬浮物、溶质、盐
渗析	液液	浓度差	离子、小分子有机物、酸、碱	分子量大于 1000 的溶解物
电渗析	液液	电位差	电解离子	非解离和大分子物质
气体分离	气气	压力差 （1.0～10MPa）	易渗透的气体分子	难渗透的气体和蒸汽
渗透蒸发	液气	分压差	溶质或溶剂 （易渗透组分的蒸气）	溶质或溶剂 （难渗透组分的液体）
膜蒸发	液液	浓度差	溶质或溶剂 （易渗透或汽化的组分）	溶质或溶剂 （不易渗透或汽化的组分）
液膜技术	液液	浓度差和化学反应	溶质或离子	不透过溶质或离子

10.2 超滤

膜在透过溶剂的同时，透过小分子溶质（microsolute），截留大分子溶质（macrosolute）。截留的粒径范围在 1～20nm（微孔过滤的截留粒径在 0.02～10μm；反渗透截留的粒径为 0.1～1nm），相当于分子量为 300～300000 的各种蛋白质分子，也可截留相应粒径的胶体微粒。这种膜的过滤形式称为超滤。

超滤膜是由有机高分子聚合物制成的多孔膜，它有两种类型：均质的和非均质的。均质膜为无定向结构，膜内通道曲折易堵，透水速率低，对溶质的选择透过性差。非均质膜具有非对称结构，致密的表层和海绵状的底层，表层厚度为 0.1μm 或更小，微孔排列有序，孔径也均匀，底层厚度为 200～250μm，它支撑着表层，使膜有足够的强度，底层疏松，孔径大，流体阻力小，从而保证高的透水率。

超滤膜的分离特性主要取决于表层上孔径大小、孔径的分布、开孔密度和孔隙率等参数。它们可用电子显微镜观察，也可用压泡法、流动阻力法和等温吸附法测算。

为了使膜的特性参数便于实际应用，选择不同分子量的溶质做超滤试验，测定膜对它们的截留率（retentivity，σ），将截留率对溶质分子量的对数作图，得出截留率曲线。

截留率表述膜拦阻溶质透过的能力，定义为

$$\sigma = (C_B - C_F)/C_B = 1 - C_F/C_B \tag{10-1}$$

式中 C_F——某溶质在渗透液中的浓度，mol/m³ 或 g/L；

  C_B——某溶质在料液主体中的浓度，mol/m³ 或 g/L。

测定截留量的试验通常是间歇操作的，过程中料液的浓度不断提高，渗透液的浓度也随之提高。通过对溶质的物料衡算，列出微分方程，解得

$$\sigma = \ln(C_t/C_o)/\ln(V_o/V_t) \tag{10-2}$$

式中 C_o，C_t——料液中某溶质在操作开始和终了时的浓度，mol/m³ 或 g/L；

  V_o，V_t——料液在操作开始和终了时的体积，m³。

溶质分子的尺寸不仅与分子量有关，而且与分子的形状有关。测定超滤膜截留量性能的试验物料，选择各种球形的分子，常用的基准试验物料及分子量为：葡萄糖（glucose），$M=180$；蔗糖（sucrose），$M=342$；棉籽糖（raffinose）$M=594$；杆菌肽（bacitracin），$M=1400$；细胞色素 C（cytochrome，C），$M=1300$；肌红蛋白（myoglobin），$M=17800$；胃蛋白酶（pepsin），$M=35000$；血清白朊（albumin），$M=65000$；γ-球蛋白（γ-globulin），$M=156000$。

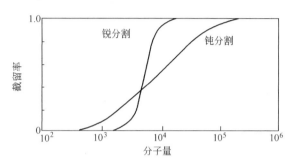

图 10-1 截留率曲线的类型

根据膜上的孔径分布，截留率曲线有两种类型（图 10-1）：孔径均匀时，曲线形状陡峭，称为锐分割（sharp cut-off）；孔径分布很宽时，曲线变得平缓，称为钝分割（diffuse cut-off）。锐分割的性能虽好，但能达到此性能的膜尚未制成。目前供应的商品膜，性能在两种类型之间。如果膜在截留率为 0.9 和 0.1 时的分子量相差 5~10 倍，即可认为是性能良好的膜。

由于截留率曲线的两端变化平缓且不易测准，因此难以确定完全截留的小分子量。所以选用截留率为 0.9％的球形分子的分子量来标定称为膜的表层孔径，并称为膜的截留分子量（molecular-weight cut-off）。商品超滤膜的截留分子量从 300~500000，划分为若干级。截留分子量更小的膜列为反渗透膜。例如，某超滤膜的截留分子量和对应的实测平均孔径如表 10-2 所示。

表 10-2 超滤膜截留分子量和平均孔径

分子量	500	1000	10000	30000	50000	100000
平均孔径/nm	2.1	2.4	3.8	4.7	6.6	11.0

超滤膜的截留性能数据是用球形分子测试而得的。对于非球形分子，则分子的形状和柔性也影响到截留率。向溶液中加入盐会使链状分子卷缩成球状，蛋白质分子在等电点下结构最致密，溶解度最小。这些都会影响膜的截留率，在选膜时应予以注意。

超滤膜表层的微孔孔径为 2~20nm，制成的膜愈紧密，微孔孔径愈小。调整制膜时的溶剂组成，也可影响膜的孔径。

10.2.1 超滤器

超滤是以压力差为推动力的膜分离过程，过程所需压力差的产生方法如下。

① 用泵将料液直接加压。

② 在料液面送入有压力的气体。

③ 料液面通大气，在渗滤液一侧抽真空。

④ 将超滤操作在离心机中进行。

其中，用泵加压的方法适用于工业规模的连续操作。

超滤膜的形状有平面、管状和中空纤维。中空纤维膜靠本身强度承受操作压力，其余的膜都需配用刚性或柔性的多孔的支持件以承受操作压力。

工业用超滤器（ultrafilter）通常要用很大面积的膜。所处理料液情况的不一，有些夹带着固体微粒和尘埃，有些在过程中会形成凝胶，细菌会在许多料液中繁殖而污染产品，这些是设备选型时必须考虑的因素。

工业上常用的膜组件有板式膜组件、管式膜组件、卷式膜组件和中空纤维膜组件等，表10-3为四种膜组件操作性能比较。

表 10-3　四种常见膜组件的操作性能比较

操作特性	板式膜组件	管式膜组件	卷式膜组件	中空纤维膜组件
堆积密度/(m^2/m^3)	200～400	150～300	300～900	9000～30000
透水速率/$[m^3/(m^2 \cdot d)]$	0.3～1.0	0.3～1.0	0.3～1.0	0.004～0.08
流动密度/$[m^2/(m^2 \cdot d)]$	60～400	45～300	90～900	35～2400
更换方式	更换膜	更换膜或组件	更换组件	更换组件
更换时劳动强度	大	大	中	中
产品端压降	中	小	中	大
进料端压降	中	大	中	小
浓差极化	大	小	中	小

（1）板式膜组件（plate module）　板式膜组件由平面膜组成，在结构上与平板压滤机相近，但有两点不同。一是压滤既有料液进口又有料液出口，需拆卸机体才能取出滤饼；而超滤器内不生成滤饼，设备不需拆卸，除了料液进口、渗滤液出口外，还需有滤余液出口。二是超滤器需迫使料液作高速流动以减轻浓度极化的影响，而压滤机无此要求。因此，在设备内超滤用串联流道，压滤用并联流道。板式膜组件是在工程塑料压铸成形的滤板上，两边多铺以多孔板，再贴上超滤膜；也可在多孔板上直接刮浆成膜。板式膜组件中有一类结构似叶式压滤机的滤片，可成组地封装在压力容器内，也可在各组件之间装一隔板而省去外壳；另一类板式膜组件是边缘厚中间薄，并有开孔，它类似凹板式压滤机的滤板，是成组叠装，也不需外壳。板式膜组件构成的超滤器，易于拆洗和更换损伤的组件。缺点是结构不紧凑，所以使用受到限制。

（2）管式膜组件（tubular module）　管式膜组件（图10-2）是用管状膜组成，分为内压式和外压式。内压管式膜组件的膜体表层在内壁，外压管式则表层在外壁。在有均布小孔的金属管内壁，先衬滤布，再覆上管状膜，就构成内管式膜组件。在聚氯乙烯、聚乙烯或陶瓷质的微孔管的内壁或外壁直接刮浆成膜，可装配成内压管式或外压管式的膜组件。内压管式膜组件的内径一般为12～15mm，外压管式膜组件可做成更小的直径。用管式膜组件构成的超滤器，可实现一壳一管或一壳多管。用内压管式膜组件时，料液走管程，容易实现均匀的高速流动，且方便膜表面的清洗。

（3）卷式膜组件（spiral-wound module）　卷式膜组件（图10-3）是用平面膜卷制而成

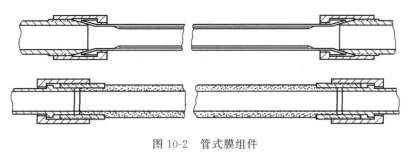

图 10-2　管式膜组件

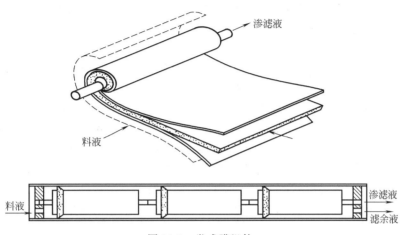

图 10-3　卷式膜组件

的。将两张超滤膜叠在一起，表面各自向外，在三条边上相互黏合，形成一张信封式的膜袋，在此袋内插入一张柔性的多孔薄板。用一管壁钻有许多小孔、两端带有连接件的管子作为膜组件的中心管。卷式膜组件的外径为 100～200mm，长约 1000mm，卷内一个单元组合（即膜-多孔-薄板-膜-隔网，共四层）的厚度约 2mm。一个直径为 100mm，长度为 1000mm 的组件，膜面积可达 6～7m^2。卷式膜组件需封装在管子制成的耐压筒内，每筒装 1～6 个组件，中心管互相串联，料液依次通过各个组件。料液是在膜间隔网的缝隙中作轴向流动，透过膜的渗滤液在多孔薄板的孔隙内沿螺旋方向向中心管流动并导出。为防止料液从卷式膜组件与筒壁间的环隙短路流过，在膜组件外套以密封环。为缩短渗滤液在多孔薄板内的流动路程，可改为在同一中心管上黏结两个或三个较短的膜袋。

（4）中空纤维膜组件（hollow-fiber module）　用粗的中空纤维膜组装成用于超滤的膜组件结构，类似于单管程管壳式热交换器。所用的中空纤维在内壁或内、外壁形成表面层。内压式膜组件适合于管内流过料液，管间汇集渗滤液；外压式膜组件则相反，管间走料液，管内汇集渗滤液。膜组件的管束外径为 25～150mm，管长可达 1000mm。

上述四类膜组件中，内压管式便于清洗、不易堵塞；中空纤维膜组件单位设备体积内的膜面积最大。膜组件的选型要根据料液的性质，为防止超滤器膜面积堵塞，可将料液先作预过滤处理。易生成凝胶或悬浮物时，以选用管式或板式膜组件为宜。会滋生微生物的料液，要求设备方便清洗和灭菌，要考虑物料在系统中的有停留时间的限制。各类膜组件的规格、截留分子量、操作压力和透水速率，可从产品样本或说明书中查找。

超滤有两类操作流程：分批和连续操作。连续操作是用直通流程，如图 10-4 所示。料液用泵增压后流经一系列膜组件，不断分出渗滤液，待浓缩到指定浓度后减压离去。由于超滤过程要求有一定的操作压力，因此，最后一级膜组件的出口处仍需保持必要的压力，但由

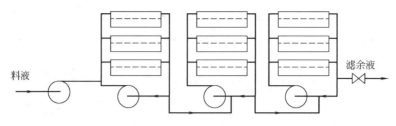

图 10-4　超滤的直通流程

于受膜组件最高操作压力的限制，流程中可串联的组件受到限制。在每个并联膜组件组内配备循环泵，可解决流动压力降过高的问题。

　　超滤处理的料液大多为蛋白质、糖类等物质，周期性地清洗或灭菌必不可少。为了不影响膜的使用寿命，故不宜拆卸设备清洗，即采用所谓的"原位清洗"。洗涤时可用洗涤剂清洗，也可用加酶剂、螯合剂、酸或碱以提高清洗效果。

　　内压式中空纤维膜组件可用两种方法清洗，如图 10-5 所示。其一是反冲洗涤，用强制渗滤液或洗涤剂反向透过膜的方式，除去沉积在纤维内壁上的污垢。这种洗涤方式需备有洗涤液槽，还需注意洗涤液中不能含有悬浮物，以防中空纤维被堵塞。其二是循环洗涤，关闭渗滤液出口，利用料液与渗滤液来清洗。因为料液在中空纤维内的流速很高，流动压力将很大。关闭渗滤液出口后，纤维间的内压力趋于平均，故纤维出口处较高的外压使渗滤液反向流入纤维内腔。渗滤液在中空纤维内外循环流动，可清除沉积的污垢。

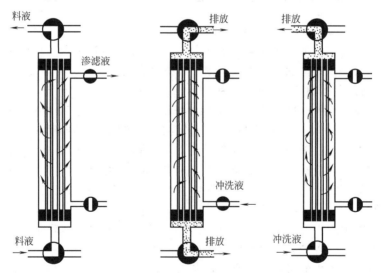

图 10-5　中空纤维膜组件的操作与清洗示意

10.2.2　过程计算及工业应用

10.2.2.1　溶液浓度的变化

　　按分批操作来分析渗滤液和滤余液的浓度变化。操作过程由于渗滤液的不断排出，料液（即渗余液）的体积不断减少，浓度相应提高，而渗滤液的浓度也会相应提高。两者的浓度都是时间的函数。

　　设料液的体积为 V_0（m^3），内含溶质总量为 S_0（mol 或 kg），用截留率为 σ 的膜进行超滤。过程进行到渗出滤液体积为 V 时，溶质的透过量为 S。于是可以推算出以下结论。

　　料液的浓度为：$C_0 = S_0/V_0$；

滤余液的浓度：$C_B = (S_0 - S)/(V_0 - V)$；

渗滤液的平均浓度：$C_F = S/V$；

渗滤液的瞬时浓度为：$dC_F = dS/dV$。

从式（10-1）可得 $C_F = C_B(1 - \sigma)$，将两种浓度代入计算式，可得出微分方程

$$\frac{dS}{S_0 - S} = (1 - \sigma)\frac{dV}{V_0 - V} \tag{10-3}$$

过程开始时，$V = 0$，$S = S_0$；过程终了时，$V = V_F$，$S = S_F$。将此边界条件用于微分方程求解，得出

$$S_F = S_0[1 - (1 - V_F/V_0)^{1-\sigma}] \tag{10-4}$$

此式可用于计算渗滤液、滤余液的浓度，V_F 为滤透液的体积。

由于超过滤膜对溶质的截留率不同，有三种溶质透过情况。

（1）溶质完全透过（$\sigma = 0$）　代入上式得

$$S_F/V_F = S_0/V_0 = (S_0 - S_F)/(V_0 - V_F)$$

即 $C_F = C_B = C_0$，料液、渗滤液和滤余液的浓度相同。

（2）溶质部分透过（$0 < \sigma < 1$）　溶质部分滤过、部分截留，因此滤余液和渗滤液的浓度随时增高。利用式（10-4）可解得滤余液浓度为

$$C_B = S_0(V_0 - V_F)^{-\sigma}/V_0^{1-\sigma} \tag{10-5}$$

保留在滤余液中的溶质浓度与料液原有的溶质量之比，称为回收率，计算式为

$$\eta = 1 - S_F/S_0 = (1 - V_F/V_0)^{1-\sigma} \tag{10-6}$$

（3）溶质完全截留（$\sigma = 1$）　从式（10-4）可得 $S_F = 0$，因而 $C_F = 0$。由于渗滤液浓度为零，于是得出滤余液的浓度为

$$C_B = C_0 V_0/(V_0 - V_F)$$

对于分批操作，也可根据过程的始末情况，定义平均表观截留率 σ_a 为

$$\sigma_a = 1 - C_F/C_0 = 1 - S_F V_0/(S_0 V_F) \tag{10-7}$$

从理论上分析可知，σ_a 的值随过程的延续而下降，它与截留率的关系为

$$\sigma_a = 1 - [1 - (1 - V_F/V_0)^{1-\sigma}]V_0/V_F \tag{10-8}$$

而回收率为

$$\eta = 1 - (1 - \sigma_a)V_F/V_0 \tag{10-9}$$

10.2.2.2　传递速率

超滤处理的是大分子溶质，溶液的摩尔浓度通常是很低的，因而渗透压也很低。在超滤操作中，膜两侧溶液的渗透压差与操作压力相比是很小的，计算时渗透压差一般是不予考虑。由于料液浓度的差异，超滤过程的传质情况有差异，分三种情况讨论溶剂和溶质的传递通量。

（1）稀溶液　对溶质浓度低于 2.25% 的稀溶液，只需考虑溶剂透过膜时的流动阻力。溶剂透过膜的通量计算如下

$$J_W = \Delta p / R_m = K_W \Delta p / t_m \tag{10-10}$$

式中　J_W——溶剂通量，$m^3/(m^2 \cdot s)$；

　　　Δp——操作压强差，Pa；

　　　R_m——膜的阻力系数，$(Pa \cdot s)/m$；

　　　t_m——膜的厚度，m；

　　　K_W——膜的透过系数，$m^2/(Pa \cdot s)$。

相应地，溶质透过膜的通量为

$$J_S = J_W C_F = J_W(1-\sigma)C_B \tag{10-11}$$

式中　J_S——溶质通量，$mol/(m^2 \cdot s)$；

　　　C_F——溶质在渗透液中的浓度，mol/m^3；

　　　C_B——溶质在料液中的浓度，mol/m^3。

膜的阻力系数取决于膜体结构。凡孔径小、开孔密度低、表层厚的膜，阻力系数高，在相同条件下透水率低。超滤膜在正常操作压力下的透水速率，随着膜的截留分子量而提高，大致从 $1.5 \sim 120cm/h$。

（2）一般浓度　在超滤过程中，溶液在介质压力推动下透过膜，但它所挟带的溶质受到膜的阻力，在膜前积累起来，形成了高浓度区。于是，这些溶质以浓度差为推动力，借浓度差扩散的方式返回到料液主体。这种在非浓度差为推动力的传质过程中出现的浓度分布现象，称为浓度极化。

出现浓度极化时，边界内的浓度分布，如图 10-6 所示，可建立微分方程。在边界层中，溶质趋向膜面的正向迁移是由于溶质流的挟带，溶质离开膜面的反向迁移是由于浓差扩散。过程达到稳定时，溶质在边界层内任意截面上的净迁移量恒等于溶质透过膜的通量，于是有

$$J_S = J_W C_F = J_W C - D dC/dx \tag{10-12}$$

式中　D——溶质的扩散系数，m^2/s。

移项后可得

$$J_W(C - C_F) = D dC/dx \tag{10-13}$$

边界层两端的浓度为：在边界层表面，$x=0$，$C=C_B$；边界层底面，即膜面处，$x=t$，$C=C_W$。在此处积分，解得

$$J_W = \frac{D}{t} \ln \frac{C_W - C_F}{C_B - C_F} \tag{10-14}$$

式中　t——边界层厚度，m；

　　　C_W——溶质在膜面处的浓度，mol/m^3。

当 $C_W \ll C_B$ 时，此式可简化为

$$J_W = \frac{D}{t} \ln \frac{C_W}{C_B} \tag{10-15}$$

于是可解得 C_W 近似值为

$$C_W = C_B \exp(J_W \cdot t / D) \tag{10-16}$$

而边界层内的溶质浓度函数可近似表达为

$$C = C_B \exp(J_W \cdot x / D) \tag{10-17}$$

有浓度极化时的溶剂通量，仍可按式（10-10）计算，但溶质通量是取决于膜面处的溶质浓度，因此，计算式改为

$$J_S = J_W C_F = J_W (1 - \sigma) C_W \tag{10-18}$$

此式表明，浓度极化提高了溶质通量，即降低了膜的截留性能。为减轻浓度极化带来的不利影响，可采用强化搅拌、提高流速、薄层流动等措施来降低边界层厚度，也可限制超滤膜的操作压力，使溶剂通量处于合理水平。

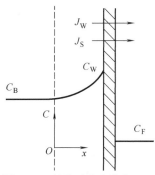

图 10-6　超滤时浓度分布（1）

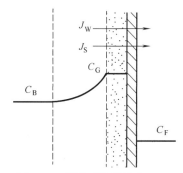

图 10-7　超滤时浓度分布（2）

（3）高浓度溶液　浓度极化使膜表面的溶液浓度提高，对于蛋白质、核酸和多糖等亲水基团的大分子溶质，溶液浓度过高会转变成凝胶沉积在膜的表面，形成凝胶层。溶液转变为凝胶时的浓度称之为凝胶化浓度。凝胶化浓度取决于溶质的化学和物理性质，并随温度升高而升高。一些溶质的凝胶化浓度为：

① 主链非柔性的线性水溶性高分子（多糖）小于 1%（质量分数）；
② 主链柔性的线性水溶性高分子 2%～5%（质量分数）；
③ 多维结构的高分子（蛋白质、核糖）10%～30%（质量分数）；
④ 粒径小于 1μm 的颜料和矿物微粒 5%～25%（体积分数）；
⑤ 聚合物胶乳 50%～60%（体积分数）。

凝胶层对离子物质有选择性透过作用。出现有凝胶层的浓度极化（图 10-7）时，边界层底面可达到的浓度最高是溶液的凝胶化浓度 C_G。凝胶层无流动性，它相当于固体颗粒的填充层，因此对溶剂的流动也产生阻力。这时，溶剂通量的计算式为

$$J_W = \frac{\Delta p}{R_m - R_G} = \frac{\Delta p}{\dfrac{t_m}{K_W} + \dfrac{t_G}{K_G}} = \frac{K_W \dfrac{\Delta p}{t_m}}{1 + \dfrac{t_G K_W}{t_m K_G}} \tag{10-19}$$

式中　R_G——凝胶层的阻力系数，(Pa·s)/m；

　　　t_G——凝胶层厚度，m；

　　　K_G——凝胶层的透过系数，$m^2/(Pa·s)$。

从边界层内的溶质传递分析可知

$$J_W = \frac{D}{t} \ln \frac{C_G}{C_B} \tag{10-20}$$

由于 C_G 不随操作压力而变化，因而有凝胶层时超滤的溶剂通量为一常数。操作压力的提高使凝胶层增厚，所增加的压力差都消耗在克服增厚的凝胶层的流动阻力。至于溶质的通量则为

$$J_S = J_W(1-\sigma)C_G \tag{10-21}$$

10.2.2.3 应用

超滤广泛应用于化工、医药、食品和轻工等行业，以及在机械、电子和环境工程等方面。

① 液体的最终精制。经过超滤可滤除胶体、大分子溶质和一切悬浮物如尘埃、细菌、病毒和热原物质。如在电子工业中用于高纯水的最终处理；在医药工业中用于针剂、药剂的精制；在食品工业中用于酒精和饮料的过滤。

② 工业排放水的处理并回收有用物质。如在机械工业有电泳漆的回收；污水中微油滴的过滤；在食品工业中有乳清、大豆乳清回收蛋白质。

③ 产品的加工。在生物化工、医药工业中，用于各种大分子量物质的分级、精制与浓缩；用于发酵、酶化学反应联用。

以下为超滤具体的工业应用实例。

（1）电子工业高纯水的制备　电子产品制造过程中要用高纯度的水清洗，要求高纯水中不含尘埃，电阻率高于 $10M\Omega/cm$。高纯水一般经过活性炭吸附、微孔过滤，除去游离氯、有机物和大分子悬浮物，再经过渗透后制成初级纯水；然后通过混合床离子交换作深度脱盐；用超滤作最终处理，滤除一切悬浮物。装瓶前再用紫外线杀菌。

（2）电泳漆的回收与处理　汽车与电器广泛使用电泳涂料，它是用树脂的水溶液和颜料、助溶添加剂配制而成。合成树脂与碱或胺结合，以阴离子形式溶于水中。电泳涂装时，工件作阳极，树脂带着颜料一起电沉积在工件表面，碱则在阴极上游离出来。从涂装槽取出的工件，用水洗去黏附而未电沉积的漆后置于炉中热处理。此过程产生大量含漆的污水。用化学絮凝和沉降处理污水，既耗钱又损失漆料。另外，工件预处理带来的铬酸和磷酸锌、游离碱和空气中的碳酸化合物等杂质在涂液中不断积累，故要求涂液要不断更新。用超滤可从污水或废的涂液中去除水和杂质离子等而回收其中的漆料。

（3）从食品工业污水中回收蛋白质　食品工业舍弃的乳清、大豆乳清、大豆蒸煮液和制取马铃薯淀粉的排水中含有水溶性的蛋白质，含量从千分之几到 2%。由于蛋白质含量低，用传统的方法提浓在经济上不划算，直接排放造成蛋白质浪费和对环境的污染。超滤和反渗透的联合使用，可回收这些蛋白质。例如牛乳制乳酪余下的乳清，可用截留分子量为 $10000\sim20000$ 的超滤膜在 $50℃$ 下浓缩，浓缩液经喷雾干燥后制成蛋白粉可添加在面包中。大豆乳清是制取大豆蛋白后的排放液，经超滤浓缩 10 倍后可制成豆浆。

（4）在生物化工中的应用　发酵是利用微生物的作用将廉价的碳水化合物转化为价值更高的物质。酶反应则是直接用酶作为反应催化剂。将膜与生物反应器耦合在一起开发的膜生物反应器（Membrane Bio-Reactor，MBR），可以用膜分离产品，底物和酶则被截留，通过不断添加底物，即可达到反复利用酶，并可得到高产率生化产品的目的。

（5）渗滤脱盐　为了使溶液中的大分子溶质与小分子溶质得到完善的分离，将超滤和稀释结合应用，这种操作称为渗滤脱盐。渗滤脱盐可分为分批和连续的操作方式。

分批操作时，料液先加适量的水稀释，然后用超滤浓缩到原来的体积。稀释降低了浓度，超滤使大分子溶质恢复到原来的浓度，同时分离了部分小分子盐分。经过多次稀释和超滤浓缩，就可使料液中的盐分降低到指定的浓度。操作时，设料液的体积为 $V_0(m^3)$，盐分

的浓度为 $C_0(\mathrm{mol/m^3})$，每次都稀释到总体积为 $V_\mathrm{d}(\mathrm{m^3})$，然后用超滤浓缩到原体积。根据物料衡算可得每次稀释后的盐浓度为

$$C_{i+1}=C_i(V_0/V_\mathrm{d}) \tag{10-22}$$

式中　C_i——稀释前的盐浓度，$\mathrm{mol/m^3}$；

C_{i+1}——稀释后的盐浓度，$\mathrm{mol/m^3}$。

超滤时，滤余液的盐浓度不变，但料液的含盐量下降。因此，经过 n 次的稀释和过滤之后，盐分的最终浓度 C_t 为

$$C_\mathrm{t}=C_0(V_0/V_\mathrm{d})^n \tag{10-23}$$

也可按照指定的最终浓度，推算出所需的操作次数为

$$n=\frac{\ln(C_\mathrm{t}/C_0)}{\ln(V_0/V_\mathrm{d})} \tag{10-24}$$

至于大分子溶质，它被完全截留，虽经多次操作，因体积没有变化，所以浓度不变。

若大分子溶质完全截留而小分子溶质部分截留，其截留率为 σ。每次稀释使小分子浓度从 C_i 降为 C_{i+1}，超滤使稀溶液体积从 V_d 降到 V_0，小分子浓度可代入式（10-2）求解，得

$$C'_{i+1}=C_i(V_0/V_\mathrm{d})^{1-\sigma} \tag{10-25}$$

式中，C'_{i+1} 为稀释并超滤后的小分子浓度，$\mathrm{mol/m^3}$。经过 n 次稀释和超滤后，小分子溶质的最终浓度 C_i 为

$$C_\mathrm{t}=C_0(V_0/V_\mathrm{d})^{n(1-\sigma)} \tag{10-26}$$

也可按指定的最小浓度，推算所需的操作次数 n 为

$$n=\frac{\ln(C_\mathrm{t}/C_0)}{[(1-\sigma)\ln(V_0/V_\mathrm{d})]} \tag{10-27}$$

连续操作时，料液的加水稀释和超滤同时进行，用搅拌使料液浓度均匀，过程中保持溶液的体积恒定。如此延续到料液中的盐浓度降低到指定值为止。连续操作时，料液的体积为 $V_0(\mathrm{m^3})$，盐的浓度为 $C_0(\mathrm{mol/m^3})$，大分子溶质被完全截留，小分子盐分完全透过，因此，渗滤液的盐浓度与料液相同。对盐分作物料衡算，料液中减少的量等于渗滤液中聚集的量，于是列出微分方程

$$V_0\mathrm{d}C=-C\mathrm{d}V \tag{10-28}$$

过程开始时，料液的盐浓度 $C=C_0$，渗滤液体积 $V=0$；过程进行到渗滤液体积为 $V=V_\mathrm{F}$ 时，料液的盐浓度可从式（10-28）积分得

$$\ln(C_0/C_i)=V_\mathrm{F}/V_0 \tag{10-29}$$

若大分子溶质完全被截留而小分子溶质部分被截留，且截留率为 σ，则从物料衡算列出以下微分方程

$$V_0\mathrm{d}C=-C(1-\sigma)\mathrm{d}V \tag{10-30}$$

在相同的情况下，解得

$$\ln(C_0/C_\mathrm{t})=(1-\sigma)V_\mathrm{F}/V_0 \tag{10-31}$$

以上各式中的盐分浓度，是指自由的盐分浓度，与大分子结合的盐不计在内。经渗滤脱盐后，料液的盐分浓度降至相同浓度时，采用连续操作的水量比分批操作少。

10.3 反渗透

反渗透（reverse osmosis hyperfiltration）是以压力差为推动力的分离操作。其功能是截留离子物质而仅透过溶剂。由于反渗透所截留的无机离子尺寸比超滤所截留的有机分子小得多，因此，反渗透膜上的孔径比超滤膜更小，操作压力也更高。

设有一仅能透过溶剂而不能透过溶质的半透膜，将纯水和溶液分别置于膜的两侧，因施加在溶液上方的压力不同，表现为以下三种情况，如图 10-8 所示。

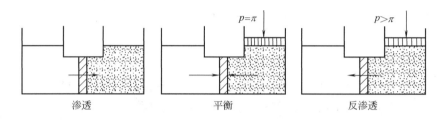

图 10-8　渗透、平衡与反渗透示意

（1）渗透　在无外界压力作用下，自发地产生纯水透过膜向溶液迁移的过程。若膜两侧为不同浓度的溶液时，水从淡溶液向浓溶液迁移。渗透是溶剂在化学位差推动下的物质迁移。

（2）平衡　对溶液施加压力，降低膜两侧溶液的化学位差，从而降低溶剂的透过速率。当施加在溶液上的压力恰好使透过率等于零时，系统达到平衡，此时溶液承受的压力称为渗透压。渗透压取决于溶剂、溶质性质、溶质浓度和温度。稀非电解质水溶液的渗透压为

$$\pi = CRT \tag{10-32}$$

稀电解质水溶液的渗透压为

$$\pi = iCRT \tag{10-33}$$

式中　π——溶液的渗透压，Pa；

C——摩尔浓度，mol/m^3；

i——电解质电离生成的离子数；

R——气体常数，8.314 $(N \cdot m)/(mol \cdot K)$；

T——绝对温度，K。

无机盐的渗透压很高：含氯化钠浓度 1g/L 的溶液，渗透压约为 0.07MPa；含氯化钠 35g/L 的海水，渗透压约为 2.5MPa。

（3）反渗透　对溶液施加的压力超过溶液的渗透压时，溶剂迁移的方向从浓溶液向稀溶液，实现从溶液中分离溶剂，此过程称为反渗透。反渗透同样是溶剂在等温的条件下由高化学位向低化学位的迁移。

反渗透膜上的孔径约为 2nm，比超滤膜的孔径小。反渗透常用的膜有：非对称醋酸纤维膜；复合膜；中空纤维膜；动力膜，如含羟基的多孔陶瓷、烧结氧化铝、玻璃纤维织物、聚砜多孔膜等。

10.3.1　反渗透器

反渗透器和超滤器都是加压操作过程的设备，差别在于反渗透膜的质地致密，操作压力更高。反渗透处理的料液必须经过预过滤，也可用超滤所得的渗滤液。反渗透器也是由膜组件组成，所用组件的形式与超滤类同，有以下几种。

（1）板式膜组件　反渗透用的板式膜组件又称淡水板，由板体、多孔薄板和膜所组成。一般都是双面有膜。淡水板根据它的结构形式，或装在耐压的筒体内，或叠装后用板和拉杆固定。板式膜组件很容易制造，也便于检修和更换组件，但结构不够紧凑。

（2）管式膜组件　管式膜组件用管状膜组装而成，也有在微孔管的内壁或外壁直接刮浆制膜而成。前者由于单位设备容积内的膜面积最小，现已很少使用。后者则结构简单，制造容易，且不易堵塞。

（3）槽条式膜组件　将聚丙乙烯或其他塑料在挤压机上加工成直径为 3.2mm 的长条，长条上有 3～4 条深度和宽度均为 0.5mm 的纵向沟槽，称为槽条。在槽条表面用涤纶长丝或其他纤维连续编织套管，然后在套管的编织面上连续涂浆制膜。槽条式膜组件的装配次序为：先将带膜的槽条切成所需的长度，然后取同样长的槽条按正三角形排列组成条束（图 10-9）。每根槽条的一端先用胶套密闭，另一端的周边也用橡胶密封并形成管板，然后封装在耐压的筒体内，

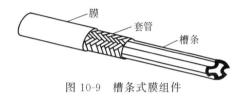

图 10-9　槽条式膜组件

这种组件容易制造，单位容积内膜面积比管式膜组件大。

（4）卷式膜组件　卷式膜组件用平面膜组成，它的构成与超滤膜组件相同。操作压力可达 2.8～4.2MPa。它的结构紧凑，但容易堵塞，不能拆洗。

（5）中空纤维膜组件　反渗透用中空纤维膜组件见图 10-10，一般都用外压式。料液在纤维间流动，渗滤液从纤维内腔流出。为方便制造，通常将中空纤维弯曲成 U 形，从两端的开口同时流出渗透液。纤维的两端都用环氧树脂浇注在端板中，在中空纤维束的中心，设置一多孔管，纤维束的外围则用网套围护。料液送入中心管，沿轴向均匀分布并按半径方向向外辐射，穿过纤维间，汇集在纤维束网套与压力筒之间，最后从筒端导出。这种组件的液体流程短，分布也均匀。组件的管板直径为 100～150mm，纤维束长约 1000mm，每个纤维束含有上百万支中空纤维。在这种膜组件的结构中，中空纤维膜仅需在两端给予固定，因此结构简单，单位设备容积膜面积最大。

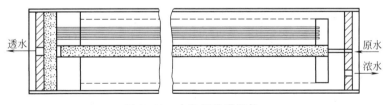

图 10-10　中空纤维膜组件

反渗透器的膜组件是由专业工厂制造，并提供技术说明供设计、使用单位选择。

反渗透膜对无机盐离子的截留率一般都很高，一级反渗透脱盐率 R 可达 0.9。如果料液浓度高，一级反渗透所得的渗滤液达不到工艺要求时，可进行第二次反渗透来提高渗透液的纯度。

为了减轻浓度极化的影响，反渗透器需在高流速下操作。当单组件处理能力不够时，可将若干个膜组件用并联或串联的方式组合。常用的一级反渗透操作有以下几种流程，如图 10-11 所示。

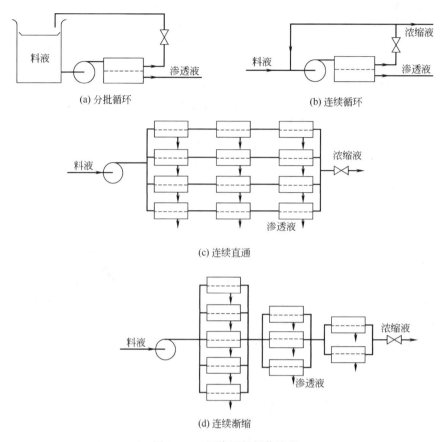

图 10-11 反渗透的操作流程

（1）分批循环流程 料液分批投入槽中，用高压泵连续送往反渗透器，渗透液料连续导出，浓缩液经减压后返回到料液槽中。待料液浓缩到指定浓度时，一次排出。此流程适合于小批量料液的浓缩。

（2）连续循环流程 料液经高压泵连续送入反渗透器，渗透液和浓缩液同时连续导出。为了达到高流速操作，将部分料液返回到泵前，构成循环流程。此流程适合小处理量，但渗透液的脱盐率比分批循环时低。

（3）连续直通流程 料液经高压泵连续送入，渗透液和浓缩液连续导出。为适合处理量和水回收率（或浓缩率）的要求，膜组件采用多组并联，而每组则是几个膜组件串联而成。

（4）连续渐缩流程 料液连续送入，渗透液和浓缩液连续导出。为了提高操作流速，膜组件采用多组串联，而每组并联的膜组件数则是逐渐减少。此流程的效率最高。

组成反渗透流程的设备，除了提高料液压力所必须的压力泵外，为防止膜组件堵塞，还需设置料液的预处理器，必要时还需装备温度和酸度调节装置。为了降低能耗，可通过水力涡轮机回收浓缩液的压力能。

10.3.2 过程计算及工业应用

10.3.2.1 过程计算

反渗透以压力差为推动力从溶液中分离溶剂，过程与超滤大致相同。两者的差别在于反渗透的截留对象是无机盐，一般有很高的截留率，也会在膜前形成凝胶层。反渗透膜两侧溶液的渗透压差很大，计算传质速率时不能忽略。

反渗透过程出现的浓度分布如图 10-12 所示。理论和实践表明：反渗透时的通量与用纯水在净压差推动下测得的通量相同。因此，反渗透时溶剂通量计算式为

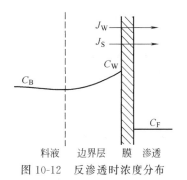

$$J_W = (\Delta p - \Delta \pi)/R_m \qquad (10\text{-}34)$$

图 10-12 反渗透时浓度分布

式中　J_W——溶剂通量，$m^3/(m^2 \cdot s)$；

　　　Δp——膜两侧的压力差，Pa；

　　　$\Delta \pi$——膜两侧的渗透压差，Pa；

　　　R_m——膜的阻力系数，$(Pa \cdot s)/m$。

反渗透过程有浓度极化，它的原因和情况与超滤过程相同。因此，也可导出以下关系式

$$J_W = \frac{D}{t} \ln \frac{C_W - C_F}{C_B - C_F} \qquad (10\text{-}35)$$

反渗透膜对无机盐的截留率较高，所以，$C_F \ll C_B$，因此，此关系式可简化为

$$J_W = \frac{D}{t} \ln \frac{C_W}{C_B} \qquad (10\text{-}36)$$

式中　D——溶液扩散系数，m^2/m^3；

　　　t——边界层厚度，m；

　　　C_B——溶质在料液主体的浓度，mol/m^3；

　　　C_W——溶质在膜表面处的浓度，mol/m^3；

　　　C_F——溶质在渗透液中的浓度，mol/m^3。

按下式定义浓度极化比 Z，并由式（10-36）得

$$Z = C_W/C_B = \exp(J_W t/D) \qquad (10\text{-}37)$$

由于有浓度极化，根据式（10-33），渗透压差的计算式为

$$\Delta \pi = i(C_W - C_F)RT = i(ZC_B - C_F)RT \qquad (10\text{-}38)$$

反渗透时的溶质通量计算式为

$$J_S = J_W C_F = J_W(1-\sigma)C_W = J_W(1-\sigma)ZC_B \qquad (10\text{-}39)$$

式中　J_S——溶质通量，$mol/(m^2 \cdot s)$；

　　　σ——截留率，%。

截留率定义为

$$\sigma = 1 - C_F/C_W \qquad (10\text{-}40)$$

由于膜表面的溶质浓度不易测得，又定义极化的表观截留率 σ_p

$$\sigma_p = 1 - C_F/C_B \qquad (10\text{-}41)$$

利用式（10-41）可以导出

$$(1-\sigma_p)/\sigma_p = \exp(J_W t/D)(1-\sigma)/\sigma \qquad (10\text{-}42)$$

浓度极化对反渗透过程有重大影响。它提高了渗透压差，使溶剂通量下降，又提高了浓度差，使溶质通量上升，即产品的产量和质量都有下降。为了减轻浓度极化的不利影响，可

采用提高通量、扰动料液、薄层流动等措施以降低流动边界层的厚度，以及适当降低操作压力和提高操作温度，这些都有助于降低极化比。

反渗透膜长期在高压力差下工作，膜体会被逐渐压实，膜面有污染物沉积，微孔也被堵塞，于是透水率逐渐下降。降压、洗涤可使膜的性能得到部分恢复。膜的溶剂通量随着工作时间的延续而下降的情况，可用下面经验式表达

$$J = J_0 \tau^m \tag{10-43}$$

式中　J_0——新膜的溶剂通量，$m^3/(m^2 \cdot s)$；

　　　J——膜工作后的溶剂通量，$m^3/(m^2 \cdot s)$；

　　　τ——工作延续时间，h；

　　　m——指数，$m = -(0.03 \sim 0.05)$。

工程应用的反渗透大都是连续操作。设料液的流量为 V_0（m^3/s）；含盐的浓度为 C_0（mol/m^3），渗透液的流量为 V_p，浓度为 C_p；还有未透过膜的浓缩液流量为 V_t，浓度为 C_t。对于这样的过程，根据物料衡算可列出

$$V_0 = V_p + V_t \tag{10-44}$$

$$V_0 C_0 = V_p C_p + V_t C_t \tag{10-45}$$

于是可解出过程产品的浓度。对于渗透液和浓缩液，各为

$$C_p = (V_0 C_0 - V_t C_t)/(V_0 - V_t) \tag{10-46}$$

$$C_t = (V_0 C_0 - V_p C_p)/(V_0 - V_p) \tag{10-47}$$

反渗透的操作特性，常用以下两项指标表述。

（1）脱盐率　根据原料与产品的浓度来定义脱盐率，计算式如下

$$R = 1 - C_p/C_0 \tag{10-48}$$

脱盐率与膜的截留率和极化比有关，也与水回收有关。由于料液在反渗透器内不断增浓，渗透液的浓度也相应增高，因此，脱盐率低于极化的表观截留率。

（2）水回收率　从料液中回收的溶剂量可从对溶质作物料衡算后解出。水回收率定义为

$$\eta = V_p/V_0 = (C_t - C_0)/(C_t - C_p) \tag{10-49}$$

由此可知，要提高水回收率就必须相应提高浓缩液浓度，然而浓缩液浓度过高就会降低有效压力差和提高渗透液浓度。由于泵所提供的压力和膜所能承受的压力是有限的，因此过高的水回收率是不经济的。

10.3.2.2　工业应用

反渗透主要用于水的处理和水溶液的浓缩。和其他分离过程相比，反渗透过程无相变化，不需加热料液，不耗化学品，因此分离费用最低廉。反渗透的工程应用有以下三种情况。

① 以渗透液为产品，即制备各种品质的水。例如海水、咸水的淡化，硬水软化制备锅炉用水，以及制备初级纯水作为制备微电子工业所用的高纯度水的原料。

② 以浓缩液为产品，在医药、食品工业中用以浓缩料液。例如抗生素、维生素、激素溶液的浓缩；果汁、茶叶浸泡液、咖啡浸泡液的浓缩。

③ 渗透液和浓缩液都作为产品。处理印染、食品、造纸等工业污水，使渗透液返回系

统循环使用，而浓缩液也便于回收和利用其中的有价值物质。

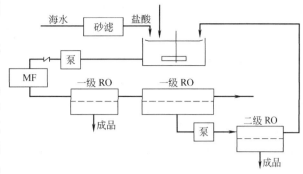

图 10-13　海水淡化流程

（1）海水淡化　用海水制取饮用水工艺流程如图 10-13 所示。

某海水含有 NaCl 3.2%，SO_4 0.15%，pH＝8。利用涨潮取水，滤去海藻、沙砾后送到储槽，海水的预处理包括加氯灭菌、加硫酸铝絮凝沉淀、经砂滤后加盐酸调节 pH＝6。反渗透分两级进行：第一级的前 15 组膜组件生产合格的淡水，压力 7MPa，后 30 组膜组件的渗透液含盐量高，需经第二次渗透以获得合格的淡水；第二级反渗透的压力为 6MPa。淡水的氯化物含量约为 0.25g/L，适合饮用。二级反渗透的浓缩液含盐约 1%，低于海水的含盐量，返回储槽供一级反渗透用。反渗透所得的淡水，还需经活性炭脱氯，必要时可加入少量矿物质后饮用。

（2）硬水软化　锅炉用水要求硬度低，溶解氧极微量，菌体及有机物在微量限度内。硬水经加氯灭菌、加硫酸铝絮凝沉淀、砂滤、加亚硫酸钠还原余氯和活性炭吸附等处理，加热至 32℃后进行反渗透，操作压力 2.8MPa，脱盐率可达 95%～98%。膜组件运行 30～40 天后用稀盐酸（pH＝3）清洗。膜的使用寿命在一年以上。用反渗透软化硬水时，水中不引入钠粒子，因而优于化学软化和阳离子交换法软化。

（3）果汁的浓缩　果汁的生产季节性强，处理量大，果汁的浓缩既是为了方便储存和运输，也是为了保证果汁性质稳定，不易变质。果汁具有糖分、有机酸、色、香、味等物质和果胶。果汁的浓缩就是除去部分水分，最常用的方法是蒸发。由于果汁中含有热敏性物质，长期受热会引起变色、变味，芳香物质则因挥发而几乎全部消失。用反渗透法浓缩果汁，是常温下操作，能耗最少，且不会发生热敏性物质的破坏，能保持原有风味。果汁所含的水溶性芳香物质是醇类、酯类和醛类，反渗透浓缩时随水分一起透过，损失率随着浓缩度的增加而增加。

（4）电镀污水的回收　零件经电镀后，经逆流漂洗去除电镀液。从系统排放的漂洗水中，含有电镀金属离子和 CN^- 离子。化学法使金属离子生成氢氧化物沉淀，CN^- 离子用氯气氧化。用反渗透处理时，浓缩液可返回电镀槽，经济效益是很显著的。印染、胶卷显影的漂洗水，也可按同法处理。

（5）渗透蒸发　使用致密的高分子膜对混合液体作组分分离。膜的另一侧是气体，用抽真空或惰性气体吹扫的方法，从膜表面带走气体化的透过物质，然后冷凝回收。渗透蒸发是有相态变化的膜分离过程。

渗透蒸发过程中，物质的迁移经过三个过程：

① 液体与膜接触，溶入膜表面；

② 液体以分子扩散方式透过膜；

③ 液体从膜的另一侧表面蒸发、气化而离去。

渗透蒸发的通量很低，稳态操作时膜上游表面的溶解平衡容易达到，膜的下游表面液体在低蒸汽分压下蒸发，蒸发速率通常是很高，因此渗透蒸发过程的速率控制因素是液体在膜内的扩散速率。

渗透蒸发装备简单，有很高的分离因数，在特殊的场合具有很大的应用潜力。渗透蒸发适合于混合液体中分离出少量易渗透组分。它可用于分离醇水混合物分离、水溶液脱除微量有机物，也可用于共沸物或组分沸点相近的溶液的组分分离。

10.4 气体渗透

混合气体的组分分离，有多种常规的方法可供选择。分离少量组分时，常用吸收或吸附。吸收是用液态的吸收剂分离易溶组分；吸附则用固态吸附剂分离易吸附的组分。分离混合气体的另一种方法是气体扩散，加压的气体流过壁上有微孔的扩散器时，部分气体透过微孔流出，经过多级扩散就可实现气体组分的分离。这种混合气体的膜分离操作过程称为气体渗透，所用的膜是致密膜。它以压力差为推动力，依靠气体组分在膜内的溶解度和扩散系数的差别进行分离。过程可根据分离对象来选择、研制适用的膜以取得高分离效能。气体渗透操作既无相变，又不用分离剂（吸收剂或吸附剂），是一种节能的分离方法。

气体渗透用无孔的致密膜，按材料可分为无机膜和有机膜。无机膜是用金属箔和玻璃膜；有机膜是用高分子聚合物制备。

10.4.1 气体渗透器

气体渗透器用平面膜或中空纤维膜制成。平面膜先制成卷式膜组件，然后再组装成单元设备。用中空纤维膜制成的单元设备，构成类似于管壳式换热器，可将单元设备并联或串联构成气体渗透器。

气体渗透是压力推动的过程，除非气体本身具有足够的压力外（如合成氨厂的排放气），一般需在每级渗透器前配备气体压缩机。

当过程的分离因数不高、原料气的浓度低或要求产品的纯度较高时，单级操作的气体渗透就不能满足工艺的要求，需将若干渗透器串联使用，组成级联。常用级联类型如图 10-14 所示。

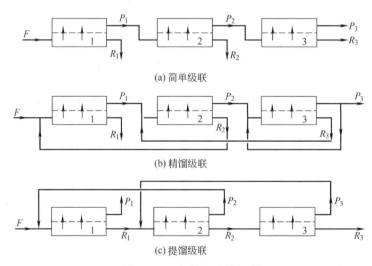

(a) 简单级联

(b) 精馏级联

(c) 提馏级联

图 10-14　气体渗透的级联

（1）简单级联　每级的渗透气体作为下一级的进料气，每级分离排出渗余气。因无物料在级间循环，故各级进料气逐级减少，末级的渗透气是级联的易渗产品。

（2）精馏级联　每级的渗透气作为下一级的进料气，将末级渗透气作为级联的易渗产品，第一级的渗余气体作为级联的难渗产品，其余各级的渗余气并入前一级的进料气中。还将部分易渗产品作为回流返回本级（即末级）的进料气中。这种级联只有两种产品，易渗产品的产量和纯度与简单级联相比有所提高。

（3）提馏级联 每级的渗余气作为下一级的进料气，将末级的渗余气作为级联的难渗产品，第一级的渗透气作为级联的易渗产品，其余各级的渗透气并入前一级的进料气中。这种级联只有两种产品，难渗产品的产量和纯度与简单级联过程相比有所提高。

（4）完全级联 它是精馏级联和提馏级联的组合，因此，级联的易渗产品与难渗产品的产量和纯度都有所提高。

气体渗透级联类似于精馏操作。然而，精馏属平衡分离过程，气液两相直接接触，易挥发组分从液相向气相迁移，难挥发组分则从气相向液相迁移，而组分是作反向迁移，直到系统达到平衡。气体渗透则是速率分离过程，渗透气和渗余气两相用膜分隔，易渗和难渗组分在各自的分压差推动下作同向迁移，两相间不存在平衡关系，已透过膜的难渗组分不会与易渗组分交换而返回到膜前。所以，要降低渗透气中的难渗组分，唯一的方法是重新加压再作一次渗透分离。

10.4.2 过程计算及工业应用

10.4.2.1 过程计算

气体透过致密膜是溶解、扩散和解吸的过程。气体透过膜的步骤为：

① 气体流向膜，与膜面接触；

② 气体溶入膜表面；

③ 气体在浓度差的推动下，在膜内扩散，到达膜的另一侧；

④ 气体从膜的表面释出。

由于气体渗透的机理是气体在膜内的溶解和扩散，膜的透气速率取决于气体在膜中的溶解度和扩散系数，因此，表达膜透气特性的渗透系数是溶解度和扩散系数的乘积

$$P = SD \tag{10-50}$$

式中 P——渗透系数，m^3（标准状况）$/(m \cdot s \cdot Pa)$ 或 cm^3（标准状况）$/(cm \cdot s \cdot cmHg)$；

　　S——溶解度系数，m^3（标准状况）$/(m^3 \cdot Pa)$ 或 cm^3（标准状况）$/(cm^3 \cdot cmHg)$；

　　D——扩散系数，m^2/s 或 cm^2/s。

气体透过致密膜的渗透系数为 $10^{-8} \sim 10^{-14}$ cm^3（标准状况）$/(cm \cdot s \cdot cmHg)$。

气体在膜内的扩散达到传递稳态时，可用 Fick 第一定律表述。单组分气体的通量计算式为

$$J_G = D(C_h - C_l)/t_m \tag{10-51}$$

式中 J_G——气体通量，$m^3/(m^2 \cdot s)$；

　　D——扩散系数，m^2/s；

　　C_h——高压侧膜面处的气体浓度，m^3/m^3；

　　C_l——低压侧膜面处的气体浓度，m^3/m^3；

　　t_m——膜厚度，m。

气体的溶解遵循 Henry 定律，即浓度正比于压力，代入式（10-51）得

$$J_G = D_S(p_h - p_l)/t_m = P(p_h - p_l)/t_m \tag{10-52}$$

式中 D_S——溶解度系数，$m^3/m^3 \cdot Pa$；

　　P——渗透系数，$m^3/m \cdot s \cdot Pa$；

　　p_h——高压侧气体压力，Pa；

p_l——低压侧气体压力，Pa。

混合气体的组分无相互作用时，各组分的通量为

$$J_{Gi} = P_i(p_{hi} - p_{li})/t_m \tag{10-53}$$

式中　J_{Gi}——组分 i 的通量，$m^3/(m^2 \cdot s)$；

$\quad\quad P_i$——组分 i 的渗透系数，$m^3/(m \cdot s \cdot Pa)$；

$\quad\quad p_{hi}$——组分 i 在高压侧的分压，Pa；

$\quad\quad p_{li}$——组分 i 在低压侧的分压，Pa。

此式仅在气流充分湍流时才适用，否则需考虑高压侧边界层中浓度极化的影响。

对于双组分混合气体，设易渗透组分为 A，它在高压侧的摩尔分数为 x，在低压侧为 y。则组分 A 在膜两侧的分压各为 $p_h x$、$p_l y$，组分 B 的分压各为 $p_h(1-x)$、$p_l(1-y)$。经过一次渗透能达到的分离因数 α 为

$$\alpha = \frac{y/x}{(1-y)/(1-x)} = \frac{P_A}{P_B} \cdot \frac{(1-x)(1-y)}{[(1-x)(1-y) + \gamma(P_A/P_B - 1)]} \tag{10-54}$$

式中　γ——压力比 $\gamma = p_l/p_h$。

此式表明在高压下操作时，$\gamma \to 0$，分离因数趋近于它的最大值（P_A/P_B）。

工业渗透装置是用许多膜组件以并联或串联的方式组成，组合形式取决于装置的处理量、膜组件的处理能力和组分的回收率。无论是并联还是串联组合，操作时透气量与进气量之比对产品的纯度和回收率都有重大影响。渗透气作为产品时，提高透气量可提高回收率，但降低了纯度。

气体渗透的工艺计算，对于串联装置是逐个计算单元膜组件的分离过程，以确定装置的组件数。以双组分气体的分离为例讨论技术方法。设组件的进气量为 $F(m^2/s)$，透过比为 r，组分 A 在进料气、渗透气和渗余气中的摩尔分数分别为 w、y、z。操作时，在高压侧的气体总压为 p_h，在低压侧为 p_l。膜组件的膜面积为 $A(m^2)$，膜厚度为 t_m，两个组分的渗透系数各为 P_A、P_B。这一系列参数中，只有摩尔分数 y、

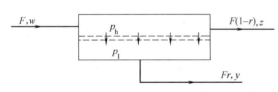

图 10-15　膜组件的物料流

z 和膜面积 A 是未知数，需建立三个方程去求解。物料流如图 10-15 所示。

工业用气体渗透过程属连续操作，进料气中组分 A 的摩尔分数从 w 逐渐变为 z。为简化计算，取平均值 $(w+z)/2$ 作为膜前气体组成。计算时取的 r 愈小，z 与 w 的差值愈小，计算误差也愈小。

列出组分 A 的物料衡算式为

$$Fw = Fry + F(1-r)z \tag{10-55}$$

此式可简化为

$$w = ry + (1-r)z \tag{10-56}$$

渗透气的组成取决于各组分的渗透通量，因此得

$$y = J_A/(J_A + J_B) \tag{10-57}$$

两组分的渗透通量分别为

$$J_A = P_A \left[p_h \left(\frac{w}{2} + \frac{z}{2} \right) - p_1 y \right] \Big/ t_m \qquad (10\text{-}58)$$

$$J_B = P_B \left[p_h \left(1 - \frac{w}{2} - \frac{z}{2} \right) - p_1(1-y) \right] \Big/ t_m \qquad (10\text{-}59)$$

经整理得

$$\frac{1}{y} = 1 + \frac{P_A}{P_B} \left[\frac{p_h \left(1 - \frac{w}{2} - \frac{z}{2} \right) - p_1(1-y)}{p_h \left(\frac{w}{2} + \frac{z}{2} \right) - p_1 y} \right] \qquad (10\text{-}60)$$

从式（10-56）和式（10-60）可解出 y、z。

所需的膜面积 A，可从传质方程求得

$$Fr = J_A A + J_B A \qquad (10\text{-}61)$$

得到

$$A = Fr / (J_A + J_B) \qquad (10\text{-}62)$$

10.4.2.2 应用

（1）从工业气中回收氢 氢是重要的工业原料，从废气如合成氨排放气、石油炼油厂和氢化反应的尾气等工业废气中回收氢具有重要的意义。如合成氨的废气中，含氢气 63%、氮气 21%、氨气 2%，其余为氩、甲烷等惰性气体。废气经水洗脱氨后，进入两组串联的气体渗透器，第一组的渗余气作为第二组的进料气。第一组渗透气的压力较高，送往氢氮压缩机的第二段入口，第二组渗透气的压力较低，送往压缩机第一段的入口。经两组膜渗透器后，气体中平均组成为氢 89%、氮 6%，其余为惰性气体；渗余气中含氢 20%、氮 42%，其余为惰性气体。气体渗透的氢回收率约为 90%。

（2）从天然气中回收氦 天然气经分离水、过滤、压缩并加热以后，用两级气体渗透。第一级由 8 个膜组件组成，进料气串联流过，渗透气并联流出。第一级的渗透气送往第二级。第二级由两个膜组件，进料也是串联，渗透气是产品，部分渗余气在级内循环，另一部分返回第一级，并入进料气中。第一级的操作压力为 5.8MPa，温度为 47℃；第二级的压力为 6.4MPa，温度为 26℃。各级渗透气的压力接近常压。第一级的进料气为含氦气 5.7% 的天然气和含氦气 11.5% 的第二级渗余气。第一级的渗余气中含氦气 2.3%。第二级的进料气即第一级的渗透气，含氦气 82.5%。氦气的回收率约为 62%。

（3）富氧空气的制备 氧气用于医疗、冶炼和化学反应等方面。传统的空气制备氧气是将空气液化后用精馏分离，可得到纯度高的氧气，但设备和操作费用高。用分子筛变压吸附制氧，设备虽简单，但产品的输出不是连续的。用气体渗透膜制备富氧空气，操作简便，供气连续，易于小型化，便于医疗应用。用聚砜多孔膜加上二甲基硅氧烷的涂层，氧的选择性透过很好，空气在 0.6MPa、40~50℃ 的条件下，一次渗透就能取得含氧 34% 的富氧空气。

（4）天然气的纯化 从天然气中分离二氧化碳，提高甲烷等可燃气体的含量，以提高它的热值。如天然气中含有甲烷 40%、二氧化碳 60%，用气体渗透法纯化，操作压力为 6MPa，第一级渗余气的组成为甲烷 95.4%、二氧化碳 4.6%，渗透气组成为甲烷 20.5% 和二氧化碳 79.5%。渗透气加压后进入第二级渗透，渗余气组成与第一极相近，渗透气组成为甲烷 5.2% 和二氧化碳 94.8%。甲烷的回收率达 92%。气体渗透法也可分离发酵生物气中二氧化碳。

10.5 液膜分离

液膜分离是将第三种液体展成膜状以分隔两个液相。由于液膜的选择性透过，第一液体

（料液）中的某些组分透过液膜进入第二液体（接受液），然后将三者各自分开就实现了料液组分的分离。

液膜是分隔两种液体的第三种液体，它与被分隔液体的互溶度必须很小，否则液膜会因溶解而消失。因此，若料液为水溶液时，用有机溶剂作液膜；当料液为有机溶液时，用水溶液作膜液。液膜与固膜不同，它没有一定的形状，只有在一定的条件下展开成膜状。分离所用的液膜有三种形式：支撑液膜、液滴膜和乳液膜，如图 10-16 所示。

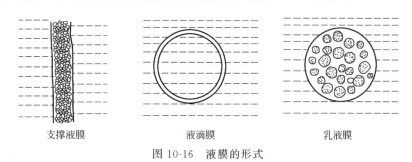

图 10-16　液膜的形式

10.5.1　液膜分离设备

液膜分离设备，取决于所用的液膜类型。

（1）支撑液膜设备　支撑液膜所用的支撑物有聚砜、聚四氟乙烯、聚丙烯和纤维素的微孔膜，制成薄片、毛细管和中空纤维。微孔平面膜构成的支撑液膜分离装置，采用板框结构。微孔管状和中空纤维膜结构的膜分离装置，采用管壳式结构，类似于中空纤维的渗析器。在支撑液膜分离器中，膜相液体附着在微孔膜内，只需适时补充和清理。料液和接受液分别在膜的两侧流过。

（2）液滴膜设备　液滴膜分离设备，由分离柱和蒸馏器组成，如图 10-17 所示。分离混合烃，膜相是水溶液，密度较大；芳香烃和烷烃的混合物是液体，密度较小，作为内相；渗透物的接受液为重烃，密度居中，作为外相。为了能用简单蒸馏从外相中分离所接受的渗透物，重烃的沸点应比渗透组分高 50～200℃。

分离柱中的液体，自上而下分成三层：底层是膜相液，中层是外相液，上层是已凝结的内相液。料液自柱底进入，经分布器分散成液滴进入膜相液层。液滴上浮通过膜相液与外相液的界面时，就形成了水包油型的液滴膜。带着水膜的液滴在外相中浮升，在运动过程中进

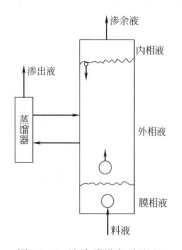

图 10-17　液滴膜设备及流程

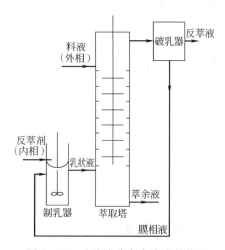

图 10-18　乳液膜分离水溶液的装置

行液膜分离，组分从滴内透过水膜渗入外相中，液膜的选择性透过使芳香烃较多地进入外相，从而使难渗组分烷烃富集于内相。带水膜的液滴汇集于外相液的顶部凝聚。分离出的内相聚成液层，从顶部溢出。渗余液富集了难渗组分。从液滴上脱下的水膜凝聚成水底，在外相液层中下降，返回柱底，并入膜相液层。外相液从分离柱送往蒸发器，蒸出所接受的渗透组分后返回分离柱。馏出物中富集了料液中的易渗透组分。液滴膜由于液滴直径较大，液膜的稳定性较差，分离柱内的传质面积小，因而上述设备仅用于实验研究。

（3）乳液膜设备　用乳液膜分离水溶液的装置由制乳、萃取和破乳三种设备组成，如图10-18 所示。在制乳器内，将内相液加到配制好的膜相液中，用强烈的搅拌制成内相细分散的乳状液。然后，将外相液作连续相，乳状液作分散相，在通常的萃取设备中进行萃取操作。从萃取器出来的乳状液，经破乳器分离成单独的膜相液和内相液，膜相液返回到制乳器循环使用。对水溶液作溶质分离时，料液作为外相，经萃取后成为萃余液，转入下一工序。从破乳器分离出来的内相是富集了被萃组分的反萃液。

常用的制乳设备是搅拌槽。强烈的搅拌使内相分散成微液滴，悬浮在膜相液中。乳状液中膜相体积 V_o 对内相体积 V_i 之比称为膜内比 R_{oi}。膜内比的下限，取决于内相液的最大填充限度。运动球体的紧密填充度约为 0.60，相当于空隙（连续相）对球体（分散相）的体积比为 0.67。最小膜内比还需考虑分隔微滴的液膜，因此必须是 $R_{oi} \geqslant 0.7$，才有可能得到所需的分散情况，否则就会出现相反的分散情况。提高膜内比可增加液膜的稳定性，但内相减少就会降低乳状液的萃取容量。通常用 $R_{oi} \leqslant 2$，在 $R_{oi} = 0.67 \sim 1.5$ 范围内，两种情况（O/W 或 W/O）都可能出现。因此，必须选择优先润湿膜相材料作制乳设备，以保证制得预定相分散状况的乳状液。

常用的萃取设备是搅拌槽或转盘塔，前者适用于分批操作，后者用于逆流操作。萃取操作时，乳状液作为分散相，乳状液体积 V_e 对外相液体积 V_w 之比称为乳水比，$R_{ew} = V_e/V_w = (V_o + V_i)/V_w$。降低乳水比可减轻乳液用量，也可提高反萃取浓度。常用的乳水比为 $R_{ew} = (1/5 \sim 1/3)$。内相有化学反应或偶合逆向迁移时，内相所含的试剂量必须大于化学反应的理论量。

破乳是先使微液滴凝聚，然后分离成单独的膜相和内相。在萃取操作时，要求乳液膜稳定，以免液膜破裂时内相混入外相。但为了取得内相液和循环利用膜相液，萃取后又必须破坏乳状液。破乳的方法有加热法、高压静电法和高速离心法等。高压静电法适用于油包水型乳状液。直流高压是电泳凝结；交流高压形成振荡，促使水滴凝聚。破乳是用乳液膜分离时最困难的操作。

10.5.2　过程计算

液膜分离的传质过程，涉及三个液相和两个界面。在两个相界面上有不同的平衡关系。因为物质的传递有时是单一物质传递，有时是几种物质的分别传递，而有时则是两种物质作等当量的传递，称为偶合传递。物质传递的方向，不仅有溶质从料液透过膜向接受液作单向传递，也有两种物质同时透过膜作双向传递。因此，液膜分离过程能够实现萃取-反萃取分离过程所不能进行的分离过程。

液膜分离过程的物质传递是：来自料液主体的溶质，依次通过上游的边界层、液膜和下游的边界层就进入接受液主体。由于所用液膜类型和设备类型的多样性，在液膜内和上、下游边界层内的传质情况也是多样性的。边界层的传质取决于物系的物理性质和流体力学状况，可参照萃取过程的有关资料。在此只讨论液膜传质的计算。

支撑液膜和液滴膜是停滞的液体薄层，溶质以分子扩散的方式透过液膜。

对于无载体的液膜，膜内上、下游表面处的溶质浓度取决于相间的溶解平衡。可按萃取同样的方式，用液体浓度和分配系数的乘积来表达与之平衡的膜相浓度。因此，溶质在无载体液膜中的传递通过量计算式为

$$J = D_m (m_1 C_1 - m_2 C_2) / t_m \tag{10-63}$$

式中　J——溶质传递通量，$kmol/(m^2 \cdot s)$；

　　　　D_m——溶质在膜内的扩散系数，m^2/s；

　　　　t_m——液膜厚度，m；

C_1，C_2——溶质在上、下游界面处的液相浓度，$kmol/m^3$；

m_1，m_2——溶质在上、下游界面处的分配系数。

式中，$m_1 C_1$ 和 $m_2 C_2$ 各表达上游和下游界面处的溶质膜相浓度，当分配系数 $m_1 = m_2 = m$ 时，计算式可简化为

$$J = D_m m (C_1 - C_2) / t_m \tag{10-64}$$

膜相有载体时，被萃取组分与载体经化学反应后进入膜相，在膜内扩散传递的是萃取化合物。因此，通过量计算式中的推动力项应是萃取化合物的浓度差，计算式改为

$$J = D_{pm} (C_{p1} - C_{p2}) / t_m \tag{10-65}$$

式中　D_{pm}——萃取化合物在膜内的扩散系数，m^2/s；

C_{p1}，C_{p2}——萃取化合物在上、下游界面处的膜相浓度，$kmol/m^3$。

萃取化合物的浓度不仅与所传递的溶质浓度有关，还与反应平衡常数及有关组分的浓度有关。

溶质在乳液膜内的迁移情况比具有固定膜厚的支撑液膜复杂得多。外相与膜相间的界面是每个乳液滴的总表面，内相界面面积比外相界面大得多。由于膜相液中含有较多的表面活性剂，它阻止了乳液滴的内部循环，也阻止了微液滴的对流，使乳液滴的传质行为相当于固体球，即物质只能以分子扩散的方式进行传递。由于微液滴的比表面积很大，所以它和周围的膜相液基本上处于平衡状态。

在传质过程中，乳液滴内可分为两个区域：外围的饱和区和核心的未作用区。在饱和区内，当料液浓度较高时，内相中的反应试剂基本消耗完；当料液浓度较低时，则试剂未能耗完，而是与周围膜液达成某个平衡。在未作用区，内相中的反应试剂仍为初始浓度。在这两个区域之间，有相当明显的分界，分界所在位置的半径，称之为前沿半径。随着传质的进行，前沿半径从乳液滴的表面开始逐渐向内收缩。因乳液滴的当量液膜厚度是随着过程的延续而逐渐增加的，它的平均传质表面则逐渐减少，从而表现为乳液的传质速率下降程度与接触时间的平方根成正比。

10.6　渗析过程

10.6.1　渗析概述

渗析是溶质分子在浓度差的推动下透过膜的分离过程。如果溶液中含有两种或多种溶质，有些容易透过，有些不易透过，由于存在渗析速率的差异，就可实现组分的分离。渗析可用分批操作，也可连续操作。分批渗析时用两份液体：渗析液和扩散液。两种液体处于膜的两侧，溶质从渗析液透过膜向扩散液迁移。连续渗析操作时需有两股液流：一股是料液，经渗析后称为渗析液或渗余液；另一股通常是清水，用以接收透过的溶质，称为扩散液。渗

析使易渗溶质转移到扩散相内，难渗溶质留在渗析液中，这就实现溶质组分的分离。在渗析过程中还伴随着溶剂、溶质的渗透，这是溶剂透过膜的迁移。

电渗析是在直流电场作用下进行的离子渗析。在电位差的作用下，水溶液的阳离子向阴极迁移，阴离子向阳极方向迁移，结合适当配置的阳离子交换膜和阴离子交换膜，就可以实现溶液脱盐、溶液浓缩、溶液的脱酸或脱碱、盐溶液的水解等。

渗析分离的机理是膜对溶质的选择透过。现在渗析用膜有两类：一类是不带电荷的微孔膜，它依据筛分和位阻的原理来选择透过溶质；另一类是带有电荷的离子交换膜，它除了筛分、位阻作用外，还有电场的作用，它主要用于按离子物质所荷的电性作选择。

10.6.2　渗析器及工业应用

10.6.2.1　渗析器

工业渗析器是连续操作的，有渗析液和扩散液两股液体流过，所以设备上设有两个进口和两个出口。渗析器是常压操作，设备的构形主要取决于膜的形状。非电荷渗析膜有平板膜和中空纤维膜，而离子交换膜只有平面内膜。渗析器有板框型、膜袋型和管壳型。管壳型渗析器由中空纤维膜组成，结构类似于超滤用的中空纤维膜组件。膜袋型渗析器的膜袋由平面膜构成，类似于过滤机的滤叶结构，成组的膜袋垂直悬挂在水平的长槽中，料液分批或连续送入。水则分别通入每个膜袋，从上部送入、底部导出。板框型渗析器也是由平面膜组成，它的构成类似于板框式压滤机，结构较紧凑，是最常用的形式。

在板框式渗析器内，许多渗析膜和隔板相间平行安放，组成膜组，如图 10-19 所示。膜组的两侧是刚性的压紧板，用长的螺旋拉杆锁紧。隔板使相邻的渗析膜之间形成小室，作为渗析液或扩散液与膜大面积接触并连续流过通道。在这一系列小室中，相邻小室流过不同的液体，渗析液中的渗析组分，透过渗析液室两侧的膜，进入相邻的扩散室中。隔板的结构与电渗析器所用的相同，将在后面讲到。

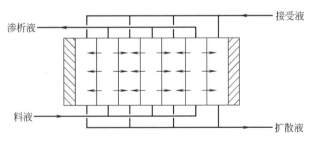

图 10-19　板框式渗析器示意图

浓度差是渗析过程的推动力。为在渗析器内取得最大的平均浓度差，需使渗析液与扩散液在膜的两侧作逆向流动。在渗析液侧，由于溶质的渗出和溶剂的渗入，边界层内溶质比渗析液主体为低。在扩散液侧，由于溶质的渗入和溶剂的渗出，边界层内溶质的浓度比扩散液主体为高。浓度差引起密度差，浓溶液重而下沉，稀溶液轻而上浮，从而产生边界层液体的自然对流。渗析是低传质速率的过程，液体的操作速率低，因此自然对流的速度对边界层传质的速率影响很大。为了使自然对流促进传质，渗析膜必须垂直安装，渗析液和扩散都是将浓度较高的阶段位于管道的下方，即料液从下方进入，渗析液从上方引出，水从上方进入，扩散液从下方引出。这样安排的流向即是逆流渗析。自然对流提高了膜面附近的液体流速，促进了传质，且不会影响返混而影响传质。

一般渗析传质系数很低，渗析器的渗析膜面积很大，为了合理设计渗析器，对有关结构和操作参数进行合理的选择，分析如下。

设料液的处理量为 $Q(\mathrm{m}^3/\mathrm{s})$，用相同流量的水接受渗析溶质，并指出渗析组分在扩散液中的回收率为 η。计算时忽略水的迁移，已知渗析组分的浓度从料液中的 $C(\mathrm{kmol/m}^3)$ 降至渗析液出口处 $C(1-\eta)$；同时扩散液从 0 升至 $C\eta$。采取逆流渗析，渗析器两端的浓度差为 $\Delta C=C(1-\eta)$，所以平均浓度差为 $\Delta C_\mathrm{m}=C(1-\eta)$。

达到指定回收率时，设备的渗析传质速率应为 $N=QC\eta$，所需的渗析面积则为

$$A=\frac{N}{U\Delta C_\mathrm{m}}=\frac{QC\eta}{UC(1-\eta)}=\frac{Q}{U}\frac{\eta}{1-\eta} \tag{10-66}$$

经验得知，液体流速对渗析传质系数的影响很小，因此回收率对设备所需的渗析面积影响很大。由于膜的价格较高，使用寿命有限，所以采用高回收率并不合算。

设渗析器内有 n 个料液流道。流道的尺寸为长度 l（m）、宽度 b（m）和高度 h（m），双面渗析，可以算出渗析面积为

$$A=2nbl \tag{10-67}$$

流道面积为

$$F=nbh \tag{10-68}$$

当操作流速为 $w(\mathrm{m/s})$ 时，料液和扩散液的流量均为

$$Q=Fw=nbhw \tag{10-69}$$

所需的流道长度应为

$$l=\frac{A}{2nb}=\frac{Q}{2nbU}\times\frac{\eta}{1-\eta}=\frac{hw}{2U}\times\frac{\eta}{1-\eta} \tag{10-70}$$

料液在渗析器内的停留时间为

$$\tau=\frac{l}{w}=\frac{h}{2U}\frac{\eta}{1-\eta} \tag{10-71}$$

渗析器内料液和扩散液的存液量为

$$V=2Q\tau=\frac{Qh}{U}\frac{\eta}{1-\eta} \tag{10-72}$$

由此可见，减小流道高度和降低操作流速可缩短流道长度、减少设备体积，还可降低设备的操作压力降。因此，渗析器的隔板厚度（即流道高度）通常用 $1\sim2\mathrm{mm}$，操作流速是 mm/s 级，而通道数可达 $100\sim200$ 或更多。

10.6.2.2 工业应用

非电荷膜渗析与超滤相同，可分离出能透过膜的小分子溶质，但超滤不需要外加渗析溶质的接受液。因此，渗滤液的浓度高于扩散液，滤余液的浓度也高于渗析液。这就表明超滤分离时有浓缩作用，而渗析分离时却有稀释作用。所以，许多工业分离都用超滤而不用渗析。然而，渗析过程较缓和，操作流速低，料液不加压，因而不会损坏大分子溶质。在生化工程中用于大分子中除去小分子，在医疗方面用作人工肾脏。

离子交换膜渗析的工程应用是电解质的混合溶液分离，即用阳离子膜分离游离碱或用阴离子膜分离游离酸。

（1）从木屑水解液回收硫酸　木屑用 80% 的硫酸水解制葡萄糖，水解液含 30%～45%

硫酸。为了除去硫酸，可先用过滤除去水解液中的木质素，再用阴离子交换膜渗析，可获得 20%～25%的硫酸溶液，硫酸的回收率达 80%，扩散液中葡萄糖的浓度仅为 2%～3%。回收的稀硫酸可回用。

（2）氢氧化钾的精制　氢氧化钾从工业品精制到试剂级，主要除去氯离子、硫酸根离子和重金属。将工业品级的氢氧化钾配制成 650g/L 左右的水溶液，用阳离子交换膜渗析，用去离子水接受扩散溶质。得到的扩散液含氢氧化钾 420～500g/L，杂质含量达到试剂级的要求。

（3）压渗析　它以压力差为推动力，从溶液中分离出盐分。透过膜的盐组分增浓，留下的是淡化的溶液。压渗析技术的关键是制备性能优良的镶嵌膜，即用阳离子交换膜与阴离子交换膜并列构成镶嵌膜，膜内具有平行的阳离子透过部分和阴离子透过部分。将此膜的一侧与高压的盐类溶液接触，外液与膜内溶液达到平衡，而膜内溶液在压力差的推动下向低压侧流出。

10.6.3　电渗析器及工业应用

10.6.3.1　电渗析的基本原理

电渗析过程的原理如图 10-20 所示。在阴极和阳极之间交替排列一系列阴离子交换膜和阳离子交换膜。阴离子交换膜能使阴离子透过，阳离子交换膜能使阳离子透过。在两种膜形成的空间中充满了氯化钠的水溶液，当直流电源接通后，带负电的阴离子会向阳极迁移，受到阳离子交换膜的阻挡在 2、4 室内集聚；带正电的阳离子会向阴极迁移，受到阴离子交换膜的阻挡也在 2、4 室内集聚，于是形成了交替排列的稀溶液和浓溶液。在电极处发生电解，在阳极产生氯气，在阴极产生氢气。图 10-20 所示的五室电渗析示意图中仅有一个渗析室，两极区消耗电能占总耗电的大部分。在实际应用过程中，常把几百对腔室串联在一起，以提高用电的效率。

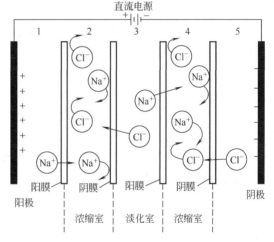

图 10-20　电渗析过程原理示意

10.6.3.2　电渗析器

电渗析器设备由电渗析器本体及辅助设备两部分组成。电渗析器本体有板框式和螺旋卷式两种。图 10-21 为板框型电渗析器的结构，它主要由离子交换膜、隔板、电极和夹紧装置等组成，整体结构与板式热交换器相类似，主要是使一列阳、阴离子交换膜固定于电极之间，保证被处理的液流能绝对隔开。电渗析器两端为端框，每框固定有电极和用以引入或排出浓液、稀液、电极冲洗液的孔道。一般端框较厚、较紧固，便于加压夹紧。电极内表面呈凹陷状，当与交换膜贴紧时即形成电极冲洗室。隔板的边缘有垫片，当交换膜与隔板夹紧时即形成溶液隔室。通常将隔板、交换膜、垫片及端框上的孔对准装配后即形成不同溶液的供料孔道，每一隔板设有溶液沟道，用以连接供液孔道与液室。

电渗析器不仅不能渗漏液体，也不能漏电。电渗析器的辅助设备包括整流器、过滤器、泵和必须的监测器。

（1）离子交换膜　膜是电渗析的主要构件，对膜的要求是：选择性高，电阻小，化学稳定性好，成本低，强度高等。按膜体结构，离子交换膜可以分为三种。

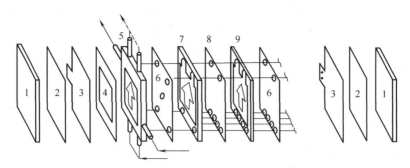

图 10-21　板框型电渗析器基本组成形式

1—压紧板；2—垫板；3—电极；4—垫圈；5—导水、极水板；6—阳膜；7—淡水隔板框；
8—阴膜；9—浓水隔板框

① 异相离子交换膜由磨细的离子交换树脂和黏合剂按一定比例混合加工而成。

② 均相离子交换膜中不含惰性黏合剂，整张膜是连续均匀的离子交换树脂薄膜。

③ 半均相离子交换膜是把树脂和黏合剂一同溶于溶剂中，成膜后让溶剂挥发，其性质介于上述两者之间。通常按膜的选择透过性可分为阳离子交换膜和阴离子交换膜。前者含有酸性交换基团，解离后膜上的固定离子带负电，只能透过阳离子。后者还含有特殊性质的离子交换膜，如膜中既有阳离子交换树脂基团又有阴离子交换基团的两性膜。

（2）隔板　放在阴、阳膜之间，既是膜的支撑物又是膜之间的隔离物，使膜面间不重叠，从而形成浓、淡液隔离。隔板也作为流水通道，有的隔板在流水道中粘有隔板网，使流体产生湍动，减小边界层厚度以提高脱盐率，降低电耗。设计应有利于提高与溶液直接接触的膜面积，以增加每板单位时间的处理量。隔板的排列总块数根据设计液量决定，设计液量越大，排列总块数就越多。因两极间的电压降与隔板总数成正比，所以在输出电压一定的情况下，排列的隔板总数不能无限地增多。隔板内流槽的流程总长度对电渗析的产品质量影响极大，一般来说，流程长度越长，产品质量就越好。

隔板按水流形式可分为回流式隔板与直流式隔板两种，如图 10-22 所示。前者又称长流程隔板，液体流速大、湍流程度好、脱盐效率高，但流体阻力大；后者又称短流程隔板，特点是液体流速较小，阻力也小。

（3）电极　在电渗析器的两侧引入直流电源，作为电渗析脱盐的推动力。选用的材质要求导电性能好、过电压低、机械强度高、化学稳定性好等。目前采用的主要有石墨、钛丝涂

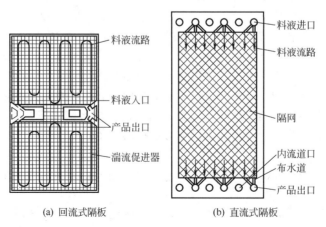

(a) 回流式隔板　　　　　　　(b) 直流式隔板

图 10-22　隔板示意图

钉或钛丝涂铂等。

（4）极框　极框的作用是不使极室内发生的电极反应产物和沉积物冲出，其形式与隔板相同，只是厚度稍大，一般在 $10\sim15mm$。

（5）固定装置　包括铁夹板、螺杆、螺母等，将上述膜、极框、电极等依次排列后夹紧，使整台装置紧密不漏水。

10.6.3.3　工业应用

电渗析的工业应用主要是各种水的脱盐。如海水、苦水或咸水的淡化，制成生活用水；将各种自来水纯化为锅炉用水、化工生产用水或制备高纯度水用的初级水。电渗析还用于脱酸。如柑橘、葡萄等水果制成的果汁常含有过量的柠檬酸而不合口味，用电渗析除去部分柠檬酸根离子可以调节果汁的酸度和口味。

10.7　渗透蒸发

渗透蒸发（pervaporation，PV）也称渗透汽化或全蒸发，是利用混合溶液中的不同组分在膜中溶解、扩散能力的不同，使某一组分优先渗透来实现分离的。由于在分离过程中有相变，必须向过程提供一定热量。商用渗透汽化膜的选择性很高，在处理某些用常规方法分离时能耗高、费用高的近沸、恒沸体系，这一分离技术具有很大的优势。

在膜的制备方面，已应用制备非对称复合膜技术开发出了一些化学性和热稳定性良好、分离因子较高且造价便宜的渗透汽化复合膜。尤其是德国 GFT 公司在欧洲首先建立了乙醇脱水制高纯酒精的渗透蒸发工业装置。到 20 世纪 90 年代初已有 100 多套渗透蒸发装置投入应用。除了用于乙醇、异丙醇脱水外，还用于丙酮、乙二醇、四氢呋喃、乙酸等溶剂的脱水。1988 年，GFT 公司在法国 Betheniville 建成了日产 $150m^3$ 无水乙醇（>99.5%）的渗透蒸发装置，是当时世界上规模最大的渗透蒸发装置。

10.7.1　渗透蒸发过程原理及计算

如图 10-23 所示，液体混合物被泵打入膜分离器后，膜选择性地吸附原料中的某一组分。被吸附组分在膜中扩散，最后在膜的渗透物侧脱附进入气相。推动力是膜两侧渗透组分的分压差，这一压差可用真空泵抽真空或通过惰性气体吹扫方法来维持。

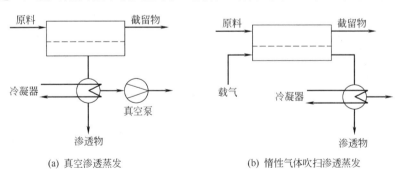

(a) 真空渗透蒸发　　　　　　　(b) 惰性气体吹扫渗透蒸发

图 10-23　渗透蒸发过程示意

通常在膜透过侧的压力足够低的情况下，组分在透过侧的解吸是很快的。在一般操作中，透过侧的压力都很低，可以不考虑解吸步骤对传递过程的影响。因此膜的选择性和渗透速率主要受组分在聚合物膜中溶解度和扩散速率的控制。有些溶剂能使聚合物溶胀，促进链节的自由转动，减少扩散活化能。由于高分子链间距离变大更有利于组分扩散，所以如果组分在膜中的溶解度越大通常它在膜中的扩散速率也越大。

对某一组分，由线性通量-推动力关系可得它的传质方程

$$J_i = -L_i \frac{\mathrm{d}\mu_i}{\mathrm{d}x} = -\frac{L_i RT}{\alpha_i} \frac{\mathrm{d}\alpha_i}{\mathrm{d}x} \tag{10-73}$$

若把 α_i 表示为 p_i / p_i^0，且渗透汽化膜在分离过程中其分离皮层各相同性，α_i 与膜材料无关，则

$$J_i = -\frac{L_i RT}{p_i l}(x_i \gamma_i p_i^0 - y_i p_p) \tag{10-74}$$

式中　L_i——常数；

　　　α_i——组分 i 的活度；

　x_i，y_i——液相和气相中组分 i 的摩尔分数；

　p_i^0，p_i——给定温度下纯组分 i 的饱和蒸气压和组分 i 的蒸气压；

　　　γ_i——组分 i 的活度系数；

　　　p_p——气相的总蒸气压。

在渗透蒸发过程中，液体通常使膜的分离层发生一定程度的溶胀。溶胀程度与膜中溶剂的浓度分布有关。在原料侧溶剂浓度高，溶胀程度比较大；而在渗透物侧，溶剂浓度比较低，几乎不溶胀。如前所述，溶胀导致聚合物链的活动加快，自由体积变大，溶剂的扩散速率变大，而溶剂扩散速率的变化又影响溶胀的状况。

10.7.2　渗透蒸发膜组件

渗透蒸发经常处理热的、含有有机溶剂的料液，因此对装置的密封材料提出了很高的要求；而且渗透汽化过程要求渗透物侧应有足够的空间，以利于渗透气被迅速带走。由于这两点的限制，目前实际应用中都采用不锈钢材质的板框式组件。图 10-24 所示为比较流行的 GFT 公司板框式渗透汽化膜组件示意图。

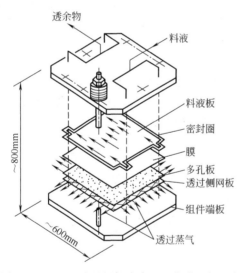

图 10-24　GFT 公司板框式渗透汽化膜组件示意

10.7.3　应用

传统的精馏技术是根据气液平衡来进行分离的，具有应用面广、处理量大、投资处理费用不高等优点。但用于液体混合物中除去少量液体、分离具有恒沸组成的体系、分离组分间相对挥发度差异很小的体系时，能量消耗很大，很不经济。渗透汽化与精馏的分离原理不同，在处理上述体系时具有优势。如果将渗透蒸发和精馏结合起来，就能克服它们各自的缺点，取得非常好的经济效果。

目前在实际应用中，渗透蒸发过程通常和其他分离过程结合使用，用于除去混合液体中少量的液体、破坏共沸。已用于以下几个方面。

（1）有机溶剂脱水　从有机溶剂中除去少量水是渗透蒸发应用最成熟最广泛的一个领域。我国在燕山石化公司的一套 1000t 规模的从苯中脱除少量水的试验装置于 1999 年投入运行。图 10-25 所示为 GFT 公司在法国 Betheniville 建立的日产 150m³ 无水乙醇的渗透蒸发工艺图。利用精馏首先将乙醇浓缩至恒沸点附近，再利用渗透蒸发将乙醇提纯到 99.5%。

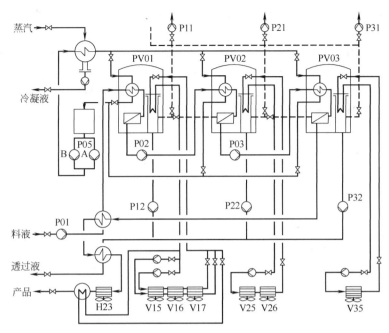

图 10-25　无水乙醇的渗透蒸发工艺

P01—进料泵；P02，P03—增压泵；P11，P21，P31—真空泵；P12，P22，P32—透过物泵；

PV01，PV02，PV03—真空容器；P05A/B—热媒泵；

V15，V16，V17，V25，V26，V35，H23—冷凝器

（2）水溶液中脱除少量有机溶剂　在这一领域已报道的关于工业应用方面的研究工作，主要是从水中除去少量的疏水性溶剂，如苯、1,1,2-三氯乙烷、醋酸乙酯等。图 10-26 所示为 MTR 公司除去被污染的地下水中 1,1,2-三氯乙烷的渗透蒸发过程工艺图。水中仅含 0.1%（质量分数，下同）的 1,1,2-三氯乙烷，采用直接通过渗透蒸发装置的方法，可除去 90% 的污染物。经核算与其他废水处理方法相比其极具优势。

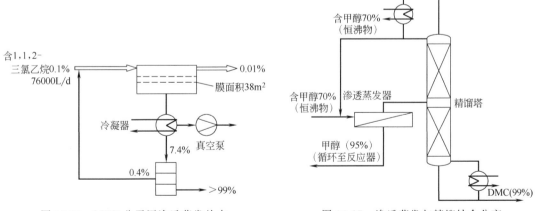

图 10-26　MTR 公司用渗透蒸发从水中脱除 1,1,2-三氯乙烷示意图

图 10-27　渗透蒸发与精馏结合分离 DMC 与甲醇的共沸物示意

（3）有机混合物的分离　该过程要求膜在有机溶剂中有良好的化学稳定性和热稳定性，同时分离过程对其组件的要求也很高，是渗透蒸发技术应用开发最少的领域。目前的主要问题是膜的分离性能和稳定性距实际应用还有相当大的差距。研究的主要内容是开发高性能的

膜，它对于许多相对挥发度差异很小的分离体系可能得到很好的分离效果。如果在这一领域取得进展，将解决目前精馏工厂的"瓶颈"问题。

尽管膜的开发还未取得突破性进展，但人们对渗透蒸发在这一领域应用时的工艺过程进行了探索。图 10-27 所示为用二氧化碳生产 DMC 工艺的分离部分，采用渗透蒸发与精馏相结合的工艺过程分离 DMC 与甲醇的共沸物。含有 70%（质量分数，下同）甲醇的共沸物进入渗透蒸发装置，渗透物中含有 95% 的甲醇，返回到反应器中。截留物中含有 45% 的 DMC，通过精馏进一步纯化，精馏塔的底部出料为 99% 的 DMC，顶部出料为 DMC 与甲醇的共沸物。顶部出料再循环进入渗透汽化分离单元。经过经济核算，表明此过程的投资比传统的高压精馏低 33%，运行费用不到传统方法的 40%。

渗透蒸发技术是利用混合物中不同组分在膜的分离皮层中溶解、扩散能力的不同而实现分离的。在化工与环保方面，它是一项很有前途的分离技术，尤其是在化工方面，通过与各种传统的分离技术及分离过程相互耦合，能极大地提高化工过程的经济性。由于受渗透汽化过程的核心部件——渗透蒸发膜的性能的限制，渗透蒸发过程的应用还很有限，但随着渗透蒸发膜研究的不断深入和渗透蒸发膜性能的提高，渗透蒸发过程将在有机溶剂脱水、水中除去有机物、极性/非极性有机物的分离、饱和/不饱和有机物的分离、有机物异构体的分离等领域得到广泛的应用。

第11章

结晶设备

11.1　概述

结晶是一种制备纯物质的有效方法，在轻化工中得到广泛的应用。结晶是相同的分子或离子有规则的排列，故结晶过程具有很好的选择性，析出的产品纯度较高；另外，结晶具有较好的外观，容易被消费者接受，结晶产品无论是包装、运输、储存和使用都很方便。因此，结晶过程常用作产品最后一步的精制。

作为一种分离手段，结晶过程与蒸发及其他方法相比，能量消耗要低得多。对于很多物质的提纯，结晶往往是大规模生产中最经济的方法。此外，对更多的物质来说，结晶是小规模制备纯品的最方便的手段。结晶过程的规模大到每小时数十吨，小到每小时几克。

结晶操作是一个很复杂的过程，比起常用的化工单元操作，所涉及的问题较多。所用的衡算除了物料衡算、能量衡算外，还需要颗粒数衡算。人们对结晶器的操作进行了很多的研究，应用颗粒数衡算的概念，建立了各种操作参数与结晶粒度分布之间的相互关系，研究了设备几何形状及流体力学参数对结晶过程的影响，建立了一些结晶器的设计模型。但结晶过程的理论还不完善，一些关键问题还有待通过实验解决。

结晶器的设计成败取决于试验工作的质量。适用于特定物系的结晶理论往往不能适用于其他物系，只有用所处理的物料进行试验，测定其动力学参数或进行必要的中试以确定某些设计参数，才能保证设计的成功。

11.2　溶解度和溶液的过饱和度

11.2.1　溶解度

结晶过程的产量决定于固体与其溶液之间的平衡关系。任何固体物质与其溶液相接触时，如溶液还未达到饱和，则固体溶解。如溶液已过饱和，则该物质在溶液中超过饱和量的那一部分迟早要从溶液中沉淀出来，但如溶液恰好达到饱和，则既没有固体溶解，也没有溶质从溶液中沉淀出来。此时固体与它的溶液处于相平衡状态。所以，要想使固体溶质结晶析出，必须首先设法使溶液变成过饱和，或者说必须设法产生一定的过饱和度作为推动力。

固体与其溶液之间的这种相平衡关系，通常可用固体在溶剂中的溶解度来表示。物质的溶解度与它的化学性质、溶剂的性质及温度有关。一定物质在一定溶剂中的溶解度主要是随温度而变化，在一般情况下，压力的影响可以不计。因此，溶解度数据通常用溶解度对温度所标绘的曲线来表示。物质的溶解度特征既表现在溶解度的大小，也表现在溶解度随温度的变化。

11.2.2　溶解度曲线

溶液含有超过饱和量的溶质，称为过饱和溶液。在适当条件下，人们能相当容易地制备出过饱和溶液来。这些条件概括说来是：溶液要纯洁，未被杂质或尘埃所污染，溶液降温时要缓慢，不使溶液受到搅拌、振荡、超声波等的扰动或刺激。溶液不但能降温到饱和温度以下不结晶，有的溶液甚至要冷却到饱和温度以下很多度才能结晶。不同溶液能达到的过冷温度各不相同。硫酸镁溶液在上述条件下，过冷温度可达 17℃ 左右；氯化钠溶液则仅达

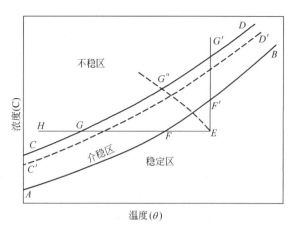

图 11-1 溶液的过饱和度与超溶解度曲线

1.0℃；而有机化合物的黏稠溶液则能维持很大但不确知的过饱和度也不结晶，例如蔗糖溶液的过冷温度大于 25℃。

根据大量试验的结果证实，溶液的过饱和度与结晶的关系可用图 11-1 表示。图中的 *AB* 线为普通的溶解度曲线，*CD* 线代表溶液过饱和而能自发地产生晶核的浓度曲线（超溶解度曲线），它与溶解度曲线大致平行。这两根曲线将浓度-温度图分割为三个区域。在 *AB* 曲线以下是稳定区，在此区中溶液尚未达到饱和，因此没有结晶的可能。*AB* 线以上为过饱和溶液区，此区又分为两部分：在 *AB* 与 *CD* 线之间称为介稳区，在这个区域中，不会自发地产生晶核，但如果溶液中已加了晶种（在过饱和溶液中人为地加入少量溶质晶体的小颗粒，称为加晶种），这些晶种就会长大。*CD* 线以上是不稳区，在此区域中，溶液能自发地产生晶核。若原始浓度为 *E* 的洁净溶液在没有溶剂损失的情况下冷却到 *F* 点，溶液刚好达到饱和，但不能结晶，因为它还缺乏作为推动力的过饱和度。从 *F* 点继续冷却到 *G* 点的一段期间，溶液经过介稳区，虽已处于过饱和状态，但仍不能自发地产生晶核。只有冷却到 *G* 点后，溶液中才能自发地产生晶核，越深入不稳区（例如达到 *H* 点），自发产生的晶核也越多。由此可见，超溶解度曲线及介稳区、不稳区这些概念对于结晶过程有重要意义。把溶液中的溶剂蒸发一部分，也能使溶液达到过饱和状态，图中 *EF′G′* 线代表此恒温蒸发过程。在工业结晶中往往合并使用冷却和蒸发，此过程可由 *EG″* 线代表。

11.2.3 过饱和度的表示方法

过饱和度有很多表示方法，常用的如下。

① 浓度推动力 ΔC：

$$\Delta C = C - C^*$$

② 过饱和度比 S：

$$S = C/C^*$$

③ 相对过饱和度 σ：

$$\sigma = \frac{\Delta C}{C^*} = S - 1$$

11.3 结晶方法

在溶液中形成一定的过饱和度并加以控制，是结晶过程中的首要问题。结晶方法和设备的分类常以溶液中产生过饱和度的方法进行。

11.3.1 冷却法结晶

冷却法结晶过程基本上不除去溶剂，而是依靠溶液冷却降温形成过饱和溶液。此法适用于溶解度随温度的降低而显著下降的物系，如图 11-2 中曲线 Ⅳ，即它们具有较大的 $dC^*/d\theta$ 值。

冷却结晶的方法又可分为自然冷却、间壁冷却及直接接触冷却。自然冷却是使溶液在大气中冷却而结晶，其设备构造及操作比较简单，但冷却缓慢，因此生产能力低，且难于控制产品质量，在较大规模生产中已不被采用。间壁冷却是应用广泛的工业结晶方法，在冷却结晶法中消耗能量最少，但冷却传热面的传热系数较低，所允许采用的温差较小，故一般多采用在产量较小的场合，或生产规模虽大但其他结晶方法不经济的场合。间壁冷却法的主要困难在于冷却表面上会有结晶析出，使冷却效果下降，而从冷却面上清除结晶往往比较耗时。

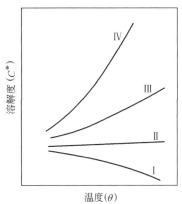

图 11-2　溶解度曲线的分类

直接接触冷却法常用空气为冷却剂与溶剂直接接触冷却，也有采用与溶液不互溶的碳氢化合物为冷却剂，使溶液与之直接接触而冷却的方法，以及采用液态冷冻剂使溶液与之直接接触而冷却。在冷却过程中，冷却剂则汽化。这些直接冷却都有效地克服了间壁冷却的缺点。

11.3.2　蒸发法结晶

蒸发法结晶是去除一部分溶剂的结晶法，它使溶液在加压、常压或减压下加热蒸发而浓缩以达到过饱和。此法主要适用于溶解度随温度的降低而变化不大的物系或具有逆溶解度的物系，如图 11-2 中曲线 Ⅰ、Ⅱ 所代表的 $dC^*/d\theta$ 值很小或为负值的那些物系。蒸发法结晶消耗的热能很大，加热面的结垢问题会使操作遇到困难，故除了对这两类物系外，一般不常采用。为了节省能耗，常采用多个蒸发结晶器组成多效蒸发，使操作压力逐渐降低，以充分利用热能。

11.3.3　真空冷却法结晶

真空冷却法结晶是使溶剂在真空下闪蒸而急速绝热冷却，实质上是以冷却和去除一部分溶剂的方法起到浓缩而产生过饱和度。此法适用于 $dC^*/d\theta$ 值中等的物系，如图 11-2 中曲线 Ⅲ 所代表的物系。这是一种采用较广的方法，这种方法所用的主体设备比较简单，操作稳定。最突出之处是器内无换热面，因而不存在晶垢妨碍传热而需要清理的问题，且设备的防腐蚀问题也比较容易解决，且操作较方便，劳动效率高，为大规模生产设计时首先考虑的结晶方法。真空冷却法的操作压力一般可低于 30mmHg 绝对压，也可低于 3mmHg 绝对压。常用多级蒸汽喷射泵及热力压缩机，其能耗远远大于常压的冷却法。在大型生产过程中，常用多个真空结晶器组成多级结晶，使操作真空度逐级提高，以节约前级的喷射泵的能耗。

上述三种结晶方法的适用范围划分并非绝对的，例如对 $dC^*/d\theta$ 值较低的物系也可采用冷却结晶法。相反，对 $dC^*/d\theta$ 值较高的物系也可采用真空冷却法。

11.3.4　盐析法结晶

盐析法结晶是向物系中加入某些物质来降低溶质在溶剂中的溶解度，所加入的物质可以是固体，也可以是气体或液体，这种物质往往叫作稀释剂或沉析剂。对所加的物质的要求为：能溶解于原溶液中的溶剂，但不溶解被结晶的物质，而且在必要时溶剂与稀释剂的混合物易于分离。这种结晶法之所以叫作盐析法，是因为 NaCl 是一个最常用的盐析剂，例如，在联合碱法中向低温的饱和氯化铵母液中加入 NaCl，利用共离子效应，使母液中的氯化铵尽可能多地结晶出以提高产率。又如，向某些有机化合物的水溶液中加入盐使之结晶析出是人们常用的方法。液体稀释剂也是常用的物质，例如在不纯的混合水溶液中加入适当的溶剂（如甲醇、乙醇、异丙醇、丙酮）以制取纯的无机盐等。此法也常用于不溶于水的有机物质从可溶于水的有机溶剂中结晶析出，此时加入溶液中的是少量的水，因此也叫作"水析"结晶法。还可用气体，例如气态氨溶入无机盐水溶液后可改变这些盐的溶解度，使溶液过饱和而使无机盐结晶析出，盐析法是这类方法的总称。

盐析法的优点如下。

① 可与冷却法结合，提高溶质从母液中的回收率。

② 结晶过程可把温度保持在较低的水平，有利于不耐热物质的结晶。

③ 在有些情况下，杂质在溶剂与稀释剂的混合物中有较高的溶解度而保留在母液中，从而简化了结晶的提纯。

盐析法最大的缺点是常需回收设备以处理母液、分离溶剂和稀释剂。

11.3.5 反应法结晶

气体与液体或液体与液体之间进行化学反应以产生固体沉淀，这在化工生产中是很常见的情况。小心控制过饱和度，可获得符合粒度分布要求的晶体产品。反应结晶法在有些情况下所使用的结晶器可以是一般的通用形式；也有一些反应结晶过程，例如从硫酸及含氨焦炉气生产硫酸铵、从盐水窑炉气生产碳酸氢钠等，要求专用的、特殊形式的设备。

11.3.6 超临界流体膨胀法结晶

超临界流体膨胀法结晶是利用超临界流体对溶剂的膨胀稀释作用使溶剂对溶质的溶解能力下降而产生过饱和度。当超临界流体与有机溶剂接触时，由于溶剂对超临界流体的吸收使其体积膨胀，改变溶剂的溶解能力。例如溶有固体溶质的溶液中溶解超临界CO_2后，溶液体积膨胀而改变溶剂与溶质之间的作用力，降低溶剂的溶解能力使溶质形成过饱和而结晶。通过超临界CO_2对溶剂的携带能力可使溶剂和结晶分离。在温度相同时，压力愈高，溶剂的体积膨胀愈大。

膨胀度（即溶质过饱和度）可任意控制是超临界流体结晶的特点之一：当温度、压力和溶液的初始浓度确定后，快速引入超临界流体可改变过饱和度产生的速率，从而影响成核速率和晶核增长，以控制结晶物质的颗粒大小和粒度分布。

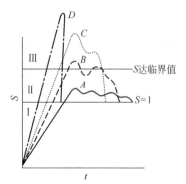

图 11-3 超临界流体膨胀结晶过程过饱和度示意

与图 11-1 相比，超临界流体膨胀法结晶过程，依据溶液膨胀程度的不同，溶液也可以分成三个区域（图 11-3）：稳定区Ⅰ、介稳区Ⅱ和不稳区Ⅲ。当过饱和度达到临界值后，会自动成核结晶。

超临界流体膨胀法结晶过程，超临界流体的压力是产生过饱和度的推动力。选用的超临界流体应对被结晶物质的溶解度很小或者不溶。例如超临界CO_2流体，可被很多的有机溶剂吸收而使其体积膨胀，析出溶质。

超临界流体膨胀法结晶，可用于热敏性、易氧化和怕撞击的物质提纯分离，也可进行颗粒微细化控制。超临界流体膨胀法结晶过程连续化工业设备尚有待开发。

11.4　结晶过程计算

冷却结晶、蒸发结晶及真空结晶过程的产量计算比较简单，计算的基础是物料衡算及热量衡算。在结晶过程中，料液浓度为已知，而母液的浓度则因结晶过程的类别不同而有区别。在一般情况下由于多属于第Ⅱ类物系（图 11-2），可认为母液与结晶能达到平衡状态，故可由物系的溶解度与温度的关系，根据母液温度查得其浓度。对于第Ⅰ类物系，则需实测母液的终了浓度。当料液浓度及终了浓度都已知时，则可计算结晶过程的产量。

　　物料若从溶液中以水合物的状态结晶出，产量的计算就略为复杂，因为要把水合物带出的结晶水考虑进去。这些结晶水不再存在于结晶母液中，它原来含的溶质也必然全部结晶。在一些敞口的结晶器中，尽管是单纯的冷却法，但总会有少量溶剂会在结晶过程蒸发，故亦需将此蒸发量计算在内。至于蒸发法和真空法冷却法，都有大量的溶剂蒸出。

　　在热量衡算中包括结晶热，结晶热是物质在结晶过程中放出的潜热，其数值可近似地取物质的溶解热。此法忽略了稀释热，但误差很小，不影响结晶产量的计算。

11.4.1　物料衡算

　　根据物料衡算，进料中的溶质量 F 等于出料中的溶质量，而出料中溶质量又分为两部分：一是结晶出来的溶质量 P；二是剩余母液中所含的溶质量 M。于是有

$$F = P + M$$

设以下公式变量如下。

C_1——溶液的初始浓度，kg(无水盐)/kg(溶剂)；

C_2——溶液的最终浓度，kg(无水盐)/kg(溶剂)；

W——溶剂的原始量，kg；

V——溶剂蒸发量，kg/kg(原始溶剂)；

R——水合盐与无水合盐的分子量之比；

Y——结晶产量，kg。

（1）不形成水合盐的结晶过程　即产品是无水盐，可有下面三种情况。

① 溶剂全部蒸出

$$Y = WC_1 \tag{11-1}$$

② 无溶剂蒸出

$$WC_1 = Y + WC_2$$
$$Y = W(C_1 - C_2) \tag{11-2}$$

③ 部分溶剂蒸出

$$WC_1 = Y + (W - VW)C_2$$
$$Y = W[C_1 - (1-V)C_2] \tag{11-3}$$

（2）形成水合盐的结晶过程

① 溶剂全部蒸出

$$WC_1 = Y(1/R)$$
$$Y = WC_1 R \tag{11-4}$$

② 无溶剂蒸出

$$WC_1 = Y\left(\frac{1}{R}\right) + (W + WC_1 - Y)\left(\frac{C_2}{1+C_2}\right)$$

于是

$$Y = \frac{WR(C_1 - C_2)}{1 - C_2(R-1)} \tag{11-5}$$

③ 部分溶剂蒸出

$$WC_1 = Y \frac{1}{R} + (W + WC_1 - VW - Y)\left(\frac{C_2}{1+C_2}\right)$$

于是

$$Y = \frac{WR[C_1 - C_2(1-V)]}{1 - C_2(R-1)} \tag{11-6}$$

式（11-6）还是一个适用于上述过程的通式。例如，对于无水结晶而有部分溶剂蒸出，则 $R=1$，式（11-6）简化为式（11-3）；对于无水结晶而又无溶剂蒸出，则 $R=1$、$V=1$，式（11-6）简化为式（11-2）；以此类推。

11.4.2 热量衡算

式（11-3）与式（11-6）中的溶剂蒸发量 V 一般是未知的，需先计算。由于真空冷却法是使溶液闪蒸而绝热冷却，此蒸发量决定于溶剂蒸发时需要的蒸发潜热和溶质结晶时放出的结晶热，以及溶液绝热冷却时放出的显热。于是，可写出以下的热量衡算式以计算溶剂的蒸发量

溶剂蒸发量×蒸发潜热＝溶剂冷却的显热＋结晶热

令：q_v——溶剂的蒸发潜热，kcal/kg；

    q_c——结晶热，kcal/kg；

    θ_1——溶液的初始温度，℃；

    θ_2——溶液的最终温度，℃；

    C——溶液的比热容，kcal/(kg·℃)。

于是

$$VWq_v = C(\theta_1 - \theta_2)(W + WC_1) + q_c Y \tag{11-7}$$

代入式（11-6）中的 Y 值，并经简化，最后得

$$V = \frac{q_c R(C_1 - C_2) + C(\theta_1 - \theta_2)(1 + C_1)[1 - C_2(R-1)]}{q_v[1 - C_2(R-1)] - q_c R C_2} \tag{11-8}$$

首先用式（11-8）求出溶剂的蒸发量 V，然后把 V 值代入式（11-3）或式（11-6）以求出结晶产量。

【例 11-1】 6000kg 某溶液中含有 1000kg 硫酸钠（分子量为 142）。此溶液冷却到 10℃，在此温度下溶液的溶解度为9kg(无水盐)/100kg(水)，而结晶出盐是含十个分子结晶水的水合盐（$Na_2SO_4 \cdot 10H_2O$，分子量为 322）。假设在冷却过程中有 2% 的水蒸发。计算结晶产量。

    解 $R = 322/142 = 2.27$；

        $C_1 = 1000/5000 = 0.2\,kg(Na_2SO_4)/kg(水)$；

        $C_2 = 9/100 = 0.09\,kg(Na_2SO_4)/kg(水)$；

        $W = 5000\,kg(水)$；

        $V = 2/100 = 0.02\,kg(水)/kg(原始水)$。

把以上数值代入式（11-6）得

$$Y = \frac{5000 \times 2.27 \times [0.2 - 0.09 \times (1-0.02)]}{1 - 0.09 \times (2.27-1)} = 1432[kg(Na_2SO_4 \cdot 10H_2O)]$$

【例 11-2】 用真空冷却结晶器使醋酸钠溶液结晶，获得水合盐 $NaC_2H_3O_2$。料液是 80℃ 的 40％ 醋酸钠水溶液，进料量是 2000kg/h，结晶器内压力是 10mmHg，溶液的沸点升高可取 11.5℃。计算每小时结晶产量。

基本数据　结晶热：$q_c = 34.4$ kcal/kg（水合盐）；
　　　　　溶液比热容：$C = 0.837$ kcal/(kg·℃)；
　　　　　10mmHg 下水的蒸发潜热：$q_v = 588$ kcal/kg（水）；
　　　　　10mmHg 下水的沸点：17.5℃。

解　溶液的平衡温度：$\theta = 17.5 + 11.5 = 29$℃
　　溶液的初始浓度：$C_1 = 40/60 = 0.667$ kg（$NaC_2H_3O_2$）/kg（水）；
　　溶液的最终浓度由 29℃ 查得：$C_2 = 0.539$ kg（$NaC_2H_3O_2$）/kg（水）；
　　原始水量：$W = 0.6 \times 2000 = 1200$ kg/h
　　分子量之比：$R = 136/82 = 1.66$

由式（11-8）计算，得 $V = 0.153$ kg（水）/kg（原始水）。

将此 V 值代入式（11-6）得结晶量，$Y = 651$ kg（$NaC_2H_3O_2 \cdot 3H_2O$）/h。

以上两例中计算出的结晶量是理论值。在生产过程中，晶体虽然经过滤与洗涤等后处理，但不免带有少量母液，故干燥后的实际结晶产量可能与理论计算值有些误差。

11.5　结晶设备

11.5.1　冷却式结晶器

11.5.1.1　搅拌式结晶槽

搅拌式结晶器内温度比较均匀，产生的结晶较小但比较均匀，也使冷却周期缩短，生产能力提高。由于所包藏的母液较少，晶体的洗涤效果较好，故产品的纯度有所提高。

搅拌器可安装有冷却夹套或螺旋管以加速冷却。夹套要比螺旋管好，因为晶体容易在螺旋管上结垢，妨碍传热。当槽的体积较大时，器壁上的夹套所能提供的冷却面积可能不够大，必须在容器内装设螺旋管。通常，槽中溶液的温度与冷却面上的温差不超过 10℃，否则会在邻近的壁面上产生过高的过饱和度，引起过量的成核。对于装有夹套的结晶器，结晶槽内应尽可能做到平整光滑，以减少晶体在壁上的积结，防止晶垢的产生，抛光的不锈钢或搪瓷都是良好的构造材料。

间歇操作的间壁冷却结晶槽在操作时，应把热溶液尽可能快地冷却到饱和温度，然后放慢冷却速率以防止进入不稳区，并加入晶种（也可不加，但自发产生的初级成核很难控制）。一旦结晶开始，由于结晶热的释放，应及时调整热量移走的速率，使溶液按一定速率慢慢降温。在理论上可以针对特定结晶过程的最佳过程确定冷却程序，并随着溶质在晶体上的逐渐沉积，应逐渐增加冷却速率。

对于易在空气中氧化的物质的结晶，可采用闭式槽，槽内通入惰性气体或还原性气体。

图 11-4（a）所示为外循环冷却结晶槽，晶浆强制循环于外冷却器与结晶槽之间，使晶浆在槽内能较好地混合，并能提高冷却面的换

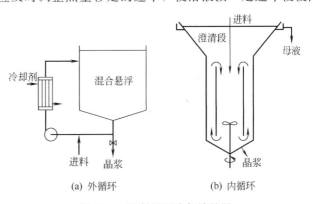

(a) 外循环　　　　　　　(b) 内循环

图 11-4　强制循环冷却结晶器

热速率。这种结晶槽可以分批或连续操作。图 11-4（b）所示为内循环式搅拌结晶槽，搅拌器装在导流管内。这种结晶槽用于从天然盐水中制取硼砂。在槽的上部有一个平静的粒析段，使液体从顶部溢流时带走过量的细晶核，但不会带走晶体。良好的内循环可以使得晶体生长区维持较高的晶浆密度。这种结晶槽必要时可以添加搅拌装置，搅拌器可以从下方传动，也可以从上方传动。晶浆在导流筒中可以向上流动，也可以向下流动。

11.5.1.2　锥形分级冷却结晶器

这是一种具有粒度分级功能的连续冷却结晶器，如图 11-5 所示。它具有独特的长处，在运行中很少发生晶体破损现象，并可得到粒度分级产品。

它有三个相互独立的锥形冷却段，可分别称之为底锥体、中锥体、顶锥体，其作用都是为了改变悬浮液向上流动的流速。各锥体的内外侧均有冷却夹套或冷却蛇管。料液在底锥的侧面加入，冷却并上升至中锥体，在中锥体内还有一个位于中部的锥心冷却器，它所有的表面都与悬浮液接触，使之冷却。所形成的锥状环形截面，使溶液向上的流速逐渐降低，以便晶粒停留在生长区，直到它的沉降速度大于中锥体下端入口处液体向上的流速时，晶粒才得以沉入底锥。顶锥直径更大些，使溶液速度降低，以便母液中微小晶体得以澄清。大部分的清母液在顶部溢流，另一小部分母液则从底锥的底部随晶体产品排出。

在这种结晶器内，溶液基本上不受扰动，使成核现象大为减弱。锥形粒析床的作用是能使产品粒度非常均匀，为其他类型的结晶器所不及。此外，它没有运动部件，占地很小，构造也简单。但它有在冷却表面上结挂晶体或结晶疤的麻烦，使冷却剂与溶液间的温差受到限制，因而所需的冷却面积较大。

11.5.2　直接接触冷却结晶器

11.5.2.1　淋洒式结晶器

这是一种连续式空气直接接触冷却结晶器，可用预处理金属的酸洗废水等，如图 11-6 所示。它完全是由软橡胶制成，直径为 0.6m，高度为 4m，处理量可达 500L/h。料液被泵

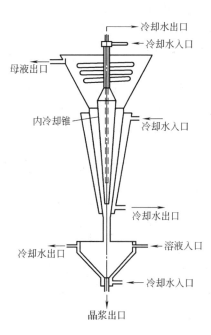

图 11-5　锥形分级冷却结晶器

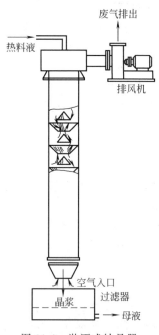

图 11-6　淋洒式结晶器

送至塔顶，沿器内一系列挡板淋洒而下，此种挡板能把料液散布到设备的整个截面上。在设备的顶部装有风扇，吸引冷空气在塔内逆流而上。结晶过程在器内进行，晶浆在塔底排出，其温度接近大气温度。它也像其他空气直接接触冷却器一样，具有滞液量小、启动时间短等优点，还可以在露天安装，可悬挂在建筑物的外墙，占地面积较小。

11.5.2.2 直接冷却结晶器

图 11-7 所示是一种连续直接冷却结晶器，它适用于冷却剂与溶液完全不互溶的场合。所使用的冷却剂为不含芳香族或不饱和碳氢化合物的石油。冷却剂在氨蒸发冷却器中降温至 −15℃ 后，从中央管的下部引入结晶器，通过一个特殊的分布器将之分散为液滴。由于石油的密度较低，其液滴在溶液中升起，同时从周围的水溶液中吸收热量，并促成溶液在中央管内做向上的流动。当两相混合物离开中央管的顶部后，石油液滴继续上升，并汇聚为轻液层，具有较高密度的水溶液则经管外的环隙向下流动。由此形成的循环流动足以使较小的晶粒悬浮于液流中，直到它生长到一定的粒度而沉降到设备下部的锥底中去，作为晶浆在 −5℃ 取出。产品的平均粒度可达 0.4～0.6mm，器底处的低速搅拌器用于防止晶体的结块。

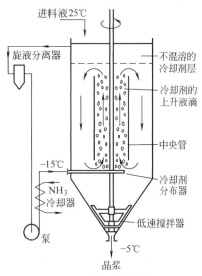

图 11-7 直接冷却结晶器

11.5.2.3 直接接触冷冻结晶器

在化工生产中，对于溶解度较大且随温度变化较显著的物系，希望采用更低的温度结晶，以提高晶体产品的回收率，因此直接接触冷冻技术受到重视。图 11-8 所示为结晶 $NaOH \cdot 3.5H_2O$ 的装置，采用氟里昂 12 为冷冻剂，实现稳定的直接接触式冷冻，并可有效地克服间接冷却结晶中冷却面上结晶垢的困难。在冷冻循环过程中，冷冻剂与水溶液接触而吸热蒸发，经过设置在顶部的除雾器 4 以除掉气相中可能存在的雾滴，再经过压缩机 5、冷凝器 6、中间储罐 7，最后经过节流膨胀而以气体的混合物状态进入结晶器。为了尽量避免气体夹带溶液雾滴，在装置中，低温冷冻剂没有通入器内的溶液层中，而是借一个分离器通入结晶器的气相空间，热量的传递则通过自由液面来调节。搅拌器采用水平旋转轴，使轴封位于液面下方，从而避免冷冻剂直接通过轴封漏出。料液浓度为 39%（质量）NaOH，操作压力为 $3kg/cm^2$（表压），器内温度为 11.7℃。热源料液是在结晶器内被加至器壁上，并以液膜降至液层以防止结晶附着在冷的器壁上。晶浆排出后经脱气罐 9 脱除溶液中溶解的微量冷冻剂，然后经固液分离，把所得到的固体熔融后可得到纯态 NaOH。

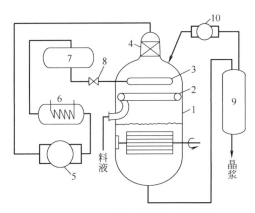

图 11-8 NaOH 直接接触冷冻结晶装置
1—结晶器；2—加料管；3—冷冻剂分布器；4—除雾器；
5—压缩机；6—冷凝器；7—中间储罐；8—节流阀；
9—脱气罐；10—真空泵

11.5.3 蒸发结晶器

蒸发结晶器常在减压的条件下操作，其真空度一般不高，为了避免与真空式结晶器混淆，可称之为减压式真空结晶器。采用减压的目的是加大传热温差，利用低能级的热能，并可组成多效蒸发装置。

蒸发结晶器的一个重要用途是盐的结晶，如 NaCl 的生产（图 11-9），它们一般具有较大的生产规模，采用多效蒸发，年产量可达百万吨，结晶器的蒸发室直径可达 8m。NaCl 的生产有以下的特点：

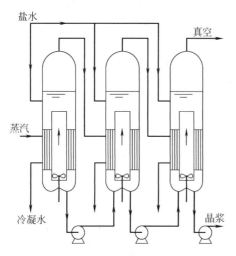

① 平流加入料液，即料液盐水同时向各效蒸发器加入；

② 并流进料，即第一效的排出料送入第二效，依此类推；

③ 强制循环，以提高循环速率。

设备流程如图 11-9 所示，所采用的结晶器有以下几种：

① 强制外循环结晶器，具有外循环轴流泵及列管换热器；

② 强制内循环结晶器，器内有加热室、导流筒、螺旋搅拌器。

蒸发式结晶器在生产中遇到的主要问题在：加热面上溶质结成晶垢，妨碍传热，使操作情况恶化。因此，需要向结晶器加入溶剂，使晶垢溶

图 11-9　多效 NaCl 蒸发结晶器设备流程

解去除，此清理周期可能短至 24h。这样，不但结晶器的操作难以稳定，且加入的溶剂使蒸发量增加。在强制内循环结晶器中，导流筒应比加热管长一些，并且使加热面较深地浸入液层中，以免溶液在加热面上沸腾，从而避免局部过浓以降低晶垢的结出速率。将常见的锥形底改成 W 形底、改变搅拌桨叶的构形、增大悬浮液的循环速率或将晶浆的浓度提高到 10%～25%，这些措施都能有效地抑制加热面上晶垢的形成。

11.5.4　真空式结晶器

真空式结晶器是把热浓溶液送入密闭的绝热容器中，器内维持较高的真空度，使器内溶液的沸点较进料温度低，于是热溶液闪急蒸发而绝热冷却到与器内压力相应平衡的温度。因此，这类结晶器既有冷却作用又有少量的浓缩作用。溶液蒸发所消耗的汽化潜热恰好由溶液冷却所释放的显热及溶质的结晶热所平衡。在这类结晶器中，溶液受到冷却而无需与冷却面接触，溶液被蒸发而又不使溶液与加热面接触，故在容器内不需设置换热面，这在很大程度上避免了器内结晶垢的麻烦。

真空的产生和维持常采用多级蒸汽喷射泵以达到很低的结晶温度。如果有低温冷却水或冷冻剂可供冷凝器使用，则可把溶剂蒸气由结晶器直接引入冷凝器加以冷凝。在这种情况下，蒸汽喷射泵（或机械真空泵）仅承担排出不冷凝气体的任务，能量消耗可显著减少。在很多情况下，为了提高结晶产率，常要求达到尽可能低的结晶温度，所产生的溶剂蒸气不能被冷凝，则需要使用喷射增压器，将溶剂蒸气在进入冷凝器前先加以压缩，以提高其冷凝温度。

真空结晶器的操作可以是分批的，也可以是连续的。

11.5.4.1　分批真空结晶器

分批真空结晶器器身是直立的圆筒形容器，如图 11-10 所示，内部装有导流筒，下部为锥形底，并装有下传动式螺旋桨，后者将驱动溶液向上流过导流筒而到达溶液的蒸发表面。在开始操作时，加入热溶液至指定的液位，并启动搅拌器及真空系统，于是容器内压力下降，溶液开始沸腾并降温。调节真空系统的抽气速率及冷却水用量，使容器内的压力及相应的溶液温度能按预定的程序逐渐降低，直至达到真空系统的极限。在操作过程中，溶液的循

环良好，使整个溶液的温度及浓度均匀，并维持晶体在溶液中悬浮。当溶液被冷却到所需的温度时，即可解除真空，终止操作，通过底阀把晶浆排放到过滤器设备中。

采用分批操作时，必须特别注意保持一个恒定的结晶推动力，尤其是操作之初应避免过高的冷却速率以防止出现过度的成核现象。

分批操作在以下两种情况下优先考虑：

① 产量较小，如年产量在万吨以下；

② 要求很窄的粒度分布范围。

11.5.4.2　连续式自然循环真空结晶器

连续式自然循环真空结晶器如图 11-11 所示，器身为立式长管，上端为闪蒸室，器内有中央循环管，故它是一种晶浆循环型结晶器。它与其他结晶器的差别在于：依靠自然循环维持晶体在母液中悬浮，结晶生长区无搅拌，结晶器下端的晶浆收集罐中形成液封，使晶体的排放很方便。

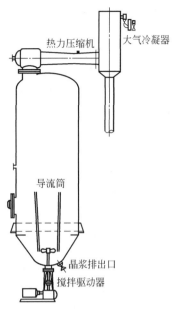

图 11-10　分批真空结晶器

在开工时，通过循环管下端的进料管注入空气，使循环管内液体充气而降低密度，循环立即形成，然后可通入热的料液，进入正常操作。料液与循环晶浆混合后进入循环管，混合后的温度比环隙中的晶浆温度高几度。循环浆液沿循环管上升，到达一定高度后，该处的压力已降低至循环液的饱和蒸气压，故循环液开始沸腾，在循环管内形成低密度的气体混合物，后者与管外的晶浆有较大的密度差，从而在管内形成一定的晶浆上升速度。晶浆上升而进入顶部闪蒸室，经过冷却后沿环隙空间向下流动，达到结晶器的底部。在此处大部分的冷却晶浆重新进入循环管与热料液混合后继续循环。已经长大的晶粒因其沉降速度较大而离开循环料液，随着一小部分晶浆流入收集罐。罐内的搅拌是缓慢的，它只是为了晶浆能顺利地排出，并防止晶体结块。

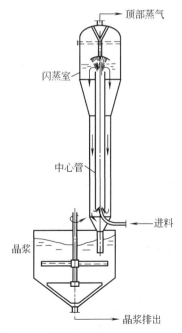

图 11-11　连续式自然循环真空结晶器

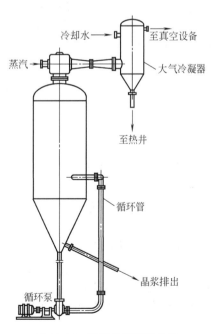

图 11-12　强制外循环结晶器

这种结晶器结构简单，但必须有足够的高度，以形成较强大自然循环。它的主要特点是器内没有循环螺旋桨或循环泵，而靠自然循环所产生的搅拌是轻微的，这就限制了二次成核现象的发生，且热料液与循环晶浆的混合也会消耗过量的晶核，所有这些作用都为产生均匀的晶浆提供了条件。不过，自然循环速率与强制循环速率相比很低，不能带动较大的颗粒，因而限制了大晶粒的生成。此外，它对真空度很敏感，真空度减小可能破坏循环。由于循环速率很低，器内结晶疤的现象比较严重，清理周期也较短。

11.5.5　通用结晶器

11.5.5.1　强制外循环结晶器

强制外循环结晶器简称 FC（forced circulation）型结晶器，如图 11-12 所示，它由结晶室、循环管、循环泵、换热器等组成。结晶室有锥形底，晶浆从锥底排出后，经循环管用轴流式循环泵送至换热器，被加热或冷却后，沿切线方向重新进入结晶室，如此循环，故这种结晶器属于晶浆循环型。晶浆排出口位于结晶室锥底处，而进料口则在排料口之下较低的位置上。

FC 型结晶器可通用于蒸发法、间壁冷却法或真空冷却法结晶。若用于后者，则换热器无存在的必要，而结晶室则应与真空系统相连以便在室内维持较高的真空度。

现以蒸发结晶为例：晶浆被送至列管式换热器，单程通过管内，用蒸汽加热，使其温度提高 2～6℃。由于加热过程并无溶剂汽化，对于具有正常溶解度的溶液，在加热管壁上不会结晶垢。被加热的晶浆回到结晶室，与室内的晶浆混合，提高了进口处附近的晶浆温度。结晶室内液体表面上出现沸腾的现象，溶剂蒸发，产生过饱和度，使溶质沉积于做旋转运动的悬浮洁净的表面。换热器设置在结晶室外，由此带来的问题是循环路程较长，输送所需的压头较高，泵的叶轮转速较高，因而循环晶浆中晶体与叶轮之间的接触成核速率必然高于强制内循环结晶器。另一方面，它的循环量也较低，结晶室内的晶浆混合不均匀，存在局部过浓现象。这两方面的原因使得这种结晶器的产品平均粒度较小，且粒度分布不良。

这种结晶器用于生产氯化钠、尿素、柠檬酸及其他一些类似的无机盐及有机晶体。该结晶器需要通过计算确定的参数有：晶浆循环量、结晶室的体积、循环泵的尺寸和转速等。操作方式可以是连续的，也可以是分批进行，后者要求结晶室的体积较大。

11.5.5.2　Oslo 型结晶器

Oslo 型结晶器也称为 Krystal 结晶器或粒度分级型结晶器。它的主要特点是过饱和度产生的区域与晶体生长区分别设置在结晶器的两处，晶体在循环母液中流化悬浮，为晶体生长提供一个良好的条件。在连续操作的基础上，能生长成大而均匀的晶体。

现以 Oslo 型真空冷却结晶器为例。如图 11-13 所示，结晶器由汽化室与结晶室两部分组成，结晶室的器身有一定的锥度，上部较底部有较大的截面积。母液与热溶液混合后用循环泵送到高位的汽化室，在汽化室中液体汽化、冷却而产生过饱和度，然后通过中央降液管流至结晶室的底部，转而向上流动。晶体悬浮在液流中成为粒度分级的流化床，粒度较大的晶体富集于底部，与降液管中流出的过饱和度最大的溶液接触，使晶体长得更大。在结晶室中，液体向上的流速逐渐降低，其中悬浮的晶体愈往上愈小，过饱和溶液在向上穿过晶体悬浮层时，逐渐消除其过饱和度。当溶液到达结晶的顶层，基本上已不再含晶粒，作为澄清的母液在结晶室的顶部溢流进入循环管。进料管位于循环泵的吸入管路上，母液在循环管路中又与热浓料液混合后进入产生过饱和的区域——汽化室。

这种操作方式的结晶器属于母液循环式，它的优点在于循环液中基本上不含晶体，从而避免发生叶轮与体粒间的接触而产生的成核现象，再加上结晶室的粒度分级作用，使这种结晶所产生的晶体大而均匀，特别适合于生产在饱和溶液中沉降速度大于 20mm/s 的晶体。母液循环型的缺点在于生产能力受到限制，因为必须限制流体的循环量及悬浮密度，把结晶

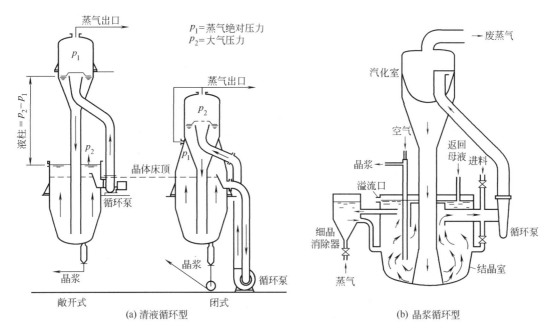

图 11-13　Oslo 型真空冷却结晶器

室中悬浮液的澄清界面限制在溢流口之下，以防母液中夹带明显数量的晶体。

这种结晶器有两种设计，称为敞开式和闭式，如图 11-13（a）所示。它们的区别在于敞开式与大气相通，汽化室位于结晶室的上方，有足够的高度，中央循环管同时用作大气腿，使汽化室内过饱和溶液能在真空下流入敞口的结晶室。闭式的汽化室与结晶室则全部处在相同的真空度下，装置在用一容器中，其总高度要比敞开式低得多，这是它的明显的优点，但是，循环泵在真空下运行不无困难。Oslo 型真空冷却结晶器也可采用晶浆循环方式进行操作，如图 11-13（b）所示，可称之为全混型操作。实现的方法只需增大循环量，使结晶室溢流的不再是清母液，而是母液与结晶的混合体，循环到汽化室中，结晶器各部中的晶浆密度大致相同。在汽化室中，溶液所产生的过饱和度立即被悬浮于其中的晶体所消耗，使晶体生长，所以过饱和度生成区与晶体生长区不再有明显的区分。这样，Oslo 型作为母液循环型结晶器的固有的操作特点已不复存在。

作为晶浆循环或全混型操作的这种结晶器也存在前述的 FC 型结晶器相同的缺点，即循环晶浆中的晶粒与高速叶轮的碰撞会产生大量的二次晶核，降低了产品的平均粒度，并产生较多的细晶。

Oslo 型冷却结晶器如图 11-14 所示，与真空冷却结晶器相比，它少了汽化室，而循环管路上增设列管式冷却器，母液单程通过管子。热浓料液在循环泵前加入，与循环母液混合后一起经过冷却器，使溶液被冷却后变成过饱和，但使它的过饱和度不足以引起自发成核。按母液循环操作，循环量与进料量之比为 50～200 倍。晶浆产品可在器底通过设置在该处的捕盐器排出。悬浮在溶液表面附近的过量细晶与清母液一起通过溢流口排至器外。

Oslo 型蒸发晶器的结构如图 11-15 所示，它基本上与真空冷却型相似，主要由汽化室及结晶室组成，只是在循环管路上增添蒸汽加热器。溶液流经加热器时处在一个足够大的静压头下，使之不致汽化而结晶垢。结晶室底部有时可装设支持晶体的筛板，这是为了使过饱和溶液能较均匀地流过悬浮的晶体床层。当然，只有采用母液循环的粒度分级型操作，装设筛板才起作用。这种结晶器用于氯化钠、重铬酸钾、硝酸铵、草酸等的生产。

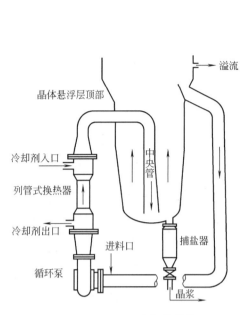

图 11-14　Oslo 型冷却结晶器

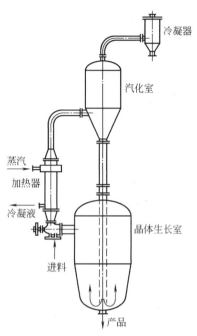

图 11-15　Oslo 型蒸发结晶器

11.5.5.3　DTB 型结晶器

DTB 型结晶器是 20 世纪 50 年代出现的一种效能较高的结晶器，首先用于氯化钾的生产，后为化工、食品、制药等工业部门所广泛采用。经过多年运行的考察，证明这种结晶器性能良好，能生产较大的晶粒，生产强度较高，器内部易结晶垢。它已成为连续结晶器的主要形式之一，可用于真空冷却法、蒸发法、直接接触冷冻法和反应法的结晶操作。

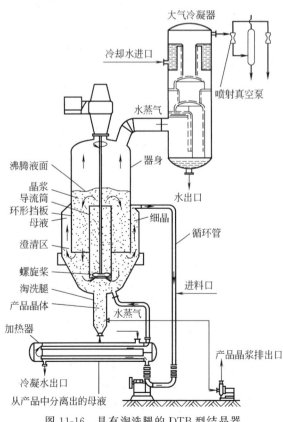

图 11-16　具有淘洗腿的 DTB 型结晶器

DTB 型结晶器的构造如图 11-16 所示。它的中部有一导流筒，在四周有一圆形挡板。在导流筒内接近下端处有螺旋桨，以较低的转速旋转。悬浮液在螺旋桨的推动下，在筒内上升至液体表层，然后转向下方，沿导流筒与挡板之间的环形通道至器底，重又被吸入导流筒的下端，如此循环不已，形成接近良好混合的条件。圆筒形挡板将结晶器分离为晶体生长区和澄清区。挡板与器壁之间环隙为澄清区，其中搅拌的影响实际已经消失，使晶体得以从母液中沉降分离，只有过量的微晶可随着母液在澄清区的顶部排出器外，从而实现对微晶量的控制。

结晶器的上部为气液分离空间，用于防止雾沫夹带。热的浓物料加至导流筒的下方，晶浆由结晶器底部排出。为了使所生产的晶体具有更窄的粒度分布，即具有更小的 C.V. 值（变异系数，C.V.$=\sigma/\mu$，σ 为标准偏差，μ 为半均值），这种形式的结晶器有时在下部设置淘洗腿。

DTB 型结晶器由于设置了导流筒，形成了循环通道，只需要很低的压头（约 $100\sim200\mathrm{mmH_2O}$）就能在器内实现良好的内循环，使器内各流动截面上都可以维持较高的流动速度，并使晶浆密度高达 $30\%\sim40\%$（质量）。对于真空冷却法及蒸发法结晶，沸腾液体的表面层是产生过饱和度的趋势最强烈的区域，在此区域中存在着进入不稳区而大量产生晶核的危险。导流筒则把大量高浓度的晶浆直接送到此处，使表层中随时存在着大量的晶体，从而有效地消耗不断产生的过饱和度，使之只能处在较低的水平。以运行中的氯化钾真空结晶器为例，沸腾液层的过冷温度仅 $0.2\sim0.3℃$，从而避免了在此区域内因过饱和度过高而产生大量晶核，同时也大大降低沸腾液面处的内壁面上结晶疤的速率。

这种结晶器属于典型晶浆内循环结晶器，与无搅拌结晶罐、循环母液型结晶器、强制外循环结晶器相比，其效果可在图 11-17 中清楚地看到。器内溶液过饱和度的理论变化在图中由实线表示，而实际变化则用虚线表示。图中表现了将大量生长中的晶体送至过饱和度生成区（沸腾区、冷却面或反应区），使过饱和度在生成的同时被消耗，从而明显地可降低最大过饱和度的现象。

一般来说，旋转叶轮对晶体的碰撞成核是二次成核的主要来源。由于 DTB 型结晶器流动所需的压头很低，使螺旋桨得以在很低的转速下进行，故搅拌动力消耗比任何一种外循环结晶器都低得多。例如对于大型结晶器，螺旋桨转速可低至 $125\mathrm{r/min}$，这就使过剩晶核的数量大为减少，这也是此种类型结晶器能够产生粒度较大的晶体的原因之一。

结晶器单位体积的晶体量取决于过饱和度、晶体的生长速率及晶体的表面积，晶体的表面积为晶浆密度的函数。DTB 型结晶器中流体力学条件较好，对传质速率控制的结晶过程具有较高的生长速率。密度很高的晶浆也为结晶过程提供了较好的生长表面。在一般的结晶器中，人们总是小心地将过饱和度降低至较低水平，唯恐出现大量的晶核，影响产品质量。而在 DTB 型结晶器中，由于循环强度很大，器内各处的过饱和度及晶浆密度都较均匀，允许按过饱和度的上限控制操作。对于真空冷却法结晶，可采用较浓较热的料液、较大的进料量，较低的操作压力等，使处于过饱和状态的溶质较多。这也是结晶器具

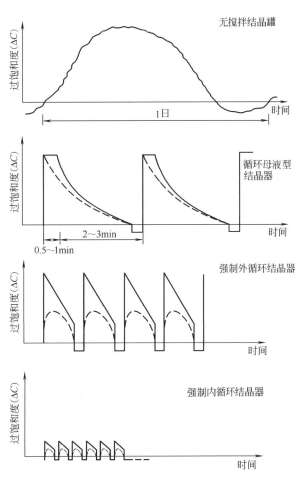

图 11-17　各种结晶器的过饱和度变化情况

有较高生产能力的原因。

大型结晶器有时存在产品粒度分布的不稳定现象，结晶器的粒度分级排料会助长这种现象的产生，故大型 DTB 型结晶器一般仅设置细晶消除系统而不设淘洗腿，这是原因之一。

结晶器内部结晶疤的现象是危及设备正常运行的主要原因。蒸发法及真空冷却法结晶器最容易形成结晶疤的部位为沸腾液面处的器壁上及结晶器的底部。DTB 型结晶器良好的内循环，使底部不会形成结晶疤，至于沸腾液面处，一则因为过饱和度较低，再则导流筒把液面处的沸腾范围约束在离开器壁的区域内，所以该处结疤的趋向也大为减弱。在正常情况下，结晶器可连续运行三个月到一年而不需清理。

对 DTB 型结晶器的结构参数及主要尺寸的确定简介如下。

① 结晶器的有效容积：需要根据对产品的产量及粒度分布的要求，结合晶体动力学参数来确定，具体可参照结晶器的设计章节。

② 晶浆循环量：要求有足够大的循环量。一方面，需防止沸腾表面层中出现过大的过饱和度；另一方面，内循环量必须大致足以保持足够高的晶浆悬浮密度。

③ 气液分离空间的直径与高度：要求能够维持较低的蒸汽流速 u_v，以保持上升蒸汽不致夹带过量的雾滴。u_v 的估算如下

$$u_v = K_v \left(\frac{\rho_1 - \rho_v}{\rho_v} \right)^{0.5}$$

式中　　u_v——气液分离空间中蒸汽的上升速度，m/s；

ρ_1，ρ_v——母液、蒸汽的密度，kg/m^3；

K_v——雾沫夹带因子，对于水溶液，可以接受的最大值为 0.017m/s。

④ 导流筒的形状及尺寸：导流筒可以是等直径的圆筒形，也可以呈锥形。如采用后者，则导流筒的上口截面积可取结晶器的有效横面积的一半。锥形导流筒的底直径可以取结晶器的有效直径的一半。

11.5.5.4　DP 型结晶器

DP 型结晶器与 DTB 型结晶器在结构上很相近，可以看成是对后者的改进。DTB 型结晶器只在导流筒内安装螺旋桨，向上推进循环液。而 DP 型结晶器则在导流筒外侧的循环空隙中也设置了一组螺旋桨，它们的安装方位与导流筒内的叶片相反，可向下推送环隙中的液体。内外两组桨叶共同组成一个大直径的螺旋桨，其外直径与圆形挡板的内径相近，相应的中间一段导流筒与此大螺旋桨成一体而同步旋转。故导流筒分成三段，上、下两段固定不动，如图 11-18 所示。

结晶器内循环流量 Q 与桨叶直径 D_p 及转速 n_p 之间有如下关系

$$Q \propto n_p D_p^3$$

在维持相同循环量的前提下，如把螺旋桨直径增大一倍，则转速可以降至 1/8，从而使螺旋桨的叶端速度 $\pi n_p D_p$ 降至 1/4。这种改进可降低搅拌器的功率消耗，因为功率消耗 E_p 正比于 $D_p^5 n_p^3$，故 E_p 降低至 1/16；更重要的是可以在很大程度上降低二次成核速率。

这种结晶器还具有循环阻力小、流动均匀的特点，并能很容易地使密度较大的固体粒子悬浮。导流筒外的循环截面为导流筒截面的 1.5～2 倍。

这种结晶器除了螺旋桨形状较为复杂外，其他部分的结构并不复杂，不致造成容易形成结晶疤的问题，所以它是一种比较好的结晶器形式。大螺旋桨的制造比较麻烦，这是 DP 型结晶器的一个缺点。

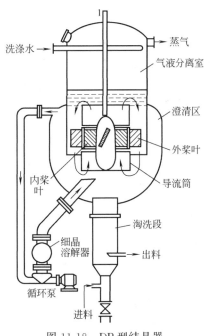

图 11-18　DP 型结晶器

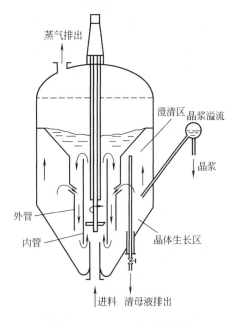

图 11-19　Messo 湍流结晶器

DP 型结晶器和 DTB 型结晶器一样，可适用于各种不同的结晶方法。

11.5.5.5　Messo 湍流结晶器

这种结晶器有两个同心的圆形导流管，如图 11-19 所示。外管可称为喷射管，其上端有一个锥体与器壁相连，在器身约一半的高度上，管壁上有一个环形窄缝，在该处外管壁向内收缩而与内管外壁面之间形成环形喷嘴。内管或称中央导流管，其顶部的出口端亦呈锥形，不同的是锥顶角小于外管。晶浆的循环是由顶部伸入的螺旋桨搅拌器所驱动，称为初级循环，它用较高的流速在中央导流管中向上流动，并在导流管与喷射管之间的环隙中向下流动。当循环液流经喷嘴处时，由于流速较高，造成减压，使管外晶浆从环形缝隙被吸入，并在结晶器的下部形成次级循环。在管外与器壁的循环空间中，下部为晶体生长区，上部为澄清区。

原料液在导流管的下端加入，参加初级循环，与大量的循环液混合后向上升起。若用作真空法结晶，则循环液进入蒸发层，在该处溶剂蒸发，晶浆被冷却。在初级循环中有相当数量的不同粒度的晶体一起循环，消耗过饱和度而长大。同时，各种不同粒度的晶体也为次级循环所夹带，在结晶器的下部循环而长大。此类型结晶器的底部呈 W 形，由于循环液对悬浮粒子具有一定的分级作用，故大而较重的晶粒离析至生长区的底部而作为产品排出，粒度较小的晶体则在初级及次级循环中继续悬浮，直到它们充分长大为止。管外的外侧，在环形窄缝以上的区域中，液体向上的流速大为降低，为悬浮液提供一个澄清区。澄清区顶部有环形溢流堰及溢流管，母液从此处溢流，母液中若夹带过量的细晶，则进入细晶消除器。

分析这种结晶器所具有的两个循环通道可以看出，有一部分晶体，特别是较大的晶体，在次级循环中悬浮生长而不进入初级循环。由于悬浮粒子流经螺旋桨的旋转平面时粒度较大的晶体才与螺旋桨有较高的碰撞概率，所以在 Messo 湍流结晶器中晶浆接触成核速率降低，这对粒度的控制有好处。这是其他类型结晶器所不易做到的。但应指出，它的结构比较复杂，在某些部位形成结晶疤的可能性较大。

11.6 结晶设备的选择

选择结晶器时，要全面考虑许多因素。如所处理物系的性质，希望产品的粒度及粒度分布范围，生产能力的大小，设备费和操作费等。一般选择时没有简单的规则可循，在很大程度上要凭实际经验。有以下原则可作参考用。

物系的溶解度与温度之间的关系是选择结晶器时首要考虑的重要因素。要结晶的溶质不外乎两大类：第一类是温度降低时溶质的溶解度下降幅度大；第二类是温度降低时溶质的溶解度下降很小或者具有一个逆溶解度。对于第二类溶质，通常需用蒸发结晶器，对某些具体物系可用盐析式结晶器。对于第一类溶质，则可选用冷却式结晶器或真空式结晶器。

结晶产品的形状、粒度及粒度范围对结晶器的选择有重要的影响。想要生产粒度较大且均匀的晶体，可选择具有粒度分级作用或产品分级排出的混合型结晶器。这类结晶器生产的晶体也便于后处理，即过滤、洗涤、干燥等后处理操作比较简单，最后得到的产品也较纯。

作为粒度分级型结晶器，必须采用母液循环式操作，因而生产能力较低。如需提高生产能力，必须采用晶浆循环的方式操作。由于粒度分级型结晶器仅能适用于为数不多的物系，且能够连续运行的时间也较短，所以在大多数情况下，它已被某些带有搅拌的晶浆内循环结晶器所取代。因此，DTB、DP 及 Messo 型结晶器有其广阔的用途。

费用和占地大小也是需要考虑的重要因素。一般来说，连续操作结晶器要比分批操作得经济些，尤其当生产量较大时更是这样。蒸发式和真空式结晶器需要相当大的顶部空间，在同样生产量下，它们所占用的面积要比冷却槽式结晶器小得多。

有些较简单的冷却式结晶器，如敞开式结晶器，其造价比较便宜。冷却式结晶器的一个缺点是它们的传热表面与溶液接触的一面往往有晶体聚结成晶疤，与冷却水接触的一面又容易生成水垢沉淀，其结果是既降低了冷却效果又增加了除晶疤垢的麻烦。这类麻烦在蒸发式结晶器中也会遇到。至于真空式结晶器，它们没有换热表面，所以没有这类麻烦，但它们不适用于沸点升高很多的溶液，例如，烧碱溶液的结晶。

一般制造厂家对其生产的结晶器设计具有相当的经验和定量的设计数据，对于他们不熟悉的形式则不敢贸然采用。对于新型设备，人们要求其能作为系列产品制造，能适用于不同的物系，并能比已有的形式在性能上有更明显的提高。所以，对设计者来说，除非十分必要，否则开发更新型的结晶器并不一定是一条可取的途径。有人认为只需就自己比较熟悉的结晶器形式去确定能够生产合格产品的操作条件。结晶器的制造商往往对一种或少数几种结晶器有较为丰富的经验，而设计人员更是如此，所以可供选择的余地就更加有限。

第12章
干燥设备和粉体设备

12.1 干燥设备

通常，干燥过程是指从物料中除去相对少量的水分，而蒸发则是指从物料中去除相对大量的水。在蒸发中，水是在它的沸点下以纯水蒸气的状态除掉。在干燥中，通常水是以蒸汽状态由空气带走。

在某些情况下，固体中的水分可以通过挤压、离心以及其他的机械方法从固体中除去。这些方法比用加热的方法去除水分的干燥过程便宜。干燥过程最终产品的含水量，根据产品的类型不同而变化。干盐含水大约0.5%，煤含水大约4%，许多食品含水大约5%。干燥通常是包装以前的最后工序，它使得许多物质，例如肥皂粉、染料等更适合于运输和加工。

生物物质，尤其是食品的干燥和脱水，通常作为一种防腐技术而被采用。在缺水的条件下，使食品腐烂和变质的微生物不能生长与繁殖。此外，能使食品和其他生物物质发生化学变化的许多酶类，没有水就不起作用。当含水量低于10%（质量）时，微生物就不能活动；然而，通常必须将食品中的含水量降低到5%（质量）以下，以便保持食品的香味与营养。干食品可以长期储存。

12.1.1 固体的去湿方法

去除固体物料中湿分的方法有以下几种。

（1）机械去湿　当物料带水较多，可先用离心过滤等机械分离方法以除去大量的水。

（2）吸附去湿　用某种平衡水气分压很低的干燥剂（如$CaCl_2$、硅胶等）与湿物料并存，使物料中水分相继经气相而转入干燥剂内。

（3）供热干燥　向物料供热以汽化其中的水分。供热方式又有多种。工业干燥操作大多是用热空气或其他高温气体为介质，使之掠过物料表面，介质向物料供热并带走汽化的湿分，此种干燥常称为对流干燥。

此外，含有固体溶质的溶液可借蒸发、结晶的方法脱除溶剂以获得固体产物；也可以将此溶液分散成滴并与热气流接触，湿分汽化，从而获得粉粒状固体产物。前者是蒸发过程，溶剂或水的汽化在沸腾条件下进行；后者则属于干燥过程，湿分是在低于沸点条件下汽化的，工业上称为喷雾干燥。

12.1.2 水分在气固两相间的平衡

12.1.2.1 结合水与非结合水

水在固体物料中可以以不同的形态存在，以不同的方式与固体相结合。

当固体物料具有晶体结构时，其中可能含有一定量的结晶水，这部分水以化学力与固体相结合，如硫酸铜中的结晶水等。

当固体为可溶物时，其所含的水分可以以溶液的形态存在于固体中。

当固体的物料系多孔性或固体物料系由颗粒堆积而成时，其所含水分可存在于细孔中，并受到孔壁毛细管力的作用。

当固体表面具有吸附性时，其所含的水分则因受到吸附力而结合于固体的内、外表面上。

以上这些借化学力或物理化学力与固体相结合的水统称为结合水。

当物料中含水较多时，除一部分水与固体结合外，其余的水只是机械地附着于固体表面或颗粒堆积层中的大空隙中（不存在毛细管力），这些水称为非结合水。

结合水与非结合水的基本区别是其表现的平衡蒸气压不同。非结合水的性质与纯水相同，其表现的平衡蒸气压即为同温度下纯水的饱和蒸气压。结合水则不同，因化学和物理化学力的存在，所表现的蒸气压低于同温度下的纯水的饱和蒸气压。

12.1.2.2 平衡蒸气压曲线

一定温度下湿物料的平衡蒸气压 p_e 与含水量的关系大致如图 12-1（a）所示（物料的含水量以绝对干物料为基准，即每千克绝对干物料所带有的水量 X_t 表示）。

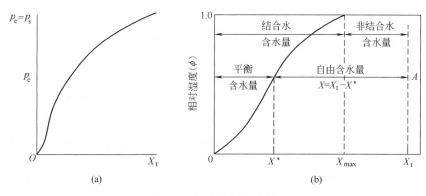

图 12-1　平衡蒸气压曲线

物料中只要有非结合水存在而不论其数量多少，其平衡蒸气压不会变化，总是该温度下纯水的饱和蒸气压。当含水量减少时，非结合水不复存在，此后首先除去的是结合较弱的水，余下的是结合较强的水，因而平衡蒸气压逐渐下降。显然，测定平衡蒸气压曲线就可得知固体中有多少水分属结合水，多少属非结合水。

上述平衡曲线也可用另一种形式表示，即以气体的相对湿度 ϕ（即 p_e/p_s）代替平衡蒸气压 p_e 作为纵坐标。此时，固体中只要存在非结合水，则 $\phi=1$。除去非结合水后，ϕ 即逐渐下降，如图 12-1（b）所示。

以相对湿度 ϕ 代替 p_e 有其优点，此时平衡曲线随温度变化较小。因为温度升高时，p_e

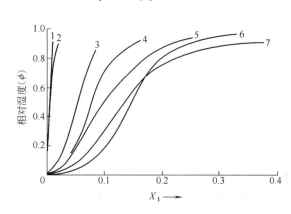

图 12-2　室温下几种物料的平衡曲线

1—石棉纤维板；2—聚乙烯粉（50℃）；3—木炭；
4—牛皮纸；5—黄麻；6—小麦；7—土豆

与 p_s 都相应地升高，温度对此比值的影响就相对减少了。图 12-2 所示为几种物料的平衡曲线。

12.1.2.3 平衡水分与自由水分

若固体物料中的水分都属非结合水，则只要空气未达饱和，且有足够的接触时间，原则上所有的水都将被空气带走，就像雨后马路上的水被风吹干那样。

但是，当有结合水存在时，情况就不同了。设想以相对湿度 ϕ 的空气掠过同温度的湿固体，长时间后，固体物料的含水量将由原来的含水量 X_t［图12-1（b）中的 A 点］降为 X^*，但不可能绝对干燥。X^* 是物料在指定空气条件下的被干燥的极限，称为该空气状态下的平衡含水量。

不难看出，此种情况下被去除的水分（相当于 $X_t - X^*$）包括两部分：一部分是非结合水（相当于 $X_t - X_{max}$），另一部分是结合水（相当于 $X_{max} - X^*$）。所有能被指定状态的空气带走的水分称自由水分，相应地称（$X_t - X^*$）为自由含水量，即自由含水量 X 为

$$X = X_t - X^* \tag{12-1}$$

自由含水量是干燥过程的推动力。结合水与非结合水、平衡水分与自由水分是两种不同的区分。水之结合与否是固体物料的性质，与空气状态无关；而平衡水分与自由水分的区别则与空气状态有关。

还需注意，当固体含水量较低（都属结合水）而空气相对湿度 ϕ 较大时，两者接触非但不能达到物料干燥的目的，水分还可以从气相转入固相，此为吸湿现象。饼干的返潮即为一例。

12.1.3　干燥速率和过程计算

12.1.3.1　干燥介质的性质

干燥介质的性质主要有以下几点。

（1）湿度（H）　湿气体中单位质量绝干气所含蒸汽的质量，kg/kg（绝干气）。对空气与水蒸气系统

$$H = \frac{18 p_{水汽}}{29(p - p_{水汽})} = 0.622 \times \frac{p_{水汽}}{p - p_{水汽}} \tag{12-2}$$

（2）相对湿度（ϕ）　在一定总压 p 下，湿气体中蒸汽的分压 $p_{水汽}$ 与同温度下液体饱和蒸气压 p_s 之比的百分数

$$\phi = \frac{p_{水汽}}{p_s} \times 100\% \tag{12-3}$$

（3）比热容（C_H）　含有 1kg 绝干气体和其中所带的 H（kg）蒸汽的温度升高 1℃所需要的总热量，kg/[kg（绝干气）·℃]。对空气与水蒸气系统

$$C_H = 1.01 + 1.88H \tag{12-4}$$

（4）热含量（I）　含有 1kg 绝干气体的湿气体所具有的热含量，又称湿气体的焓，kg/kg（绝干气）。对空气与水蒸气系统

$$I = (1.01 + 1.88H)t + 2500H \tag{12-5}$$

（5）干球温度（t）　用普通温度计测得的湿气体的真实温度，℃。

（6）湿球温度（t_w）　将湿球温度计置于一定温度与湿度的空气中，达到平衡时的温度，℃。

（7）绝热饱和温度（t_{as}）　绝热增湿过程进行到其空气为水所饱和，达到稳定状态时的温度，℃。对空气与水蒸气系统：$t_{as} = t_w$。

（8）露点（t_d）　在总压和湿气体含量不变的条件下，将湿气体冷却到饱和时的温度，℃。

（9）比容（C_p）　单位质量绝干空气中所具有的空气和水蒸气的总容积，m³/kg（绝干气）。对空气与水系统

$$C_p = (0.773 + 1.244H)\frac{t + 273}{273} \tag{12-6}$$

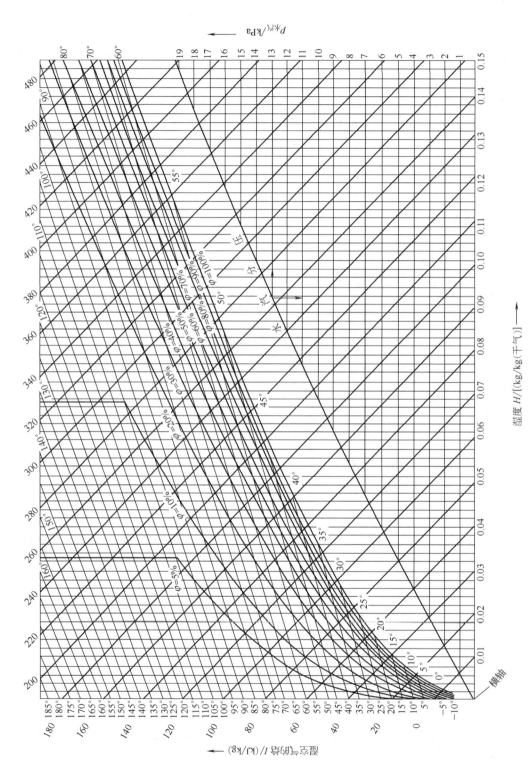

图 12-3　空气-水系统的 I-H 图（总压 100kPa）

　　在干燥操作中，通常采用热空气为干燥介质。为了使用方便，已将湿空气（空气与水蒸气的混合物）的主要物理性质以及它们之间的关系，绘制成图，图 12-3 为常见的空气-水系统的焓-湿度（I-H）图。根据湿空气的两个独立参数，可在图中确定一点，按此点便可查出该空气状态的其他参数。有的参数可用公式计算求得。

12.1.3.2　干燥速率

　　干燥速率 U 为单位时间内在单位干燥面积上汽化的水分质量，即

$$U=\frac{\mathrm{d}W'}{S\mathrm{d}\tau} \tag{12-7}$$

式中　τ——干燥时间，s；

　　　W'——汽化水分量，kg；

　　　S——干燥面积，m^2。

　　干燥速率常用曲线表示

　　（1）干燥曲线　干燥时，物料的自由水含量 X 和干燥时间 τ 的关系曲线称为干燥曲线。典型的干燥曲线如图 12-4（a）所示。在开始干燥的一段时间内，物料的自由水含量随时间而呈直线下降（BC 段），在这段时间内，干燥速率保持不变（属表面汽化控制），称恒速干燥阶段。C 点之后自由水含量与时间的变化关系由曲线 CE 表示，干燥速率随着物料湿度的下降而下降（属内部扩散控制），称为降速干燥阶段。其中，CD 段称为第一降速干燥阶段，DE 段为第二降速干燥阶段。到达 E 点后，物料的含水量已降到平衡含水量 X^*（即平衡水分），在这种条件下再继续干燥，不可能降低物料的含水量。

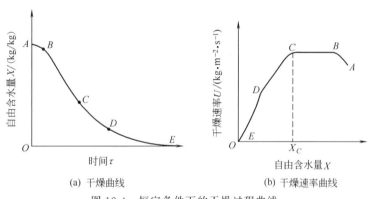

　　　　(a) 干燥曲线　　　　　　　　　　(b) 干燥速率曲线

图 12-4　恒定条件下的干燥过程曲线

　　图 12-4（a）中 AB 段为物料预热段，此段所需的时间很短，在计算中往往忽略不计。图中 C 点称为临界点，C 点的平均水分 X_C 称为物料的临界湿度。

　　（2）干燥速率曲线　干燥速率 U 与物料的自由水含量 X 的关系曲线，称为干燥速率曲线。典型的干燥速率曲线如图 12-4（b）所示。图中 BC 表示恒速，CE 表示降速，C 为临界点。

　　令 G'_C 为绝干物料质量（kg），则 $\mathrm{d}W'=-G'_C\mathrm{d}X$，可得

$$U=\frac{\mathrm{d}W'}{S\mathrm{d}\tau}=-\frac{G'_C\mathrm{d}X}{S\mathrm{d}\tau} \tag{12-8}$$

　　式中，$\mathrm{d}X/\mathrm{d}\tau$ 为干燥曲线的斜率。因此，可将图 12-4（a）的干燥曲线变成图 12-4（b）的干燥速率曲线。

多孔性物料在干燥过程中水分残留的情况如图 12-5 所示。随着干燥进行，局部表面的非结合水已先除去而成为"干区"，由表面局部干区引起的实际汽化表面减少，出现干燥速率下降为第一降速阶段［图 12-4（b）中 CD 段］。当物料表面都成为干区后，水分的汽化面逐渐向物料的内部移动，此时固体内部的热传递、质传递途径加长，造成干燥度率下降，称之为第二降速阶段［图 12-4（b）中的 DE 段］。

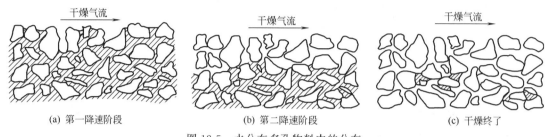

（a）第一降速阶段　　　　　　　（b）第二降速阶段　　　　　　　（c）干燥终了

图 12-5　水分在多孔物料中的分布

对于非多孔性物料，如肥皂、木材、皮革等，汽化表面只能是物料的外表面，汽化面不可能内移。当表面水去除后，干燥速率取决于固体内部水分的扩散，干燥速率很慢，此时的干燥速率与干燥气流速度无关。固体内部水分扩散的速率与物料厚度的平方成正比，因此，减薄物料厚度将有效地提高干燥速率。

12.1.3.3　干燥时间

恒定干燥条件的干燥时间，可通过积分求得。

（1）恒速干燥阶段时间（τ_1）

$$\tau_1 = \int_0^{\tau_1} \mathrm{d}\tau = -\frac{G'_C}{SU_C}\int_{X_1}^{X_C} \mathrm{d}X = \frac{G'_C(X_1 - X_C)}{SU_C} \tag{12-9}$$

式中　X_1——物料的初始含水量，kg（水）/kg（绝干料）；

　　　U_C——临界干燥速率，kg（水）/(m^2·s)。

（2）降速干燥阶段时间（τ_2）

$$\tau_2 = \int_0^{\tau_2} \mathrm{d}\tau = -\frac{G'_C}{S}\int_{X_C}^{X_2} \frac{\mathrm{d}X}{U} = \frac{G'_C}{S}\int_{X_2}^{X_C} \frac{\mathrm{d}X}{U} \tag{12-10}$$

式中　X_2——干燥结束时物料的含水量，kg（水）/kg（绝干料）。

干燥过程是既传热又传质的过程，因此，也可由传热速率计算出干燥时间，例如以对流传热方式加热的干燥器，其干燥时间为

$$\tau = \frac{Q}{KS_s\Delta t_m} \tag{12-11}$$

12.1.4　干燥设备的分类及特点

干燥方法和干燥过程可以分成几种不同的类型。干燥过程可以分为间歇和连续两种。间歇干燥中，物料进入干燥器后，在一定时间内进行干燥；连续干燥中，物料不断加入干燥器，干物料连续地从干燥器中取走。

干燥过程也可以按照加热和去除水蒸气所使用的物理条件来分类。

（1）常压干燥　在常压下，物料与热空气直接接触被加热，所形成的水蒸气由空气带走。

（2）真空干燥　水蒸气在低压下较快地蒸发，物料通过与金属壁接触或辐射被间接加热（对于某些在高温下变色或变质的物质，可以在真空中以较低的温度干燥）。

（3）冷冻干燥　水分从冷冻的物质中升华除去。

干燥设备主要按热能传给物料的方式及物料受热的方式分类，其主要的形式如下。

（1）传导方式　常用的结构形式有真空箱式、真空耙式、滚筒式、搅拌式、间接加热转筒式等。其主要特点为以热传导的方式将热量传给湿物料，可在常压或真空下进行操作，适用于处理回收气体的干燥。

（2）对流方式　常用的结构形式有气流式、沸腾式、喷雾式、转筒式、洞道式及厢式等。其主要特点是将热空气（或烟道气）作为干燥介质通入干燥器，以对流传热方式传热。空气温度便于调节，物料温度可以控制，应用广泛。

（3）辐射方式　常用红外线和远红外线，其特点为利用照射到湿物料上的红外线的热量加热。热量比较集中，适用于干燥固体平面物。

（4）微波方式　常用高频和微波，它的特点是利用高频交流电压在物料中介电损失所产生的内部热使物料干燥。适用于干燥一些形状复杂的含水量不均匀的物料。

（5）冷冻方式　其特点是将物料冷冻至冰点以下，使其中的水分结冰，然后在低温高真空下供给很少热量，使固态冰升华而被抽走。适用于不耐热、必须低温干燥的物料。

12.1.5　常用工业干燥设备

12.1.5.1　厢式干燥器

厢式干燥器也称为烘房，其结构如图 12-6 所示。干燥器外壁由砖墙或包以绝热材料的钢板构成。厢内支架上放有许多矩形浅盘，湿物料置于盘中，物料在盘中的堆放厚度为 10～100mm。厢内设有翅片式空气加热器，并用风机造成循环流动。调节风门，以使在恒速阶段排出较多的废气，而在降速阶段使更多的废气循环。

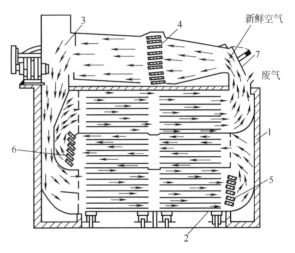

图 12-6　厢式干燥器
1—干燥室；2—小板车；3—送风机；
4,5,6—空气预热器；7—调节门

厢式干燥器一般为间歇式，但也有连续式的。此时堆物盘架搁置在可移动的小车上，或将物料直接铺在缓缓移动的传送网上。

厢式干燥器的最大特点是对各种物料的适应性强，但物料得不到分散，干燥时间长，指定生产能力要求的设备容积大，翻动物料或装卸物料的劳动条件差。因此，主要用于产量不大、品种需要经常更换的物料的干燥。

12.1.5.2　真空回转式干燥器

真空回转式干燥器是一种间歇式干燥器。较常见的真空回转式干燥器由一台水平固定安放的圆筒组成，如图 12-7 所示。在筒内，安装在旋转中心轴上的一组搅拌桨搅动被处理的固体。所需热量由热水、蒸汽或热载体通过筒外的夹套进行循环的方式而提供。对大设备，则将它们通过空心的搅拌轴循环。搅拌器或是不连续的单螺旋型，或是连续的双螺旋型。桨外端要尽可能靠近筒壁，但不能碰到壁，一般要保留 3～6mm 的间隙。也有在桨叶片上安装弹簧加压的筒体刮刀。物料通过顶部的入口加入，通过底部的一个或数个出料口卸出。真

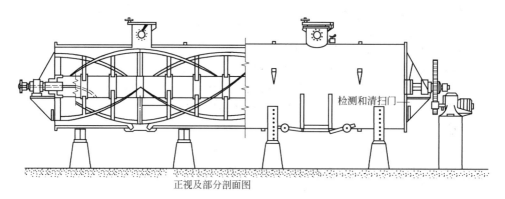

正视及部分剖面图

图 12-7　典型的真空回转式干燥器

空度可采用任一种方便的方法来维持，如蒸汽喷射器、真空泵等。

　　另一种真空回转式干燥器由具有合适夹套的、可旋转的水平圆筒所组成。其真空通过带有填料压盖的空心轴而得以实现。为使加热介质加入和移出夹套，必须使用旋转压盖。筒体内部可装设纵向焊接的提升杆来帮助搅拌。

　　双锥形回转式真空干燥器是经常采常用的一种，如图 12-8 所示。尽管它的操作与老式的相同，但由于锥体壁是倾斜的，当干燥器是在一固定位置上的时候，就能更快地将固体卸出。老式的圆筒形状在出料时需要保持连续回转，以输送产品到出料口上。其结果是经常需要圆形的吸尘罩来封住出料口，以防止在卸料时发生较严重的粉尘损失。许多新的双锥形设计中使用了内管和板式换热器以增加传热面积。

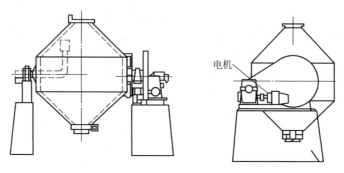

图 12-8　双锥形回转式真空干燥器

12.1.5.3　气流干燥器

　　当湿物料为粉粒休，经离心脱水后可在气流干燥器中以悬浮的状态进行干燥。气流干燥器的主要干燥部件是直立圆管，图 12-9 表示其装置概况。

　　空气由风机吸入，经翅片加热器预热至指定温度，然后进入干燥管底部。物料由加料器连续送入，在干燥管中被高速气流分散。气固并流流动，水分汽化。干物料随气流进入旋风分离器，经分离湿空气后被收集。

　　气流干燥器操作的关键是连续而均匀地加料，并将物料分散于气流中。连续加料常使用各种形式的加料器，参见图 12-10。但是，黏成团的潮湿粉粒往往难以分散。为使湿物料在入口部借气流获得必要的分散，管内的气速应大大超过单个颗粒的沉降速度，常见的气速在 $10 \sim 20 \mathrm{m/s}$ 以上，由于干燥管的高度毕竟有限，高气速随颗粒在管内的停留时间受到限制，一般仅 2s 左右。在此短时间内可将颗粒中的大部分水汽化，使含水量降至临界值以下。

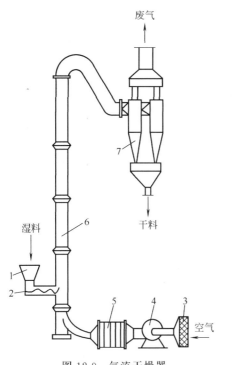

图 12-9　气流干燥器

1—进料斗；2—输送器；3—空气过滤器；4—风机；5—加热器；6—塔体；7—旋风分离器

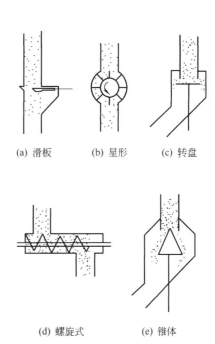

图 12-10　常用的几种固体加料器

还需注意，在整个干燥管的高度范围内，并不是每一段都同样有效。在加料口以上 1m 左右，物料被加速，此期间气固相对速度最大，传热系数和干燥速率大，是整个干燥管中最有效的部分。而在干燥管上部，物料已接近或低于临界含水量。纵然管子很高，仍不足以提供降速阶段缓慢干燥所需要的时间。因此，当干燥产物的含水量要求降至很低时，应使用其他低气速干燥器连续干燥。

12.1.5.4　流化床干燥器

降低气速，使物料处于流化床内，从而获得足够的停留时间，将含水量降至规定值，这是流化床干燥器的特点。图 12-11 所示是常见的几种流化床干燥器。

工业用单层流化床多数为连续操作。物料自圆筒式或矩形筒体的一侧加入，自另一侧连续排出。颗粒在床层内的平均停留时间（即平均干燥时间）τ 为

$$\tau=床内固体量/加料速率$$

由于流化床内固体颗粒的均匀混合，每个颗粒在床内的停留时间并不相同，这使部分湿物料未经充分干燥即从出口溢出。同时，必有另一些颗粒在床内高温条件下停留过长。

为了避免颗粒混合，可使用多层床。湿物料逐层下落，自最下层连续排出。也可采用卧式多室流化床，此床为矩形截面，床内设有若干纵向挡板，将床层分成多室。挡板与底部分布板之间留有足够的间距供物料逐室通过，但又不致完全混合。将床层分成多室不但可使产物含水量均匀，而且各室的气温和流量可分别调节，有利于热量的充分利用。一般在最后一室吹入冷空气，使产物冷却而便于包装和储藏。

流化床干燥器对气体分布板的要求不如反应器那样苛刻。在操作气速下，通常具有 $1kN/m^2$ 压降（或为床层压降的 $20\%\sim100\%$）的多孔板已可满足要求。床底应便于清理，

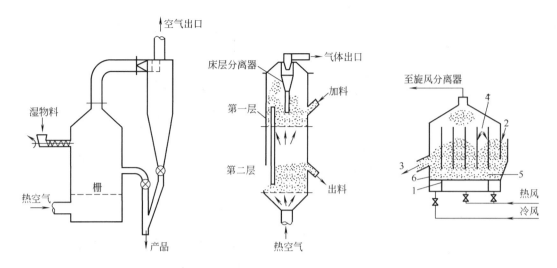

图 12-11　流化床干燥器

1—多孔板；2—湿物料进口；3—干物料出口；4—隔板；5—物料沸腾区；6—外壳

去除从分布板小孔中落下的少量物料。对易于黏结的粉体，在床层进口处可附设 $3\sim30r/min$ 的搅拌器，以帮助物料分散。

流化床内常设置加热面，可以减少废气带热损失。由于减少了用气量，床层面积缩小而床高增加，即气流的压头必须更高。

12.1.5.5　耙式真空干燥器

这是一种间歇操作的干燥器，结构如图 12-12 所示。在一个带有蒸汽夹套的圆筒中装有一水平搅拌轴，轴上有许多叶片用以不断地翻动物料。汽化的水分和不凝性气体由真空系统排除，干燥完毕时切断真空并停止加热，使干燥器与大气相通，然后将物料从底部卸料口卸出。

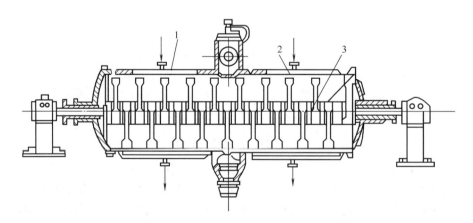

图 12-12　耙式真空干燥器

1—外壳；2—蒸汽夹套；3—水平搅拌轴

耙式真空干燥器是通过间壁传导供热，操作密闭，不需空气作为干燥介质。所以适用于在空气中易氧化的有机物的干燥。其对糊状物料适应性强，湿物料含水量允许在很宽的范围内变动，但生产能力较低。

12.1.5.6　连续隧道式干燥器

连续隧道式干燥器在许多情况下是由一串联操作的间歇车式或盘式装置所组成。要处理的物料放置于盘或车上逐步地运动，在通过隧道的同时与热气流接触。操作是半连续式的，当隧道中排满了小车时，再从进口端推进一辆车，从出料端顶出一辆车。在某些情况下，各车沿着双轨或单轨运动，通常则采用连接每辆车的底部来进行机械传送。三种典型隧道排列的示意见图 12-13。输送带式和输送筛式隧道是连续的操作，连续输送器带着固体物料层连续运动。

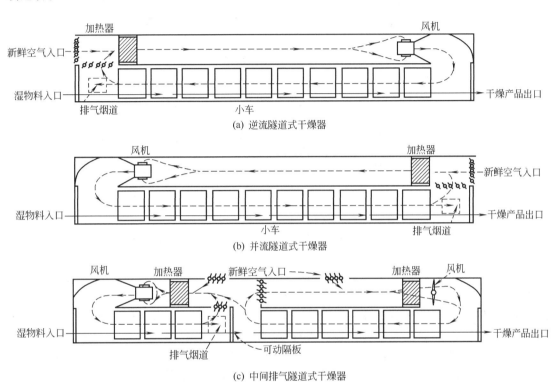

图 12-13　隧道式干燥器的三种类型

空气的流动可以是全部并流或逆流型的，也可以是两者的混合型。此外，也经常用到错流型，热空气来回穿过串联的车进行流动。再加热盘管可以安放在每一错流通道后面，以保持恒温操作；每一级安装有大型轴流循环风机，空气可以在任何一个所希望的位置上被抽入或排出。隧道装置对于空气流和温度分布的任何组合有最大的适应性。当处理那些对空气流阻力不大的颗粒状固体时，可采用多孔或筛型输送带，使气体穿流通过，以加快传热和传质速率。

在隧道装置中，固体一般采用直接和热气流接触的方法来加热。在高温操作时，从壁上或耐火材料内衬上辐射的热量也很显著。直接加热用的空气可以通过燃烧直接加热或在低于475K 时用翅片式蒸汽盘管间接加热。

隧道装置的应用范围基本上与间歇盘式和厢式装置相同。也就是对所有类型的颗粒固体和大件固体都适合。在操作中，它们更适用于处理大量的产品，通常要比多级间歇厢式干燥器省投资和安装费。在使用车和盘的情况下，隧道装卸所耗用的劳力不会比间歇装置节省多少。真正连续操作的带式和筛式输送器与间歇操作相比，可省去主要的劳力，但需要增加投资以建立自动装料和卸料装置。

12.1.5.7 喷雾干燥器

喷雾干燥器由雾化器、干燥室、产品回收系统、供料及热风系统等部分组成，如图 12-14 所示。

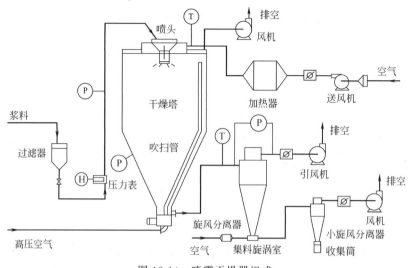

图 12-14 喷雾干燥器组成

雾化器的作用是将物料喷洒成直径为 $10\sim60\mu m$ 的细滴，从而获得很大的汽化表面。常用的雾化器有以下三种。

（1）压力喷嘴 用高压泵使液体在 $3.0\sim20.0MPa$ 的压强下通过孔径为 $0.25\sim0.5mm$ 的喷嘴，离开喷嘴的液体形成一圆锥形的薄膜继而撕成细丝，分散成滴。由于料液通过喷嘴时的速度很高，孔口很容易磨损，所以喷嘴应使用碳化钨等耐磨材料制造。此外，喷嘴不能处理含固体颗粒的液体，否则孔口容易堵塞。

（2）离心转盘 将物料注于 $5000\sim20000r/min$ 的旋转圆盘上，借离心力使料液向四周抛出，分散成滴。这种雾化器对各种物料包括悬浮液或黏稠液体均能适用，但转动装置加工、制造、维修要求较高。

（3）气流式喷嘴 使 $0.1\sim0.5MPa$ 的压缩空气与料液同时通过喷嘴，在喷嘴出口处压缩空气将料液分散成雾滴。此雾化器常用于溶液和乳浊液的喷洒，也可用于含固体颗粒的浆料。其缺点是要消耗压缩空气，动力费用较大。

图 12-15 所示为喷雾干燥塔体内热气流和液滴的流向，两股流体可以是逆流、混合流、并流或平行流等形式。

液体雾化的好坏直接影响产品的色泽、密度、含水量等品质。但是，没有哪种雾化器所产生的液滴直径均分布在一定的范围之内，这就有可能造成一部分较大的液滴当其外表尚未干燥就碰上干燥器壁，并黏附于壁上。同时，另一部分过细的液滴则因干燥较快，延长了高温阶段的停留时间。因此，理想的雾化器应能产生细小而又均匀的雾滴。一般来说，向雾化器输入的能量越多（如压力喷嘴使用的压强越高），所得液滴群的平均直径越小，分布范围也小，即液滴较为均匀。

干燥室的基本要求是提供有利的气液接触，使液滴在到达器壁之前已获得相当程度的干燥，同时使物料与高温气流的接触时间不致过长，由此可知，离心转盘造成的雾距范围大，干燥室的直径应较大而高度低。相反，压力喷嘴则要求具有直径小而高的柱形干燥室。

产品回收系统主要是由旋风分离器和引风导管组成。旋风分离器是用来收集气流中的细

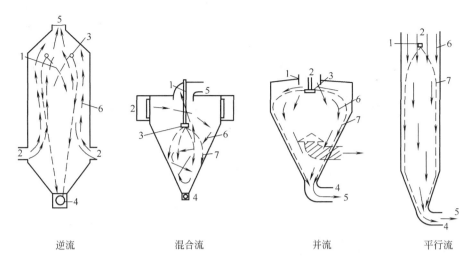

逆流　　　　　混合流　　　　　并流　　　　　平行流

图 12-15　喷雾干燥塔体内热气流和液滴的流向
1—物料；2—热空气；3—喷嘴；4—产品；5—废气；6—气流；7—雾滴

小颗粒，收集到的这些细小颗粒便是要求得到的产品。旋风分离器的大小是根据处理量、引风量和颗粒的大小而定，对于一些难以捕集的更小的粒子，可采用两级旋风分离或加袋滤器进行捕集。

　　供料系统一般用螺杆泵来完成输送料液的任务，输送量的控制通常用调节螺杆泵的转速来实施，现在通常采用变频技术，通过变频调节电机转速，达到控制料液输送量的目的。

　　热风系统是喷雾干燥器的热能来源，主要有蒸汽加热器、电加热器、空气净化器和离心送风机组成。蒸汽加热器一般都是作为预加热器，将空气加热到一定的温度，然后由电加热器来补充热能及控制温度。空气净化器主要将空气除尘净化，尤其在食品、中药的喷雾干燥中更为重要，通常通过粗滤、中效和高效过滤来完成。离心送风机是根据干燥的需要提供适当的风量。

　　总的来说，喷雾干燥的设备较为庞大，辅助设施也较多，一般小型的工业喷雾干燥器直径在 2～3.5m，高 4～10m，而且能量消耗较大。但由于物料停留时间一般只需 3～10s，适用于热敏性物料的干燥，且可省去溶液的最后蒸发、结晶等工序，由液态直接加工为固体产品，因而在食品、制药等工业部门中广为使用。

12.1.5.8　冷冻干燥设备

　　（1）冷冻干燥过程　物料冷冻干燥过程可分为三步。

　　① 物料的预冻　物料的预冻可以在干燥箱内进行，也可以先在干燥箱外进行，再将已预冻的物料移入干燥箱内。在冷冻干燥中，物料预冻的冻结速度同样非常重要，应通过实验确定合适的冻结速度，使物料组织造成的破坏小，又能形成有利于以后升华传质的冰晶结构。

　　② 升华干燥　为使密封在干燥箱中的冻结物料进行较快的升华干燥，必须启动真空系统使干燥箱内达到并保持足够的真空度，并对物料精细供热。一般冷冻干燥采取的绝对压力为 0.2kPa 左右。供热常通过隔板进行，如图 12-16 所示，热从隔板通过物料底部传到物料的升华前沿，也从上面的隔板以辐射形式传到物料上部表面，再以热传导方式经已干层传到升华前沿。控制热流量使供热仅转变为升华热而不使物料升温熔化。升华产生的大量水蒸气以及不凝气经冷阱除去大部分水蒸气后由其后的真空泵抽走。冷阱又称低温冷凝器，用氨、

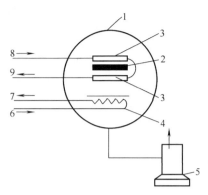

图 12-16　冷冻干燥原理图

1—干燥室；2—产品；3—热板；4—冷凝器（冷阱）；5—真空系统；6—制冷剂进口；7—制冷剂出口；8—加热流体进口；9—加热流体出口

二氧化碳等制冷剂使其保持在 $-50 \sim -40℃$ 的低温，水蒸气经过冷阱时，绝大部分在其表面形成凝霜，大大减轻了其后真空泵的负担。冷阱的低温使其内的水蒸气压低于干燥箱中的水蒸气压，形成水蒸气传递的推动力。

③ 解吸干燥　已结冰的水分在升华干燥阶段被除去后，物料仍含有 $10\% \sim 30\%$ 的水分。为了保证冻干产品的安全储藏，还应进一步干燥。残存的水分主要是结合水分，活度较低，为使其解吸汽化，应在真空条件下提高物料温度。一般在解吸干燥阶段采用 $30 \sim 60℃$ 的温度。待物料干燥到预期的含水量时，解除真空，取出产品。在大气压下对冷阱加热，将凝霜熔化排出，即可进行下一批物料的冷冻干燥。

（2）冷冻干燥设备　冷冻干燥装置按操作的连续性可分为间歇式和连续式

① 间歇式冷冻干燥装置　间歇式冷冻干燥装置适用范围比较广，如图 12-17 所示。间歇式装置的优点如下。

a. 适应多品种小产量的过程，特别是季节性强的食品生产。

b. 单机操作，如一台设备发生故障，不会影响其他设备的正常运行。

c. 便于设备的加工制造和维修保养。

d. 便于控制物料干燥时不同阶段的加热温度和真空度的要求。

其缺点如下。

a. 由于装料、卸料、启动等操作所占用的时间，故设备利用率低。

b. 要满足一定的产量要求，往往需要多台的单机，并要配备相应的附属系统，这样设备投资费用就增加。

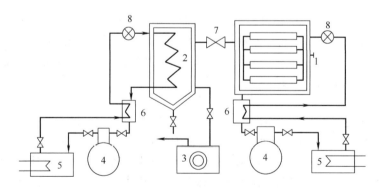

图 12-17　间歇式冷冻干燥器

1—干燥箱；2—冷阱；3—真空泵；4—制冷压缩机；5—冷凝器；6—热交换器；7—冷阱进口阀；8—膨胀阀

间歇式冷冻干燥装置中的干燥箱与一般的真空干燥箱相似，属盘式。干燥箱有各种形状，多数为圆筒形。盘架可为固定式，也可作成小车出入干燥箱，料盘置于各层加热板上。若为辐射加热方式，则料盘置于辐射加热板之间。物料可于箱外预冻后装入箱内，或在箱内直接进行预冻。后者干燥箱必须与制冷系统相连接。

② 连续式冷冻干燥装置 连续式冷冻干燥，从进料到出料连续操作进行，处理能力大，设备利用率高，便于实现生产的自动化，劳动强度低。但对于不同的干燥阶段，虽可以实现在不同温度下进行，但不能控制在不同的真空度下进行，设备复杂，投资费用大，仅适合于单品种大批量生产过程。

图 12-18 为一种连续式冷冻干燥装置。经冷冻的物料从顶部进料口 1 加到顶部的圆形加热板上，干燥器内的中央转轴 4 上装有带铲的搅拌器，干燥器加热板的温度可以根据需要按一定程序调节设定。旋转时，铲子搅动物料，不断使物料向中心方向移动，一直移至加热板内缘而落入第二块板上。在下一块板上，铲子迫使物料不断向加热板外方移动，直至从加热板边缘落下到直径较大的第三块加热板上。如此物料逐板下落，直到从最低一块加热板掉落，并从出料口 10 卸出。

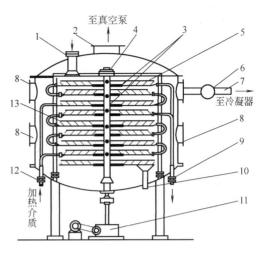

图 12-18 塔盘式连续式冷冻干燥器
1—进料口；2—真空接口；3—加热板内缘落料孔；
4—中央转轴；5—搅拌器；6—增压泵；7—冷阱接口；
8—维修、观察口；9—加热介质出口；10—出料口；
11—电动机变速器；12—加热介质入口；13—加热板

12.1.5.9 红外线干燥设备

红外线干燥设备的红外辐射体可以是灯泡，也可以是加热的辐射体。图 12-19 所示为红外线干燥设备。在设备内，物料由输送带载送，经过红外线热源下方。干燥时间由输送带的移动速度来调节。当干燥热敏性物料时，采用短波辐射源，而干燥热敏性不太高的物料时，可用长波的辐射源。

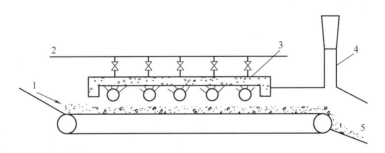

图 12-19 红外辐射干燥器
1—进料口；2—燃气；3—辐射体；4—吸风装置；5—出料口

红外线干燥的最大优点是干燥速度快，比一般对流、传导的干燥速度快得多。这是由于红外线干燥时，传给物料的热量比对流干燥或传导干燥要大得多，甚至大几十倍，而且被干燥物料的分子直接把红外线辐射能转变成热能，中间不需要通过任何介质。在红外线干燥中，一部分辐射线要透过毛细孔物料内部，其深度可达 0.1~0.2mm。辐射线一旦穿入毛细孔，由于孔壁的一系列反射，几乎全部被吸收。因此，红外线干燥具有很大的传热系数。但干燥速度不仅取决于传热速度，还取决于水分在物料内部移动的速度，故厚层物料和薄层物料用红外线干燥时存在着显著的差别。对于表面极大的薄层物料，用红外线干燥尤为有利。用红外线干燥厚度为 2~15mm 的多孔薄层物料，由于辐射线可以透入内部，故物料内部与湿度梯度方向相反的温度梯度所造成的热湿导并不显著。但当红外线干燥厚层非多孔性物料时，则物料层深处的温度将低于表面温度，只有干燥终了时才接近表面温度。在这种情况下，物料内部与湿度梯度相反的温度梯度将变得很大，大大地影响水分内部扩散速率，所以用红外线干燥非多孔性厚层物料是不适宜的。

红外线干燥除了干燥速度快外，还具有以下优点。

① 干燥设备紧凑、使用灵活、占地面积小，便于连续化和自动化生产。

② 干燥时间短，从而降低干燥成本，提高了劳动生产率，操作安全、简单。

③ 有利于干燥外形复杂的物料。因为它可以使用不同强度的局部辐射，从而可以调节水分从成品各部分移向表面的速度。

12.1.5.10 微波干燥设备

微波干燥器是利用微波加热器进行物料干燥的设备。微波干燥器实质上就是微波加热器在干燥操作上的具体应用，所以关键在于微波加热器的选择。微波加热器的选择包括频率以及加热器形式的选定。

(1) 频率的选定　工作频率的选定主要取决于以下四个因素。

① 加工物料的体积和厚度。由于微波穿透物料的深度与加工所用的频率、被加工物料的介电常数及介质损耗等有关。因此，当物料至 915MHz 下的介电常数及介电损耗相差不大时，选用 915MHz 就可以获得较大的穿透深度，也就是说可以加工较厚及体积较大的物料。

② 物料的含水量及介质损耗。一般而言，加工物料的含水量越大，其介质损耗也越大。而且频率越高时，其相应的介质损耗越大。因此，对于含有大量水分的物料可以用 915MHz。但当含水量很低时，物料对 915MHz 的微波吸收较少，此时应选用 2450MHz。但对有些物料，如 0.1% 浓度的食盐水溶液，915MHz 的介质损耗反而比 2450MHz 高 1 倍。其他如牛肉亦有类似情况。因此，究竟选用什么频率，最好通过实验来确定。

③ 总生产量及成本。由于微波电子管的功率与频率有关。例如，频率为 915MHz 的磁控管能得到 30kW 或 60kW 的功率，而 2450MHz 的磁控管只能获得 5kW 左右的功率，而且 915MHz 磁控管的工作频率一般比 2450MHz 高 10%～20%。为了在 2450MHz 的频率上获得 30kW 以上的功率，就必须用几个磁控管并联或采用价格较高的调速管。因此，在加工大批物料时，可选用 915MHz，或者在开始烘干大量水分时选用 915MHz，而后当含水量降至 5% 左右时，再选用 2450MHz。这样，由于 915MHz 磁控管的工作效率较高，总的成本可以降低。

④ 设备体积。一般而言，2450MHz 的磁控管及波导管均比 915MHz 的小。因此，加热器尺寸 2450MHz 较 915MHz 为小。

(2) 加热器形式的选择　加热器形式的选择取决于加工物料的形状、数量及工艺要求。例如被加热物料体积较大或形状复杂时，为了获得均匀加热，可采用隧道式谐振腔型加热器；对于薄片物料如饼干及快速面等，一般可用开槽波导或慢波结构的加热器；对于小批量生产或实验室样品试验，可以采用小型谐振腔型加热器；对于线状物料的干燥，可以用开槽波导及脊形波导加热器。由于微波干燥耗电量较大，可以采用微波干燥与空气加热干燥联合使用。例如将物料含水量从 80% 干燥至 2%，若采用热空气干燥法，则所需加热时间为微波加热时间的 10 倍；若将两种方法结合使用，先用热空气把水分降至 20% 左右，再用微波干燥降到 2%，时间可缩短 10h，且降低了费用（所需微波能量只有全部采用微波能量的 1/4）。

微波技术在食品干燥上的应用越来越广泛，这是由于微波干燥方法与以前所述的各种方法比较，具有一系列的优点。

① 干燥速度快，干燥时间短。由于微波能够深入到物料内部而不是依靠物料本身的热传导，因此，只需一般方法的 1/100～1/10 的时间就能完成整个加热和干燥的过程。

② 产品质量高。由于加热时间短，因此，可以保存加工物料的色、香、味，并且维生素的破坏也较少。

③ 反应灵敏便于控制。用常规加热法不论是电热、蒸汽、热空气等，要达到一定温度需要预热一段时间，当发生故障或停止加热时，温度的下降又需要较长的时间。而利用微波加热时，开机几分钟即可正常运转，调整微波输出功率，物料加热情况立即随之改变，因此，便于自动化控制，节省人力。

④ 加热均匀。因为微波加热是从物质内部加热，因此可以避免一般加热干燥过程中容易引起的表面硬化及不均匀等现象。

⑤ 加热过程具有自动平衡性能。当频率和电场强度一定时，物料在干燥过程中对微波功率的吸收，主要决定于介质损耗因素的值。水的损耗因素比干物质大，故吸收能量多，水分蒸发快。因此，微波不会集中在已干的物质部分，避免了物质的过热现象，具有自动平衡性能，从而保证了物质原有的各种特性。

⑥ 热效率高，设备占地面积小。因微波加热干燥是内部加热，加热设备本身基本上可以说是不辐射热量的，故热损失较小，热效率可高达 80％左右，同时避免了环境高温，改善了劳动条件。

12.1.6　干燥设备的选择

选择干燥设备的一般原则是：符合产量要求，以低成本获得期望的产品质量，生产稳定。依次应根据以下条件进行选择。

12.1.6.1　物料条件

（1）物料状态　物料的状态不同，所采用的干燥方法不同。表 12-1 列出了根据物料状态可选用的干燥器的类型。

表 12-1　物料状态与干燥器类型的选择

物料状态	固　体	膏　状	泥　状	液　体
箱式干燥器	0	0	0	0
带式干燥器	0	0		
回转干燥器	0	0		
搅拌干燥器	0	0	0	0
流动床干燥器	0	0		
气流干燥器	0	0		
喷雾干燥器			0	0
冷冻干燥	0	0	0	0

注：表中符号"0"表示可选用干燥器类型。

固体物料，又有粉状、粒状、片状和块状等的差别，应根据其特性选用不同的干燥设备进行干燥。

（2）生产能力　生产能力不同，干燥方法不尽相同。例如，干燥大量浆液时可采用喷雾干燥。生产量大时，一般选择大型连续式干燥设备，而生产量小时，常选择间歇干燥设备。

（3）其他性能　物料的含水量、水分结合方式、热敏性、耐热性、内部结构、干燥裂缝、腐蚀性、吸湿性、可燃性、爆炸性等均应考虑。若物料有毒、有放射性，则应选劳动强度小、能自动控制的设备。

12.1.6.2　操作条件

（1）热风量　若风量大，与物料接触的热风流速快，则蒸发速度快。为减少供热量而增加流速，多采用部分热风排出，部分热风循环的方法。

（2）热源　干燥器的热源有燃料油、煤气、水蒸气、电力以及烟道气等。应尽可能利用工厂排出的废烟气和水蒸气，以节约昂贵的能源费用。

（3）劳动条件　劳动强度大、条件差的干燥器，特别不宜处理高温、有毒、粉尘多的物料。

（4）环境影响　有的干燥器运行时噪声很大，另外有些干燥设备粉尘飞扬，影响环境，选用时均应注意。

12.1.6.3　设备条件

（1）设备费　为减少设备投资，应尽量避免选用以下干燥设备：需要特别设计制造的非标准设备；结构复杂的设备；运动部件多的设备；附属设备多的设备；重型设备；加工精度高的设备；使用特殊材料的设备；采用自控装置多的设备。

（2）操作费　对于结构简单、故障少、维修方便、维修费用低的设备，宜优先选用。为了提高热效率，应尽量选用直接加热的设备。

（3）干燥时间　在连续干燥中，从物料加入到排出的干燥时间，如能进行调节则有利。例如，带式干燥器就可以借助改变带速来调节干燥时间。

（4）成品收率　干燥时，由于飞扬、撒落、黏附等原因而造成物料损失。显然，选用物料损失小的干燥设备为好。要防止物料过热而报废。若要回收湿分，则应选择可收集气体的设备。

（5）其他　如设备尺寸是否受到限制等，也应根据实际考虑。

12.1.7　工艺方案的选定

若选择了转筒干燥器之类的干燥设备，还需进一步进行流向、加热方式、干燥介质等工艺方案的选定。

12.1.7.1　流向的选定

（1）顺流　物料移动方向与干燥介质流动方向相同。进口端干燥能力大，出口端干燥能力小。顺流方式使用于下列物料的干燥。

① 物料湿度较大，允许快速干燥而不发生裂纹或焦化现象。

② 干燥后期物料不能耐高温，即产品遇高温会发生分解等变化。

③ 干燥后期物料的吸湿性很小。

（2）逆流　物料移动方向与干燥介质流动方向相反。逆流时，干燥器内各部分的干燥能力相差不大，分布比较均匀。逆流方式适用于下列物料的干燥。

① 物料湿度较大，不允许快速干燥。

② 干燥后期物料可以耐高温。

③ 干燥后的物料具有较大的吸湿性。

④ 要求干燥速度大，同时又要求物料干燥程度大。

（3）逆、顺流合用　这种流程具有逆、顺流两方面的特点。

12.1.7.2　加热方式的选定

（1）直接传热　干燥器内载热体直接与被干燥物料接触，主要靠对流传热，热利用率高，应用最广。

（2）间接传热　干燥器内载热体不直接与被干燥的物料接触，干燥所需的全部热量是经过传热壁传给被干燥物料的。间接传热用于物料不允许被污染，或者不允许被空气冲淡的场合。

12.1.7.3　干燥介质的选择

干燥介质是直接与被干燥物料接触的载热体，也是载湿体，是按被处理固体物料的性质及其是否允许被污染等因素选用。若被处理的固体物料可承受高温，而且允许在处理过程中稍被污染，则可采用烟道气作干燥介质，这样既节约能源，又得到较高的体积蒸发率和热效率。若处理的物料不允许污染，则应选空气做干燥介质。

12.2　粉体设备

许多固体物料由于块大而无法使用，必须将其加工成小颗粒。为了分离固体中的各种组分，也常常需要将其磨碎。把大颗粒分割成小颗粒的操作，一般称为破碎或粉碎。

食品加工行业中，许多食品都要经过粉碎处理。如把小麦和黑麦制成面粉和细小的颗粒要用滚磨机；为了生产豆油和豆粉，要对黄豆进行滚压、挤压、碾磨等加工；生产土豆粉、参茨淀粉和其他细粉，常常要用锤磨机；食糖也需要磨成较细的颗粒。

在制药行业中，许多药物都要经过粉碎，有的甚至要超细粉碎。药物经过超细粉碎后，药品的表面能得到极大的增加，提高了药效的发挥，方便了人体的吸收。有的药品要超细粉碎到纳米级，直接供人体吸收，有效地防止药物尚未被完全吸收就被排出体外，提高了药物的利用率。在有的新药开发过程中，由原料药制成成品药的过程中，许多药物需要制备成丸药或片剂，对药粉需进行必要的表面处理，或进行微胶囊包覆。要进行这种工艺，首先必须将药剂进行超细加工。只有加工到规定的细度后，在进行上述工艺时才能保证工艺技术的可行，才能收到预想的结果。

在现代中药制药中，也有将生药直接磨粉制成胶囊、片剂或冲剂等成品（如西洋参、灵芝、虫草等）。

在矿石加工和水泥工业中，粉碎用得更多。例如铜矿石、镍钴矿石和铁矿石在化学处理以前都要经过粉碎；碳酸钙、云石、石膏和白云石要磨碎后才能作为纸、颜料和橡胶的填充材料；水泥工业中需要磨碎的原料如石灰、铝土和硅石也是很大的。

粉碎固体有多种方法。压碎和碾碎常用于将坚硬的固体粉碎成较大块状；击碎可以得到大、中、小混合的颗粒；碾磨或研磨产生细小颗粒；而劈碎能得到一定大小的颗粒。

12.2.1　颗粒大小的测量

根据颗粒的粒度分布确定粉碎操作及其产品。一种描述颗粒大小的普通方法是以颗粒直径（筛网的筛孔，单位为 mm 或 μm）对直径小于该值的颗粒的累积百分数作图，这条曲线可画在算术概率坐标纸上。

也常常应用另一种作图法，是以小于某一尺寸的颗粒的积累量占总量的百分数对该颗粒尺寸作图，如图 12-20 （a）所示。图 12-20 （b）是同一套数据的颗粒粒度分布曲线，其纵坐标是这样求得的：在图 12-20 （a）中的曲线上取 $5\mu m$ 间隔内的斜率并换算成每 μm 的质量分数，也可以用仪器直接测得。对于大多数过程的分析和计算都需要完整的粒度分析数据。

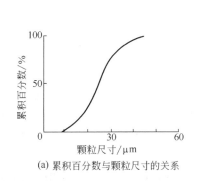

(a) 累积百分数与颗粒尺寸的关系

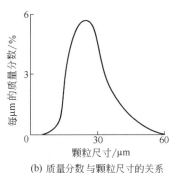

(b) 质量分数与颗粒尺寸的关系

图 12-20　颗粒粒度分布曲线

12.2.2　固体粉碎设备

固体粉碎设备可按其施加力的方式分类：碾碎和磨碎，力作用于两个表面之间；击碎，在一个固体表面施力；胶体磨，依靠周围介质的作用。另一种普遍的分类方法是把设备分成破碎机、粉碎机、细磨机和切割机。

（1）颚式破碎机　对大量固体物料进行粗碎的低速设备称为破碎机。常用的破碎机有几种类型，主要的一种为颚式破碎机。物料加入到两块厚颚板或平板之间，Dodge 破碎机如图 12-21（a）所示，其中一块颚板是固定的，另一块颚板可绕底部的一个支点往复摆动，物料逐步进入越来越窄的空间一边移动一边被粉碎。

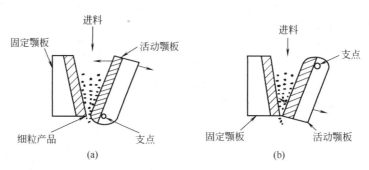

图 12-21　颚式破碎机

图 12-21（b）所示为 Blake 破碎机，它使用得更为普遍。这种破碎机的支点是在活动颚板的顶部。Blake 破碎机的粉碎比平均为 8∶1。颚式破碎机主要用于硬质物料的粗碎，它的后面常常设有其他类型的破碎机。

（2）旋转锥形轧碎机　图 12-22（a）所示为旋转锥形轧碎机的简图，它广泛用于粉碎大的硬质矿石。这种轧碎机大体上像一个臼杵碾碎机，活动轧头的形状像一个倒置的截头圆锥，轧头装在一截头圆锥的壳体内。轧头偏心转动，物料在固定的外圆锥壳体和转动的内圆锥轧头之间下落而被磨碎。

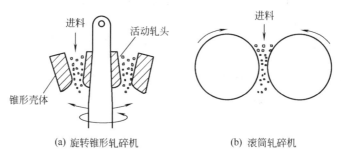

（a）旋转锥形轧碎机　　　　（b）滚筒轧碎机

图 12-22　轧碎机示意图

（3）滚筒轧碎机　图 12-22（b）所示为一种典型的光面平整的滚筒轧碎机简图。两个滚筒以相同或不同的速度相对转动，将进入两滚筒间的物料轧碎。在滚筒轧碎机的操作中，滚筒的磨损是一个严重的问题。这种轧碎机的粉碎比为（2.5∶1）～（4∶1）。经常采用的是单滚筒轧碎机，滚筒相对于一个固定表面旋转。另外，也经常采用的是一种波棱形或齿形滚筒。很多不太硬的食品如面粉、黄豆和淀粉，都应用这类轧碎机粉碎。

（4）锤式粉碎机　把中等大小的颗粒粉碎成小颗粒或粉末，常采用的是锤式粉碎机。一般把从颚式破碎机和旋转锥形轧碎机出来的产品作为锤式粉碎机的进料。锤式粉碎机有一个在圆筒形壳体中高速旋转的转子，转子外沿的支点上装有若干组锤头，当物料从顶部进入壳体后，一边向下移动，一边被粉碎。在锤头和壳体之间，颗粒在锤头的锤击下被击成粉末。粉末通过格栅的缝隙或筛网的空隙排出。

（5）旋转式球磨机　旋转式球磨机常用于物料的中碎和细碎。球磨机是一个绕水平轴旋转的圆筒形或圆锥形壳体，壳体内填装研磨体，如钢球、燧石球、瓷球或者钢棒，依靠混在物料中的球和棒的翻滚对颗粒的碾磨作用达到粉碎的目的。在旋转式球磨机中，研磨体被带到壳体一侧的一定高度，然后落到下面的颗粒上，这种球磨机可以进行干式或湿式操作。

用于精磨的设备常是作为某些特殊场合的专用设备，有时是用两个平盘，其中一个或两个都旋转，物料在两盘之间被磨碎。

12.2.3　气流粉碎技术

气流粉碎技术是当今对粉体实现超细粉碎最有效的技术之一。它是利用高压气体通过特殊喷嘴产生的高速气体所具有的巨大动能，使物料颗粒发生相互碰撞，达到超细粉碎目的。

机械粉碎与气流粉碎依靠喷射气流作为加速颗粒的动力所不同，机械粉碎是依靠高速旋转的各种粉碎体来粉碎物料。如回转齿盘上的齿轮、旋转的粉碎锤头和粉碎叶轮上的叶片，来撞击因离心力而分散在粉碎室内壁处的粗颗粒，或者赋予这些粗颗粒以线速度，使颗粒之间相互碰撞。因为粉碎体旋转半径不大，或旋转速度不够高，因此，它们赋予颗粒的冲击初速度也不大，无法与气流粉碎相比。例如，目前国内应用广泛的离心式粉碎机，是靠粉碎叶轮上的叶片的回转来撞击颗粒或带动颗粒运动。叶轮外缘的线速度，最快也只有每秒几十米，冲击粉碎强度不大，而气流粉碎机喷嘴出口速度可达 2 倍以上的音速，其冲击速度比机械式粉碎机高几倍到几十倍，其粉碎能力也要高几倍到几十倍，这就是气流粉碎机的优点。另外，其突出的优点是依靠粉体颗粒间自身相互碰撞，不会产生杂质污染。

超细粉碎设备的种类不是很多，其基本原理都是利用高速气流作载体，带动颗粒高速运动而产生粉碎。该技术的具体要求是：

① 不降低粉体原料的白度，不污染粉体；

② 不改变粉体原料的原有晶格形态；

③ 简化粉体制备工艺流程，无三废。

目前，在我国制药生产中使用最多的是圆盘式气流粉碎机。它是利用安装在粉碎机周向的一系列喷嘴产生的高速气流，对被粉碎的药品进行冲击，并引起药品之间相互碰撞而进行粉碎。一般可使药品粉碎细度达 1～

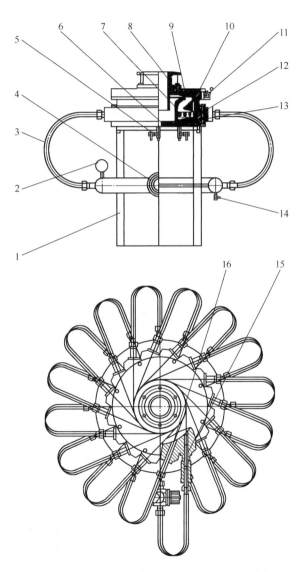

图 12-23　气流粉碎机的主要结构特点示意图
1—机架；2—压力表；3—配气弯管；4—进气口；5—排放口；
6—快装结构；7—分级盘；8—导出管；9—上盖；10—上中圈；
11—快开装置；12—中圈；13—下盖；14—冷凝水排放口；
15—加料喷嘴；16—粉碎喷嘴

$10\mu m$。气流粉碎可根据气流流场和被粉碎物料的粉碎机理分为对面冲击式、追赶式、与固定板的正面冲击、与内壁的斜向冲击等。

根据以上的特点和结合现代轻化工的发展，研制了大型的工业化气流粉碎机，如图12-23所示，其主要特点如下。

① 以净化的压缩空气作动力源，采用粉体自身互相撞击粉碎原理，在机内无任何运动部件，无需润滑，避免物料污染。

② 全部采用增韧的刚玉内衬并精加工（刚玉上下圈、刚玉上下盖、刚玉分级盘、刚玉导出管、刚玉的加料和粉碎喷嘴等），结构简单，表面平整、光滑、无死角。又因其耐磨损、抗腐蚀，对被粉碎的物料不产生污染，使物料在达到超细的同时保证超纯的要求。

③ 刚玉高温烧结成形工艺，使喷嘴的内腔线形有了准确的保证。喷嘴出口处可达两倍音速以上的速度，从而保证了粉碎所需的冲击力。

④ 加料量和分级盘可调节细度与产量的匹配，调节加料量，则可得到最佳的气固比，（粉碎气固比，即粉碎单位质量的物料所必需的气体量）使粉碎效率提高。

⑤ 增加了内分级功能，粉碎腔内具有自动分级、回料的形成，使粒子多次加入气流，因而粉碎能力大增，细度大大提高。

⑥ 特有的可换性喷嘴，具有一机多用的功能（双进料、粉碎、混合、表面处理等）。

⑦ 增加了快开、快装结构，清洗、消毒、装拆更加方便。

⑧ 设置了清洁水和消毒蒸汽进口，增加了清洗排放口和冷凝水排放口。

大型气流粉碎机的喷嘴采用缩扩型（即LAVAL型）喷嘴设计，马赫数约为2.3（出口气流速度为2.3倍的音速），使气流赋予物料颗粒的动能大大增加，从而增加了冲击力，提高粉碎效率和生产能力。由于喷嘴附近速度梯度很高，绝大部分的粉碎发生在喷嘴附近。粉体每经过一个喷嘴得到一次加速，使前后颗粒进行撞击。在靠近粉碎腔外圆周边处，除了有强烈的喷气流外，还形成许多小旋流而产生强烈的粉碎效果。高速旋转的气流使物料颗粒在离心力的作用下，大颗粒被抛向近外圆边缘处继续在粉碎区内粉碎，较小的颗粒则在气流作用下飞越分级区，再经过内壁回流二次分级后，由出口排出。

目前，大型气流粉碎机已在工业中得到实际应用。图12-24为气流粉碎的全套装置，主要有空气压缩机、除水器、冷干机、储气罐、粉碎机和旋风分离器。

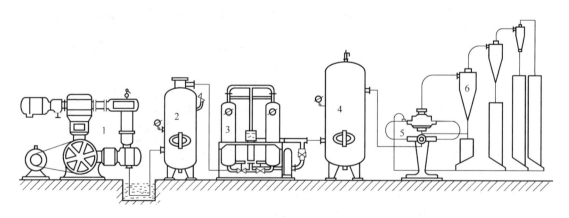

图12-24　气流粉碎装置流程
1—空气压缩机；2—除水器；3—冷干机；4—储气罐；5—粉碎机；6—旋风分离器

第13章

搅拌器及均质设备

13.1 搅拌器的类型和结构

为了加快反应速率，强化传质、传热效果，以及加强混合等作用，在反应进行时常用搅拌装置。它由搅拌器和搅拌轴所组成，将原电动机所获得的机械能通过搅拌器传递给被搅拌的介质，使其产生激烈的扰动。

搅拌器的类型很多，常见的搅拌器有：推进式、桨式（平直叶、折叶）、涡轮式（开启平直叶、开启弯叶、开启折叶、圆盘弯叶、圆盘平直叶）、锚式、框式、螺带式、螺杆式等。各种搅拌器的结构形式及主要参数见表13-1。

表 13-1　搅拌器的结构形式及主要参数

桨型		简　图	常用尺度	常用运转条件	常用介质黏度范围	流动状态	备　注
桨式	平直叶		$d/D=0.35\sim0.8$；$b/d=0.10\sim0.25$；$z=2$；折叶角 $\theta=45°,60°$	$n=1\sim100$r/min；$u=1.0\sim5.0$m/s；u—叶端线速度（m/s），以下同	<2Pa·s	低速时水平环向流为主；速度高时为径向流型；有挡板时为上下循环流	当 $d/D=0.9$ 以上时，并设置多层桨叶，可用于高黏度液的低速搅拌。在层流区操作，其适用介质黏度可达 10^5cP，而叶端线速 $u=1.0\sim3.0$m/s
	折叶					有轴向分流、径向分流和环向分流。多在层流、过渡流状态时操作	
涡轮式	开启平直叶		$d/D=0.2\sim0.5$（以 0.33 居多）；$b/d=0.15\sim0.3$（以 0.2 居多）；$z=3\sim16$ 以 3,4,6,8 居多；折叶角 $\theta=24°,45°,60°$；后弯叶角 $\alpha=30°,50°,60°,80°$	$n=10\sim300$r/min；$u=4\sim10$m/s；折叶式的 $u=2\sim6$m/s	<50Pa·s 折叶的、后弯叶的为 $<10^4$cP（<10Pa·s）	平直叶、后叶为径向流。在有挡板时可自桨叶为界形成上下两个循环流。折叶的还有轴向分流，近于轴流型	最高转速可达 600r/min。折叶角度24°的，用于 3 叶开启涡轮，搅拌效果类似3叶推进式。高黏度时，α 宜取大值，以降低功率消耗
	开启折叶						

续表

桨型		简 图	常用尺度	常用运转条件	常用介质黏度范围	流动状态	备 注
涡轮式	开启弯叶		$d/D=0.2\sim0.5$（以 0.33 居多）；$b/d=0.15\sim0.3$（以 0.2 居多）；$z=3\sim16$ 以 3,4,6,8 居多；折叶角 $\theta=24°,45°,60°$；后弯叶角 $\alpha=30°,50°,60°,80°$	$n=10\sim300$r/min；$u=4\sim10$m/s；折叶式的 $u=2\sim6$m/s	<50Pa·s 折叶的、后弯叶的为 $<10^4$cP（<10Pa·s）	平直叶、后弯叶为径向流。在有挡板时可自桨叶为界形成上下两个循环流。折叶的还有轴向分流，近于轴流型	最高转速可达 600r/min。折叶角度 24° 的，用于 3 叶开启涡轮，搅拌效果类似 3 叶推进式。高黏度时，α 宜取大值，以降低功率消耗
圆盘涡轮式	平直叶		$d:l:b=20:5:4$；$z=4,6,8$；$d/D=0.2\sim0.5$（以 0.33 居多）；折叶角 $\theta=45°,60°$；后弯叶角 $\alpha=45°$	$n=10\sim300$r/min；$u=4\sim10$m/s；折叶式的 $u=2\sim6$m/s	<50Pa·s 折叶的、后弯叶的为 <10Pa·s	平直叶、后弯叶的为径向流。在有挡板时，自桨叶为界形成上下两个循环流；折叶的有轴向流；圆盘上、下的液体混合不如开启涡轮	最高转速可达 600r/min。叶型还有一种箭叶型
	折叶						
	弯叶						
推进式			$d/D=0.2\sim0.5$（以 0.33 居多）；$s/d=1,2$；$z=2,3,4$（以 3 叶居多）	$n=100\sim500$r/min；$u=3\sim15$m/s	<2Pa·s	轴流型，循环速率高，剪切力小。采用挡板或导流筒则轴向循环更强	最高转速可达 1750r/min，最高 $u=25$m/s。转速在 500r/min 以下，适用介质黏度可到 5×10^4cP

续表

桨型	简 图	常用尺度	常用运转条件	常用介质黏度范围	流动状态	备 注
锚式			$n=1\sim100\text{r/min}$; $u=1\sim5\text{m/s}$	$<100\text{Pa}\cdot\text{s}$	不同高度上的水平环向流。如为折叶或角钢型叶可增加桨叶附近的涡流。层流状态操作	为了增大搅拌范围,可根据需要在桨上增加立叶和横梁
框式						
螺带式		$d/D=0.9\sim0.98$; $s/d=0.5$, $1,1.5$; $b/D=0.1$; $h/d=1.0\sim3.0$(可根据液层高度增大)螺带条数 $1,2$	$n=0.5\sim50\text{r/min}$; $u<2\text{m/s}$	$<100\text{Pa}\cdot\text{s}$	轴流型,一般是液体沿槽壁螺旋上升再沿桨轴面下。层流状态操作	
螺杆式		$d/D=0.4\sim0.5$; $s/d=1,1.5$; $h/d=1.0\sim3.0$(视液层高度还可增大)	$n=0.5\sim50\text{r/min}$; $u<2\text{m/s}$	$<100\text{Pa}\cdot\text{s}$	轴向流型,当带有导流筒时,一般液体在导流筒内向下,在导流筒外部的环形空间向上。层流状态操作	可偏心放入搅拌槽内,这时桨叶离槽壁的距离$<\dfrac{1}{20}d$,槽壁可起到挡板的作用
布尔马金式		$d/D=0.2\sim0.5$; $b/d=0.1$; $\alpha=70°$; $z=6,8$	$n=10\sim300\text{r/min}$	$<50\text{Pa}\cdot\text{s}$	径流型	桨叶前端加宽,有后弯角。排出性能好,动力消耗少,剪切力小

续表

桨型	简 图	常用尺度	常用运转条件	常用介质黏度范围	流动状态	备 注
三叶后掠式		$d/D=0.5$；$b/h=2/5$；$b/d=0.05$；$a=30°,50°$；上翘角 $15°\sim20°$；$z=3$	$n=80\sim150$r/min；$u\leqslant10$m/s	<10Pa·s	径向流型，配合指形挡板可得上下循环流。循环量大，在挡板配合下，剪切作用也好	最高叶端线速 u 可达 15m/s
MIG 式 (Mehrstufen Impuls Gegenstr Om-ruhrer)		$d/D=0.5\sim0.98$	$u=1\sim12$m/s	<10Pa·s	低速时为水平环向流和轴向流，速度高时为径向流和轴向流。桨叶前端有较强的涡流。可在层流区及湍流区操作	属于折叶桨的改进型，桨叶前端增加一个与主桨倾斜 $90°$ 的小桨。用多层式
INTER-MIG 式		$d/D=0.5\sim0.98$	$u=1\sim12$m/s	<10Pa·s	同上，桨叶前端的涡流更强，混合效果更好	属于 MIG 式的改进型。桨叶前端改成匸形双折叶小桨。用多层式
齿轮圆盘式		$d/D=0.2\sim0.5$	$u=5\sim20$m/s	<2Pa·s	径向流型。湍流状态操作	
三角叶往复回转式					轴向流型	往复回转，回转角度 $90°$

13.2　搅拌效果的强化

在搅拌容器内安装挡板和导流筒可改善流体的流动状况，强化搅拌效果。

13.2.1　挡板

挡板是指长条形的竖向固定在搅拌容器内壁上的构件，它是消除搅拌容器内物料"打旋"现象的有效措施之一。挡板的作用还在于转换切向流为径向流或轴向流，增加液体的对流循环强度，充分利用桨叶输入的能量，增大湍流程度，强化搅拌效果。若搅拌容器内的折流挡板数目达到恰到好处后，再增加挡板数目也不会增加搅拌器的功率，而且也不会改变搅拌效果，称为"完全化挡板"，少装则不能消除"打旋"现象。实践证明，安装四块宽度为容器直径 1/10 的折流挡板可以完全消除"打旋"现象。图 13-1 所示为装有挡板时流体的流动情况。

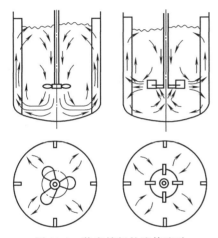

图 13-1　装有挡板的流体流动

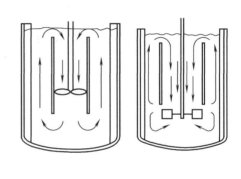

图 13-2　有导流筒的流体流动

13.2.2　导流筒

无论容器与叶轮的类型如何，液体总是从各个方面流向叶轮，如图 13-2 所示。在需要控制回流液体的速度与方向使被搅拌物料中能确立某一特定流型的时候，可用导流筒构件。推进式叶轮的导流筒是套在叶轮的外面，涡轮式搅拌器的导流筒则置在叶轮的上方。导流筒的尺寸可根据具体过程的要求而定。一般导流筒需将容器截面分成面积相等的两部分，即导流筒的直径约为容器直径的 70%。导流筒的作用在于提高对筒体内液体的搅拌程度，加强叶轮对流体的直接剪切作用，同时又确定了液体的循环流型，使容器内所有物料均可通过导流筒内的强烈混合，强化混合效果。另外，导流筒也限制了循环路径，减少了短路的机会，同时还可以迫使流体高速流过加热面而有利于传热。

搅拌容器内的其他构件如盘管、支撑件等，也有像挡板和导流筒似强化搅拌效果的作用。

13.3　搅拌器的选择

13.3.1　搅拌器的功率计算

13.3.1.1　影响因数及关联式

叶轮所消耗的功率是容器内物料搅拌程度及运动状态的度量，同时又是选择电动机的依据。搅拌时，叶轮消耗的功率取决于所要求的流型、运动速度及湍流程度。因此，凡是影响搅拌容器内流体流动的因素都会影响搅拌器的功率。根据对搅拌器操作的试验研究和综合分析，搅拌器在工作时所消耗的功率与下列变量有关：叶轮的直径 d_i 和转速 n；液体的密度 ρ 和黏度 μ；重力加速度 g；槽的直径 D；槽中液体高度 H，挡板数目、大小及位置等。假如装置中的尺寸和叶轮的直径成一定的比例关系，并将这些比值定为形状因数。若暂时不考虑形状因数，则消耗的功率 N 可表达为上述诸变量的函数

$$N = f(n, d_i, \rho, \mu, g) \tag{13-1}$$

按量纲分析法，假定式（13-1）是成简单的指数形式关系，即为

$$N = K n^a d_i^b \rho^c \mu^d g^f \tag{13-2}$$

式中　K——无量纲常数。

对式（13-2）进行量纲分析，可得到如下的关联式

$$N = K \rho n^3 d_i^5 \left(\frac{d_i^2 n \rho}{\mu} \right)^{-e} \left(\frac{n^2 d_i}{g} \right)^{-f} \tag{13-3}$$

令 $x = -e$；$y = -f$，则式（13-3）变为

$$\frac{N}{\rho n^3 d_i^5} = K \left(\frac{d_i^2 n \rho}{\mu} \right)^x \left(\frac{n^2 d_i}{g} \right)^y \tag{13-4}$$

令

$$P_0 = K Re^x Fr^y \tag{13-5}$$

式中　$P_0 = \dfrac{N}{\rho n^3 d_i^5}$——功率准数；

$Re = \dfrac{d_i^2 n \rho}{\mu}$——搅拌的雷诺数；

$Fr = \dfrac{n^2 d_i}{g}$——搅拌的弗劳德数。

功率准数 P_0 中含有功率 N，代表作用于被搅拌物料上的力；雷诺数 Re 代表作用在搅拌器上的物料惯性力与物料内部黏性曳力之比；弗劳德数 Fr 代表惯性作用力与重力之比。

若搅拌器的形状保持不变，则式（13-5）可写为

$$\Phi = \frac{P_0}{Fr^y} = K Re^x \tag{13-6}$$

式中　Φ——功率因数。

对于不打旋系统，可不考虑重力的影响，因此，弗劳德数幂次方数 $y = 0$，于是 $Fr^y = 1$，则式（13-6）可简化为

$$\Phi = P_0 = K Re^x \tag{13-7}$$

通过上述量纲分析，表达式得到简化，而功率准数 P_0 仅和搅拌器的几何尺寸 Re、Fr 有关。有了搅拌功率的准数关联式，可以大大减少自变量，只需改变少数几个准数，就可以进行试验测定。尤其改变 Re 时，只需方便地改换流速就可以，这样就可以将水的测定结果推广到其他液体，将小尺寸的模型试验结果应用于与其几何相似的大型搅拌器。

通过模型试验可以得到 Φ 与 Re 的关系。把 Φ 值或 P_0 值对 Re 值在双对数坐标纸上标绘所得到的曲线称为功率曲线。对于一个具体构型的搅拌器，只有一条功率曲线，曲线形状与搅拌容器的大小无关。因此，在大小不同的搅拌容器中，只要搅拌器的几何构型一样（各部分尺寸比例相同），就可以采用同一条曲线。

图 13-3 所示为"标准"搅拌器构型的功率曲线。图中上面曲线 1 为"标准"搅拌器的功率曲线；下面曲线 2 为搅拌器相同，但容器中无挡板时的功率曲线。图 13-4 为各种不同几何形状搅拌器的功率曲线。

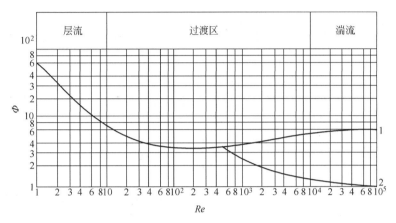

图 13-3 功率曲线

1—"标准"搅拌装置；2—构型与标准相同但无挡板

现就图 13-3 中曲线 1 的情况进行讨论如下。

在 $Re < 10$ 的层流区，功率曲线是斜率等于 -1 的直线。在此区域内，液体的黏性力控制着系统的流型，而重力的影响可以忽略，因此可不考虑弗劳德数。对于此层流区，直线的功率曲线可以表示为

$$\Phi = P_0 = \frac{N}{\rho n^3 d_i^5} = 71.0 Re^{-1} \qquad (13\text{-}8)$$

进一步简化得

$$N = 71.0 \mu n^2 d_i^3 \qquad (13\text{-}9)$$

当 Re 在 $10 \sim 2000$ 之间时，流动从层流过渡到湍流。在 $Re < 300$ 时，功率和流动特点只取决于雷诺数。在 $Re \geqslant 300$ 时，有足够的能量传给液体以引起打旋现象，但由于有挡板有效地加以控制，故流动仍取决于雷诺数，这种现象一直延续到 $Re = 10^4$ 为止。在 $Re = 10 \sim 10^4$ 的整个范围内，都可用式（13-7）来表示功率曲线，但式中 K 和 x 均为变动参数。因此，由 Re 求 Φ 时需直接从图 13-3 查取。

流动状态发展到充分湍流后（Re 达到 10^4 以后），功率曲线变为水平。此时，流动状态与 Re 和 Fr 数都无关，液体黏度不再发生影响，从图 13-3 中查得

$$\Phi = P_0 = 6.1$$

于是，展开式（13-8）可得 $Re > 10^4$ 时的功率计算式为

$$N = 6.1 \rho n^3 d_i^5 \qquad (13\text{-}10)$$

由图 13-3 可知，对有挡板和无挡板的搅拌体系，在 $Re \leqslant 300$ 时，即打旋现象开始以前，功率曲线完全一样，在打旋加剧后，无挡板的功率曲线陡然下降，有一个变动的负斜率，即式（13-6）中的指数 x 为变动着的负数。在 $Re > 10^4$ 的充分发展的湍流区，功率曲线从斜率为负的曲线趋于水平线，从而功率函数 Φ 成为常数。

对于无挡板的搅拌装置，当 $Re \leqslant 300$ 时，弗劳德数 Fr 可能忽略，则只能用式（13-6）计算功率，而式中的指数 y 可用经验公式计算，即

$$y = \frac{\alpha - \lg Re}{\beta} \tag{13-11}$$

式中，α 和 β 为与搅拌器形式、叶轮直径及搅拌槽直径有关的常数，其值列于表 13-2 中。

表 13-2 搅拌器形式常数 α、β 值

搅拌器的形式	d_i/D	α	β
螺旋桨式	0.48	2.6	18
	0.37	2.3	18
	0.32	2.1	18
	0.30	1.7	18
	0.22	0	18
涡轮式 6 片平直叶涡轮	0.30	1.0	40
	0.33	1.0	40

于是，当 $Re > 300$ 时，无挡板搅拌系统的功率函数式为

$$\Phi = \frac{P_0}{Fr^{(\alpha - \lg Re)/\beta}} \tag{13-12}$$

各种不同构型的搅拌器有其不同的功率曲线。除图 13-4 所示的几种桨型功率曲线外，其他的可参阅手册或有关的搅拌器专著。利用功率曲线计算功率很方便，如使用的桨型与图 13-4 所示的形状相同，符合几何相似条件，其相应尺寸比相同，则就可根据桨叶直径、桨转速、液体的黏度、密度值计算 Re 值，并在图中相应的桨型曲线上由 Re 查到 Φ 值。然后，再根据流动的状态，分别选用相应的层流、过渡流、湍流的计算公式计算搅拌器的功率。

13.3.1.2 电动机功率的计算

以上计算的搅拌器功率是指推动搅拌桨叶旋转并使液体形成一定流型所需要输入给搅拌器的净功率，也称为轴功率。它没有考虑电动机与传动机构上的功率损失。电动机的实际功率要大于搅拌器运转所需的功率。

搅拌器用的电动机功率必须满足如下几点：

① 搅拌器运转所需的功率；

② 克服传动机构和轴封中阻力所损失的功率；

③ 适应于某些不利因素而引起启动功率的增加。

电动机功率的计算式如下

$$N'_d = \frac{KN + N_m}{\eta} \tag{13-13}$$

式中　N'_d——电动机的计算功率，kW；

　　　N——搅拌器轴需要的功率，kW；

N_{m}——轴封系统的摩擦功率损失，kW；

　K——启动时的功率超载系数；

　η——传动机构的机械效率。

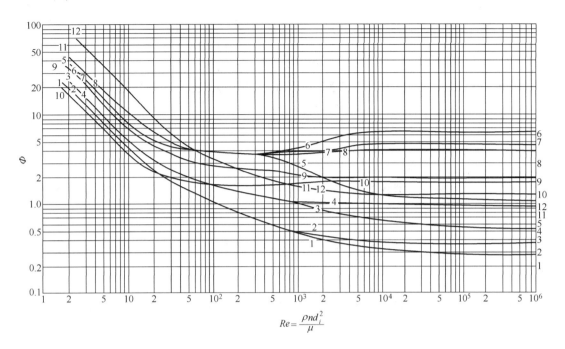

图 13-4 具有不同形式叶轮的搅拌器的 Φ-Re 图

1—三叶推进式无挡板，$S=d_i$；2—三叶推进式有挡板，$S=d_i$；3—三叶推进式无挡板，$S=2d_i$；4—三叶推进式有挡板，$S=2d_i$；5—6 片平直圆盘涡轮无挡板；6—6 片平直圆盘涡轮有挡板；7—6 片弯叶圆盘涡轮有挡板；8—6 片箭叶圆盘涡轮有挡板；9—8 片折叶开启涡轮（45°）有挡板；10—双叶平桨有挡板；11—6 片闭式涡轮有挡板；12—6 片闭式涡轮带有 20 叶的静止导向器，有挡板时（$Z_1=4$，$W=0.1D$），曲线 5、6、7、8、11、12 为 $d_i:l:b=20:5:4$，曲线 10 为 $b/d_i=1/6$，各曲线符合 $d_i/D\approx1/3$，$C/D=1/3$，$H=D$

由上式计算得到的电动机功率 N'_{d}，再查电动机手册圆整为电动机的额定功率 N_{d}。

在大多情况下，K 值选 1。因为一般异步电动机允许超载 30% 左右。此外，通常圆整得到的额定电动机功率比计算值大，故可补偿启动时功率的增加值。

当搅拌物料的相对密度差很大，而且很快分层的两相液体，如固体-液体及黏度较大的非牛顿型液体，或者在搅拌过程中物料阻力很大，而且在计算功率时又很难准确估算时，建议按下列取 K 值。

推进式搅拌器：$K\leqslant1.3$；

桨式搅拌器：$K\leqslant2$；

多桨式、框架式和涡轮式搅拌器：$K\leqslant2.5$。

轴封摩擦损耗功率可近似按下式计算。

填料密封损耗功率

$$N_{\mathrm{m}}=6.67d^2nh \qquad\qquad (13\text{-}14)$$

式中　d——转轴直径，m；

　　　n——搅拌轴转速，r/min；

　　　h——不考虑密封环时填料密封圈总高度，m。

转轴在机械密封中损耗的功率可按以下公式计算。

① 双端面机械密封损耗功率

$$N_m = 7.2d^{1.2} \tag{13-15}$$

② 单端面机械密封损耗功率

$$N_m = 4.0d^{1.2} \tag{13-16}$$

【例 13-1】 在一具有 6 片平直叶圆盘涡轮的标准构型搅拌装置内混合某种液体。叶轮直径 $d_i = 0.61\text{m}$，转速 $n = 90\text{r/min}$，在操作条件下，溶液的密度 $\rho = 1498\text{kg/m}^3$，黏度 $\mu = 1.2 \times 10^{-2}\text{Pa·s}$。计算下列两种情况下搅拌桨的功率：①釜内装有 4 块挡板，符合全挡板条件；②釜内无挡板。

解 （1）釜内有 4 块挡板时的功率

对于有挡板的标准型搅拌装置，可用功率曲线计算搅拌功率，也可根据流型选用有关的公式直接计算搅拌功率。计算雷诺数 Re

$$Re = \frac{d_i^2 n\rho}{\mu} = \frac{0.61^2 \times \left(\frac{90}{60}\right) \times 1498}{1.2 \times 10^{-2}} = 6.97 \times 10^4$$

由计算 Re 可知，流型为湍流。由于 $Re > 10^4$，故可用式（13-10）直接计算搅拌功率，即

$$N = 6.1\rho n^3 d_i^5 = 6.1 \times 1498 \times \left(\frac{90}{60}\right)^3 \times 0.61^5 = 2605(\text{W})$$

（2）釜内无挡板时的功率

有上述计算可知 $Re > 300$，故有打旋现象，所以要考虑 Fr 数对搅拌功率的影响。因此选用公式（13-12）计算功率。

计算 Fr 数

$$Fr = \frac{n^2 d_i}{g} = \left(\frac{90}{60}\right)^2 \times 0.61/9.81 = 0.14$$

由表 13-2 查得 6 片平直叶涡轮搅拌装置的 α 和 β 值分别为 1 和 40，由式（13-11）求得 y 值

$$y = \frac{\alpha - \lg Re}{\beta} = \frac{1 - \lg(6.97 \times 10^4)}{40} = -0.0961$$

当 $Re = 6.97 \times 10^4$ 时，由图 13-3 曲线 2 查得 $\Phi = 1.1$，由式（13-12）计算得

$$P_0 = \frac{N}{\rho n^3 d_i^5} = \Phi Fr^y = 1.1 \times 0.14^{-0.0961} = 1.329$$

$$N = 1.329\rho n^3 d_i^5 = 1.329 \times 1498 \times \left(\frac{90}{60}\right)^3 \times 0.61^5 = 567(\text{W})$$

由此可看出，装挡板后所消耗的功率要比无挡板时高。

13.3.2 搅拌器的强度计算

搅拌器的强度计算主要是计算搅拌器桨叶的厚度。它必须在桨叶的直径、宽度、数量和相应的搅拌器功率确定以后进行计算。

在计算搅拌器桨叶强度用功率时，可粗略用电动机的额定功率 N_d 计算，而实际传到搅拌器上的功率应扣除机械效率和轴封的摩擦损失。用 N_j 表示强度计算用功率，则

$$N_j = K\eta N_d - N_m \tag{13-17}$$

式中的其他符号意义同式（13-13）。

13.3.2.1 平直桨式搅拌器

以最常用的矩形截面双桨为例，如图 13-5 所示。这种桨叶是具有两个完全一样的对称桨叶组成，作用力均布在两个桨叶上，使桨叶产生弯矩，最易断裂处是在轮毂根部，如图 13-5（a）中的 Ⅰ—Ⅰ 截面处，此处的弯矩值等于搅拌轴所受扭矩的一半，即

$$M_{\mathrm{I-I}} = \frac{955000 N_j}{2n} = 477800 \frac{N_j}{n} \ (\mathrm{N \cdot cm}) \tag{13-18}$$

式中　n——搅拌器的转速，r/min；

N_j——搅拌器强度计算中的计算功率，kW。

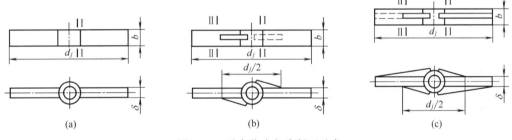

图 13-5　平直桨式危险断面示意

常用桨叶的断面形状如图 13-6 所示，知道各断面抗弯断面模量 W，就可求出该断面上最大的弯曲应力。对于无加强筋的桨叶，其抗弯断面模量为

$$W = \frac{b\delta^2}{6} \tag{13-19}$$

式中　b——桨叶的宽度，cm；

δ——桨叶的厚度，cm。

如果进行桨叶厚度校核时，所取的 b 和 δ 应比实际尺寸各小 $1 \sim 2\mathrm{mm}$，以考虑腐蚀的问题。

Ⅰ—Ⅰ 断面上的弯曲应力写成一般的形式如下

$$\sigma = \frac{M_{\mathrm{I-I}}}{W} \leqslant [\sigma] \ (\mathrm{MPa}) \tag{13-20}$$

13.3.2.2 圆盘涡轮桨叶搅拌器

圆盘涡轮的桨叶数量以 6 叶和 8 叶为多。在强度计算时，以各桨叶同时受力及各自做功相等来考虑。这样，总的功率除以桨叶数即为每一个桨叶的动力消耗。以 6 叶桨为例，如图 13-7 所示，每个桨叶的危险断面都是和圆盘齐平处的 Ⅰ—Ⅰ 断面，该断面的弯矩值为

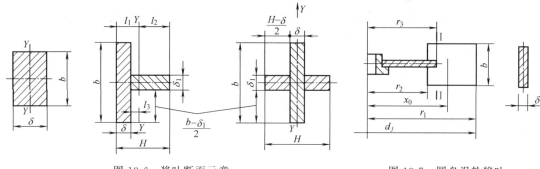

图 13-6　桨叶断面示意　　　　　　　图 13-7　圆盘涡轮桨叶

$$M_{I-I} = 159300\frac{x_0 - r_3}{x_0} \times \frac{N_j}{n}\ (N \cdot cm) \tag{13-21}$$

式中　x_0——桨叶上液体阻力的合力作用位置，$x_0 = \dfrac{3(r_1^4 - r_2^4)}{4(r_1^3 - r_2^3)}$，cm；

　　　r_3——圆盘涡轮的圆盘半径，cm。

应力公式的一般式为

$$\sigma = \frac{M_{I-I}}{W} \leqslant [\sigma]\ (MPa) \tag{13-22}$$

　　桨叶的强度计算是桨叶设计的基础。实际过程中，桨叶上的受力并不是常数，如液体阻力的不均衡性、液体对桨叶的冲击、桨叶后表面所受到的汽蚀作用等。故在实际制造过程中还需考虑安全系数，桨叶强度的安全系数及其他桨叶的强度计算可参阅化工设备设计手册。

13.3.3　液液相系搅拌设备的选择

　　影响液液搅拌的因素很多，主要原因如下。

　　① 搅拌方式。

　　② 搅拌槽、叶轮和槽的内部结构，如挡板、导流筒等的几何形式，搅拌器的相对尺寸和安装位置等。

　　③ 操作条件，如叶轮转速。

　　④ 处理物料的性质，如黏度、密度等。

　　处理物料的黏度不同，会导致搅拌器的选择不同。

　　(1) 低黏度液体搅拌　低黏度液体一般多在湍流情况下搅拌。控制混合速度的主要因素是槽内液体循环流以及适当的剪切作用。常用的搅拌器有推进式叶轮和折叶式涡轮。

　　推进式叶轮搅拌器可用于液体黏度低于 400cP 液体的搅拌，在 100cP 以下更好，常在湍流区操作。搅拌器安装时可斜入、旁入和中央进入。中央进入式需在全挡板的条件下操作。折叶式涡轮搅拌器常规从中央进入，很少用斜入或旁入。

　　(2) 高黏度液体搅拌　在物料容积小于 1m³ 和 100～1000cP 范围内，宜用没有中间横梁的锚式叶轮（也称马蹄式）；黏度在 1000～10000cP 范围内时，搅拌器上需加横梁、竖梁，即为框架式叶轮，这两种叶轮操作时，$Re < 1000$，否则会产生中央漩涡，对混合不利。黏度在 20000cP 以上时，最好采用螺旋式、螺杆式搅拌器。

一般情况下，在搅拌槽内装用挡板时，它可以有效地消除打旋现象，能更加充分地利用叶轮加入的能量，增大湍流程度，提高搅拌效果。另外，有些搅拌槽内装有盘管，它不但能换热，还具有类似于挡板的效果。

选择不同的搅拌器会产生不同的效果，在选择搅拌器时，既要注意到经济上的合理性，又要注意技术上的先进性。

13.3.4　固液相系搅拌设备的选择

液固相系搅拌的目的通常有两种：一种为使固体颗粒在液体中是均匀悬浮；另一种为降低固体颗粒周围的扩散阻力，促进颗粒在液体中的溶解。

液固相系搅拌常用的搅拌器形式有涡轮式和推进式两种。在低黏度牛顿型流体中的固体悬浮或固体溶解要求搅拌器的容积循环好，而剪切作用次要。选型时首先考虑 4 叶折叶涡轮式搅拌器。如果固体的密度与液体的密度相差较小时，固体不易沉降，而且混合黏度小于 400cP 时，则考虑选用推进式搅拌器。

当在槽内设置挡板时，需考虑以下几个因素：当固体和液体密度差大，且只要求固体颗粒全部离开槽底而不要求均匀悬浮时，可仅用底挡板，但要注意转速不能太高，否则要加壁挡板；如要求固体颗粒悬浮均匀，则最好采用底挡板和壁挡板；当固体与液体密度差较小，且只要求固体颗粒全部离开槽底，而不要求均匀悬浮时，可不用挡板；但同样要求转速不能太快，否则要加壁挡板；如果要求固体颗粒均匀悬浮，可用壁挡板；当固体易于黏附于挡板引起生产操作不便时，则需采用导流筒。

13.3.5　气液相系搅拌设备的选择

这种操作系统搅拌的目的是让气体在主体黏度较低或牛顿型流体中分散或吸收，可根据情况选用容积循环和剪切作用大的搅拌器。在气液分散和吸收过程中，采用自吸式搅拌器可以将进口压力较低的气流顺利吸入，并有效地分散到液相中去。

如图 13-8 所示自吸式搅拌桨，桨轴 1 的末端通过定环 2 与上圆盘 3 连接，下圆盘 5 的中心设置有进气孔，进气孔下侧周边焊一短管作为进气导流筒 6；气体进气管 7 的端口部置

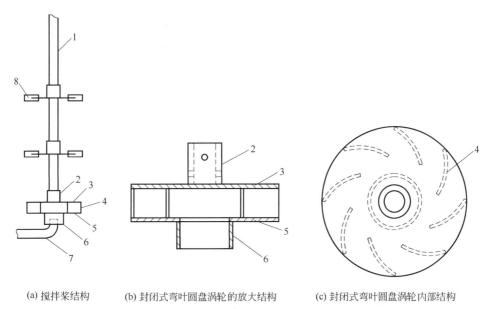

(a) 搅拌桨结构　　　(b) 封闭式弯叶圆盘涡轮的放大结构　　　(c) 封闭式弯叶圆盘涡轮内部结构

图 13-8　自吸式搅拌桨结构

1—桨轴；2—定环；3—上圆盘；4—弧形叶片；5—下圆盘；6—进气导流筒；7—气体进气管；8—开式圆盘涡轮桨

于进气导流筒 6 内。

搅拌桨转动时，在导气筒区域产生真空负压，吸引进气管路中气相连续通入，通入后的气体被快速转动的叶片所切割，形成气泡，沿弯叶圆盘涡轮圆盘径向方向甩出，气泡分散于吸收液中。

根据吸收釜内液层深度，搅拌轴上可以加装 1～4 层开式圆盘涡轮桨（每层桨含 2～12 片平直叶片）。图 13-8 的搅拌轴上加装了二层开式圆盘涡轮桨叶片；液层较深时，多层开式圆盘涡轮桨的设置可以防止上升气泡的过度聚并，强化了气体分散效果。

自吸式搅拌桨也适用于液-液分散操作。

13.4 均质设备

均质是两相或多相混合的特殊操作，包含着粉碎和混合的双重作用。均质机是一种特殊的高压泵，它利用高压的作用，使料液中的油脂球破裂成直径小于 $2\mu m$ 的颗粒。如生产炼乳时减少脂肪上浮现象，并能促进人体对脂肪的消化；在果汁生产中，通过均质后能使料液中残存的微小果渣破碎，制成均质的混合物，减少成品中产生沉淀的现象；在冰激凌的生产中，能使物料中的牛乳降低表面张力，增加黏度，得到均质的胶黏状混合物，提高产品的质量。

13.4.1 均质原理

（1）剪切作用　流体在高速流动时，在均质机头的缝隙处产生剪切作用而均质。脂肪球通过缝隙时的情况如图 13-9 所示。吸入的脂肪通过高度为 0.1mm 的缝隙时，流体流速为 150～200m/s。均质前的脂肪球在受压后在缝隙处先被延展，同时又受到流动时的涡动作用，使延展部分被剪切成更细小的脂肪球微粒。又因为流体中存在着表面活性剂（如卵磷脂或胆碱磷脂等），它围绕在更细小的脂肪球微粒外层形成一种使这些微粒不再相互黏合的膜，从而使均质后的物料形成微细的颗粒球。

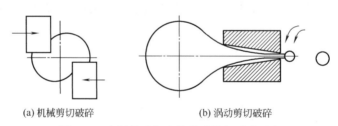

(a) 机械剪切破碎　　　　　　　　(b) 涡动剪切破碎

图 13-9　高压均质机内脂肪球剪切破碎示意

（2）撞击作用　吸入泵体的脂肪球在均质器内发生高速撞击现象，因此使料液中的脂肪球破裂。

（3）空穴作用　因高压作用使料液高速通过均质器缝隙而造成高频振动，在瞬间引起空穴现象使脂肪球破裂。

13.4.2 均质设备类型

均质设备按构造可分为高压均质机、离心均质机和超声波均质机三种。

13.4.2.1 高压均质机

目前，工厂中一般采用柱塞式泵作为高压泵，柱塞的往复运动由曲柄滑块机构驱动，如图 13-10 所示，泵体为不锈钢锻造的并加工而成。活塞为圆柱形，采用填料密封，可耐压 30～60MPa，超高压的柱塞泵可达 150MPa 以上。

该设备中采用三柱塞往复高压泵，如图 13-11 所示，共有三组。在料液的排出口安装有

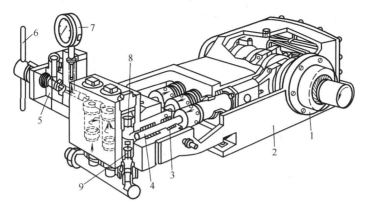

图 13-10　高压均质机泵体组成

1—连杆；2—机架；3—活塞密封；4—活塞；5—均质阀；

6—调压杆；7—压力表；8—上阀门；9—下阀门

安全阀，当压力过高时，可使料液回到吸入口，使生产保持恒定的压力和流量。在料液的出口处配上均质阀头，就构成均质机。

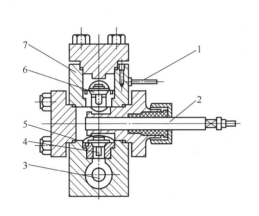

图 13-11　高压泵泵体

1—冷却水管；2—柱塞；3—进料腔；4—吸入
活门；5—活门座；6—排出活门；7—泵体

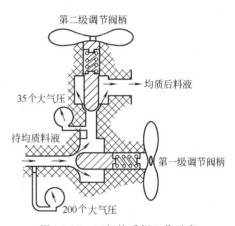

图 13-12　双级均质阀工作示意

均质泵上的均质阀一般采用双级均质阀，如图 13-12 所示。在第一级中，流体的压力在 200～250 个大气压，主要使脂肪球破碎；第二级流体压力减小到 35 个大气压左右，主要使脂肪球均布分散。

采用三柱塞泵，可使工作时流体流量起伏减小、均匀。

（1）生产能力 G 的计算式

$$G=\frac{\pi d^2}{4}SnZ\varphi60\ (\mathrm{m^3/h}) \tag{13-23}$$

式中　d——柱塞直径，m；

　　　S——柱塞冲程，m；

　　　Z——柱塞个数；

n——柱塞往复次数，次/min；

φ——工作体积的装填系数，一般为 $0.8 \sim 0.9$。

（2）功率计算式

$$N = \frac{G\gamma H}{3600\eta} \ (W) \tag{13-24}$$

式中　H——液体输出总压头，m；

　　　G——生产能力，m^3/h；

　　　γ——液体重度，N/m^3；

　　　η——泵的总效率系数，一般取 $0.7 \sim 0.8$。

13.4.2.2　离心均质机

通过高速离心机使杂质被分离净化，在净化的同时又能均质，故称为离心均质机或离心净化均质机。由于离心机的高速旋转，产生很大的离心力，使流入的物料很快分层。如牛乳，比重大的会被抛向四周，脱脂乳从上面排出，稀奶油被引入到稀奶油室，在此处与一个特殊的圆盘相遇，圆盘上有 12 个左右的尖齿，齿的前段边缘呈流线型，后端边缘则削平，

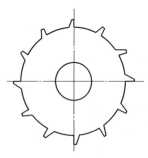

图 13-13　离心均质机带齿圆盘示意图

如图 13-13 所示。这种圆盘在稀奶油室中固定旋转，而稀奶油则以很高的速度围绕圆盘转，这样就产生一种空穴作用，在稀奶油室将脂肪球打碎，然后与脱脂乳一起流出。当脂肪球被打碎的程度不够时，可再回到稀奶油室作进一步打碎。

整个操作过程可以自动控制，在乳液的出口处装有一个单独的控制阀用以控制机器内部的分离。当生产能力不够时，可采用多台机器并联使用。

离心式均质机的主要特点如下。

① 在同一台设备内，一次操作即可完成净化和均质，耗电仅为净化和均质两台设备联合使用的 30%，投资费用大大低于净化和均质。

② 均质度非常均匀一致，也不必像阀式均质机那样需要精密的阀头。

③ 可用同样机器、同样流程来分离稀奶油，在同样的设备和流程中，用来净化消毒乳液。

④ 保养简单，控制方便。

13.4.2.3　超声波均质机

超声波均质机是将频率为 $20 \sim 25kHz$ 的超声波发生器置于物料中，或者使料液在高速流动过程中，由于超声波在料液中进行复杂的搅拌作用使料液均质化。其工作原理是利用声波和超声波都是纵波，遇到物体时会起到迅速交替的压缩和膨胀作用。当处在膨胀的半个周期内，料液受到拉力，料液中任何气泡也将膨胀；而在压缩的半个周期内，此气泡将收缩。当压力变化幅度很大时，若压力振幅低于外压，被压缩的气泡就急速崩溃，料液中就会出现真空的"空穴"现象，这种空穴现象的出现，又随着振幅的变化和随着瞬间外压不平衡而消失，在空穴消失的瞬间，在液体的周围引起非常大的压力和温度增高，起到非常复杂而强有力的机械搅拌作用，达到均质的目的。如果"空穴"现象发生在密度差的界面上，超声波会发生反射，在这种反射声波的界面上也会产生激烈的搅拌作用。

超声波发生器通常有三种：即机械式超声波发生器、磁控振荡器和压电晶体振荡器。下面介绍一种常用的机械式超声波发生器，如图 13-14 所示。它有一边缘呈楔形的弹簧片在喷

嘴的前方，当料液经泵送到喷嘴处形成射流时，强烈冲击弹簧片的前缘使弹簧发生振动，产生超声波传给料液。弹簧在一个或数个节点上被夹住，让弹簧片以其自然频率产生共振。料液用齿轮泵在 3.5～14 个大气压的压力下送到喷嘴，液滴大小能达到 1～2μm。

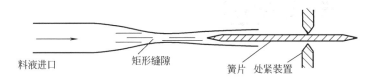

(a)超声波发生器工作原理示意图

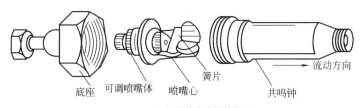

(b)超声波发生器结构图

图 13-14　机械式超声波原理及发生器

13.4.2.4　胶体磨

胶体磨又称分散磨，工作构件由一个固定的磨体（定子）和一个高速旋转的磨体（转子）所组成，两磨体之间有一个可以调节的微小间隙。当物料通过这个间隙时，由于转子的高速旋转，使附着于转子面上的物料速度最大，而附着于定子面上的物料速度为零。这样，产生了急剧的速度梯度，从而使物料受到强烈的剪切、摩擦和湍动，产生超微粉碎作用。

胶体磨的特点如下。

① 可在极短时间内实现对悬浮液中的固形物进行超微粉碎作用，即微粒化，同时兼有混合、搅拌、分散和乳化的作用，成品粒径可达 1μm。

② 效率和产量高，大约是球磨机和辊磨机效率的 2 倍以上。

③ 可通过调节两磨体间隙，最小可达到 1μm 以下，达到控制成品粒径的目的。

④ 结构简单，操作方便，占地面积小。

胶体磨的结构如图 13-15 所示，其转子随水平轴旋转，定子与转子间的间隙通常为 50～150μm，依靠转动件的水平位移来调节。料液在旋转中心处进入，流过间隙后从四周排除。转子的转速范围为 3000～15000r/min。

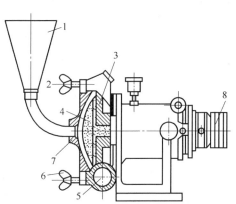

图 13-15　胶体磨结构示意图
1—进料口；2—转动件；3—固定件；4—工作面；
5—卸料口；6—锁紧装置；7—调节环；8—皮带轮

第14章 反应设备

14.1 概述

在化工生产过程中，常常进行磺化、硝化、氯化等化学反应过程，进行这些反应过程所用的设备称为反应设备。反应器是工厂中的关键设备，反应设备的设计与化学反应工艺过程有关。任何反应工艺过程，产品的收率和纯度，常取决于反应过程的生产率和分离的效果，也就是说，产品的数量和质量取决于反应设备的效能。因此，反应设备的设计合理与否，极大程度上影响着产品的数量和质量。

在反应设备中，为了使反应物料能相互接触，必须使反应物混合充分；为了使反应物达到反应温度，需对反应物加热，而如果反应是放热过程，又必须移出反应热。此外，物料在反应器中流动，必须均匀分布和避免死角，减少压力损失。因此，反应设备除反应过程外，还有传质、传热及流体动力过程，是一种综合过程的设备。

鉴于上述原因，对轻化工生产过程反应器的设计时应考虑下列几个问题。

（1）反应物的混合问题　为使反应过程顺利进行，在物料进反应器后必须进行充分的混合，使反应物分子互相碰撞，在反应所需的温度和压力下进行反应。因此，反应器的设计在结构上需提供预混合或反应过程不断更新接触的条件。对于液相及液固非均相物料，大多借助于搅拌器；对于气气、气固、气液的反应物，需设计气体均分装置，使气体通过均布器后分散成许多细的气流，扩大与反应物的接触面。

（2）温度的维持　对于某个反应过程，都有其最佳的反应温度，在此温度下操作，反应速率最快，产品收率最高。因此，反应器的设计必须维持这个反应温度，使反应物在进反应器前或进反应器后达到所需的温度。

对于放热反应，反应热若不及时移走，将使反应温度升高，造成生成副产品或使产物分解损失。因此，反应器不但要有加热装置，还要有冷却装置。比较完善的设计是将放出的反应热用来预热进反应器的物料，使之达到适宜的温度。

（3）停留时间的控制　对于连续反应过程，反应器设计时，应使反应物在反应器内有一定的停留时间。许多反应器在实际操作过程中往往存在旁路或死角。旁路的现象是通过反应器的物料中，有一部分物料所停留的时间比主体物料少得多。死角的现象则是一部分物料停留在容器内的时间比主体物料的停留时间要长得多，至少多一个数量级。前者物料走短路，反应不完全；后者部分物料滞留在容器内多占时间和空间，会降低反应器的生产能力。设计反应器时必须防止物料的短路和滞留现象的产生，克服的办法是在反应器物料进出口的设计上下功夫，选择恰当的位置与完善的结构形式。

14.2 反应设备的分类

轻化工生产过程，化学反应的设备多种多样，各种反应设备都有适应于某种反应的形式和结构。现将主要的反应设备分类如下。

（1）按物料的相态分

① 均相反应器　反应物与生成物均属同一相。这类反应器有：气相反应器、液相反应

器、固相反应器。

②非均相反应器 反应物系多于一相。这类反应器有：气液相反应器、液液相反应器、气固相反应器、液固相反应器和气液固反应器。

（2）按设备结构形式分

①釜式反应器 这种反应器的典型结构是容器加搅拌，故亦称搅拌反应器。其既有间歇操作，也有连续操作，适应性较强，是用得较多的一种反应器。

②管式反应器 这种反应器由单管并联或串联构成。反应器外有套管供加热和冷却之用。合成洗涤剂生产的磺化器不少是属于这种形式。

③塔式反应器 这种反应器是长径比大的垂直圆筒结构，不同的工艺有不同的内构件。如塔式生化反应器。

④流化床反应器 这是一种垂直圆筒状或圆锥形容器，反应物料、催化剂等以流态化方式进行反应。

14.3 搅拌反应器

14.3.1 搅拌反应器的总体结构

搅拌反应器是化工生产中常用的反应设备之一。它通常有釜体、传热装置、搅拌装置和密封装置等，如图 14-1 所示。

搅拌反应器可以间歇操作也可以连续操作。对于生产能力较低或经常变化的情况，或者规模大小不均，产品繁多而又彼此类似等情况，选用间歇式反应器是有利的。

搅拌反应器间歇操作时，反应物间歇地从加料口加入，进行搅拌及加热使反应进行。开始反应速率很快，产生生成物愈来愈多，反应物的浓度随着反应的进行而减少，反应速率也逐渐降低，最后趋于零，操作停止，物料从出料管卸出。这种操作罐内生成物的浓度与反应速率都随时间而变。罐内各处的浓度，由于搅拌器的作用，则认为是均匀不变的。每次的操作时间可根据动力学反应时间的计算及实际反应情况而定。

将几个同样大小的搅拌反应器串联起来，反应物连续地从第一反应器加料口加入并搅拌混合反应后，从出料口进入第二反应器继续反应，如此连续下去，生成物在最后反应器中排除。这种操作过程中，当每个反应器的搅拌都达到充

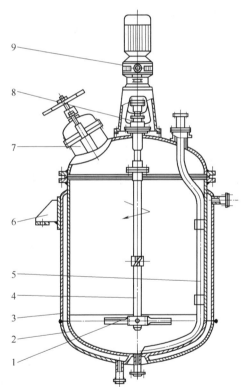

图 14-1 搅拌反应器的结构图

1—搅拌器；2—釜体；3—夹套；4—搅拌轴；5—压出管；6—支座；7—人孔；8—轴封；9—传动装置

分混合时，可以认为反应器中的成分是不随时间而变化的，反应速率也是恒定的。对于反应时间较长的过程，采用多反应器串联操作可以克服单反应器操作时反应容积过大和生产率低

的缺点，且保持搅拌反应器的特性，具有接近平推流反应器的优点，无径向的速度梯度与浓度梯度，但这种操作只适用于均相反应。

由于反应器内有搅拌装置，可以强化流体的流动，适用于各种相态的反应物系，包括有固体生成物的物系。搅拌过程物流湍动性大，反应物分子之间的撞击、反应物与容器壁的接触界面不断更新，强化了传质与传热，还有利于反应的进行，是一种较好的反应设备，而且结构简单、制造方便，因此广泛应用于轻化工、制药、染料、食品等领域。搅拌反应器可进行常压、中压和高压等反应过程。

14.3.2　搅拌反应器的机械设计

反应器的工艺设计一般满足反应器的容积、最大工作压力、工作温度、传热面积、搅拌形式、搅拌转速和功率以及接口的管径等。

反应器的机械设计是根据工艺设计所提出的要求，进行以下的考虑。

① 确定反应器的结构形式和尺寸。如采用何种形式的端盖，采用夹套换热还是内装蛇管换热，高度与直径的尺寸大小等。

② 根据工艺条件如温度、压力、介质的腐蚀程度和材料的经济性，合理地选用材料。

③ 进行必要的强度计算。主要是筒体、端盖的厚度及轴径的大小。

④ 选用系列化的标准零部件，如人孔、视镜、密封形式和搅拌装置等。

⑤ 提出制造、装配、检验和试车等的技术要求。

14.3.3　搅拌反应器的筒体设计

筒体的基本尺寸是指其内径 D_i 及高度 H，如图 14-2 所示。筒体直径与高度首先取决于工艺要求。对搅拌反应器而言，其设备体积 V 是主要参数。由于反应器的搅拌功率与搅拌器的直径的 5 次方成正比，而搅拌器直径随着容器的直径增大而增大。因此，在一定的容积下，搅拌器的直径不宜太大。又如某些特定的反应系统，如发酵罐之类，为了能使罐内的空气与发酵液有充分的接触时间，需要有足够的液位高度，故筒体的高度不宜太矮。

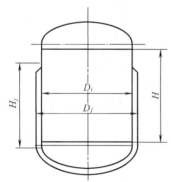

图 14-2　筒体的直径和高度

根据实践，几种搅拌反应器的长径比见表 14-1。在确定筒体直径及高度时，还应根据反应器操作时所允许的填装高度选择填装系数 η，通常填装系数 η 可取 0.6～0.85。如物料在反应过程中起泡或呈沸腾状态时，η 应取低值，约为 0.6～0.7；如果物料反应平稳，η 可取 0.8～0.85。因此，设备容积 V 与设备有效容积 V_g 有如下的关系：$V_g = V\eta$。设计时，应合理选用填装系数，以提高设备的利用率。

表 14-1　某些反应器的长径比（H/D_i）值

反应器种类	填装物料类型	H/D_i
一般反应器	液液相或液固相物料	1～1.3
	气液相物料	1～2
发酵罐	液相物料	1.7～2.5

对直立式搅拌反应器来说，其容积包括筒体及下封头所包含的容积，当筒体直径未定时，封头的容积和罐体的全容积就不能最后确定。为了便于计算，先忽略封头的容积，认为

$$V \approx \frac{\pi}{4}D_i^2 H \tag{14-1}$$

式中 V——设备的容积，m^3；

D_i——筒体的内径，m。

把筒体的长径比代入式 (14-1) 得

$$V \approx \frac{\pi}{4}D_i^3 \frac{H}{D_i} \tag{14-2}$$

将 $V = V_g / \eta$ 代入式 (14-2) 并整理得

$$D_i \approx \sqrt[3]{\frac{4}{\frac{H}{D_i}\pi} \times \frac{V_g}{\eta}} \tag{14-3}$$

式中 V_g——设备有效容积，m^3；

η——填装系数。

将式 (14-3) 计算出的结果圆整到标准直径，根据初步确定的筒体内径 D_i 及所确定的封头形式，从化工设备设计手册中查到封头容积 V_1，$V - V_1$ 为筒体部分的容积。按下式计算出筒体高度

$$H = \frac{V - V_1}{\frac{\pi}{4}D_i^2} = \frac{\frac{V_g}{\eta} - V_1}{\frac{\pi}{4}D_i^2} \tag{14-4}$$

式中 V_1——封头容积，m^3；

然后，将上式算出的筒体高度进行圆整，再校核 H/D_i，只要大致符合要求即可。

筒体和封头壁厚确定的原则为：中、低压搅拌反应器的筒体及封头的壁厚，按"容器设计"方法进行计算。搅拌反应器在压力状态下操作，如不带夹套，则反应器筒体及上、下封头均按内压容器设计；如带夹套，则反应器筒体及下封头应按承受内压和外压下最危险的工况进行计算，取其中的最大值。至于夹套壁厚，如为整体夹套，视夹套内介质压力情况，按内压或外压计算其壁厚。

14.3.4 搅拌反应器的传热装置

化学反应过程常常需要加热或冷却，以保持反应在最佳温度下进行。因此，搅拌反应器需配置加热或冷却的传热装置。

搅拌反应器所需的传热面积，根据传热量和传热速率来计算。在搅拌状态下的传热速率与搅拌器的形式、尺寸、转速等因素有关。所以引用传热公式时，应注意它的适用条件。

搅拌反应器的传热装置有多种形式，但最常用的方法是在容器的外侧设置夹套或在容器的内部设置盘管。

14.3.4.1 设置夹套

夹套是一个套在容器外面，与容器外表面形成一个可供传热介质流动的密闭空间容器。夹套的内径 D_i 与筒体的直径有关。表 14-2 给出了夹套直径与筒体直径之间的关系，以供选用。夹套高度由需要的传热面积决定。一般夹套的顶端应高于筒体内物料的高度，以保证充分传热，但有时在传热量较小和易于传热的情况下，也可只套住筒体一部分。当水蒸气加热时，一般上部进入蒸汽，冷凝水从夹套底部排出；如果通冷却水，则应从夹套底部进入，自夹套上部流出。这样可使夹套内充满液体，充分利用传热面积加强传热效果。

表 14-2　夹套直径与筒体直径的关系

筒体直径 D_i/mm	$500\sim600$	$700\sim1800$	$2000\sim3000$
夹套直径 D_j/mm	D_i+50	D_i+100	D_i+200

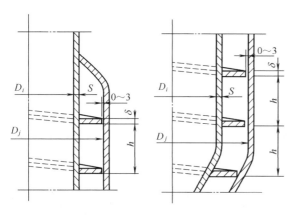

图 14-3　螺旋导流板

整体夹套的出口管和一般容器一样，而进口管应采用侧开口或在夹套内安装挡板。对进水管，一般装在容器底部；对进气管，常设在夹套的顶端。这是因为筒体与夹套之间的距离较小，这样可以防止载热流体直接冲刷筒体表面，影响筒体的强度。还有，在夹套最上部应有不凝气体排放口和压力表用接管等。有时对大型的容器，为了得到较好的传热效果，在夹套与筒体之间安装螺旋导流板，如图 14-3 所示。导流板是用扁钢沿筒体圆周上按一定的螺旋距绕制而成，采用与筒体双面交叉焊接。为了减少载热流体走短路，要求导板与夹套间的距离愈小愈好。如果夹套内用水蒸气作热载体，则导流板起不到提高传热效果的作用，故此类设备可不加导流装置。

夹套与筒体的连接有两种方法，即可拆式夹套与不可拆式夹套。可拆式夹套用于操作环境较差，需要定期检查筒体外部表面或定期清洗夹套内污垢的场合。可拆式夹套可与筒体上配置的法兰连接，可较方便地拆卸或装配夹套。不可拆式夹套结构比较简单，密封可靠，平时基本不需检修，筒体与夹套采用直接焊接连接的结构。如果罐体为不锈钢而夹套为普通钢时，应在不锈钢罐体与碳钢夹套之间加一段不锈钢过渡，使碳钢不与不锈钢罐体直接焊接，以防止在焊缝处渗入过量的碳元素，造成不锈钢罐体的局部腐蚀。

上述两种整体夹套内所承受的压力使搅拌反应器的筒体处于不利的受力状况，当夹套内压力过高时，会使受外力的筒体在设计时壁厚增加，影响传热和增加制造上的困难。因此，整体夹套的使用压力受到一定的限制，通常在 1MPa 以下，最大可用到 1.6MPa 以下。

有时应工艺的要求，夹套内需要较高的压力时，就要考虑改变整体夹套结构，例如用半圆管或型钢件焊接在筒体外面形成载热体的通道，也可用角钢盘绕筒体焊接而成，分别称它们为半圆管夹套和型钢夹套。这样不但能提高传热介质流速和压力，改善传热效果，而且还能提高搅拌反应器承受外压的强度。型钢夹套内可承受 0.6~2.5MPa，半圆管夹套可使压力达到 1.0~6.4MPa。

14.3.4.2　盘管

对于夹套型传热，其传热面积受到筒体外尺寸的限制。当传热量较大时，夹套传热就不能满足需要，此时可在罐体内添加盘管传热装置。盘管浸泡在物料内，传热效果好，排列密集的盘管还能起到导流筒和挡板的作用，改变流体流动状态，可以提高传热效果，但其检修较麻烦。选用盘管传热结构时，应注意选用适当的管长和管径、盘管的排列与固定及盘管的进出口结构等。

盘管的长度及排列和盘管的传热面积与管径、长度有关。为保证盘管内介质的流速和弯管方便，盘管直径 D_g 一般取 25~70mm。盘管长度太长会增加管内流体阻力，如采用蒸汽加热时，过长的盘管会在下端的管子内积聚较多的冷凝液，使这部分传热面积降低传热作用。为了保证有足够的传热面积，又避免盘管过长，可将盘管做成几个同心圆管组并联安装。并联安装时，盘管的上、下各层之间应有一定的间距以利于流体流动，盘管与筒体壁间也应留有 100~150mm，所有的盘管应都浸在料液中。

当盘管圈数不多、重量不大时，可直接将盘管的进出口固定在顶盖上。当盘管的中心直径较大、圈数较多或搅拌时有振动时，则需要安装支架加以固定。

盘管进出口一般设置在反应器的顶盖上，便于拆装维修。有时考虑结构上的方便，也可设置在筒体上。对于需要经常拆装的盘管，若设备内部有一定的空间，则盘管与筒体或封头的连接应采用法兰。

搅拌反应器的设计除了上述需要注意外，还必须配有加料管、出料管、温度计套管和保温视镜等配口。

14.4　磺化反应器

在表面活性剂和合成洗涤剂的生产过程中，有中间体如烷基苯、醇醚、脂肪醇、烯烃等有机物料需进行磺化反应。由于磺化剂如 SO_3 气体等与上述有机物料的反应速率极快，且都为放热反应，因此，磺化反应器就必须能保证很快地移出反应热，以避免产生过磺化现象。

目前，工业上采用 SO_3 气体磺化的常用反应器有罐组式磺化反应器和降膜式磺化反应器两种。

14.4.1　多管式膜式磺化反应器

多管式膜式磺化反应器是由多根单膜磺化反应管平行组装而成，在各反应管的上端都有一个特殊的分配器，管子外有冷却夹套，主要有以下两种。

14.4.1.1　Mazzoni 多管式膜式磺化反应器

它是有许多管子组成在一起的磺化反应器，如图 14-4 所示，视生产能力而定，最多可由上百根管子组成。

每根管子的顶部都有一个分配头，其结构如图 14-5 所示，在分配头上方插入另一根小管，SO_3 气体由此进入反应器，有机物料由顶部管板上的小孔进入，沿孔壁向下，再经缝隙流到反应管内壁上形成膜。小孔中装有特殊弹簧片，以使物料均匀溢流。该装置采用二次保护风的工艺，在有机物料入口下方的分配器上有二次保护风进口。在反应管内，保护风处在 SO_3 气体和物料液膜之间。其作用是：一方面起保护作用，使 SO_3 气体与物料反应得到缓解；另一方面，可以补偿可能存在的各管中微小的压差，促使 SO_3 气体平均分配。

反应管的内径通常为 8~15mm，高度为 1.5~3.5m，管内气速一般在 35~65m/s。反应管及物料分配器均使用铬镍不锈钢制造。

14.4.1.2　Ballestra 多管式薄膜磺化反应器

Ballestra 多管式薄膜磺化反应器如图 14-6 所示，它与前述多管式膜式磺化反应器最大不同是分配头的结构不一样，Ballestra 多管式薄膜磺化反应器的分配头如图 14-7 所示。它采用二次保护风工艺，SO_3 气体仍由分配器顶部进入，有机物料由分配头中部小孔进入，再沿两个不同锥度的环形缝隙向下流到反应管内壁形成薄膜。环形缝隙的大小可由不同厚度的垫片来调节，以保证每个管内物料进料量均等。液体物料流经环形缝隙的壁面应有低的表面粗糙度以保证成膜均匀和恒速。分配器与管板均采用 O 形密封圈密封。反应管的内径通常为 21mm，长度一般在 6m 左右，外有冷却水夹套，并设有折流板。

对多管式磺化反应器，除保证分配器的加工精度要求外，各管子的安装垂直度应有严格的控制。此外，每根管子内的 SO_3 气体和物料的分配均匀性是反应器能否生产高质量产品的关键。

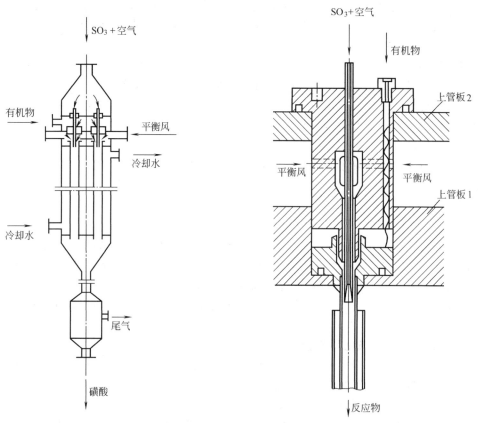

图 14-4　Mazzoni 多管式膜式磺化反应器示意图　　图 14-5　Mazzoni 多管式膜式磺化反应器分配头示意图

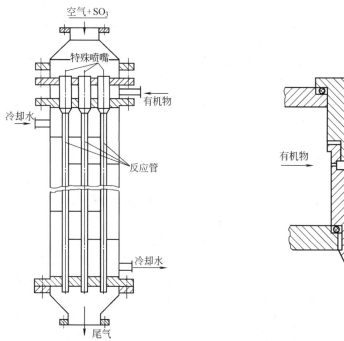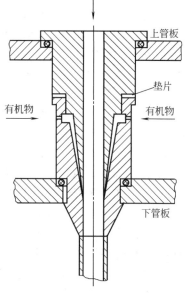

图 14-6　Ballestra 多管式薄膜磺化反应器　　图 14-7　Ballestra 多管式薄膜磺化反应器分配头示意图

14.4.2　双膜式磺化反应器

这种磺化反应器是在两个同心圆的内外壁上形成液膜，即所谓双膜。磺化用 SO_3 气体则从内外膜间高速通过并与分布成薄膜状的有机料液进行反应。双膜反应器的类型较多，现在介绍以下三种。

14.4.2.1　美国联合化学品公司的双膜磺化反应器

该双膜磺化反应器由两个同心的不锈钢圆筒构成，并具有内外冷却水夹套，其结构如图 14-8 所示。整个反应器分成三个部分，它们的主要功能如下。

（1）顶部分配器　顶部结构比较复杂，中间装有内、外膜进料分配器，顶部结构如图 14-9 所示。有机物料经过分配器，沿着进料缝隙进入内外壁成膜。内外分配器上开有直径 10mm 的数十个孔，进料缝隙为 $0.05\sim0.2$mm。内、外膜进料分配器表面粗糙度较低，使有机物料通过狭小的缝隙分配器能均匀地分配在内外两个反应面上，并沿着反应壁顺流而下，形成两个均匀的液膜，磺化剂 SO_3 气体从顶部通道高速进入内、外液膜间的环形空间进而加速液膜向下的流速。

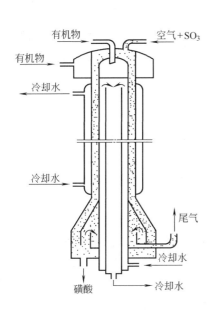

图 14-8　Allied 磺化反应器原理图

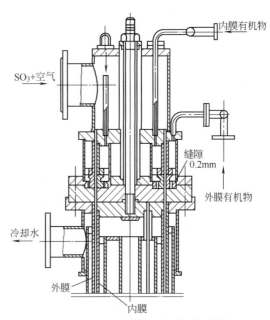

图 14-9　Allied 磺化反应器顶部结构

（2）中部反应段　它由两个同心的不锈钢圆筒组成一个环形反应区，从内、外壁面顺流而下的有机物薄膜与从顶上并流通过的空气＋SO_3 接触反应。反应热由内、外夹套中的冷却水带走。反应段筒体的加工要求很严格，除保证较低的表面粗糙度外，尚需保证一定精度，要求尺寸精度为 ±0.10mm，不圆度小于 0.5%，不直度小于 0.3mm/m。低的粗糙度是为了使成膜均匀，膜流动速度均衡。内、外膜间距为 17.5mm 左右。

（3）尾部分离部分　将已完成反应的反应物料磺酸与尾气分离。为了提高分离效果，在底部分离器的外壳圆周上均布 12 个螺旋状导流板，角度为 $30°\sim45°$。

这种反应器设计上最大的特点是反应器内部没有任何活动部件，反应段和分离部分的所有表面上均为流动着的反应物（磺酸薄膜）所覆盖。反应段高度一般为 5m 以上，空气＋SO_3 通过环形空间的气速为 $12\sim90$m/s，通常在 $22\sim45$m/s 之间，SO_3 气体浓度约为 4%。

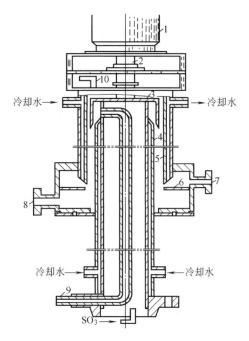

图 14-10　直立旋转式双膜磺化反应器
1—电动机；2—轴；3—转子；4—内膜；5—外膜；
6—隔板；7—急冷料进口；8—磺酸出口；9—内膜
烷基苯进口管；10—外膜烷基苯进口管

14.4.2.2　美国契米松公司的双膜磺化反应器

这种反应器的结构如图 14-10 所示，在反应器上段的环形空间内有一个由电动机直接带动的高速转子，用来将反应物料均匀地分配到内、外侧的反应面上，并使部分物料进行重新分配。转子搅动部分反应物可防止局部反应过度。

环形反应区的间距很小，一般在 3.2～12.7mm 之间，典型数值为 5.6mm。由于间距小和高速转子的作用，所以反应段的高度可缩短到 1m 左右，典型数值为 0.915m。由于间距相对较小，故气速相应较大，在 60～90m/s 之间或更高。

由于反应段短，冷却面积相应较小，反应物的出口温度较高。因此，在磺化器的尾部附设一个由冷却器和循环泵组成的急冷循环装置。将大量的经过冷却的循环磺酸送至反应器尾部直接与高温的磺酸液膜混合，而使高温磺酸得以急速地冷却。

14.4.2.3　T-O 型双膜磺化反应器

这种反应器的顶部分配器采用多孔板进料分配器代替前面介绍的环形缝隙分配器及高速转子分配器，可保证成膜的均匀性。它是一种环形的多孔材料或是覆盖有多孔网的简单装置，其孔径在 5～90μm 之间，最好是 10～50μm。它不但加工制造和安装方便，而且穿过这些微孔的物料更能均匀地分布于反应面上，形成均匀的薄膜。

T-O 型双膜磺化反应器采用二次风技术来控制反应速率。SO_3 与有机物料的磺化反应是一种放热量大的快速反应，若反应速率不加控制，极易发生局部反应过度和加剧副反应，从而导致产品质量变坏。在一般的降膜式磺化反应器上，反应物料一开始就与具有起始浓度的空气＋SO_3 接触而发生激烈的反应，反应使温度剧升，在不到 0.3m 高度处即出现温度高峰，此温度高峰易使产品着色或增加副反应。在有机物料和空气＋SO_3 之间引入二次风之后，由于它的隔离作用，使得具有起始浓度的 SO_3 气体分子不能直接与有机物料接触，而是随着高速气流向下流动。SO_3 气体分子以对流扩散的方式逐渐地扩散至液膜表面时，才与有机物料接触发生反应。因此，在二次风的隔离作用下，从反应段的端点开始与接触的 SO_3 气体的实际浓度则是从零开始而逐渐增加。同时，在此气相浓度不断增加的过程中，SO_3 又迅速被有机物料吸收后反应，它使液膜表面处实际的 SO_3 气体浓度的递增速度减缓，而且达到一定浓度后逐步下降，到反应终了时就接近于零。因此，在采用二次风后，不但消除了温度高峰，而且在整个反应段内其温度分布比较平稳，即趋近于一个等温过程。它可显著地改善产品的色泽和减少副反应。多孔板进料分配器本身也有需要用空气（二次风）使之与 SO_3 隔开，以防止在进料口处发生反应，引起结焦甚至堵塞孔道而影响成膜的均匀性，这也是二次风的重要作用之一。

T-O 型双膜磺化反应器的反应段高度约为 2m。反应段内、外膜均有冷却水夹套，为使冷却介质流速增快，提高换热效率，夹套内设有螺旋形隔板。

14.5　其他反应器

14.5.1　管式反应器

管式反应器就是让物料在管子内连续流动的同时进行反应。搅拌反应器为间歇反应过程，当用几个釜式反应器串联起来可进行连续反应，但当反应时间较长时，需用很多的反应器，这在结构上、经济上都不合理。管式反应器的操作是把混合的均相物料或非均相物料从管子的一端加入，连续流动、连续反应，经过一定反应时间后从管道的另一端流出。管道的长度可从几米到数百米，它的反应动力学模型、机理的情况接近理想化的活塞流，各反应物分子都沿着管道的轴线平行地流动。反应物和生成物的浓度、温度只与轴向的位置有关，径向截面无浓度差、温度差，而且各点的浓度、温度与时间无关。但实际上，由于边界层的影响，会产生径向的浓度梯度，因而会产生径向的浓度梯度和温度梯度。如果反应物的流动和热的流动是稳定的，则各点的浓度也应该是稳定的。反应时间的计算、反应管道长度的计算要根据操作过程特性按反应动力学计算确定。

当反应时间较长时，反应过程放热或加入的热量过大时，需要较大的传热面，或需迅速传热，或是需进行高压、高温的反应时，采用管式反应器是比较合适的。例如，食用的花生油、葵花油、米糠油、大豆油等植物油脂，利用加氢技术，可使不饱和的油脂根据需要选择性地加氢而形成一系列的新型工业或食用产品，如人造奶油、人造黄油、母乳化奶粉等。图14-11是油脂加氢过程的管式反应工艺流程示意。由于原料连续输入，产品连续流出，在较长的时间内用同一种原料生产相同的产品，是比较经济的。具体的优点如下。

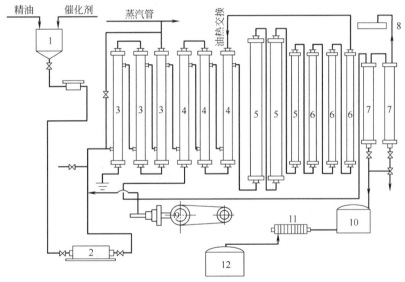

图 14-11　连续加压油脂加氢过程工艺流程示意图
1—计量混合器；2—高压柱式泵；3,4,5—加氢反应器；6—加氢反应辅助器；7—油、氢分
离器；8—氢气降压罐；9—氢压缩机；10—储罐；11—压滤机；12—成品油罐

① 因过程连续，可减少 $30\%\sim40\%$ 的辅助时间。

② 由于过程能够自动控制，能合理地利用氢化产生的化学能，避免了由于间歇冷却消耗能量。

③ 由于加压，能有效地加快化学反应速率，降低催化剂的消耗量，降低了生产成本。

④ 从油脂加氢的选择性衡量，对于加工大量油脂过程，这种反应器比较适合，能显著地提高生产能力，提高经济效率。

14.5.2 塔式反应器

塔式反应器都是由长径比较大的圆筒体构成。由于在它内部进行的工艺过程多种多样，因此，它的内部结构和构件也多种多样。它可以由不同形式的塔板构成板式塔，也可以用填料填充构成填料塔来完成各种工艺的反应过程。图 14-12 所示为用悬浮催化剂在 1MPa 和 180～240℃条件下进行的油脂加氢反应过程的塔式加氢反应器。反应器壳体高 10m、内径 0.8m，具有可拆卸的端盖。在上端盖上安装了安全阀和测量仪器，盖底上安装了卸料的接管以及用于补充氢气的接管。原料氢气及催化剂的混合物经过接管 7 进入它的底部，并经过上面的接管 3 从反应器内流出。

它的底部装有外侧贴壁的盘管 5 作蒸汽加热用。反应器的上部配有冷却用夹套，内走原料进行预热。

图 14-13 所示为塔式固定床连续催化加氢反应器，反应器内径 0.8m、高 10m。反应压力 1.6MPa，反应器上盖配有安全阀、控制测量仪器和气体排出接管。塔底盖装有卸料接管以及向盘管提供蒸汽的接管和供给氢气的接管。

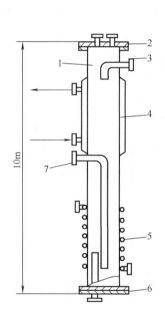

图 14-12　悬浮催化剂塔式加氢反应器
1—壳体；2,6—盖；3,7—接管；
4—夹套；5—盘管

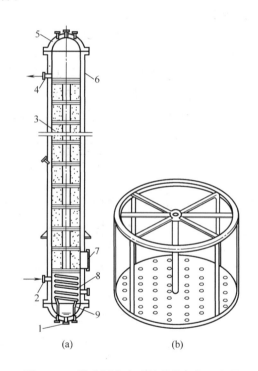

图 14-13　塔式固定床连续催化加氢反应器
1—卸料接管；2,4—接管；3—原料；
5,9—端盖；6—塔体；7—人孔；8—盘管

固定床催化剂装在具有多孔的圆筒形框内，带多孔的底板圆筒形框安装在塔内，高约 7m，催化剂上面的气体空间高度为 1～1.5m。这种油脂加氢反应器可由几个反应器联合组成，也可用单个反应器。

14.5.3 径向反应器

固定床反应器是化学工业和石油化工中应用最广泛的核心装置。除了广泛应用的轴向固定床反应器之外，径向固定床反应器在工业中也有应用。在轴向反应器中，流体以轴向通过催化剂床层，流体分布装置结构比较简单，但是设备长径比较大，大进料量下流体通道的横截面受到限制，床层压降较大，同时对催化剂的强度要求也较高。与轴向反应器相比，径向反应器中物料总体上沿径向作向心或离心运动，流通面积较大而流程较短，催化剂床层较薄，床层阻力小，可使用小颗粒催化剂，减少粒内传递过程对反应速率的影响，有利于提高转化率。由于这些特征，径向反应器成为一种高效和节能的反应设备，适用于气固两相流催化反应。

径向反应器一般由壳体、两个同轴的内外多孔分布筒、上封头、下封头和催化剂盖板组成。筒体与外分布筒之间的环隙形成外流道，内分布筒的内部空间形成中心流道，内外分布筒之间填装催化剂，流体以径向流动方式通过催化剂床。内、外分布筒之间堆装催化剂，分布筒的顶部留有一段不开孔部分构成催化剂封，以防流体回流和短路。

在径向反应器中，流体逐渐分流进入床层的流道称为分流流道，而流出床层汇入的流道称为集流流道。径向反应器有多种形式，根据流体沿床层半径方向的流动方式可分为向心式和离心式，流体由外向内通过床层为向心式，流体由内向外为离心式。根据流体在流道中的流动方式可分为 Z 型和 Ⅱ 型，流体在分流流道和集流流道中作同向流动称为 Z 型，在两流道中作反向流动称为 Ⅱ 型。图 14-14 为向心式 Z 型固定床径向反应器示意图。图 14-15 为离心式 Ⅱ 型固定床径向反应器示意图。各种类型的径向反应器能够适应不同的反应工况及生产工艺。

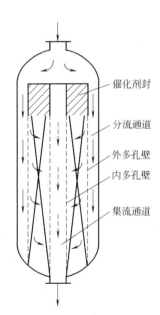

图 14-14　向心式 Z 型固定床径向反应器

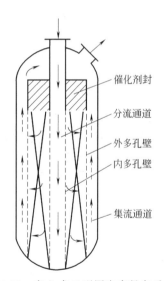

图 14-15　离心式 Ⅱ 型固定床径向反应器

径向反应器床层压降小、热量转移方便，为提高空速、采用小颗粒催化剂以强化设备的生产能力，提高反应质量等提供了有利条件，故径向反应器在甲醇和氨合成、催化重整、芳烃异构以及乙苯脱氢等化工过程中得到广泛的应用。

甲醇是由一氧化碳和氢合成，反应压力 5～10MPa。因甲醇的合成受化学平衡影响显著，其转化率又很低，大量未反应的气体仍需返回反应器构成循环流程。为减少循环压缩功耗，并适应反应器大型化的需要，目前国际上通用的 100 万 t/a 以上规模的大型甲醇合成塔，大都采用径向反应器。

径向反应器床层内流体状态远较轴向反应器复杂，设计和制造难度大，反应器内流体沿轴向的均布是技术关键，影响到床层温度分布、热稳定性、产品产量和质量。

14.6 反应器的特点及选择

14.6.1 反应器的特点

上述几种反应器，具有各自的特点，现在大致归纳如下。

（1）搅拌釜式反应器　既可间歇操作，也可连续操作；连续操作既可以单釜进行，也可以多釜串联操作。此种反应器中物料的停留时间可长可短，温度、压力范围可高可低，在停止操作时易于开启进行清理。

在间歇操作时，物料一次加入釜中，反应结束后物料一次排出，所以所有物料的反应时间是相等的，只要有适当搅拌，釜内物料的温度、浓度可达到均匀一致。单釜内物料的浓度随时间的变化而变化，因此其化学反应速率也随反应时间而变化。

在单釜连续操作时，物料一方面加入，同时有物料流出。在强烈的搅拌下，釜内各点的物料浓度均匀一致，出口浓度与釜中浓度相等，而且不随时间而变化，因此反应速率始终是一致的，这是单釜连续操作的最大特点。单釜操作的另一个特点是，物料在强烈的搅拌下连续流动，但有的物料微团可能立即离开反应器，也可能在釜内停留很长时间，因此各个物料微团在反应器内的停留时间为 $0 \sim \infty$。故当物料在连续反应器内的平均反应停留时间和间歇操作一样时，在其他条件也相同时，反应的转化率却不同。

多釜串联操作既有单釜连续操作的特点，即反应物浓度和反应速率恒定不变，使反应在最有利的条件下进行，又可以分段控制反应。

（2）管式反应器　这种反应器在工业中的应用愈来愈多，且趋向于大型化和连续化。它的特点是传热面积大、传热系数高、流体流动速度快、物料停留时间短，这样便于分段控制反应以创造最佳的温度梯度和浓度梯度，此外，管式反应器还有耐高压、耐高温、结构简单的特点。

此种反应器在连续操作时，物料沿管长方向流动，反应时间是管长的函数，所以反应物的浓度沿管长而变化。但是沿管长各点上的反应物浓度是不变的，不随时间而变化。在间歇操作的反应器中，最快的反应速率是在操作过程的某一时刻，而在管式反应器中，最快的反应速率是在管长的某一点。

（3）固定床反应器　此种反应器结构较简单，操作稳定，便于控制。它的特点是气固相间（通常固定床为催化剂，原料相连续流动）传热、传质面积大，传热、传质系数大，便于实现过程的连续化和自动化。由于催化剂的颗粒静止不动，从而使床层的导热性不好，床层的温度分布也不易均匀。因此，在设备的设计时，必须考虑传热的特点，对于强放热的反应过程，必须尽快地移走热量，而对于吸热较大的反应过程，必须迅速提供热量。即使能做到这些，也很难保持反应过程温度恒定，所以这类反应器是属于非等温反应器，这是此类反应器的一大缺点。

14.6.2 反应器的选择

由于化工生产多种多样，给反应器的选择带来一定的困难。因此，反应器的选择首先应根据工厂生产的实际情况，设计或选择合适的反应器。对于有些过程，可能需要通过试验研究而定。

下面就反应器中浓度的特点以及反应过程动力学的特点，选择反应器讨论。

（1）根据反应器中反应物浓度的特点选择反应器　由反应器的特点可知，间歇操作的搅拌式反应器，其反应物浓度仅是时间的函数，任何时刻的反应物浓度都大于反应终点时的浓度。连续操作的管式反应器的反应物浓度沿管长而变化，沿管长任何一点的反应物浓度都大于出口反应物的浓度。连续操作的搅拌反应器，釜中反应物浓度不随时间而变化，其浓度等于出口浓度。对于生成物来说，也是这样，串联的连续操作搅拌反应器，反应物浓度呈阶梯形逐渐降低。釜的个数愈少，反应物浓度的变化愈接近单个连续操作的搅拌釜；釜的个数愈多，则反应物浓度的变化愈接近管式反应器。图 14-16 列举了不同类型反应器中反应物浓度的变化情况。

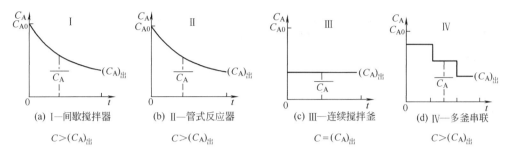

图 14-16　不同类型反应器中反应物浓度的变化

通过分析可以看出，对于不同类型的反应器，即使反应物具有完全相同的出口浓度，但在反应器中的浓度却相差很大，这就要从反应动力学的角度去选择反应器。

（2）根据动力学特点选择反应器

① 对于简单反应，其动力学通式为

$$A \longrightarrow B$$

反应速率为

$$\gamma_A = k_c C_A^n$$

对于零级反应，$n=0$，反应物浓度对反应速率没有影响，故可选择任何形式的反应器。

对于非零级反应，$n>0$，反应速率 γ_A 的大小与反应物浓度 C_A 有关，故应选择具有较大 C_A 的管式反应器或间歇操作的反应器，这两种反应器中物料的浓度都大于出口的浓度。若采用多釜串联，则要求釜的个数多一些为好。另外，反应级数愈高，C_A 对反应速率的影响愈大，因此，不同反应器对结果的影响很大。

② 对于平行反应，其反应表示如下：

$$A \begin{array}{c} \nearrow B \qquad \gamma_B = k_1 C_A^{n_1} \qquad （主反应） \\ \\ \searrow C \qquad \gamma_C = k_2 C_A^{n_2} \qquad （副反应） \end{array}$$

在选择反应器时，主要是比较主、副反应的反应级数 n。

若 $n_1 > n_2$，则选择具有较高反应物浓度的反应器，即应当选择间歇式搅拌反应器或连续式管式反应器，而不选用连续操作的搅拌反应器。这样有利于主反应的进行，反应的选择性高。

若 $n_1 < n_2$，则选择连续操作的搅拌反应器比选用连续操作的管式反应器或间歇操作的搅拌反应器为好。此时，反应速率可能会慢些，但反应过程中主反应占主要地位，过程选择性高。

③ 对于串联反应，其反应表示如下：

$$A \longrightarrow B \longrightarrow C$$

$$\gamma_B = k_1 C_A^{n_1} - k_2 C_B^{n_2}$$

$$\gamma_C = k_2 C_B^{n_2}$$

若 B 是目标产物，则为使反应过程有较高的速率，希望有较大的反应物浓度 C_A 和较小的生成物浓度 C_B，故选用间歇操作的搅拌反应器或连续操作的管式反应器为好，而不用连续操作的搅拌反应器。

若 C 是目标产物，则为使 $\gamma_B < \gamma_C$，应选用具有较小反应物浓度的连续搅拌反应器。若必须用多釜串联，则也应尽量减少釜的串联数。

应该指出，反应器的选择，其优点都是相对的。总之，应根据工厂和生产的实际需要，合理选用反应器，以达到最经济为目的。

第15章

金属及设备的防腐

15.1 概述

轻化工设备常常因与酸、碱、盐等介质接触而受到严重腐蚀，有的因腐蚀而导致设备失效或严重泄漏，造成原料和产品的损失，影响生产，污染环境；有的甚至还可能引起爆炸、火灾等事故。因此，在设计轻化工生产设备时，除了要考虑工艺、强度、刚度及经济等因素外，还必须针对生产过程可能发生的腐蚀情况，正确地选用材料和采取有效的防护措施，以避免或减少腐蚀，确保产品不受污染和设备能够长期正常运行。为此在本章介绍腐蚀机理、材料的性能及常用防腐蚀的方法。

金属或合金由于和周围介质接触而发生化学反应或电化学作用，引起金属或合金本身的力学性能、重量发生改变或导致设备破坏，称之为腐蚀。如金属在大气中生锈；钢铁在酸性溶液中溶解和在高温下氧化等。

在自然界中，金属通常以氧化物或化合物矿石的形式存在。如铁在自然界中主要以 Fe_2O_3 存在，而铁的腐蚀产物铁锈，其主要成分也是 Fe_2O_3。因此，铁的生锈过程实际上是铁恢复到其自然存在状态的过程。通常金属比矿石或其化合物具有更高的自由能，冶炼时需热能或电能，而腐蚀时则放出热能或电能。因此，能量上的差异导致产生腐蚀的推动力，放出能量的过程便是腐蚀过程。伴随着腐蚀过程的进行，腐蚀体系的自由能减少，故腐蚀过程是一个自发的过程。

从能量的观点出发，金属腐蚀倾向可从矿物冶炼金属时所耗的能量大小来判断，即凡是冶炼时耗能大的金属较容易产生腐蚀。如铁、锌、铝等冶炼时，比黄金和白银冶炼时耗能大，故它们较容易被腐蚀。

金属腐蚀过程可用一个总的反应式表示：

$$金属＋腐蚀介质 \longrightarrow 腐蚀产物$$

它至少包括三个基本过程：

① 通过对流和扩散作用使腐蚀介质向界面迁移；

② 在相界面上进行反应；

③ 腐蚀产物从界面上迁移到介质中或金属表面上形成覆盖膜。

此外，腐蚀作用还受到离解、水解、吸附和溶剂化作用等其他过程的影响。

由于腐蚀过程通常在界面上进行，故它们有两个特点。

① 腐蚀造成的破坏一般先从金属表面开始，然后伴随着腐蚀过程进一步发展。腐蚀破坏发展到金属内部并使金属的机械性质和组分发生变化，有时，如不锈钢和铝合金的晶间腐蚀，还可以导致其本身物理化学性质的变化，以至造成金属结构的崩溃。

② 金属材料的表面状态对腐蚀过程有明显的影响。当金属腐蚀产物覆盖在金属表面形成钝化或氧化膜时，其腐蚀过程的进行与这一覆盖层的化学成分、组织结构、覆盖膜的孔径、孔隙率等因素有密切关系。此外，金属的腐蚀过程还与其本身的化学成分、金相结构和

受力状态等有关。

15.2 金属腐蚀的类型

对金属腐蚀的分类方法较多，一般有以下三种类型。

15.2.1 按照腐蚀环境分类

（1）化学介质腐蚀 金属或设备在含酸、含碱、含盐的水溶液等工业介质中的腐蚀，金属在熔盐中的腐蚀，以及有熔盐覆盖层生成时高温气体腐蚀等。

（2）大气腐蚀 在大气环境下的化学或电化学反应引起的金属材料腐蚀称为大气腐蚀。参与大气腐蚀过程的主要有氧和水分，其次是二氧化碳，另外还有二氧化硫、硫化氢、氯气等。

（3）海水腐蚀 海水中各种电解质对金属的腐蚀。

（4）土壤腐蚀 土壤中的矿物质、有机物、水分子、空气和微生物等对金属材料产生的腐蚀。

这种分类方法是不够严格的，因为大气和土壤中也有各种其他化学介质。但这种分类方法可帮助我们大致按生产系统去认识腐蚀规律。

15.2.2 按照腐蚀形式分类

按照腐蚀形式分类，有全面腐蚀和局部腐蚀两大类。全面腐蚀又称为均匀腐蚀，一般大气腐蚀属于均匀腐蚀。全面腐蚀其腐蚀分布在整个金属表面上，碳钢在强酸、强碱中发生的腐蚀也是属于均匀腐蚀。局部腐蚀是指腐蚀集中在金属表面的某一区域，而其他部位几乎不被腐蚀。主要的腐蚀类型如图 15-1 所示。

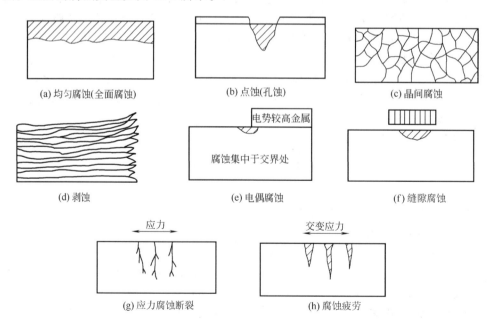

图 15-1　金属腐蚀类型

常见的局部腐蚀有以下几种。

（1）小孔腐蚀 小孔腐蚀又称点蚀。这种腐蚀集中在金属某些活性点上，并向金属内部深处发展，通常其腐蚀深度大于孔径。不锈钢及铝合金在含有氯离子溶液中常发生这种腐蚀。

（2）选择性腐蚀　合金中的某一组分由于腐蚀而优先地溶解到溶液中，从而造成另一组分富集于金属的表面上。例如黄铜的脱锌现象即属于这类腐蚀，由于锌优先腐蚀，因此在合金表面上铜富集而呈红色。

（3）晶间腐蚀　腐蚀首先在晶粒边界上发生，并沿晶界向纵深发展。这时，金属从外形上观察不到明显变化，但其力学性能已大大降低。铁素体不锈钢和铝合金常发生晶间腐蚀。

（4）穿晶腐蚀　腐蚀沿最大应力线发生，不仅可以沿晶界发生，还可以穿过晶粒本身，使金属产生裂缝。例如腐蚀疲劳及在一定张应力下的腐蚀。

（5）电偶腐蚀　两种电极电势不同的金属或合金相在电解质中接触时，可发生电势较低的金属腐蚀加快，而电势较高的金属腐蚀反而减慢（得到保护）。这种在一定条件下（如电解质溶液或大气）产生的电化学腐蚀，即金属或合金由于同电极电势较高的另一种金属接触而引起的腐蚀速率增加的现象，称之为电偶腐蚀或双金属腐蚀，也叫接触腐蚀。

（6）缝隙腐蚀　金属构件一般采用铆接、焊接或螺钉连接等方式进行装配，在连接部位可能出现缝隙。缝隙内金属在腐蚀介质中发生强烈的选择性破坏，使金属结构过早地损坏。缝隙腐蚀在各类电解质中都会发生，钝化金属如不锈钢、铝合金、钛等对缝隙腐蚀的敏感性最大。

（7）剥蚀　剥蚀又称剥层腐蚀，这类腐蚀在表面的个别点上产生，然后在表面下进一步扩展，并沿着与表面平行的晶界进行。由于腐蚀产物的体积比原金属体积大，从而导致金属鼓胀或者分层剥落。某些合金、不锈钢的型材或板材表面用喷涂金属保护的金属表面可能发生这类腐蚀。

（8）丝状腐蚀　丝状腐蚀是有涂层金属产品上常见的一类大气腐蚀。如在镀镍的钢板上、在镀铬或搪瓷的钢件上都曾发生这种腐蚀。而在清漆或瓷漆下面的金属上，这类腐蚀发展得更为严重。因多数发生在漆膜下面，因此也称为膜下腐蚀。

（9）应力作用下的腐蚀

① 氢腐蚀。氢腐蚀是指在生产过程中，由于各种化学或电化学反应（包括腐蚀反应）所产生的原子态氢扩散到金属内部而引起的各种破坏。主要有三种形态：第一种是氢鼓泡，这是由于原子态的氢分子不断扩散，就会在空穴内积累而形成巨大的内压，引起金属表面鼓泡，甚至破裂，含有硫化物、砷化物和氰化物等有害杂质，易产生此种形态；第二种是氢脆，这是由于氢原子渗入到金属内部后，使金属晶格产生高度变形，从而降低了金属的韧性和延性，引起金属发脆，在应力作用下发生脆裂，炼油厂设备常发生这类腐蚀；第三种是氢蚀，这是由于高温高压下的氢原子进入金属内部，与金属中的一种组分或元素产生化学反应，从而引起金属的破坏。

② 应力腐蚀断裂。

③ 腐蚀疲劳。

④ 磨损腐蚀。

⑤ 空泡腐蚀。

⑥ 微振腐蚀。

15.2.3　按照腐蚀过程机理分类

金属材料与不同介质（电解质、非电解质）接触后产生电化学腐蚀和化学腐蚀两大类。

（1）化学腐蚀　金属与非金属电解质接触后，直接发生纯化学作用而引起的破坏。其反应的特点是没有电流产生。如铝在乙醇中即是化学腐蚀；金属在干燥气体，如 H_2S、SO_2、Cl_2 中腐蚀亦属于化学腐蚀。

（2）电化学腐蚀　金属的电化学腐蚀是指金属与电解质接触而发生电化学作用产生的破坏。在腐蚀过程中伴随着电流产生。金属的腐蚀绝大多数系电化学腐蚀引起。

（3）物理腐蚀　物理腐蚀是指金属由于单纯的物理溶解引起的破坏。熔融金属中的腐蚀就是固态金属与熔融液态金属（如铅、锌、钠、汞等）相接触引起的溶解或开裂。这种腐蚀是由于物理溶解作用形成合金，或液态金属渗入晶界造成的。

（4）生物腐蚀　生物腐蚀指材料表面在某些微生物生命活动产物的影响下所发生的腐蚀。这类腐蚀很难单独进行，但它能为化学腐蚀、电化学腐蚀创造必要的条件，促进金属的腐蚀。微生物进行生命代谢时，会产生各种化学物质。如含硫细菌在有氧条件下能使硫或硫化物氧化，反应最终将产生硫酸，这种细菌代谢活动所产生的酸会造成水泵等机械设备的严重破坏。

15.3　金属腐蚀速率的表达方式

金属遭到腐蚀后，其重量、厚度、力学性能、结构组织及电极过程均发生变化。这些物理和力学性质的变化率可以用来表示金属的腐蚀程度。对于均匀腐蚀，通常采用重量指标、深度指标和电流指标，并以平均腐蚀率的形式来表达。

15.3.1　金属腐蚀速率的重量指标

把金属因腐蚀而引起的重量变化换算成相当于单位面积、单位时间内重量变化的数值。

失重时的腐蚀速率为

$$K_w = \frac{P_0 - P_1}{St} \tag{15-1}$$

式中　K_w——失重时的腐蚀速率，$g/(m^2 \cdot h)$；

P_0——金属腐蚀前重量，g；

P_1——除去腐蚀产物后金属的重量，g；

S——金属表面积，m^2；

t——腐蚀进行时间，h。

增重时的腐蚀速率为

$$K_w^+ = \frac{P_2 - P_0}{St} \tag{15-2}$$

式中　K_w^+——增重时的腐蚀速率，$g/(m^2 \cdot h)$；

P_2——带有腐蚀产物的金属重量，g。

15.3.2　金属腐蚀速率的深度指标

用重量指标来测定金属的腐蚀速率不确切，这是因为它没有考虑材料的密度。当两种密度不同的金属材料在重量损失相同，表面积也相同的情况下，显然密度大的金属其腐蚀深度要浅些，而密度小的金属其腐蚀深度要大些。为表示腐蚀前后尺寸的变化，常用金属厚度的减少量即腐蚀深度指标来表示腐蚀速率，以 mm/a 表示。

$$K_a = \frac{24 \times 365 K_w}{1000 \rho} = 8.76 \frac{K_w}{\rho} \tag{15-3}$$

式中　K_a——用金属厚度年减少量表示的腐蚀速率，mm/a；

ρ——金属的密度，g/cm^3。

在化工生产过程中，一般认为金属在介质中腐蚀深度 K_a 小于 $0.1mm/a$ 时，属耐腐蚀良好材料；K_a 在 0.1～1.0mm/a 之间时，属可用材料；当 K_a 大于 1.0mm/a 时，属不可用材料。

15.3.3　金属腐蚀速率的电流指标

此指标是以金属电化学腐蚀时，阳极电流密度（A/cm²）的大小来衡量金属电化学腐蚀的速率。因为腐蚀量与电流大小有关，可用法拉第定律将电流指标换算成重量指标。

法拉第指出，通过电化学体系的电量和参加电化学反应的物质数量之间有两条定量的定律。

① 在电极上析出或溶解的物质量与通过电化学体系的电量成正比，即

$$\Delta W = \varepsilon Q = \varepsilon I t \tag{15-4}$$

式中　ΔW——析出或溶解的物质量，g；

　　　ε——比例常数（即电化学当量），g/C；

　　　Q——t 时间内通过的电量，C；

　　　I——电流强度，A；

　　　t——通电时间，s。

从式中可以看出，某物质的电化学当量在数值上等于通过 1C 电量时在电极上析出或溶解该物质的量。

② 在通过相同的电量条件下，在电极上析出或溶解的不同物质的量与化学当量成正比，则

$$\varepsilon = \frac{1}{F} \frac{A}{\eta} \tag{15-5}$$

式中　F——法拉第常数（1F＝96500C＝26.8A·h）；

　　　A——原子量；

　　　η——化合价。

由上式可看出，析出或溶解 1g 当量（化学当量）的任何物质所需的电流都是 1F，而与物质的本性无关。

将上述两条定律联合起来考虑，可得

$$\Delta W = \frac{A}{F\eta} I t \tag{15-6}$$

因此，腐蚀的电量指标与重量指标有如下关系

$$K_w = \frac{\Delta W}{St} = \frac{AIt}{F\eta St} = \frac{Ai}{\eta 26.8} \times 10^4 \tag{15-7}$$

式中　K_w——腐蚀重量指标，g/(m²·h)；

　　　i——阳极腐蚀电流，A/cm²。

15.4　金属材料的耐腐蚀性等级

金属材料的耐腐蚀性能是相对的，同一种金属材料，对某些介质是耐腐蚀的，而对另一些介质则是不耐腐蚀的。不锈钢，它不受硝酸腐蚀，但在盐酸溶液中则会受到腐蚀。常用某些标准把金属的腐蚀性能分成若干级。例如按腐蚀深度 K_a 的大小，把金属的耐腐蚀性能分为三级，见表 15-1。

表 15-1 金属的耐腐蚀性能等级

耐腐蚀等级	腐蚀深度/(mm/a)	耐腐蚀性能
1	<0.1	耐腐蚀
2	0.1~1.0	可用
3	>1.0	不可用

一般情况，腐蚀小于 1mm/a 的金属材料为轻化工生产设备可用材料。但对于重要设备或重要产品的生产，则应选用耐腐蚀性能级别较高的材料。

15.5 腐蚀的基本理论

15.5.1 化学腐蚀

化学腐蚀是金属与介质（干燥气体和非电解质溶液）发生化学反应引起的，腐蚀过程中没有电流产生。腐蚀产物常常会在金属表面上形成一层膜，如金属被氧化时，其表面就会生成一层氧化膜即表面膜，表面膜对腐蚀过程有重大影响。

15.5.1.1 表面膜的形成及对腐蚀的影响

在介质开始对金属作用时，金属表面只生成单分子层厚度的膜，然后，介质及金属原子透过这层膜向相反的方向扩散，并在膜中相遇而生成新的腐蚀产物，使膜厚度增加。膜是否继续增长取决于介质和金属原子是否还能穿过已经生成的膜。如果腐蚀产物所形成的表面膜致密无孔，在介质中能稳定并与主体金属结合牢固，则随着膜厚的增加，介质和金属原子扩散所受到的阻力就会愈来愈大，扩散速度也就愈来愈小，从而使金属腐蚀速率愈来愈小，甚至使腐蚀过程完全停止。这类膜对主体金属起到保护作用，称之为保护膜。反之，如果表面膜疏松多孔、与主体金属结合不牢固，即使它在介质中稳定，也不会起保护作用，膜的生长不会阻止腐蚀过程的进行。铝在空气中能生成保护性氧化膜，而铁在高温下氧化时所产生的膜则因与主体金属结合不牢固而不能起到保护作用。

膜的保护性不仅取决于膜对介质及金属原子扩散的阻力，而且还取决于膜的完整性。如果膜中有缝隙或从金属上脱落，就会失去其保护作用。各种应力和机械损伤等都有可能使膜的完整性受到破坏。此外，若生成膜所消耗金属的体积大于膜的体积，膜也不完整，因为它不能全部覆盖主体金属。

15.5.1.2 金属在高温下的腐蚀

金属在高温气体中的腐蚀是常见的和最重要的化学腐蚀。许多轻化工与食品设备，如烘烤炉、煎烤炉等都在高温的条件下工作，金属材料在各种热加工中也要经历高温，它们都会产生高温气体的腐蚀。所以，研究这种腐蚀及其防治方法具有重要的意义。

对在高温气体中工作的材料，不仅要求具有热稳定性——金属抵抗高温气体腐蚀的能力，而且还要具有耐热性——金属在高温下仍具有足够的机械强度。

（1）金属在高温下的氧化 金属在高温下的氧化反应通式为

$$Me + O \longrightarrow MeO$$

氧化过程同时受到热力学和化学动力学的规律制约。从化学热力学的观点出发，反应的方向取决于反应温度下氧化物分解的氧分压（简称分解压）p_{MeO} 与介质（空气或其他气体）中氧的分压 p_{O_2}。当 $p_{O_2} > p_{MeO}$ 时，反应向生成氧化物的方向进行；当 $p_{O_2} < p_{MeO}$ 时，则氧化物将分解成金属和氧气；如果 $p_{O_2} = p_{MeO}$，反应达到平衡。由于空气中氧的分压约为 0.2 个大气压，而绝大多数金属氧化物在室温下的分压都非常小，所以它们在空气中都极易氧化，只不过有的金属由于氧化膜的保护作用而阻止了氧化过程的继续进行。

金属氧化物的分压随着温度的升高而增加，即金属与氧在热力学上的化合力逐渐下降。

但应注意，决不能由此而断言金属被氧化的速率会随着温度的升高而变慢，因为从化学动力学的观点考虑，氧化反应的速率将随温度的升高而显著加快。

（2）铁碳合金的高温氧化　铁碳合金的高温氧化是一个复杂的过程，并生成复杂的氧化膜，如图 15-2 所示。氧化速率和各氧化层的厚度取决于温度、介质成分、铁碳合金的组成以及腐蚀时间等多种因素。

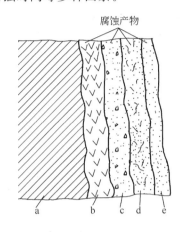

图 15-2　铁氧化膜的结构

a—Fe；b—FeO；c—FeO·Fe_3O_4；d—Fe_3O_4；e—Fe_2O_3

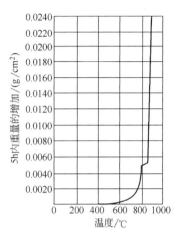

图 15-3　温度对铁碳合金氧化速率的影响

温度对铁碳合金氧化速率的影响如图 15-3 所示。温度低于 300℃时，氧化速率较小；当温度大于 300℃时，氧化速率随着温度的增加而逐渐增大。当温度高于 570℃时，氧化速率骤然增加，原因是此时所产生的氧化物主要是 FeO，而 FeO 的原子结构简单，结晶点阵中有缺位，金属原子在其间扩散容易，故氧化速率骤增。曲线上的拐点是铁在相变温度下 α-Fe 转变为 γ-Fe 后腐蚀速率的变化。温度高于 700℃时，铁碳合金除了被氧化外，还发生表面脱碳作用，使得铁碳合金的机械强度（尤其是疲劳极限）因表面含碳量的减少而降低。

介质的成分对铁碳合金的氧化速率也有重要影响。当气体中含有水蒸气或 SO_2 时，腐蚀速率将加快（表 15-2）；当气体中含有 CO 时，腐蚀速率会随着 CO 含量的增加而急剧降低，当 CO 的含量足够大时，可使钢的气体腐蚀速率下降至零。

表 15-2　气体组成对含碳 0.17% 钢的腐蚀速率的影响

气 体 组 成	相对腐蚀速率 （以清洁空气为 100）	气 体 组 成	相对腐蚀速率 （以清洁空气为 100）
清洁空气	100	清洁空气加 5% H_2O	135
清洁空气加 20% SO_2	118	清洁空气加 5% H_2O 和 5% SO_2	278

当铸铁受气体腐蚀时，体积将会增大，出现所谓的成长。这实际上是金属晶间腐蚀的结果。气体介质沿石墨、杂质和细小裂纹透入铸铁内部，在晶界发生氧化反应，因氧化物的体积大于所消耗金属的体积，结果使铸铁件的线性尺寸增加 12%～15%，并使其构件性能大大降低。在铸铁中加入 5%～10% 的硅可防止成长现象发生。

为提高铁碳合金抗高温氧化的性能，常把铬、硅、铝等金属元素加入到钢或铸铁中炼成耐热钢或耐热铸铁。耐热合金之所以具有较高的热稳定性，是由于它在氧化时能生成由合金元素氧化物和基体元素氧化物共同组成的保护膜。常用的耐热合金钢为铬钢，钢中含铬量愈高，热稳定性愈高。此外，表面渗铝、渗硅或渗铬也可以提高铁碳合金抵抗高温氧化的能力。

15.5.2 电化学腐蚀

电化学腐蚀是金属与电解质溶液发生电化学作用而引起的，金属与电解质溶液的性质、金属表面的结构和电化学状态等起着重要作用。腐蚀过程有电流产生。

15.5.2.1 金属和电解质溶液的电化学性质

（1）金属　所有固态金属都是晶体，原子有规则地排列在晶格的点阵上。由于金属原子的价电子与原子核的结合力较弱，易于脱离，所以当金属原子相互结合在一起成为固态金属时，原子全部或部分地脱离其价电子变成正离子。因此，实际上排列在晶格上的正离子和部分未脱离价电子的中性原子，常把它们称为离子-原子。它们在固定的位置上作热振动。脱离原子的价电子呈自由电子的形式在离子和原子间自由穿梭运动，形成所谓"电子气"。

当金属的两端有电位差时，自由电子便作定向流动而导电。自由电子愈多，导电性愈强。金属是第一类导体，导电时没有物质转移。

位于金属表面的离子-原子仅受到距表面较近的离子-原子及电子的单方面吸引，因而表面的离子有可能吸附与其接触的介质的分子、原子或粒子，或受介质的吸引而离开金属表面，溶解于介质之中。此外，各种机械加工使金属表面产生相当厚的变形层，其外表面的结晶点阵几乎全部破坏，导致金属表面不同部分具有不同的吸附能力和催化活性。

（2）电解质溶液　在溶解状态或熔融状态下能导电的物质称为电解质。常见的电解质有酸、碱、盐等。将电解质溶入溶剂中即可得到电解质溶液，常用的溶剂为水。

电解质溶液导电的原因是溶质分子在溶液中或熔融状态下全部或部分离解成带正、负电荷的阳离子和阴离子。如酸分子离解成氢离子或酸根离子；碱分子离解成金属离子和氢氧根离子；盐分子离解成金属离子和酸根离子。这些粒子在直流电场的作用下，阳离子向阴极移动，并在电极上放电而形成电流。电解质溶液属于第二类导体，在导电过程中有物质的转移。

15.5.2.2 金属与电解质溶液交界面上的双电层

当金属与电解质溶液接触时，会分别在界面处的金属相和液相中形成电荷相反的两个电层，称为双电层，双电层如图15-4和图15-5所示的两种形式，其形成机理如下。

当较活泼的金属与电解质溶液接触时，因金属表面的离子-原子与电子的结合力小于它与极性水分子的吸引力，就会有一部分离子从金属表面的晶格点阵上转移到溶液中而形成水化离子（$Me^+ \cdot nH_2O$），从而使界面处溶液侧带正电；同时，由于粒子的脱落，破坏了金属原有的电中性，遗留在金属上的过剩电子使金属表面带负电。这个过程一旦出现，其逆过程也随之而生，带负电的金属与进入溶液中的带正电的金属离子之间必然产生静电吸引力，在这个引力的作用下，已经进入溶液中的某些金属离子有可能重新返回到金属表面上。不过，在过程刚开始时，进入溶液中的离子数量不多，金属上的负电荷很少，它们之间的吸引力也就很小。这时，离子返回的逆速度还小于离子进入溶液中的正速度。于是，进入溶液中的金属离子数量不断增加，金属上的负电荷也相应增加，金属和离子之间的吸引力便随之逐渐增大。随着吸引力的增加，逆速度将逐渐加快，而正速度则逐渐减慢。当金属所带的负电荷增大到一定值，使得正速度等于逆速度时，便达到动平衡，这时金属上的负电荷就稳定在一定值上。金属上的这些负电荷和溶液中带正电荷的金属离子互相吸引，分别整齐地排列在金属相和溶液相中而形成如图15-4所示的双电层。

平衡时，金属上负电荷的多少与金属的本性有关。电子与原子核的结合力愈弱的金属，其表面的原子就愈容易摆脱电子而以离子的状态进入溶液中。平衡时，金属上的负电荷就愈多，反之则愈少。把锌和铁浸在同一种溶液中时，锌上的平衡负电荷比铁上的多，就是这个缘故。此外，金属上的平衡负电荷的多少，还与电解质溶液中该金属离子的浓度有关，浓度愈大，则溶液中的金属离子向金属表面沉积的趋势就愈大，平衡时金属上的负电荷就愈少；反之则愈多。由于这个原因，锌在不含锌离子的电解质溶液中的平衡负电荷要比锌在含锌离子的电解质溶液中平衡负电荷多；同样，锌在淡锌盐溶液中的平衡负电荷要比锌在浓锌盐中的平衡负电荷多。

当不很活泼的金属与电解质溶液接触时，金属表面的离子-原子与电子的结合力大于它与极性水分子的吸引力，离子就不容易从金属表面转入溶液中。相反，如果电解质溶液是含有该金属离子的盐溶液，而且该金属离子的浓度又很大时，溶液中的金属离子反而会沉积在金属表面上而使金属带正电，靠近金属表面的溶液则由于有过剩的阴离子而带负电。同样，在静电吸引力的作用下，其逆过程也随之发生，最终达到平衡而形成如图 15-5 所示的双电层。铂浸在铂盐溶液中就会形成这种双电层。

图 15-4　金属离子从金属进入溶液双电层　　　　图 15-5　离子从溶液进入金属的双电层

显然，平衡时金属上正电荷的多少也与金属的本性和溶液中该金属离子的浓度有关。应当指出，形成双电层的过程不是腐蚀过程，因为在这过程中只有少量金属离子进入溶液中，而且这一过程很快就终止。少量的金属溶解不能看成是腐蚀。只有当平衡受到破坏时，金属才因不断溶解而受到腐蚀。

15.5.2.3　原电池与腐蚀电池

凡能把化学能变为电能的系统都称为原电池，它由阳极、阴极、电解质溶液和导线组成，如图 15-6 所示。原电池的阳极和阴极的定义与电源电池的正、负极的定义相反：将电极电位较负、放出电子的电极称为阳极；而将电极电位较正、接受电子的电极称为阴极。

现在以图 15-6 所示的锌-铜原电池为例，说明原电池的工作原理。当锌、铜电极分别浸

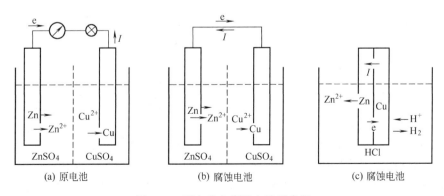

图 15-6　原电池和腐蚀电池示意图

于硫酸锌和硫酸铜溶液中时，两个电极便各自形成双电层。因锌的电极电位比铜低，故两极间存在着电位差。如用导线把两个电极连接起来，阳极锌上的电子便通过导线流向阴极（铜），使两极原有的双电层平衡状态受到破坏。于是，锌极上便继续有锌离子进入溶液，锌被腐蚀，而溶液中的铜离子则不断被还原析出。发生的电化学反应如下。

锌作为阳极，发生氧化反应

$$Zn \longrightarrow Zn^{2+} + 2e$$

铜作为阴极，发生还原反应

$$Cu^{2+} + 2e \longrightarrow Cu$$

整个电池反应是上述两个反应的相加，即

$$Zn + Cu^{2+} \longrightarrow Zn^{2+} + Cu$$

此过程的连续进行，电流便不断产生，锌不断溶解，铜不断析出。这就是原电池的工作原理。

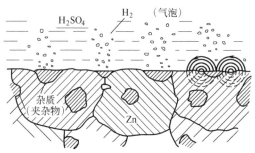

图 15-7 锌溶解示意图（右侧箭头为电流方向）

与电解质溶液相接触的金属材料之所以会产生化学腐蚀，是由于在材料表面形成了类似于上述原电池的电池。把这种引起腐蚀过程的电池称为腐蚀电池。腐蚀电池的作用原理与原电池完全一样，只是构成的形式不同。下面介绍三种情况。

（1）腐蚀微电池　电极面积很小且两极直接接触导电的腐蚀电池称为腐蚀微电池。当含有杂质的锌浸在硫酸溶液中时就会形成许多这样的微电池，如图 15-7 所示。阳极锌上的电子不断地通过两极的接触面流向阴极（杂质），导致锌不断溶解而受到腐蚀，即

$$Zn \longrightarrow Zn^{2+} + 2e$$

此过程称为阳极过程。与此同时，溶液中的氢离子不断移向阴极并与电子结合成氢气放出，即

$$2H^+ + 2e \longrightarrow H_2 \uparrow$$

此过程称为阴极过程。

普通碳钢浸入水或其他电解质溶液中时，也会形成腐蚀电池。碳钢金相组织中的铁素体因其电极电位较低而成为阳极，渗碳体则为阴极，同样，阳极过程使铁素体溶解，即

$$2Fe \longrightarrow 2Fe^{2+} + 4e$$

阴极过程则使水中的氧与电子结合而生成氢氧根离子，即

$$4e + 2H_2O + O_2 \longrightarrow 4OH^-$$

OH^- 又与溶液中的 Fe^{2+} 结合成 $Fe(OH)_2$ 沉积在阴阳极交界处附近。所以整个过程可写成

$$2Fe + O_2 + 2H_2O \longrightarrow 2Fe(OH)_2$$

从上面的例子可以看出：在阴极上，电子不仅能与阳离子结合，而且也能与某些原子或分子结合。凡能在阴极上与电子结合的物质称为去极剂，如氢离子和氧等。

（2）浓差电池　由于溶液浓度不同而形成的腐蚀电池叫浓差电池。在无搅拌的浓缩锅、储槽等设备中可能出现这种现象。在这种腐蚀电池中，与浓度较小的溶液相接触的部分电位较负成为阳极，而与浓度较大的溶液相接触的部分电位较正成为阴极。

实际中，常见的是氧的浓差电池。现以图 15-8 所示的盛水敞口容器为例说明其成因。

在水线附近的区域，如 K 处，由于溶液中氧的浓度较高，氧被金属吸附并和电子结合，使该处电位变正而成为阴极。而在离液面较远处，如 A 处，则由于氧的浓度较低而成为阳极。这样，电子由 A 处流向 K 处，使 A 处受到腐蚀。

　　（3）接触电池　两种金属直接接触并浸在电解质溶液中时，就有可能形成接触电池。如图 15-9 所示，为一青铜螺母拧在铝合金设备上的结构，由于铝合金的电极电位较铜的电极电位更低，因而变成了以铝合金为阳极、青铜螺母为阴极的接触电池，使铝合金溶解而受到腐蚀。此外，由于铝合金本身具有杂质，还会形成许多微电池而使铝合金受到腐蚀。

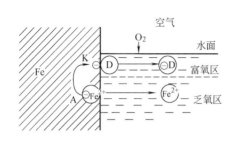

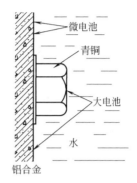

　　　　图 15-8　氧的浓差电池　　　　　　　　　图 15-9　接触电池示意图

　　综上所述，可以看出，形成腐蚀电池必须具备下列三个条件：

　　① 同一金属上有不同电极电位的部分存在，或不同金属之间存在着电位差，能形成阳极或阴极；

　　② 阴极和阳极互相接触；

　　③ 两极处在相互连通的电解质溶液中。

　　还可以看出，电化学腐蚀过程是由阳极过程、电子流动和阴极过程三个环节组成，任何一个环节受到阻滞都会使腐蚀过程减慢或停止。

15.5.2.4　极化作用和腐蚀速率

　　（1）极化作用和超电压　腐蚀电池在开路状态下，阳极和阴极具有一定的电极电位。但在腐蚀过程开始后，两极的电极电位会迅速变化，然后稳定在某一定值上，如图 15-10 所示。把腐蚀电池工作时电极电位的变化称为极化。极化作用的结果，阴极电位负电性增加，即电位降低，称为阴极极化作用；而阳极电位正电性增加，即电位升高，称为阳极极化作用。极化作用可在极短的时间内完成。

　　产生阳极极化的原因是腐蚀过程中阳极表面上生成了有保护作用的腐蚀产物膜，它阻止金属溶解，使阳极上负电荷减少而提高了电极电位；此外，也可能是由于进入溶液中的金属离子的迁移速度不大，使阳极附近的金属离子增加，从而使阳极电位变正。

　　产生阴极极化的原因是自阳极流出的电子与去极化剂的结合不够迅速而造成的阴极电位降低，或是由于去极化剂向阴极迁移缓慢，使阴极表面附近去极化剂的浓度降低，造成阴极电位降低。在大多数情况下，阴极极化作用是比较激烈的。

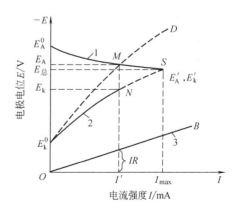

　　　　　　　　　图 15-10　极化图示例

（2）去极化作用　电极极化作用的减少或消除称为去极化作用。去极化作用会使腐蚀电池电极的电位差增大，从而使腐蚀速率增加。去极化作用同样可以分为阳极去极化和阴极去极化作用。

当搅拌溶液或因溶解到溶液中的金属离子形成络合物等原因而使阳极表面附近被溶解金属离子浓度减小时，会发生阳极的去极化作用。

阴极的去极化作用对腐蚀过程的影响较大，下面就经常遇到的氢和氧的去极化作用进行讨论。

① 氢的去极化作用　当金属在氢离子浓度很高的介质，即酸的水溶液中腐蚀时，就会发生氢的去极化作用，即发生在阴极上析出氢的腐蚀过程。氢析出的难易取决于氢的超电压大小：氢的超电压愈大，腐蚀在阴极上愈不易析出氢气。氢的超电压大小与阴极材料及其表面状态、电流密度、溶液性质等因素有关。表 15-3 列出了氢在部分金属上的超电压。

表 15-3　氢在某些金属上的超电压（电流密度 $1mA/cm^2$）

金属	氢的超电压/V	金属	氢的超电压/V	金属	氢的超电压/V
铝	0.57	铜	0.48	铅	1.16
铋	0.75	镍	0.25	银	0.57
钨	0.22	锡	0.70	石墨	0.60
铁	0.35	铂	0.02	锌	0.72
金	0.18	汞	0.75		

由表 15-3 可以看出，氢在不同金属上的超电压是不同的，氢在铂上的超电压最小，所以当铂为阴极时，腐蚀过程进行很快。反之，氢在锌上的超电压较大，所以当用锌为阴极时，腐蚀过程进行得较慢。如果金属中的杂质比主体金属的电位正电性更强，而且氢在这些杂质上的超电压不大时，这些杂质将加速金属的腐蚀。

光滑表面比粗糙表面的面积小，所以其电流密度大，氢的超电压大；介质的温度高，能加快氢离子和电子结合，所以氢的超电压较小。

② 氧的去极化作用　金属在潮湿的空气、淡水、碱水及中性盐、弱酸等电解质溶液中均会发生氧去极化作用的腐蚀过程。

氧在阴极上的还原称为氧的去极化作用。当氧毫无阻碍地到达金属表面时，金属的腐蚀速率基本上取决于氧在阴极上的超电压。氧的超电压与阴极材料的种类和电流密度有关。

通常，由于氧在溶液中的含量不大，而且氧向阴极表面扩散的速度较慢，所以阴极过程常受到阻碍，这时金属的腐蚀速率常取决于氧扩散到阴极表面的速度。

上述过程仅在溶液中有氧存在时进行，如果氧不能继续进入溶液，例如在密闭的容器内，则腐蚀过程只能维持到溶液中的氧耗尽为止。在开口容器中，腐蚀速率取决于氧到达阴极区的速度。处于电解质溶液较深处的金属比距离液面较近的金属腐蚀慢，其原因就在于空气中的氧必须经过较长而复杂的路程才能到达溶液深处的阴极区域。

（3）电化学腐蚀过程的速度　金属由于阳极过程而转入溶液中的质量必须遵守法拉第定律，可由下式确定

$$m = \frac{3600ItA}{Fn} \tag{15-8}$$

式中　m——腐蚀掉的金属质量，g；

　　　A——金属的摩尔质量，g；

t——金属被腐蚀的时间，h；

I——腐蚀电流强度，A；

n——金属的原子价；

F——法拉第常数，其值为 96500C。

以质量表示的腐蚀速率可用下式计算

$$K = \frac{m}{St} = \frac{3600IA}{FnS} \tag{15-9}$$

式中　S——阳极区域的面积。

因 S、F、n、A 在给定的条件下是已知的，所以计算腐蚀速率的关键在于计算腐蚀电流 I。

根据欧姆定律，两电极刚接通时，电流的开始值 $I_{开始}$ 为

$$I_{开始} = \frac{E_k^0 - E_A^0}{R} \tag{15-10}$$

式中　E_k^0，E_A^0——阴极和阳极的开始电极电位值，V；

　　　　R——电池电阻，Ω。

由于极化作用，两电极的电位差大为减小，此时的腐蚀电流为

$$I = \frac{E_k - E_A}{R} \tag{15-11}$$

式中　E_k，E_A——电路接通后阴极和阳极的电位值，V。

腐蚀电流还可以用极化图来求取，这是广泛应用的方法。极化图就是把实验得到的阴极极化曲线和阳极极化曲线画在一起的腐蚀图解，如图 15-10 所示。

利用极化图求取腐蚀电流的方法如下。

① 根据腐蚀电池的已知总电阻 R（定值）在图上画出欧姆电位降 $E_r = IR$ 与 I 的关系斜率如图中 OB。

② 将欧姆电位降对应地叠加到阴极极化曲线上（也可叠加到阳极极化曲线上），得到曲线 E_k^0D，它与阳极极化曲线交于 M 点，则 M 点所对应的电流 I 即为所求的腐蚀电流。

当腐蚀电池的总电阻很小且可视为 $R = 0$ 时，腐蚀电流达到最大值 I_{max}。I_{max} 由两条极化曲线的延长线之交点 S 决定，如图 15-10 所示。

极化曲线还可以用来分析腐蚀过程及其控制因素。图 15-11 所示为用直线代替极化曲线而画出的三种极化图。图 15-11（a）中的阴极极化曲线斜率大，表明阴极极化性大，阴极过程不易进行，腐蚀速率主要由阴极过程决定；图 15-11（b）表示的正好相反，腐蚀速率主要由阳极过程决定；图 15-11（c）表示腐蚀速率同时由阳极和阴极过程决定。

图 15-12 表明，当阴极极化性能减弱（即阴极去极化作用提高），而使阴极极化曲线由 2

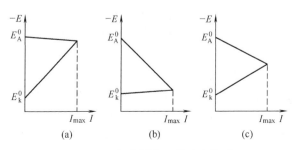

图 15-11　极化图的三种基本类型

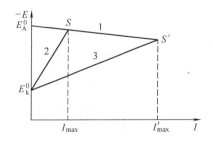

图 15-12　阴极控制减弱对腐蚀电流的影响

线变为 3 线时，腐蚀电流则由原来的 I_{max} 增大到 I'_{max}。若其他条件不变，腐蚀速率将随之而增大。

15.5.3 金属的钝化

铁在稀硝酸中会受到强烈的腐蚀，而且腐蚀速率随着硝酸的浓度增大而增大。但当浓度达到某一值时，腐蚀速率却骤然下降。若继续增加硝酸的浓度，腐蚀速率变得非常小，铁呈稳定状态。把金属的化学稳定性因某些条件具备而显著提高的现象称为钝化现象。

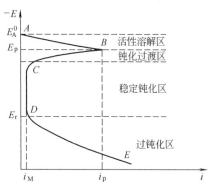

图 15-13　金属钝化的阳极极化曲线

金属的钝化是金属表面状态发生变化后而具有的性质。金属表面状态发生变化时，阳极产生极化，电极电位变高，如图 15-13 所示。图中 AB 为活性溶解区，此时金属以离子状态转入溶液，电流增大；达到 B 点时，金属开始钝化，对应的电流密度 i_p 称为致钝电流密度；BC 区称为钝化过渡区，此时电流密度急剧下降，电位向正的方向移动；CD 区为稳定钝化区，此时电位继续向正的方向移动，但电流密度始终很小，金属的腐蚀速率也很小；当金属的电位比 E_r 更正时，便进入过钝化区 DE，这时会产生新的阳极过程，即

$$4OH^- \longrightarrow O_2 + 2H_2O + 4e^-$$

电流密度、腐蚀速率又会增大。

关于钝化的原因，可用薄膜理论来解释。薄膜理论认为，金属之所以钝化是由于在一定的条件下，金属的表面生成了一层膜而得到保护，它阻滞了阳极过程，从而提高了金属的耐腐蚀性能。铁在浓硝酸中钝化时，其表面确有一层密而不溶于硝酸的 Fe_3O_4 薄膜。

能使金属钝化的介质称为钝化剂。一般强氧化剂如硝酸、硝酸银、氯酸、重铬酸钾、高锰酸钾等均可以引起金属的钝化；空气中的氧也能使某些金属钝化；也有些金属能在非氧化性介质中钝化，如镁能在氢氟酸中钝化，钼可以在盐酸中钝化。

各种金属的钝化性能差异很大，容易钝化的金属如铬、钼、铝、镍等称为强钝化金属，它们在空气中就能呈稳定的钝化状态。常把这类金属称为能自身钝化的金属。其他金属如铁等，则只能在强氧化剂中才会有钝化作用产生，称之为弱钝化性金属。

金属的钝化只是一种表面状态的变化，并非金属本性的改变。因此，一旦钝化条件改变，已经钝化了的金属会重新变为活性状态，这种现象称为去钝化作用。机械磨损、活性离子的进入以及介质温度升高等都会产生去钝化作用。易使金属失去钝化性的介质或离子称为去钝化剂或活化剂。常见的几种活化剂按其活化能力排列如下：

$$SO_4^{2-} < OH^- < ClO_4^- < F^- < I^- < Br^- < Cl^-$$

可以看出，氯离子具有最大的活化能力，这是因为氯离子的离子半径较小，容易穿过钝化膜而使金属产生点腐蚀。不锈钢在盐酸中的腐蚀就是由于氯离子的作用。

15.6　影响金属腐蚀的因素

金属腐蚀是金属本身与周围环境作用的结果。因此，影响金属腐蚀行为的因素很多，既有金属本身的因素如金属的性质、组成、结构、表面状态和应力大小等，又有腐蚀环境的因素如介质的 pH 值、组分、浓度、温度、压力和溶液的运动状态等。了解这些因素，可以综合分析金属设备发生各种腐蚀问题，从而有效地采取一些防护措施。

15.6.1　金属材料自身的因素

（1）金属的化学稳定性　金属耐腐蚀性能的好与坏，首先取决于金属的本身。各种金属的热力学稳定性，可以近似地用金属的标准电极电位值来衡量。电位正值愈大表明金属的热稳定性愈高，金属离子化倾向愈小，愈不易受腐蚀，如铜、银、金、铂等金属。相反，当电位负值愈大时，则金属的活性就高，容易被腐蚀，如钠、钾、铁、锌等金属。但也有一些金属如铝，其电极电位负值较大，活性较高，由于在其表面易生成一层保护膜，故具有良好的耐腐蚀性。一些强钝化金属，如钛、铬、铝、钼、镍等，也具有良好的耐腐蚀性能。

由于金属的腐蚀情况复杂，影响因素很多，金属的电极电位与其耐腐蚀性之间并不存在着严格的对应规律。故只能由金属的标准电极电位来估计其耐腐蚀的大致倾向。

（2）合金元素的影响　工业生产上所用的金属材料多为合金材料。合金有单相合金和多相合金两大类。由于其化学成分及组织结构等不同，它们的耐腐蚀性能也各不相同。

单相固溶体合金，由于组织均一和耐蚀金属的加入，具有较高的化学稳定性，耐蚀性能好，例如不锈钢、铝合金等。在活性较强的金属中加入易钝化金属时，当加入的量达到某一数量时，稳定性低的金属，其耐蚀性才会突然提高。例如铁铬合金，只有当铬的含量达到12.5%（原子分数）时，才具有明显的耐蚀性能。这一规律称为 $n/8$ 定律（n 是整正数 1，2，4，6，…）。

两相或多相合金，由于各相存在着化学和物理的不均匀性，在与电解质溶液接触时，具有不同的电位，因此就容易形成腐蚀微电池。一般多相合金比起单相合金要容易产生腐蚀，例如常用的碳钢、铸铁。但也有耐腐蚀的多相合金，如硅铸铁虽然是多相合金，但耐腐蚀性能却很好。

腐蚀速率与各组分的电位、阴阳极的分布和阴阳极面积比例均有关系。各组分间的电位差愈大，腐蚀的可能性愈大。若合金中阳极以夹杂物形式存在且面积很小时，则这种不均匀性不会长期存在，阳极首先溶解，使合金获得单相，因此对腐蚀不会产生显著影响。当阴极相以夹杂形式存在时，合金的基体是阳极，则合金受到腐蚀，且阴极夹杂物分散性愈大，腐蚀性愈强烈。如果在晶粒边界有较小的阴极夹杂物时，就会产生晶间腐蚀。

（3）金属表面状态影响　一般情况，加工粗糙不光滑的表面比磨光的金属表面易受腐蚀。所以金属擦伤、缝隙、凹坑常是腐蚀源。因为深注部分氧的进入要比表面积少，结果使深注部分变成阳极，表面部分变成阴极，产生浓差电池而引起腐蚀。对于易钝化金属，精加工表面生成的保护膜要比粗加工表面的膜致密均匀，故有更好的保护作用。另外，粗糙的金属表面实际面积大，因此极化性能小，容易遭受腐蚀。

（4）应力及变形的影响　在设备的制造加工过程中，由于金属受到冷、热加工而变形，并产生很大的内应力，这时腐蚀就会加速。因为金属在加工时耗去的能量使金属的晶格发生歪扭，金属表面的自由能升高，使电极电位下降，应力愈大，腐蚀愈厉害。特别是拉应力的存在，会产生应力腐蚀破裂。

应力腐蚀的主要防止方法是对加工后的设备进行退火处理以消除应力。

15.6.2　周围环境的影响

（1）介质 pH 值的影响　介质 pH 值变化时，对腐蚀速率的影响是多方面的。如在腐蚀系统中，阴极过程为氢离子的还原反应，则 pH 值降低（即氢离子浓度增加），通常有利于阴极过程进行，加速金属腐蚀。另外，pH 值变化又会影响到金属表面膜的溶解度和保护膜的生成，因此也会影响金属的腐蚀速率。

介质的 pH 值对金属的腐蚀速率影响大致可以分为三种情况。

① 电极电位正值较大、化学稳定性较高的金属如铂、金等，pH 值变化时对其影响较

小，pH 值从小到大其腐蚀速率都很小。

② 两性金属如锌、铝、铅等，由于它们表面上的氧化物或腐蚀物不论在酸性溶液或碱性溶液中都能溶解，不能形成保护膜，所以在 pH 值较大和较小时，其腐蚀速率都较大，只有在中性溶液（pH 值接近 7 时）内其腐蚀速率较慢。

③ 铁、镍、镁等金属，它们在碱性溶液中的腐蚀速率比在酸性溶液中腐蚀速率要小，这是因为它们表面上的保护膜在碱性溶液中不被溶解，但可溶于酸中。

上述溶液中若含有氧化剂时，则情况有所不同。如铝在盐酸中的腐蚀速率要比在硝酸中快得多；在 pH 值为 1 的硝酸中，铝的腐蚀速率很小；铁在浓硫酸中的腐蚀速率也很小。这是因为硝酸和浓硫酸都是很强的氧化性酸，在这些金属表面可生成致密的保护膜的缘故。

（2）介质成分及浓度的影响

① 不同成分、不同浓度的电解质溶液对金属腐蚀的影响。

多数金属在非氧化性酸中如盐酸等，随着浓度的增加其腐蚀速率加剧，而对氧化性酸如硝酸、硫酸，当其浓度达到一定值后，继续增加浓度，金属的腐蚀速率反而下降，这是因为在金属表面生产了保护膜。

金属在稀碱溶液中，腐蚀产物为金属的氢氧化物，它们是不易溶解的，故对金属有保护作用，使腐蚀速率减小。如果碱浓度增加或温度升高时，则氢氧化物就被溶解，金属的腐蚀速率加快。

对于中性盐溶液，随着浓度的增加，腐蚀速率亦存在一个最高值。这是因为在中性溶液中，大多数金属腐蚀的阴极过程是氧原子的还原。因此腐蚀速率就与溶解氧的多与少有关。开始时，由于盐浓度增加，溶液导电性增大，加快了电极过程，故腐蚀速率加快；但当盐浓度达到一定浓度后，随着盐浓度的增加，氧在溶液中的溶解量反而减少，使腐蚀速率下降。

② 盐类溶液性质对腐蚀的影响。

对非氧化性酸类盐，如氯化镁水解时能生成相应的无机酸，引起金属的强烈腐蚀。氧化性酸盐如重铬酸钾、高锰酸钾，它们是钝化剂，对金属有钝化作用，可阻止金属腐蚀，通常亦称为缓蚀剂。中性及碱性盐类的腐蚀性要比酸性盐类小得多，这些盐类对金属的腐蚀主要是靠氧的去极化作用。

③ 阴离子的影响。

金属的腐蚀速率与阴离子的特性有关。在一些酸中，经实验证实，金属的腐蚀过程中往往有阴离子参与活动，在增加金属溶解速率方面，不同阴离子具有如下顺序：

$$NO_3^- < CH_3COO^- < Cl^- < SO_4^{2-} < ClO_4^-$$

另外，铁在卤化物溶液中腐蚀速率依次为：

$$I^- < Br^- < Cl^- < F^-$$

④ 溶液中氧对腐蚀速率的影响。

氧是一种去极化剂，能加快金属的腐蚀。氧的存在能显著增加金属在酸中的腐蚀速率，碱液中如溶解有空气，则也会使金属的腐蚀加快。

氧也可以阻止某些金属的腐蚀，它能促进改善保护膜，产生钝化作用。因此氧对金属的腐蚀影响有双重作用，但通常情况下，前一种作用较为突出。

（3）温度、压力对金属腐蚀的影响　通常温度愈高，金属在介质中的腐蚀速率加快。因为随着温度的增加，溶液的对流、扩散加快，电阻减少，从而加快阳极和阴极的反应过程。在有钝化情况下，随着温度增加，钝化变得困难，腐蚀速率加快。

对于氧去极化作用的腐蚀过程，温度对腐蚀速率之间的关系较复杂。随着温度增加，氧分子的扩散速度也增加，但溶解度却减小。对于某些金属，如果温度变化造成保护膜性质的改变，其腐蚀速率与温度关系有独特的形式。

系统中增加介质的压力，会使腐蚀速率加快。这是因为参加反应过程的气体的溶解度增加，从而加速阴极反应过程。例如在高压锅炉内，只要水中有少量的氧，就可引起剧烈的腐蚀。

(4) 介质的流速对腐蚀的影响　介质的对流对金属腐蚀速率的影响较复杂，这主要取决于金属和介质的特性。当溶液中含有大量活性离子时，搅拌或对流对腐蚀速率没有影响。当溶液中只有空气氧而不含大量活性离子时，溶液运动速度的增加对金属腐蚀速率会有明显的增加。这是因为溶液运动起到了搅拌作用，使到达阴极上的氧含量增加，促使阴极反应加快。

当溶液流速增加到一定值时，引起强烈冲刷，使金属表面的保护膜受到损伤以致剥落，引起腐蚀的加快，这时的破坏叫"冲击腐蚀"。当溶液流速很大时，溶液中会出现减压空间，如桨式搅拌的桨叶上会出现这种现象。溶液流入低压空间时伴随着发生冲击，使金属材料迅速破坏，这种冲击腐蚀称作"穴蚀作用"。穴蚀作用破坏的特点是最初出现许多细小的穴窝，然后加深。

15.7　金属材料的防护

腐蚀破坏的形式很多，在很多情况下引起金属腐蚀的原因是不尽相同，而且影响因素也非常复杂，因此应根据不同的情况采用不同的防腐蚀技术。在生产实践中用得较普遍防护措施大致有以下几种：合理选用材料和合理的结构设计；电化学保护；介质处理；添加缓蚀剂；金属表面添加覆盖层等。

每一种防护措施都有其应用范围。对某一种有效的措施，在另一种场合可能是无效的，有时甚至是有害的。例如采用阳极保护只适用金属在介质中易于阳极钝化的体系，如果不能造成钝态，则相反会加速阳极的溶解。在某些情况下，往往采用两种或多种防护措施进行联合防腐比单一的防腐措施效果更显著。

对于一个具体的腐蚀体系，采用哪一种防腐措施，应根据腐蚀原因、环境条件、各种措施的防腐效果、施工难易程度以及经济效益等因素加以考虑，才能得到满意的效果。

15.7.1　耐腐蚀材料选择和结构设计

15.7.1.1　材料选择原则

耐腐蚀材料的选择包括金属材料和非金属材料。合理选用材料必须考虑工艺条件及生产中可能出现的变化，还要考虑材料本身性质、结构及经济价格和来源等因素。各种材料的耐腐蚀性可查阅文献。现在将几个选择的原则简单介绍。

(1) 介质的性质、温度和压力　首先要考虑的是介质的性质，是氧化性的还是还原性的，浓度是多少，是否含有杂质，它对腐蚀速率的影响如何。其次要考虑介质的温度，一般情况下温度升高腐蚀速率加快。在高温下对介质稳定的材料，在常温下往往是稳定的。反之，在常温下对介质稳定的材料，高温下就不一定是稳定的，低温时还应该考虑到材料的冷脆性。另外，要考虑的是设备的压力，是常压、中压、高压还是负压。压力愈高，对材料的耐腐蚀性能要求愈高，所需材料强度要求也高。

(2) 设备的结构和类型　选用材料时要考虑到设备的用途、结构特点等。例如泵体及叶轮要求材料具有良好的抗摩擦性和可铸造性。高温炉管要具有良好的耐热性和高温下具有一定的强度。换热设备要有良好的导热能力等。

(3) 产品的特殊要求　某些介质虽然腐蚀性很轻或不具有腐蚀性，但由于产品要求十分严格，如某些产品不允许含有金属离子的污染，特别是食品工业更不允许有重金属离子的污染。选材料时加以考虑。

（4）材料的加工性能和力学性能　作为结构材料，材料要有一定张度、塑性、冲击韧性，作为焊接设备的材料，其可焊接性十分重要。非金属材料一般强度低，不耐高温，有些很脆，难以切削加工，这些也应该在选用时加以考虑。

对于材料的来源、价格等亦应加以考虑。

15.7.1.2　合理结构设计

设备的腐蚀在很多情况下与其结构设计有很大的关系。合理设计是指在确保产品使用性能的结构设计的同时，全面考虑产品的防腐蚀结构设计。合理设计与正确选材是同样重要的，因为虽然选用了较优良的金属材料，由于不合理设计，常常会引起机械应力、热应力、液体或固体颗粒沉积物的滞留和聚集、金属表面膜的破损、局部过热、电偶腐蚀电池的形成等现象，造成多种局部腐蚀而加速腐蚀，严重的腐蚀会使产品过早报废。因此，合理设计已成为生产优质产品的主要因素。

对于均匀腐蚀，进行一般产品结构设计时，只要在满足机械和强度上的需要后，再加一定的腐蚀裕量即可。但对局部腐蚀，上述防腐措施是远远不够的，必须在整个设计过程中贯穿腐蚀控制的内容，针对特殊的腐蚀环境条件，应作出专门的防腐蚀设计。

因此，在进行结构设计时，应尽量避免上述情况的出现。结构设计中需要注意以下几点。

① 不应使设备内物料排放后有积料残存。

② 加料管应伸入设备中心，以防止物料飞溅至器壁而引起腐蚀增加。

③ 对焊接设备，尽量采用对焊接、连续焊接而尽量少用接焊和间断焊，这样可减少缝隙腐蚀。

④ 尽量减少焊接时所产生的热应力。由于焊接件的厚度不同，受热后冷却速度亦不同，因而易在材料内部产生热应力。

⑤ 为了避免容器底部与多孔性基础之间产生缝隙腐蚀，罐体不要直接坐在多孔性基础上，可在罐体上加支座。

⑥ 为了防止高速流体冲击而造成冲击腐蚀，可在入口安装挡板或折流板以减轻冲击。

⑦ 设计结构部件时，对截面的突变以及棱角、沟槽、尖角等处，尽量降低应力集中。因此零件在改变形状、尺寸时避免出现尖角、棱角，而要有足够的圆弧过渡区。

⑧ 设备焊接，尽可能减少聚集的、交叉的焊接，以减少残余应力。

⑨ 同一结构中，应尽量采用同一种金属材料。如果必须选用不同的金属材料，应选用在该介质中电位相近的材料，这样可减缓电化学腐蚀过程。一般情况下，两种不同金属材料的电位小于 $50mV$ 时，不致引起太大的电化学腐蚀。

⑩ 列管式换热器束与管板采用胀接法。这在管端易产生应力腐蚀和缝隙腐蚀，故采用焊接后退火或焊接胀接较好。

⑪ 对焊接设备，焊接时应保证被焊接构件能自由伸缩，以减少所产生的内应力。

为了防腐，设计时要考虑以下问题。

（1）腐蚀裕量结构设计　大多数产品是根据强度要求设计壁厚的，但从耐蚀性考虑，这种设计是不合理的。由于环境介质的腐蚀作用，会使壁厚减薄，因此，在设计管、槽或其他部件时，应对腐蚀减薄留出余量。

一般设计壁厚为预期使用年限的两倍，其具体的作法是先根据资料查出该材料在一定腐蚀介质条件下的年腐蚀量（即腐蚀深度指标），然后按结构材料使用年限，计算腐蚀厚度，并乘以 2，即为设计的腐蚀裕量厚度。如果材料的腐蚀率为 $0.3mm/a$，使用年限为 $10a$，计算腐蚀厚度为 3mm，槽壁设计厚度应为 6mm。

（2）表面外形的合理设计　产品的结构、外形的复杂、表面的粗糙度常会造成电化学不均匀性而引起腐蚀。在条件允许的情况下，采取结构简单、表面平直光滑的设计是有利的。而对形状复杂的结构，应采取圆弧的圆角形设计，它比设计或加工成尖角形更耐腐蚀。在流体中运动的表面最好为流线型设计，它是符合流体力学和防腐要求的。如轮船、飞机的外形设计都为流线型设计。

（3）防止残留液、冷凝液和堆积物腐蚀的结构设计　为了防止停车时容器内残留液、冷凝液引起的浓差电池腐蚀，废渣、沉积物引起的点腐蚀和缝隙腐蚀，设计槽或其他容器时应考虑易于清洗和将液体、废渣、沉积物排放干净。槽底与排放口应有坡度，使槽放空后不积留液体和沉积物等。

（4）防止电偶腐蚀结构设计　为了避免产生电偶腐蚀，在结构设计中应尽量采取在同一结构中使用同一种金属材料的方法，以避免异金属材料直接组合。如果必须选用不同金属材料，则应尽量选用电偶序中电位相近的材料，两种材料的电位差应小于 0.25V。但是，在使用环境介质中如果没有现成的电偶序可查时，应通过腐蚀试验，确定其电偶序电位及其电偶腐蚀的严重程度。

设计中使用不同金属直接组合时，切忌大阴极小阳极的危险组合，例如属于阳极性的铆钉、焊缝相对于母材是危险的。而大阳极小阴极的组合，应考虑到介质的导电性强弱。若介质导电性强，电偶腐蚀危害不大，则对阴极性铆钉、焊缝是可取的。若介质导电性弱、阴阳极之间的有效作用范围小，则电偶腐蚀集中在阴阳极交界处附近，会造成危害性大的腐蚀。

电偶腐蚀过程若有析氢时，电偶不能采用对氢脆敏感的材料，如低合金高强钢、马氏体不锈钢等，以免发生氢脆腐蚀破坏事故。

设计中防止电偶腐蚀的有效方法是将不同金属部件彼此绝缘和密封。例如钢板与青铜板连接时，两块板之间采用绝缘垫片（多用硬橡胶、夹布胶木、塑料、胶黏绝缘带等不吸水的有机物材料）隔开，螺钉、螺母用绝缘带等不吸水的有机物材料隔开，螺钉、螺母也用绝缘套管及绝缘片与主体金属隔开，防止电偶腐蚀。为避免不同金属连接形成缝隙而引起的腐蚀，这种腐蚀比单独的电偶腐蚀和缝隙腐蚀更严重，因而在连接后的部分采用胶黏剂涂覆密封缝隙，防止电解液从连接缝进入，可防止电偶腐蚀。在设计时，如果不允许使用绝缘材料隔开，可采用涂层（涂漆、电镀层）保护或阴极保护的设计方案。涂漆层保护时，应注意的是不要仅把阳极性材料覆盖上，而且应把阴阳极材料一起覆盖上，这样做主要是为了有效地保护阳极性材料。镀层保护则要求两块连接的金属上都镀上一种镀层，或镀层与被保护材料的电偶序位置接近，电位差小于 0.25V 的组合。阴极保护设计根据需要，可采用牺牲阳极保护，也可采用外加电流保护，使被保护金属成为阴极而防止腐蚀。

（5）防止缝隙腐蚀的结构设计　在设计过程中，尽量避免和消除缝隙是防止缝隙腐蚀的有效途径。在框架结构设计中不应留有窄的夹缝。在设备连接的结构设计中尽可能不采用螺钉连接、铆接结构而采用焊接结构。焊接时尽可能采用对焊、连续焊，不采用搭接焊、间断焊，以免产生缝隙腐蚀；或者采取锡焊敛缝、涂漆等将缝隙封闭，如图 15-14 所示。法兰连接处密封垫片不要向内伸出，应与管的内径一致，防止产生缝隙腐蚀或孔蚀。

（6）防冲刷腐蚀的结构设计　设备设计时，应特别注意介质流动方向、流速变化，保持层流，避免严重的湍流和涡流引起的冲刷腐蚀。设计时，考虑增加管子直径有助于降低流速保证层流的，从而避免了高速流体直接冲击管壁和设备，也就防止冲击引起的冲刷腐蚀。管子转弯处的弯曲半径应尽可能大，通常以流速合适为准。一般要求管子的弯曲半径最小为管径的 3 倍，不同金属要求也不相同，钢管、铜管为 3 倍，90Cu10Ni 合金管为 4 倍，强度特

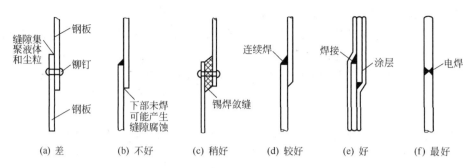

图 15-14 结构连接时防止缝隙腐蚀的几种设计方案

别小的管子和高强钢管最小应取 5 倍。在高速流体的接头部位，不要采用 T 形分叉结构，应优先采用曲线逐渐过渡的结构。在易产生严重冲刷腐蚀的部位，设计时应考虑安装容易更换的缓冲挡板或折流板以减轻冲击腐蚀。

（7）防止应力腐蚀断裂的结构设计 设计过程中，防止应力腐蚀断裂必须根据产生应力腐蚀的三个条件（应力、环境和材料）和腐蚀机理考虑设计方案。

在结构设计中，最重要的是避免局部应力集中，尽可能地使应力分布均匀。如零件在改变形状和尺寸时不要有尖角，而应有足够的圆弧过渡。避免承载零件在最大应力点由于凹口、截面突然变化、尖角、沟槽、键槽、油孔、螺线等而削弱。大量的应力腐蚀事故分析表明，由残余应力引起的事故比例最大，因而在冷热加工、制造和装配中应避免产生较大的残余应力。结构设计中应尽量避免间隙和可能造成废渣残液留存的死角，防止有害物质如 Cl^- 离子的浓缩可能造成的应力腐蚀断裂，尤其是在应力集中部位或高温区热应力产生应力腐蚀。

（8）其他的防腐蚀设计 其他过程的防腐蚀设计，主要包括加工制造、储运安装、开车运行和停车维修等。但从产品结构设计角度讲，只是提出各种规定和要求，但应引起足够的重视。由于某些产品还需专门的防腐蚀设计，它与设备的结构设计应紧密配合、相互补充。它们各自的使用范围，很大程度上取决于它们相对的经济价值。只有这样，才能取得完善的合理设计。专门防腐设计包括电化学保护、涂层保护和改善环境介质条件保护等。

15.7.2 电化学保护

电化学保护是根据金属腐蚀的电化学理论而进行的保护方法，换言之就是将金属材料上通上一定的保护电流，使金属材料免遭腐蚀或使腐蚀速率减缓的一种有效的方法。电化学保护方法有两种，一种为阴极保护，另一种为阳极保护。

15.7.2.1 阴极保护

将被保护金属进行外加阴极极化以减少或防止金属腐蚀的方法叫阴极保护法。外加阴极极化可采用两种方法来实现：一是牺牲阳极的阴极保护；另一种是外加电流的阴极保护。

阴极保护的原理可用图 15-15 所示的极化曲线图来说明。设备在未进行阳极保护时，阳极极化曲线 $E_A^0 S$ 和阴极极化曲线 $E_k^0 S$ 相交于 S 点，这时金属腐蚀的电流为 $I_{自然}$，称为自然腐蚀电流（或稳定电流），相应的金属总电位 E_x 称为自然腐蚀电位。当进行阴极保护时，由于向金属施加电流，使金属的总电位向负的方向移动。例如外加电流相当于 OP 段时，金属的总电位达到 E_1 点，这时阳极的腐蚀电流相当于 $E_1 P$ 值，比原来的自然腐蚀电流 $I_{自然}$ 小，所以金属的腐蚀速率相当低。如果外加电流再大，则金属的总电位继续向更负的方向移动。当达到金属的阳极起始电位 E_A^0 时，阳极腐蚀电流等于零，腐蚀就会停止。这时的外加电流相当于 $E_A^0 R$，称之为最小保护电流 $I_{保护}$。

　　从上述的讨论可知：腐蚀速率愈大，所需的保护电源也愈大；阴极的可极化性愈小，阳极面积愈大，则保护电流强度就应愈大。在有氢去极化作用的腐蚀情况下，因为极化的可能性很小，所以需要很大的外加电流。

　　(1) 牺牲阳极的阴极保护　所谓牺牲阳极的阴极保护是指要保护的金属构件上连接一种电极电位较负的金属或合金作为腐蚀电池的阳极。这种被保护的金属与电位较负的金属在电解质溶液中组成腐蚀电池。电流由阳极经过电解质流向阴极，发生阴极极化，从而使需保护的金属得到保护，而接上的电极电位较负的金属材料被腐蚀溶解。

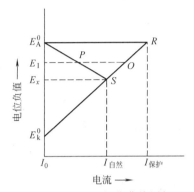

图 15-15　阴极极化曲线图解

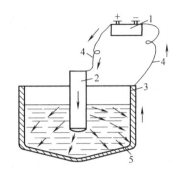

图 15-16　外加电流阴极保护示意图（箭头系电流方向）
1—直流电源；2—辅助阳极；3—槽（被保护
构件）；4—导线；5—电解质溶液

　　(2) 外加电流的阴极保护　外加电流的阴极保护如图 15-16 所示。它是利用外加直流电源将被保护的金属构件与电流的负极相连接，用附加的辅助阳极与电流正极相连接，这样被保护的金属构件变成阴极而进行阴极极化，使被保护金属构件的腐蚀避免或减少。

　　外加电流阴极保护法的优点是可以调节电流和电压，适用范围广，可用于要求大电流的情况，在使用不溶性阳极时的装置耐久。缺点是要经常的操作费用，经常的维修维护，要有直流电源设备，投资费用大。

　　牺牲阳极阴极保护的优点是不用外加电流，施工简单，管理方便，对附近设备无干扰，适用于需要局部保护的场合。缺点是能产生的有效电位差及输入电流量是有限的，只适用于需要小电流的场合，阳极消耗大，需定期更换。

15.7.2.2　阳极保护

　　将被保护的金属设备与外加直流电源的正极相连接，在一定的电解质溶液中将金属进行阳极极化到一定的电位，如果在此电位下金属能建立起钝态并维持这种钝态，则阳极过程得到抑制，从而使金属设备的腐蚀速率显著降低，这种方法称为阳极保护。

　　阳极保护是依据金属钝化的原理。对于能够在某电解质溶液中产生钝化的金属，当通过一定的电流时，使金属钝化，在其表面上生成一钝化膜而阻止腐蚀进行。阳极保护的关键是要使金属表面建立钝化态并保持这种钝化态。若建立不起这种钝化态，阳极极化不但不能使设备得到保护，反而将增加腐蚀速率。因此，并不是所有的金属都能进行阳极保护，只有在阳极电流作用下能建立钝化和生成保护层膜的金属才适合于阳极保护。

　　阳极保护特别适用于强氧化性介质的防腐，如碳钢、不锈钢等材料在硫酸、硝酸、磷酸及某些有机酸中进行阳极保护是有效的。

　　阳极保护用的辅助阴极材料要求在阴极极化下耐腐蚀，有一定强度，对浓硫酸可用白金或灰铸铁，对稀硫酸可用石墨、铜等，对盐类及碱类可用碳钢。

15.7.3 添加缓蚀剂保护

在腐蚀环境中，通过添加少量能阻止或减缓金属腐蚀速率的物质，以保护金属的方法称为缓蚀剂保护。采用缓蚀剂防腐蚀，由于设备简单、使用方便、投资少、收效快而广泛用于工业各部门。

所谓缓蚀剂，即在腐蚀环境中加入少量即可明显抑制腐蚀的化学物质或复合物。缓蚀剂的保护效果与腐蚀介质的性质、温度、流速、被保护材料的种类和性质以及缓蚀剂本身的种类和剂量等有着密切的关系。也就是说，缓蚀剂保护是有严格的选择性的：对某种介质和金属有良好保护作用的缓蚀剂，对另一种介质或金属不一定有同样的效果；在某些条件下保护效果很好，而在别的条件下却可能保护效果很差，甚至还会加速腐蚀。

在选用缓蚀剂时除了要考虑有良好的保护作用外，还要考虑到缓蚀剂对产品质量有无影响，对生产过程有无影响（堵塞、起泡等副作用），以及使用成本等。缓蚀剂可分为下列几种。

（1）按缓蚀剂的作用机理分 根据缓蚀剂在电化学腐蚀过程的作用，是抑制阳极反应还是抑制阴极反应，或者两种同时得到抑制，可将缓蚀剂分为阳极型缓蚀剂、阴极型缓蚀剂和混合型缓蚀剂。

（2）按缓蚀剂所形成的保护膜特征分

① 氧化膜型缓蚀剂。它能够使金属表面形成致密、附着力强的氧化膜。

② 沉淀膜型缓蚀剂。它能与介质中的有关离子反应并在金属表面形成防腐的沉淀膜。

③ 吸附膜型缓蚀剂。这类缓蚀剂能吸附在金属的表面，改变金属表面的性质以保护金属不被腐蚀。

表 15-4 列出了某些缓蚀剂的保护膜特征。

表 15-4 某些缓蚀剂的保护膜特征

膜类型	缓蚀剂名称	保护膜特征	使用情况
氧化膜型	铬酸盐、重铬酸盐、亚硝酸盐、苯甲酸盐等	薄而致密，与金属结合力大	防腐效果好
沉淀膜型	聚磷酸盐、MBT、BTA锌盐等	厚且有孔隙，与金属结合力较差	效果较差，有可能垢层化
吸附膜型	胺类、吡啶衍生物、表面活性剂等	在不洁净的金属表面吸附不好	对酸性介质较有效

（3）其他分类方法 按用途可分为冷却水缓蚀剂、油气井缓蚀剂、酸洗缓蚀剂、石油化工工艺缓蚀剂、气相缓蚀剂和锅炉缓蚀剂等；按化学成分可分为无机缓蚀剂和有机缓蚀剂；按使用介质的 pH 值可分为酸性介质缓蚀剂、中性介质缓蚀剂和碱性介质缓蚀剂。

使用缓蚀剂防腐时，整个系统中凡是与介质接触的设备、管道、阀门、机器、仪表等均可得到保护。这一点是其他防腐方法都无法做到的。

缓蚀剂的使用浓度随种类和使用条件的不同而不同，一般在中性水溶液中的浓度为十到几百 ppm（$1ppm=1\times10^{-6}$），在酸性水溶液中的浓度为几百到几千 ppm，在饮用水和石油中只用几个 ppm。表 15-5 列出了某些缓蚀剂的应用范围。

15.7.4 金属表面涂层覆盖

在金属设备表面上黏合覆盖层进行防护是化工防腐的重要手段，根据腐蚀环境的不同，可以覆盖不同品种、不同厚度的耐腐蚀涂层材料，使设备得到有效的保护。

用耐腐蚀性较强的金属或非金属来覆盖耐腐蚀性较差的金属材料的表面，将金属本体与腐蚀性介质隔离以达到防腐蚀的目的，称为金属表面覆盖层保护。它不仅能够提高耐腐蚀性

表 15-5　部分缓蚀剂的应用范围

缓蚀剂	醛、炔醇、胺、季铵盐、硫脲、杂环化合物(吡啶、喹啉、咪唑啉亚砜、乌洛托品、酰胺等)	硅酸钠、8-羟基喹啉、间苯二酚、铬酸盐等	多磷酸盐、铬酸盐、硅酸盐、碳酸盐、亚硝酸盐、苯并三唑、亚硫酸盐、氨水、环己胺、烷基胺、苯甲酸钠等	磷酸盐＋铬酸钠、多磷酸盐、铬酸盐＋碳酸氢盐、铬酸盐	亚硝酸、二环己胺、碳酸环己胺、亚硝酸二异丙胺等
适用范围	酸性介质溶液中	碱性介质溶液中	中性水溶液	盐水溶液	气相腐蚀介质
缓蚀剂	铬酸盐、硅酸盐、多磷酸盐	烷基胺、氯化酚盐、苄基季铵盐、2-硫醇苯并噻唑	铬酸盐、磷酸盐	烷基胺、二胺、脂肪酸盐、季铵盐、酰胺、氨水、氢氧化钠、咪唑啉、吗啉磺酸盐、锌盐、多磷酸	烷基胺、二胺、酰胺、亚硝酸盐、铬酸盐、有机重磷酸盐、氨水、碱
适用范围	混凝土中	微生物环境	防冻剂	炼油及化学工业	油气输送管道

能，而且能节约大量的贵金属和合金。根据表面覆盖材料的不同可分为金属覆盖层和非金属覆盖层。

15.7.4.1　非金属表面覆盖层

绝大部分非金属材料是非电导体，非金属材料因为没有电化学溶解作用，所以对离子的抵抗能力强，能耐非氧化性酸、碱、盐等溶液。非金属表面覆盖层有以下两类。

(1) 非金属衬里　非金属衬里是在金属表面衬以橡胶、塑料、玻璃钢、耐酸磁板、石墨板等材料。正确地选用黏合剂是保证设备得到良好防腐效果的关键之一。目前使用较多的黏合剂有水玻璃胶泥和酚醛胶泥，其次是呋喃胶泥和环氧胶泥。

水玻璃胶泥是以玻璃为黏合剂，氟硅酸钠为固化剂，耐酸粉为填料，按一定比例调制而成。水玻璃胶泥不但能黏结砖板衬里，而且还能作为管道或陶瓷塔节接口的密封材料。水玻璃胶泥具有良好的耐酸性，能耐大多数无机酸、有机酸及有机溶剂，特别是氧化性酸的腐蚀。但不耐碱和氢氟酸。水玻璃的耐热性和黏结力均较好，但收缩性较大。

(2) 涂料　涂料通常是一种胶体混合物的溶液，将其涂敷在物体表面能干结成膜。

涂料由不挥发成分和挥发成分两部分组成，涂覆在物体表面后，挥发成分逐渐挥发逸出，留下不挥发干结成膜。不挥发成膜物质可以分为主要成膜材料、次要成膜材料和辅助成膜材料三种。主要成膜材料可以单独成膜，也可以黏合颜料等共同成膜。表 15-6 列出了涂料的各个组成部分。

表 15-6　涂料的组成

组	成		原　料
不挥发成分	主要成膜物质	油料	动物油:鲨鱼肝油、带鱼油、牛油等
			植物油:桐油、豆油、蓖麻油等
		树脂	天然树脂:生胶、松香、天然沥青等
			合成树脂:酚醛、醇醛、氨基、环氧丙烯酸、有机硅等
	次要成膜物质	颜料	着色有机颜料:甲基胺红、酞菁蓝等
			着色无机颜料:钛白、氧化锌、铬黄、铁蓝、炭黑、铁红等
			防锈颜料:红丹、锌铬黄、偏硼酸钡等
			体质颜料:滑石粉、碳酸钙、硫酸钡、石英粉、瓷粉等
	辅助成膜物质	助剂	增塑剂:催干剂、固化剂、稳定剂、防霉剂、防污剂等
挥发成分	挥发物质	溶剂和稀释剂	石油溶剂:200#汽油、苯、甲苯、二甲苯、氯苯、松节油、环戊二烯、磺酸丁酯、醋酸乙酯、丙酮、环己酮、丁酮、乙醇、丁醇等

涂料可分为油基漆（成膜物质为干性油类）和树脂基漆（成膜物质为合成树脂）两类。它们是通过一定的涂覆方法涂在金属表面，经过固化而形成薄涂层，从而保护金属免遭腐蚀。

化工生产中常用的涂料有防锈漆、生漆、漆酚树脂漆、环氧树脂漆、过氧乙烯漆、沥青漆、聚氨基甲酸酯涂料。还有塑料涂料、聚氯乙烯涂料、聚三氟氯乙烯涂料等。

涂料保护特点是品种多，适应性强，不受设备形状的限制，价格便宜，而且施工方便，所以广泛用作设备材料的防腐涂层。但由于涂层较薄，仅 $200\sim300\mu m$，较难形成完整的无孔膜，生产过程中不可避免地会损破膜层，故在强腐蚀性介质和受冲击、振动、温差较大的设备中使用仍受到一定限制。

根据具体情况，合理选用涂料是充分发挥涂料作用的重要保证。不同设备和用途对防腐涂料的选择可参考表 15-7 和表 15-8。

表 15-7　设备选用涂料参考表

设 备 名 称	选 用 涂 料
釜内壁	环氧树脂、聚氨酯、聚乙烯醇、缩丁醛、环氧-丁腈橡胶等
煤气柜内外壁	沥青、环氧沥青、环氧树脂、过氧乙烯、氯磺化聚乙烯、氯化橡胶等
氧气柜内外壁	过氯乙烯、氯磺化聚乙烯等
氨气柜内外壁	环氧树脂、氯磺化聚乙烯、过氧乙烯等
氮气柜	酚醛、红丹打底，面漆用环氧沥青涂料等
二氧化碳气柜	大漆、氯磺化聚乙烯、环氧沥青涂料等
尿素造粒塔	氯磺化聚乙烯、聚氨酯、环氧涂料等
煤气系统设备管道	大漆、环氧煤焦油、环氧富锌涂料等
氨水釜内外壁	大漆、环氧树脂、过氧乙烯、氯磺化乙烯等
冷却水设备、水闸	沥青、环氧沥青、聚氨酯、无机富锌沥青涂料等
高温设备外壁	无机富锌和有机硅涂料等
厂房建筑	氯磺化聚乙烯、过氧乙烯、聚苯乙烯等

表 15-8　不同用途对涂料的选择

涂料种类 / 用途	有机涂料	酯胶涂料	大漆	纯酚醛涂料	沥青漆	醇酸涂料	过氧乙烯涂料	乙烯涂料	环氧涂料	氯磺化聚乙烯涂料	聚氨酯涂料	聚氨酯沥青漆	有机硅涂料	无机富锌涂料
一般大气	√	√		√		√	√			√			√	√
化工大气			√		√		√	√		√				
耐酸			√	√	√		√	√		√	√	√		
耐碱							√	√	√	√	√	√		
耐溶剂			√	√						√				√
耐油			√				√		√	√				
耐水			√	√			√	√	√	√				
耐热													√	√
耐磨					√				√					√
耐盐					√		√	√	√	√				

15.7.4.2　金属覆盖层

金属覆盖层就是用耐腐蚀性较强的金属或合金镀在耐腐蚀性较差的金属上，免使设备材料腐蚀，金属覆盖层按施工方法不同可分为：电镀、喷镀、化学镀、渗镀、热镀和衬里等。根据覆盖层金属与基本金属之间的电位关系，金属覆盖层可分为阳极覆盖层和阴极覆盖层。阳极覆盖层的电位比主体金属为负。在腐蚀性介质中，覆盖层为阳极，主体金属为阴极。如果覆盖层有孔隙或裂缝，则覆盖层金属被溶解，而主体金属得到保护。如铁上镀锌和镀铬是阳极保护层。阴极保护层的电位比主体金属的电位为正。只有当保护层完整时才能可靠地防腐。

但是金属的电位是随着介质条件的变化而变化，因此覆盖层究竟是阳极覆盖层还是阴极覆盖层，要根据具体情况而定。如锌对铁而言，在一般情况下镀锌是阳极覆盖层，但在 $70\sim80℃$ 热水中，锌的电位比铁的电位更高，因而此时镀锌层是阴极覆盖层。又如锡对铁而言，在一般条件下是阴极覆盖层，但在有机酸中锡成了阳极覆盖层。

为了达到防护的目的，金属覆盖层必须具备一定的性质，其基本要求如下。

① 覆盖层本身要在介质中耐腐蚀。与基本金属结合力强，附着力好。

② 覆盖层完整，孔隙率很小。

③ 具有良好的力学性能和物理性能。

④ 覆盖层有一定的厚度和均匀性。

设备在防腐施工前必须对其表面进行清洗，以保证覆盖层或衬里层与金属基体有良好的结合。常用的表面处理方法有喷砂法、手工清洗和化学清洗等，以除去金属表面的氧化层、锈蚀、毛刺、油污、灰尘等。

参 考 文 献

[1] 周镇江. 轻化工工厂设计概论. 北京：中国轻工业出版社，2006.
[2] 刘道德. 化工设备的选择与设计（第3版）. 长沙：中南大学出版社，2003.
[3] 冯骉. 食品工程原理. 北京：中国轻工业出版社，2005.
[4] 崔建云. 食品加工机械与设备. 北京：中国轻工业出版社，2006.
[5] 孙齐磊，王志刚，蔡元兴. 材料腐蚀与防护. 北京：化学工业出版社，2015.
[6] 蔡颖，宋金玲，韩剑宏. 冶金化工过程与设备. 北京：化学工业出版社，2013.
[7] 张裕中. 食品加工技术装备. 北京：中国轻工业出版社，2005.
[8] 丁绪淮，谈遒. 工业结晶. 北京：化学工业出版社，1985.
[9] 徐尧润，王有伦. 轻化工与食品设备. 北京：中国轻工业出版社，1994.
[10] 梁熙正. 轻工业机械及设备. 北京：中国轻工业出版社，1990.
[11] 詹启贤，郭爱莲. 轻工机械概论. 北京：中国轻工业出版社，1994.
[12] 李宽宏. 膜分离过程及设备. 重庆：重庆大学出版社，1989.
[13] 许学勤. 食品工厂机械与设备. 北京：中国轻工业出版社，2008.
[14] 杨世伟，常铁军. 材料腐蚀与防护. 哈尔滨：哈尔滨工程大学出版社，2007.
[15] 肖纪美. 材料的腐蚀及其控制方法. 北京：化学工业出版社，1994.
[16] 秦国治，田志明. 防腐蚀技术应用实例. 北京：化学工业出版社，2002.
[17] 路秀林，王者相. 塔设备. 北京：化学工业出版社，2004.
[18] 陈志平，章序文，林兴华. 搅拌与混合设备设计选用手册. 北京：化学工业出版社，2004.
[19] 李鑫钢，高鑫，漆志文. 蒸馏过程强化技术. 北京：化学工业出版社，2020.
[20] 赵云鹏，汪广恒. 化工流程模拟-AspenPlus从入门到实践. 北京：化学工业出版社，2023.
[21] 邓修. 中药制药工程与技术. 上海：华东理工大学出版社，2008.